科学史研究论丛

李振声院士题写书名

科学之道贵古今 跨越发展在创新

李振声

中国科学院原副院长、2006年国家最高科学技术奖获得者
李振声院士为《科学史研究论丛》题词

《科学史研究论丛》编辑委员会

顾　问：（排名不分先后）

郭书春　叶鸿洒　钱时惕　乐爱国
黄一农　杜石然　林力娜（法国）
洪万生　大泽显浩（日本）　孙小淳
山田庆儿（日本）　郭金彬

主　编：吕变庭

特邀主编：韩　毅

执行主编：王茂华

副主编：董劭伟

编　委：（排名不分先后）

徐光台　胡化凯　石云里　吴国盛　曾雄生
姜锡东　韩　毅　李兆华　王晓龙　韩　琦
鲁大龙　王菱菱　肖爱民　吕变庭　李晓奇
韩来平　汪前进　苏荣誉　范铁权　王扬宗
李　涛　董劭伟　刘　伟　李金闯　王茂华

秘　书：周立志

科学史研究论丛

—— 第 9 辑 ——

主编／吕变庭　　执行主编／王茂华

科学出版社
北京

内 容 简 介

本辑收录论文22篇，其中专业论文19篇、书讯与研究综述3篇。主要涉及科学思想、医学、生物学、古代手工业、科学教育与科学传播等领域，相关内容有《墨子》与墨翟古典管理数学思想，北宋刘敞灾异观和沈括的"性命之学"；《四时纂要》《太平广记·医部》《西药大成》的医药知识、来源与传播，蒙古族"牛腹疗法"；唐宋生物学书目分类体系的流变，北宋菊花有无落英争论；东北地区辽金时期冶铁业发展与交流，宋金时期铜钱；科学技术史研究在科学传播中的作用与影响，蒋梦麟科学教育思想及其借鉴意义，1949—1976年中国地质中专教育；《水经注》《检尸考要》《北洋海军来远兵船管驾日记》《工程纪略》等文献的整理与考补。

本书既有科学史学界前辈倾心倾力之作，也有青年学者精心雕琢之作，多有新见与创见，适合科学史研究领域的学者、研究生及相关学科爱好者参阅。

图书在版编目（CIP）数据

科学史研究论丛. 第9辑/吕变庭主编. —北京：科学出版社，2023.11
ISBN 978-7-03-076677-9

Ⅰ.①科⋯ Ⅱ.①吕⋯ Ⅲ.①科学史-文集 Ⅳ.①G3-53

中国国家版本馆CIP数据核字（2023）第196164号

责任编辑：任晓刚/责任校对：张亚丹
责任印制：肖　兴/封面设计：黄华斌

科学出版社 出版
北京东黄城根北街16号
邮政编码：100717
http://www.sciencep.com

北京虎彩文化传播有限公司 印刷
科学出版社发行　各地新华书店经销

*

2023年11月第 一 版　开本：720×1000　1/16
2023年11月第一次印刷　印张：25 1/2
字数：530 000

定价：128.00元
（如有印装质量问题，我社负责调换）

前　言

　　2012年6月，北京大学科学史与科学哲学研究中心主任、中国科学技术史学会副理事长吴国盛教授到河北大学新闻学院进行学术考察，听闻河北大学宋史研究中心设立了科学技术史研究所，这使他感到既惊喜又好奇，毕竟在文科院系成立科技史研究所并不多见。于是，他又跟时任河北大学宋史研究中心主任、历史学院院长姜锡东教授和宋史研究中心科学技术史研究所所长厚宇德教授、文献与信息研究所所长吕变庭教授谈起成立河北省科学技术史学会的事情。我们知道，河北省科技从萌芽到成长和发展，如果从泥河湾出现人类活动的足迹算起，迄今已有近200万年的历史了，在这漫长的历史进程中，聪明、智慧的燕赵儿女中涌现出了扁鹊、祖冲之、郦道元等一大批杰出的科学家和发明家。我们仰望夜空，他们如同天上最亮的星辰，璀璨夺目；他们的科学思想和科学精神已经变成了激励我们不断拼搏、勇于创新的动力源泉。正如有学者所言，在古代科学技术的发展中，虽然不能找到现成的科学，却能找到科学研究的灵感、思路和途径。正是从这个意义上讲，成立河北省科学技术史学会很有必要。

　　河北大学宋史研究中心在保持传统优势的基础上，逐渐拓宽至中国科技史、外国科技史和地方科技史（主要是河北科技史）等领域，现有专职研究人员10人、兼职人员10人。专职人员中，有教授4人、副教授3人、讲师3人。所有人员几乎都具有博士学位（其中1人博士在读）。其已经形成一支年龄结构合理、研究专长互补、学缘结构均衡的具有活力的研究队伍。近几年，河北大学宋史研究中心暨历史学院的科技史研究成果丰硕，先后获得5项国家社会科学基金、1项国家自然科学基金面上项目、3项教育部人文社会科学基金；出版学术著作8部，发表核心期刊学术论文近百篇。在人才培养方面，在历史学方向招收科技史专业的博士和硕士研究生。目前，已培养科技史专业的博士6名、硕士10余名。河北大学宋史研究中心为了加强科技史研究力量，2012年成立了科学技术史研究所，目前主要在科技思想史、农史、医药史、矿冶史、物理学史、建筑史、科学社团史等几个领域展开研究。

经过近两年时间的积极筹备，在河北省科学技术协会和河北大学宋史研究中心的大力支持下，河北省科学技术史学会于2014年5月11日在河北大学正式成立，中心教授、博士生导师吕变庭当选为河北省科学技术史学会会长，李涛博士当选为河北省科学技术史学会秘书长。

依照学会章程，创办《科学史研究论丛》。为此，我们特请中国科学院原副院长、中国科学院院士、2006年国家最高科学技术奖获得者李振声先生为会刊题写刊名，并为之题词："科学之道贯古今，跨越发展在创新。"学会成立以后，河北大学和河北大学宋史研究中心的领导都非常重视学会的各项工作，并为学会的发展创造良好条件，在活动经费、学会建设等方面都给予了大力支持。

科技史是一门新学科，为了让更多的青年学子热爱科技史，不断强化对科技史这门学科的知识传播，《科学史研究论丛》通过开设不同类型的学术专题、研究综述、名家访谈等栏目，尽力为同仁提供一个相互学习、增进友谊、切磋学术和分享快乐的交流平台，不断提升人们的研究境界。《科学史研究论丛》创办的宗旨是，不仅要把"科学之道"发扬光大，而且要高举"创新"的旗帜，办出特色，逐渐提高其在学界的认可度和影响力。

河北大学宋史研究中心
河北省科学技术史学会
2014年12月18日

目　录

古代科学思想

《墨子》与墨翟的古典管理数学思想 …………………… 吕变庭　潘思远　/ 3
试论北宋著名学者刘敞灾异观 ……………………………… 李雪楠　张　艳　/ 15
刍议沈括"性命之学"与古代科技的关系 ………………………… 霍　君　/ 26

医学史

月令体农书中人类医药知识书写特点探析
　　——以《四时纂要》为例 ……………………………………… 李伟霞　/ 41
宋代官修类书《太平广记·医部》中医药学知识的内容、
　　来源与传播 ……………………………………………………… 韩　毅　/ 55
中国古代蒙古族传统医学中"牛腹疗法"初探 ………………… 孙伟航　/ 79
中国近代西药学译著《西药大成》中的"泻药"探析 ………… 文　健　/ 86
浅谈中西医诊治疾病上的结合与发展 …………………………… 武晨琳　/ 108

生物学史

唐宋时期生物学书目分类体系的流变考察 ……………………… 张彤阳　/ 119
"菊落之争"的中国传统博物学之思 …………………………… 郭幼为　/ 140

古代手工业

从考古遗存看东北地区辽金时期冶铁业发展与交流 …… 孟庆旭　郭美玲　/ 153

南宋、金时期金属货币显微观察分析——以铜钱为例…………孙　斌　/ 163

科学教育与科学传播

试论科学技术史研究在科学传播中的作用与影响……………闫星汝　/ 199
蒋梦麟科学教育思想及其对当今基础科学教育的借鉴
　　与启示………………………………………刘　钰　熊　岚　/ 216
国家政策导向下的地质中专教育（1949—1976 年）
　　——以武汉地质学校为中心的考察……………卢子蒙　朱　昊　/ 228

史实考补与文献整理

《水经注》载记"汉中山王故宫"相关史实考补………崔玉谦　耿燕辉　/ 247
《检尸考要》介绍与整理……………王茂华　王语婷　贾玉灿　/ 252
《北洋海军来远兵船管驾日记》介绍与整理…贾玉彪　贾玉晓　王茂华　/ 289
《工程纪略》介绍与整理……………………………梁锦雪　姚建根　/ 330

书讯与研究综述

《探史求新：庆祝郭书春先生八十华诞文集》前言
　　和目录………………………………邹大海　郭金海　田　淼　/ 361
《建筑学报》1954—2021 年中国建筑史类论文综述……………姚慧琳　/ 367
大音希声　大美当言：中国古代弹拨类乐器工艺研究回顾
　　与展望………………………………………赵晨冰　米新丽　/ 384

# 古代科学思想

《墨子》与墨翟的古典管理数学思想*

吕变庭　潘思远
（河北大学宋史研究中心）

提　要　墨子是先秦手工业者的杰出代表，他的科学思想与其深厚的数学修养有着密切联系，特别是墨子把他的数学智慧应用到社会生产和生活管理的各个层面，提出了许多富有深远启发意义的真知灼见。因此，认真总结墨子留给后人的这笔宝贵财富，无疑对进一步加深人们对数学文化的理解将起到积极作用。

关键词　墨子　数学管理　先秦

数学管理就是应用数学方法于社会生活领域的方方面面，从而提高工作效率的一门学问。墨翟是春秋战国之际的一位数理学家，也是一位出色的工匠和优秀的士人。以墨子思想为核心的墨家学派，讲求工艺生产的标准化，强调技术管理的科学化，这两点便成为《墨子》（现存53篇）一书的显著特点。当然，无论是工艺生产的标准化，还是技术管理的科学化，都离不开数学知识的实际应用。

一、《墨子》书中所见各种数学工具

数学工具分理论工具与实践工具，前者包括用概念、判断、推理等形式表达的各种数学思想及方法，后者则包括用以规范技术操作的各种辅助物质手段和仪器设备。

---

* 本文为国家社会科学基金重大项目"17—20世纪国外学者研究中国宋元数理科学的文献整理和历史考察"（20&ZD228）阶段性研究成果。

(一)《墨子》书中的数学理论工具

《墨子》一书中出现了许多几何概念，主要如下。

1. 对点、线段、面与体的认识

在几何学里，点是一个只有位置而没有大小和尺度的图形。《墨子·经上》云："端，体之无序而最前者也。"[1]此"端"与《几何原本》所说的"点"义同。《墨子·经说上》又云："端，是无同也。"[2]也就是说，点是一个不能分割的最小单位，它同古希腊的"原子"概念无异。文中"最前者"则指构成物质最原始的东西，现代宇宙学的大爆炸理论就认为，宇宙起始于一个体积无限小、密度无限大、引力无限大、时空曲率无限大的点[3]。《几何原本》这样定义"点"的概念："一线的两端是点。"[4]有学者解释说："端即点也；体之无序，即所谓线也；序如东序、西序之序，犹言两旁也。"[5]尽管学界对这个解释尚有争议，但"端"应当包括两种含义：一是线的两端（亦即两点确定一条直线），二是构成物质的最小单位。故《墨子·经说上》载："体，若二之一，尺之端也。"[6]这句话的意思是说，一个线段（即尺）如果一半一半地分割下去，最终会得到一个不能再分割的点（即端），这个点便是物质的最小单位。

在几何学上，由点任意移动所构成的图形即线。对于线段或线面与线段或线面的几何关系，《墨子·经上》说："平，同高也。"[7]此处的"平"既指平面，也指线段，就是说两条平行线或平行平面之间的距离处处相等。又说："直，参也。"[8]从字面上讲，这句话的意思就是平面内三个不重合的点在一条直线上。反观人类的生活实践，"三点一线"应用最多的实例就是瞄准射击中的标尺、准星和目标三个点必须保持在一条直线上，而《海岛算经》的测高与测远也是应用了三点共一线原理。

由点到线，由线到面，由面到体，几何学上的点、线、面、体四大元素构

---

[1] （战国）墨翟撰，（清）毕沅校注：《墨子》卷10《经上》，《百子全书》第3册，长沙：岳麓书社，1993年版，第2449页。
[2] （战国）墨翟撰，（清）毕沅校注：《墨子》卷10《经说上》，《百子全书》第3册，长沙：岳麓书社，1993年版，第2454页。
[3] 赵盛成主编：《发现之旅：科学与文化论著研习》，上海：上海教育出版社，2018年版，第77页。
[4] [古希腊]欧几里得：《几何原本》，魏平译，西安：陕西人民出版社，2010年版，第1页。
[5] 陈文涛：《先秦自然学概论》，上海：商务印书馆，1928年版，第22页。
[6] （战国）墨翟撰，（清）毕沅校注：《墨子》卷10《经说上》，《百子全书》第3册，长沙：岳麓书社，1993年版，第2452页。
[7] （战国）墨翟撰，（清）毕沅校注：《墨子》卷10《经上》，《百子全书》第3册，长沙：岳麓书社，1993年版，第2449页。
[8] （战国）墨翟撰，（清）毕沅校注：《墨子》卷10《经上》，《百子全书》第3册，长沙：岳麓书社，1993年版，第2449页。

成了五彩缤纷的世界图景。《墨子·经上》云："体，分于兼也。"①这是数学与管理学相互结合的一个经典命题。"体"是指部分，"兼"是指整体，整体分开就是部分，部分的组合就是整体。从这个层面看，王闿运先生所言，似有一定道理。他说："体者，众端所合成，端积成体。"②而管理学中的整体与部分在美国著名管理学家彼德·德鲁克那里就变成了总目标与分目标的有机统一，即目标管理的合理拆分是有效完成总目标的必要手段和方法，因为"对于大目标的拆分，目标金字塔呈现得很清楚：越往下层，目标越细碎，数量越多，'单细胞任务'组成了'金字塔'的底部；越往上层，目标越趋近整体，数量越少，直至聚合成一个大目标，形成'金字塔'的尖端"③。

2. 对圆、方等几何形状的认识

世界万物都有一定的形状。公元前4世纪，柏拉图认为，宇宙中最完美的形式是圆形，而圆形也就成为最高的几何形式。《墨子·经上》云："圆，一中同长也。""一中"即一个中心，"同长"即圆周到中心的距离等长。在古希腊，《几何原本》这样定义圆的概念："圆是由一条线包围成的平面图形，其内有一点与这条线上的点连接成的所有线段都相等。""而且把这个点叫做圆心。"④与柏拉图从圆球的性质推论出地球是宇宙的中心观念不同，墨翟将圆的性质应用到社会生活的实际过程之中，如圆周率的计算。故杨向奎先生曾经解释《墨子·经上》"直，参也"的内涵说：

> "圆三径一"是中国古代数学上圆周率的粗率。过去之所以未作出这种解释，是忽略了"参"字的古代用法，中国古代"参"字用法不同于"三"，而是三分之一……因之"圆，直参也"，即圆三径一之约称，虽属粗率，但在当时还未发现密率。阿基米得（德）的圆周率同于何承天的"约率 $\left(\frac{22}{7}\right)$"，较墨率为密，但已晚于墨家一二百年。⑤

尽管这是一家之言，未必合乎墨子的文本之义，但墨子对圆周率的重视是

---

① （战国）墨翟撰，（清）毕沅校注：《墨子》卷10《经上》，《百子全书》第3册，长沙：岳麓书社，1993年版，第2449页。
② 王闿运：《墨子注》，任继愈主编：《墨子大全》第1编第19册，北京：北京图书馆出版社，2002年版，第380页。
③ 蔡晓清：《领导力革命》，北京：中国纺织出版社，2022年版，第56页。
④ [古希腊]欧几里得：《几何原本》，魏平译，西安：陕西人民出版社，2010年版，第1页。
⑤ 杨向奎：《墨经数理研究》，任继愈、李广星主编：《墨子大全》第3编第73册，北京：北京图书馆出版社，2004年版，第96—97页。

可以肯定的。如《墨子·大取》载："小圆之圆，与大圆之圆同。"①这句话可以从逻辑学的角度解释，也可从数理科学的角度解释。从后者的释义看，将"同"释为一个常数不无道理，即墨子的意思是说："小圆周长与直径之比和大圆周长与直径之比是相同的。"②那么，这个相同的数值到底是多少？墨子时代取圆周率 π=3，事实上，在《九章算术》之前，人们都取"周三径一"之值。东汉之后，随着经济的发展，社会对圆周率的数值要求越来越精确。于是，刘歆受王莽之命制作了一个铜制圆柱形标准量器——律嘉量斛。根据其铭文所载，人们推算出刘歆当时已经算得 π=3.1547，遂成为后世科学家进一步寻求圆周率精确值的先导。

《墨子·经上》又载："方，柱隅四欢也。"③《墨子·大取》更载："方之一面，非方也。"④孙诒让释："言方幂与方周、方体不同。"可见，墨子对多面体的认识已经积累了比较丰富的经验知识。

（二）《墨子》书中的数学实践工具

1. 一般几何测量工具——规和矩

规和矩产生的具体年代尽管尚待考证，但至少公元前15世纪的殷墟甲骨文中已经出现了"规"和"矩"二字，《孟子·告子上》载："大匠诲人必以规矩。"⑤与孟子同时代的墨子，作为春秋末期的一位著名"大匠"，他对规和矩的认识更加具有理性色彩。《墨子·经说上》云："圆，规写支也。"⑥这是讲用规作圆的方法，"支"孙诒让校正为"交"，即用圆规绕中心旋转一周使起点和终点相交便绘作一个圆形，日常生活中工匠应用最多。墨子又说："方，矩见支也。"⑦此"方"是指由四边和四个直角构成的平正图形，而用矩作方形必须使四条直线和四个直角相互正交。

---

① （战国）墨翟撰，（清）毕沅校注：《墨子》卷11《大取》，《百子全书》第3册，长沙：岳麓书社，1993年版，第2465页。
② 袁峰：《文本语根综通研究》，西安：三秦出版社，2011年版，第99页。
③ （战国）墨翟撰，（清）毕沅校注：《墨子》卷10《经上》，《百子全书》第3册，长沙：岳麓书社，1993年版，第2449页。
④ （战国）墨翟撰，（清）毕沅校注：《墨子》卷11《大取》，《百子全书》第3册，长沙：岳麓书社，1993年版，第2466页。
⑤ 陈戍国点校：《四书五经》上册《孟子》，长沙：岳麓书社，2014年版，第120页。
⑥ （战国）墨翟撰，（清）毕沅校注：《墨子》卷10《经说上》，《百子全书》第3册，长沙：岳麓书社，1993年版，第2454页。
⑦ （战国）墨翟撰，（清）毕沅校注：《墨子》卷10《经说上》，《百子全书》第3册，长沙：岳麓书社，1993年版，第2454页。

2. 木工打直线的工具——绳墨

绳墨一词在先秦典籍中出现的频率比较高，如《尚书·说命上》载："惟木从绳则正。"①文中之"绳"是指木工用以取直的墨线，意思是说，凡作材的木料只有依从绳墨砍削才能正直。后来，《楚辞》卷1说得更直接："背绳墨以追曲兮"②，"循绳墨而不颇（即倾之义）"③，按东汉王逸所注，这句话是讲"百工不循绳墨之直道，随从曲木，屋必倾危而不可居也"④。故《黄帝内经灵枢经》才说："故匠人不能释尺寸而意短长，废绳墨以起平水也。"⑤由此可见，绳墨是古代匠人用来较曲直和量长短的工具，既然这样，墨子离不开绳墨就毫不奇怪了，所以《庄子·天下》载墨子"以绳墨自矫而备世之急"⑥。

3. 计算工具——算筹

据考，我国最早的数字见于殷墟甲骨文，而对于殷墟甲骨文数字，有学者认为："城子崖的数目字与甲骨文早期为近，和殷文化是一个系统。但比甲骨文早数百年到一千年。"⑦从历史上看，数字的发展必然会有计算，但计算过程一般都需要借助某种方法与工具。因此，《老子道德经》第27章云："善数不用筹策。"⑧然而高明人毕竟是少数，多数普通人还得依靠算筹，所以无论此话寓意何为，但它从一个侧面表明算筹的出现要早于春秋末。如西汉枚乘在《七发》文中讲："孟子持筹而算之，万不失一"⑨，我们知道，孟子生活于春秋中期。故《周易·系辞下》云："上古结绳而治，后世圣人易之以书契。"⑩其中对于"契"之含义，东汉刘熙《释名·释书契》云："契，刻也，刻识其数也。"因此，《墨子·备城门》载："守城之法，必数城中之木，十人之所举为十挈，五人之所举为五挈，凡轻重以挈为人数。"孙诒让释："十挈、五挈，谓挈（契）之齿以记数也。"⑪既然有"刻数"，就必然会有算数，那么，计算工具是什么

---

① 陈戍国点校：《四书五经》上册《尚书》，长沙：岳麓书社，2014年版，第239页。
② （宋）朱熹：《楚辞集注》卷1，上海：上海古籍出版社，1979年版，第9页。
③ （宋）朱熹：《楚辞集注》卷1，上海：上海古籍出版社，1979年版，第13页。
④ （汉）王逸注，（宋）洪兴祖补注：《楚辞章句补注》，长春：吉林人民出版社，2005年版，第16页。
⑤ 陈振相、宋贵美编：《中医十大经典全录·黄帝内经灵枢经》，北京：学苑出版社，1995年版，第217页。
⑥ （周）庄周：《庄子南华真经·天下》，《百子全书》第5册，长沙：岳麓书社，1993年版，第4613页。
⑦ 黄勇主编：《数学天地——量与形的旋律》，北京：中国环境科学出版社，2006年版，第8页。
⑧ （周）李耳撰，（魏）王弼注：《老子道德经》第27章，《百子全书》第5册，长沙：岳麓书社，1993年版，第4427页。
⑨ （南朝·梁）萧统主编：《昭明文选》，北京：华夏出版社，2000年版，第1376页。
⑩ 陈戍国点校：《四书五经》上册《周易》，长沙：岳麓书社，2014年版，第202页。
⑪ （清）孙诒让：《墨子间诂》卷14《备城门》，《诸子集成》第6册，石家庄：河北人民出版社，1986年版，第319页。

呢？应当是算筹。因为《墨子·经下》有下面的说法："一少于二，而多于五，说在建。"①此处讲的是十进位值制记数法，与算筹有关。故《孙子算经》云："凡算之法，先识其位，一从十横。"②

4. 制作木质器物的基本操作工具——"斧斤凿锯椎"

在古代，想要成为一名木工匠人的基本要求就是会操作"斧斤凿锯椎"，而在《墨子·备城门》对守城门者提出的约法中，则严格禁止其私自携带这些木作工具，以防止守城门者对城门进行破坏，即"门者皆无得挟斧、斤、凿、锯、椎"③。对于春秋战国时期"斧斤凿锯椎"的基本式样，王崇礼先生在《楚国土木工程研究》一书中根据考古发现和文献记载，比较详细地介绍了它们当时的形状和用途，不赘。

二、《墨子》书中所见各种数学管理知识

在先秦，管理者必须具备一定的计算能力，所以《周礼·地官司徒》把"数"作为"六艺"之一，要求贵族子弟自幼习算，由此可见，掌握一定的数学知识对于管理工作不仅重要，而且也十分必要。

（一）数学能够训练人们从不同的角度看问题

战国时期，名辩家提出了许多有关数学思辨的问题。数学思辨就是指从数学角度来观察问题和分析解决问题，如《墨子·经说下》载："俱一，若牛马四足；惟是，当牛马。数牛数马则牛马二，数牛马则牛马一，若数指，指五而五一。"④这段话是讲集合与元素之间的相互关系，其中"俱一"是从元素的角度看，每个元素都有自身的独立性，所以牛有四足，马也四足，而不能说马和牛加起来为四足。然而，从集合的角度看，则无论是牛还是马，它们都属于四足动物，这就具有了"唯一性"，也是它们的共同性，仅此而言，牛马作为一个整体是一。有了这个逻辑前提，那么，"若以'牛'与'马'为两类分别计数，会得到'牛数'和'马数'两个数值；若以'牛马'为计数

---

① （战国）墨翟撰，（清）毕沅校注：《墨子》卷10《经下》，《百子全书》第3册，长沙：岳麓书社，1993年版，第2451页。

② 郭书春、刘钝校点：《算经十书（二）》，沈阳：辽宁教育出版社，1998年版，第2页。

③ （战国）墨翟撰，（清）毕沅校注：《墨子》卷14《备城门》，《百子全书》第3册，长沙：岳麓书社，1993年版，第2494页。

④ （战国）墨翟撰，（清）毕沅校注：《墨子》卷10《经说下》，《百子全书》第3册，长沙：岳麓书社，1993年版，第2456页。

的大类，则会'数牛马则牛马一'，也就是仅得'牛马数一个'数值。'牛'与'马'不同类却可以有'牛马数'一个数值，是因为'牛马四足'"①。同理，从元素的角度看，"指数"之一个手指数为"五"；若从集合的角度看，"指数"之一个手指则为"一"。因此，同样的事情，从不同的角度观察，便会产生不同的认识。

（二）数学有利于人们对生产和生活中所遇到的各种数量之间相互关系的处理

数量关系既是世界万物之间关系的一种基本表现，又是客观事物之间在数量上相随变动的内在联系。数学把"数"单独地从现实生产和生活的数量关系中抽象出来，构成相对远离现实生产和生活内容的纯粹的数量关系。例如，对于"倍数"，墨子说："倍，二尺与尺但去一。"②即"倍"是数值自身乘以2，或者数值自身相加，也就是照原数一增加为二。有学者从管理学的角度，并结合《墨子·七患》之论，认为墨子是在告诫人们："如果从事生产的人少，而吃饭的人多，国家就非常危险了。"③这里隐含着人口增长速度与生产力发展水平应当保持一种相互平衡的数量关系原理。在生活中，人们遇到的最多的数量关系便是平衡与不平衡问题。墨家经常提到衡木（即扁担）、桔槔及杆秤的应用。如《墨子·经说下》载："负衡木，加重焉，而不挠，极胜重也。右校交绳，无加焉而挠，极不胜重也。"④肩挑重物，对于同样的重量，如果横木两端的重量相等，挑担子的人就会感觉比较舒服，就能胜任其重量。与此相反，如果横木两端（即极）的重量不相等，横木自然就会偏斜，因而使挑担子的人不胜其苦。《墨子·经说下》又载："衡，加重于其一旁，必捶。权重相若也。相衡，则本短标长。两加焉，重相若，则标必下，标得权也。"⑤这里讲的是杠杆原理（图1），若用阿基米德公式表示，则为：动力×动力臂＝阻力×阻力臂，亦即动力＝阻力×阻力臂/动力臂。

---

① 姜李勤：《先秦名学原创逻辑探索》，南京：河海大学出版社，2019年版，第129页。
② （战国）墨翟撰，（清）毕沅校注：《墨子》卷10《经说上》，《百子全书》第3册，长沙：岳麓书社，1993年版，第2454页。
③ 王裕安：《俭节则昌　淫佚则亡——墨家治国的重要思想》，任继愈、李广星主编：《墨子大全》第3编第71册，北京：北京图书馆出版社，2004年版，第107页。
④ （战国）墨翟撰，（清）毕沅校注：《墨子》卷10《经说下》，《百子全书》第3册，长沙：岳麓书社，1993年版，第2457页。
⑤ （战国）墨翟撰，（清）毕沅校注：《墨子》卷10《经说下》，《百子全书》第3册，长沙：岳麓书社，1993年版，第2457页。

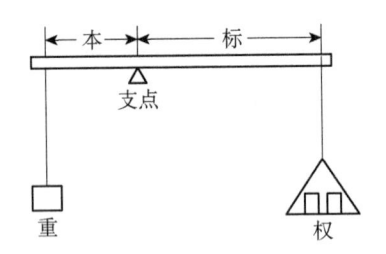

图 1 杠杆示意图

资料来源：胡维佳主编：《中国古代科学技术史纲·技术卷》，沈阳：辽宁教育出版社，1996年版，第251页

从图1不难看出，对于不等臂杠杆，墨子认为，在"标"长"本"短的平衡条件下，倘若往杆秤两边增加相同的重量，那么，"标"的一边就会发生下垂现象，其原因是"力臂和砝码的联合作用大于重臂和重物的联合作用"①。在这里，"支点"位置的选择至关重要，因为它"决定了初始动力能够被放大的倍数"②。

（三）用简单的数字明示来提高管理者的国家安全意识

尽管《墨子》一书中没有使用"国家安全"这个概念，但这并不等于说里面就没有体现这种维护国家安全的朴素观念。如《墨子·七患》载五谷的重要性说："凡五谷者，民之所仰也，君子所以为养也。"③接着，墨子用数字（包括整数和分数）明示了下面五个问题及其应对之策：

> 一谷不收谓之馑，二谷不收谓之旱，三谷不收谓之凶，四谷不收谓之馈，五谷不收谓之饥。岁馑，则仕者大夫以下，皆损禄五分之一；旱，则损五分之二；凶，则损五分之三；馈，则损五分之四；饥大侵，则尽无禄，禀食而已矣。④

按照五谷歉收的程度，分别采用不同的压缩财政开支和降低食禄阶层生活标准的办法以解决国家的安全和稳定问题，在这里，"墨子实际上是提出了低度消耗资源与适度消费的原则"，而"这两个原则也是可持续发展的核心内容"⑤。

居安思危是墨子政治思想的重要特色，他从维护国家长治久安的战略高度

---

① 胡维佳主编：《中国古代科学技术史纲·技术卷》，沈阳：辽宁教育出版社，1996年版，第252页。
② 朱澄：《金融杠杆水平的适度性研究》，北京：中国金融出版社，2016年版，第13页。
③ （战国）墨翟撰，（清）毕沅校注：《墨子》卷1《七患》，《百子全书》第3册，长沙：岳麓书社，1993年版，第2368页。
④ （战国）墨翟撰，（清）毕沅校注：《墨子》卷1《七患》，《百子全书》第3册，长沙：岳麓书社，1993年版，第2368页。
⑤ 徐希燕：《墨学研究——墨子学说的现代诠释》，北京：商务印书馆，2001年版，第147页。

出发，提出了"食者国之宝也"①的粮食安全主张。他引《墨子》的话说："国无三年之食者，国非其国也；家无三年之食者，子非其子也。"②这里讲了粮食安全问题，毋庸置疑，粮食是国家之生命，确实关乎国家的安全管理，所以它不仅是一个经济问题和民生问题，更是一个重大的政治问题。

（四）用数字人文谴责暴君之无道和战争的危害

春秋战国时期，大国争霸，生灵涂炭。对此，墨子从"义战"的立场，特别是从保护劳动人口的高度，批判了"兼国覆军，贼虐万民"的不义之战。他举例说：

> 今攻三里之城、七里之郭，攻此不用锐，且无杀而徒得此然也。杀人多必数于万，寡必数于千，然后三里之城、七里之郭，且可得也。今万乘之国，虚数于千，不胜而入；广衍数于万，不胜而辟。然则土地者，所有余也；王民者，所不足也。今尽王民之死，严上下之患，以争虚城，则是弃所不足而重所有余也。为政若此，非国之务者也。③

这段话主要是讲土地资源与人口之间的比例问题。在自然经济为主的小农社会里，人口就是生产力，这就是墨子为什么非常重视人口再生产的主要原因。本来在传统的封建社会里，我国人口"长期处于高出生、高死亡、低增长的状态，甚至只能维持简单的再生产"④，如果不幸遇到战争、天灾和瘟疫等因素对大量人口的毁灭，那么，它们所造成的其他严重后果先不说，至少农业生产在短期之内根本就无法正常进行。所以有学者考证说："一部二十四史昭示我们，兵燹天灾向来祸不单行，往往相激相荡，当两者交相煎迫的时候，瘟疫亦大为流行。实际上，摧毁社会经济的有三大元凶：兵燹、天灾、瘟疫，其中兵燹是主凶。"⑤而为了保持人口的增长，墨子除了反对暴君"蓄私"而造成"男多寡无妻，女多拘无夫"⑥的旷男怨女之外，还给出了男女适婚年龄的具体数值。墨子说：

---

① （战国）墨翟撰，（清）毕沅校注：《墨子》卷1《七患》，《百子全书》第3册，长沙：岳麓书社，1993年版，第2369页。
② （战国）墨翟撰，（清）毕沅校注：《墨子》卷1《七患》，《百子全书》第3册，长沙：岳麓书社，1993年版，第2369页。
③ （战国）墨翟撰，（清）毕沅校注：《墨子》卷5《非攻上》，《百子全书》第3册，长沙：岳麓书社，1993年版，第2401页。
④ 祁述裕主编：《中国概况》，北京：国家行政学院出版社，2013年版，第44页。
⑤ 陈乐一：《中国经济的繁荣与萧条》，上海：立信会计出版社，2000年版，第43页。
⑥ （战国）墨翟撰，（清）毕沅校注：《墨子》卷1《辞过》，《百子全书》第3册，长沙：岳麓书社，1993年版，第2372页。

唯人为难倍，然人有可倍也。昔者圣王为法曰："丈夫年二十，毋敢不处家；女子年十五，毋敢不事人。"此圣王之法也。圣王既没，于民次也。其欲蚤处家者，有所二十年处家；其欲晚处家者，有所四十年处家。以其蚤与其晚相践，后圣王之法十年。若纯三年而字，子生可以二三年矣。此不惟使民蚤处家而可以倍与？①

文中的"圣王之法"，是墨子主张"早婚"的依据，他用简单的算术"倍法"解决了"早婚"与"人有可倍"的关系问题。仅此而言，墨子的人口思想与马尔萨斯的人口论恰好相反，马尔萨斯"愁的是人多，墨子愁的是人少，人少确是当时的通患"②。

（五）用数字标准规范每个团队成员的日常行为，一切收入皆归公

墨子善于团结众人，特别是手工业者，于是墨子把这些人组织起来，成立了一个当时规模比较大、纪律比较严明的社会组织，并以大禹为偶像，其首领被称为"钜子"。据《庄子·天下》记载，墨子对大禹"沐甚风而栉雨""自苦而乐"的敬业精神十分崇尚。此外，《墨子·耕柱》刊载了该组织内部的一些具体状况，如"子墨子游耕柱子于楚，二三子过之，食之三升"，耕柱待客如此，然而，却"遗十金于子墨子"，说明他的收入需要上交墨子。据《淮南子·泰族训》记载，墨子成立的这个组织，"服役者百八十人，皆可使赴汤蹈刃"。关于管理这些"服役者"，墨子有一些比较严格的管理措施，如上引"二三子过之，食之三升"，应是墨子所规定的日常招待用餐标准。按照《睡虎地秦墓竹简·传食律》记载："御史卒人使者，食粺米半斗，酱四分升一，菜羹，给之韭葱。其有爵者，自官士大夫以上，爵食之。使者之从者，食粝米半斗。"这是秦律对供餐的一餐的食量规定。按：古代一斗等于十升，一升约合今一斤半多些，相比较之下，"二三子"一餐吃三升粮食，确实有填不饱肚子的感觉，但这也正好符合墨子提倡的节俭做人的道理。

（六）采用数学标准规范各种守城的方法及军械的生产和制造，为坚固守城防线创造必要的物质前提

墨子反对攻战，但面对外敌入侵，他不得不去积极准备守城的方法，包括生产和制造各种守城器械，以便应对攻城之敌的各种军事挑衅。其中《墨子·备城门》有"备城门为县门，沉机"防御措施，由于是城防工程，既要坚固，又要方便守城之战，故墨子对各种技术数据要求比较严格。如"沉机"的

---

① （战国）墨翟撰，（清）毕沅校注：《墨子》卷6《节用上》，《百子全书》第3册，长沙：岳麓书社，1993年版，第2408页。

② 梁启超：《墨子学案》，济南：山东文艺出版社，2018年版，第23页。

标准为"长二丈,广八尺",相当于当今的闸板,大小与城门一致,这样就形成了门、闸双重防御结构。悬门平时悬挂在空中,一旦有战事则瞬间落下,而沉下时插入的壕沟(即堑)深度,与扇门相等;长度则以人力多少来确定,没有统一标准。此外,守城器械如转射机、籍车(即抛石机)、连弩车等,都有比较严格的制作标准。如《墨子·备城门》载制造和安装籍车方法云:

> 诸籍车皆铁石,籍车之柱长丈七尺,元狸者足四尺;夫长三丈以上至三丈五尺,马颊长二尺八寸,试籍车之力而为之困,失四分之三在上。籍车夫长三尺,四二(当为"之")三在上,马颊在三分中。马腮长二尺八寸,夫长二十四尺以下不用。治困以大车轮。籍车桓长丈二尺半。诸籍车皆铁什,复车者在之。①

文中载有几种分数的特殊表示法,如"四之三"即"$\frac{3}{4}$","三分中"即"$\frac{3}{4}$"的中点,"长丈二尺半"即 $12\frac{1}{2}$ 尺。这些数值不是墨子的虚构,而是与籍车的物理性质紧密相连。因为"古人不以粗大圆木作垂臂之用,而将若干较细的圆木以铁丝束之,既使垂臂之力增强,又使弹性增强"。支点置于断臂的四分之三处,断臂的一端称为上端,在其顶端系上用石头扎成的腮帮子。为保证抛石速度和距离,在被称为"困"的落臂两侧各装一只飞轮,以支点为中心。它在飞轮中蓄积了人的一部分拉力所形成的动能,以助抛投石在刹那间抛出。

(七)用数学头脑来深刻揭示知识管理的重要性

用数学头脑思考问题和解决问题,是墨子辩才的鲜亮底色。如《墨子·鲁问》载有下面两段话:

> 翟尝计之矣。翟虑耕天下而食之人矣,盛,然后当一农之耕,分诸天下,不能人得一升粟。籍而以为得一升粟,其不能饱天下之饥者,既可睹矣。翟虑织而衣天下之人矣,盛,然后当一妇人之织,分诸天下,不能人得尺布。籍而为得其尺布,其不能暖天下之寒者,既可睹矣。……翟以为不若诵先王之道而求其说,通圣人之言而察其辞,上说王公大人,次说匹夫徒步之士。王公大人用吾言,国必治。……
>
> 吴虑谓子墨子曰:"义耳义耳,焉用言之哉?"子墨子曰:"籍设而天下不知耕,教人耕,与不教人耕而独耕者,其功孰多?"吴虑曰:"教人耕

---

① (清)孙诒让撰,孙启治点校:《墨子间诂》卷 14《备城门》,北京:中华书局,2011 年版,第 533—534 页。

者其功多。"[1]

这两段话不难理解,它讲的是墨子的知识劳动价值观,更是讲墨家对待知识管理的基本立场和看法,即使在今天其都有十分重要的借鉴意义。墨子认为,"一国中学者的位置比农夫重要"。此处的"学者"同时也是国家的管理者,从这个角度看,墨子把知识管理与生产力发展联系起来,的确是非常有远见的。

---

[1] (清)孙诒让撰,孙启治点校:《墨子间诂》卷13《鲁问》,北京:中华书局,2011年版,第473—474页。

试论北宋著名学者刘敞灾异观

李雪楠[1]　张　艳[2]

（1. 河北大学宋史研究中心；2. 河北大学新闻传播学院）

提　要　古代灾异观念汉宋较为典型，而刘敞就灾异事件的书写与阐释，对宋儒灾异观的形成影响至深。在五经、汉儒与宋仁宗政治措施的影响下，刘敞将阴阳观念与臣蔽君思想结合，并提倡君主在灾异事件的警示下畏天自省、关注民生，且刘敞将灾异思想应用于冯京罢官事件与仁宗辞徽号事件，成功实现政治构想。他关于"蜚"为兽的概念被吕大圭、家铉翁等人借鉴，郝懿行与罗汝怀对此提出疑问，认为"蜚"为虫；平原出水、大水、无麦苗等灾异事件的类型划分被程公说借鉴；鲁桓公五年（前707年）"大雩"条的解经注疏为赵鹏飞、黄震等人所沿袭。

关键词　刘敞　灾异观　臣蔽君　《春秋》学

刘敞字原父，临江新喻人（今江西新余）。庆历年间科举廷试第一，始入政坛，活跃于仁宗、英宗两朝，"学问渊博，自佛老、卜筮、天文、方药、山经、地志，皆究知大略"。著作颇多，各方面均有涉及，尤其"长于《春秋》，为书四十卷"[①]。著作有《春秋权衡》《春秋传》《春秋说例》《春秋意林》《春秋文权》《七经小传》《公是集》《公是先生弟子记》《先秦古物图记》等，其中《春秋文权》已亡佚。目前学界对刘敞的研究日渐多元，政治方面，主要侧重于探讨刘敞与欧阳修的社会交游及其社会控制思想[②]；《春秋》学方面，学者对其著

---

① 《宋史》卷319，北京：中华书局，1977年版，第10387页。
② 王靖：《刘敞社会控制思想研究》，重庆师范大学2016年硕士学位论文；吕肖奂：《欧阳修刘敞嘉祐唱和：京朝官的社交与私交生活》，《福州大学学报（哲学社会科学版）》2018年第4期，第79—85页。

作的版本信息与文本内容多有著述①，且学界普遍认为刘敞视《春秋》为经，较早提倡尊经疑传思想，将其视为北宋《春秋》学从训诂之学到义理之学开经学新风的学者之一，对理学演变也具有重要推动作用②；思想方面，目前仅探究了刘敞的尊王攘夷思想、礼制思想与性情论③，灾异观、华夷观、君臣观、女性观等诸多颇具特色的思想观念尚未研究。多数关于其思想观念的研究并未与政治实践结合，故本文拟将刘敞的灾异观与政治实践相结合加以探讨。刘敞作为北宋士大夫的代表性人物，对其灾异观进行探究，可为北宋灾异思想的整体探讨提供细节性增补。

一、刘敞灾异观思想渊源

灾异二字经常连用，但其内涵并不相同。灾为对百姓物产有所损害的事

---

① 张尚英：《刘敞著述考述》，《宋代文化研究》第12辑，成都：四川大学出版社，2003年版，第299—317页；袁建军、李君华：《刘敞的生平、人品及其经学著述与经学思想》，《新余高专学报》2007年第5期，第16—18页；何婵娟：《宋型文化视野中的刘敞文章解读》，《兰州学刊》2008年第1期，第204—208页；吕正、唐明贵、王成光：《刘敞〈论语小传〉的诠释特色》，《社会科学战线》2011年第8期，第263—264页；韩会珍：《刘敞〈春秋权衡〉研究》，山东师范大学2014年硕士学位论文；王勇：《刘敞〈七经小传〉解经考》，浙江大学2014年硕士学位论文；贺平丽：《刘敞〈七经小传〉研究——以〈论语小传〉为例》，西北大学2015年硕士学位论文；陈良中：《刘敞〈尚书〉学研究》，《古籍研究》2015年第2期，第20—29页；侯步云：《对刘敞〈春秋〉五书的解读》，《兰台世界》2016年第5期，第138—139页；刘成国：《〈弟子记〉与北宋中期儒学——以刘敞、王安石为核心的考察》，《社会科学辑刊》2021年第1期，第146—158页；赵学艺：《刘敞〈先秦古器记〉考》，《文献》2022年第4期，第10—22页；赵维宁：《刘敞〈公是集〉成书及宋代版本考述》，《文化学刊》2022年第7期，第219—221页。

② 张尚英：《刘敞之生平与学术》，《宋代文化研究》第10辑，成都：四川大学出版社，2001年版，第339—355页；张尚英：《刘敞〈春秋〉学术论》，四川大学2002年硕士学位论文；张尚英：《试论刘敞〈春秋〉学的时代特色》，《史学集刊》2008年第1期，第103—109页；孙旭红：《刘敞的〈春秋谷梁学〉述论》，《兰州教育学院学报》2009年第1期，第32—35页；周绍萍、胡洁：《刘敞的文学贡献略析》，《飞天》2010年第12期，第36—37页；贺平丽：《刘敞研究综述》，《华夏文化》2014年第2期，第57—60页；李君华、袁建军：《试论刘敞在北宋经学变革中的历史地位》，《江西理工大学学报》2008年第6期，第116—118页；乐文华：《刘敞天命论的双重性》，《江西教育学院学报（社会科学版）》2011年第5期，第132—134页；乐文华：《刘敞和王安石性情论的比较研究》，《江西教育学院学报（社会科学版）》2012年第4期，第157—161页；乐文华：《刘敞及其性情论》，《沧桑》2012年第2期，第85—87页；葛焕礼：《论刘敞在北宋的学术地位》，《史学月刊》2013年第8期，第44—53页；许家星：《"发明正学，又在程朱之前"——刘敞的性与天道之学及其意义》，《中国哲学史》2017年第1期，第88—95页；乐文华：《刘敞及其经学思想述论》，《江西教育学院学报（社会科学版）》2017年第5期，第101—104页。

③ 聂朋：《刘敞礼制思想管窥》，《河南师范大学学报（哲学社会科学版）》1993年第6期，第34—37页；刘涛：《浅析北宋〈春秋〉学的攘夷观——以孙复、刘敞著述为中心视野》，《枣庄学院学报》2010年第1期，第129—133页；崔广洲：《北宋〈春秋〉尊王思想探析——以孙复、刘敞、孙觉为中心》，《江苏开放大学学报》2014年第3期，第72—76页。

件，异为不造成伤亡的非正常事件。刘敞著作中定义为灾的事件有大旱、大水、大雨雹、殒霜杀菽、日食、火灾、麋、螽、螽、螟；定义为异的事件有大雨雪、大雨震电、不雨、雩、地震、山体崩塌、无冰、雨木冰、星陨如雨、星孛、蜚、蜮、六鹢退飞、雨螽、鸲鹆来巢。

刘敞的灾异观深受五经、汉儒与现实政治的影响，厘清其灾异思想的渊源至关重要。首先为五经，尤其是《春秋》的影响。刘敞提出以经解灾的方法，他认为以五经解释灾变最为切合，并上书仁宗建议"凡四方所上奇物，怪变妖孽，诊疾有非常可疑者，宜使儒学之臣据经义传时事以言"[1]，并在其著作中多次引用《周礼》《仪礼》《礼记》的内容，在对《春秋》经文加以注解时，多次使用"礼也""非礼也"等诸如此类的词汇。刘敞在解读《春秋》时多据经文权衡三传得失，其《春秋》学著作的灾异解读往往伴随着对《春秋》三传的批驳，可见对《春秋》研读较为深入。

其次为汉儒的影响。刘敞对董仲舒、京房的灾异思想认识颇深，他认为董仲舒"好言灾异……发明《春秋》大义，以修旁及五经博"[2]，在《上仁宗论大臣不当排言者》的奏书中两度使用《京房易传》中臣蔽君部分的内容。于鲁桓公十七年（前695年）"东，十月朔，日有食之"条，刘敞曰："圣人之说灾异欲人惧耳。非若眭孟、京房指象求类，如与鬼神通言者也。"[3]虽此为对眭孟、京房的批判，但可看出刘敞对二人灾异观念的了解。何休为东汉著名经学家，对经文颇有见解，著有《春秋公羊传解诂》，刘敞《春秋权衡》多借鉴或批驳何休对《春秋》的解读。可见，汉儒在刘敞灾异观的形成过程中发挥着不可或缺的作用。

最后为现实政治因素的影响。宋代统治者多相信天谴论，对灾异事件予以足够重视，仁宗甚至于康定元年（1040年）亲自编撰《洪范政鉴》以示辅臣，并"常置之坐右，退而诵叹"[4]。该书将灾异与人事相参，引起此时期士大夫对灾异事件的重视与关注。刘敞于庆历六年（1046年）入仕，因而其灾异观的形成不可避免地受到仁宗政策影响，从刘敞的奏书《上仁宗论大臣不当排言者》中两度引用《尚书·洪范》内容便可见一斑。此时期士大夫对灾异的探讨，不仅限于对当代灾异事件的看法，更延伸至对历史时期灾异事件的重新解

---

[1] （宋）刘敞：《公是集》卷32，《景印文渊阁四库全书》第1095册，台北：商务印书馆，1986年版，第675页。

[2] （宋）刘敞：《公是集》卷49，《景印文渊阁四库全书》第1095册，台北：商务印书馆，1986年版，第836—837页。

[3] （宋）刘敞：《春秋权衡》卷10，《景印文渊阁四库全书》第147册，台北：商务印书馆，1986年版，第275页。

[4] （宋）卫泾：《后乐集》卷10，《景印文渊阁四库全书》第1169册，台北：商务印书馆，1986年版，第603页。

读与诠释，因而宋代《春秋》学、《论语》学等在此时期得到广泛发展。综上，五经可用于解灾，汉儒对《春秋》的诠释与天人感应观念为刘敞灾异观的构建提供了诸多理论借鉴，而仁宗的提倡则为其灾异观创建了实践空间。

二、刘敞灾异观的内容

刘敞认为灾异事件由阴阳不和所致，故君主对灾、异两种现象都需予以关注，其内容可概括为两类。其一为对臣子的约束。刘敞将阴阳不和的根源归结于传统君臣关系的错位，他将其称为"臣蔽君"，即臣子专权。其二为对君主的要求，即灾异事件下君主的应对，刘敞认为在畏天思想的前提下，君主理应内修自省与关注民生。

（一）阴阳不和与臣蔽君

传统的灾异观一般而言是用灾异警示君主，而刘敞的灾异观则另辟蹊径关注到了对臣子言行的约束。刘敞的奏书中，不乏对君主的溢美之词，可知刘敞对仁宗的政治作为颇为满意。他认为灾异事件是臣子专权所致，臣子"蔽君之明，止君之善，侵君之权，增君之过"，导致阴阳不和，由此引发灾异现象[①]。

刘敞认为从灾异产生的根源而言，日食属于灾，为上天对臣子专权、欺瞒君主等人事的反映，因而君主需要对此加以警惕。鲁昭公二十一年（前521年），"秋七月，壬午，朔，日有食之"条，刘敞驳《左传》"慎对曰：二至二分，日有食之不为灾"非也，"《诗》云：十月之交，朔日辛卯。日有食之，亦孔之丑。周之十月，夏之仲秋也，若不为灾，曷为丑之"[②]，刘敞以《诗经》为据，认为日食是凶恶之事，应归入灾的范畴。后作《救日论》对日食现象予以深入阐述，"夫谄谀奸邪之臣，出则朋党比周以遂，其私入则诐伪欺罔以济，其欲固日夜无须臾之间，惟恐君之觉已也，日有食之是将喜焉"[③]，可见刘敞认为日食是对臣子奸邪之心与朋党之为的反映。如君主忽略上天给予的警示，一味依仗臣子意见，会招致祸端。以鲁季孙与汉张禹之为例，季孙本欲专权，故知日食的警示作用而不感到忧虑，于日食后不久驱逐昭公。西汉后期王氏专

[①]（宋）刘敞：《公是集》卷32，《景印文渊阁四库全书》第1095册，台北：商务印书馆，1986年版，第672页。

[②]（宋）刘敞：《春秋权衡》卷7，《景印文渊阁四库全书》第147册，台北：商务印书馆，1986年版，第246页。

[③]（宋）刘敞：《公是集》卷39，《景印文渊阁四库全书》第1095册，台北：商务印书馆，1986年版，第733页。

权，张禹年老，子孙年幼尚未有自保之力，故在汉成帝就日食等灾异事件询问其看法时，张禹曰："新学小生，乱道误人，宜无信用，以经术断之。"①汉成帝深信不疑，后西汉日渐衰颓。

至和元年（1054年）"吴充、冯京罢判南曹"事件②，刘敞知悉此事，上书对中书官员提出严厉的批评，提出中书此举有越权之嫌。以鲁僖公时期公子遂专权致使旱灾频发与《尚书》"僭则常旸，蒙则常风，下侵上则山崩地震，日月薄蚀"之言劝诫仁宗约束臣子，以免因人事不当而引发灾异事件。刘敞上书后不久，"镇戎军地震，一夕三发……又京师雪后昏雾累日，复多风埃，太阳黄浊"③。地震、日浊皆与《尚书》的灾异预言相呼应，刘敞遂继续上书，并引用《京房易传》"臣事虽正，专必震""臣之蔽君，则蒙气起"的观点以增加君主对灾异事件的敬畏，将灾异与臣子具体作为联系。

至和二年（1055年）水旱频发，刘敞在《上仁宗论水旱之本》的奏疏中提出官府的救济措施非治本之策，他认为"其本在阴阳不和也"，阴阳不和源于人事不当，并进一步提出"三公之职，主和阴阳。而议臣之任，主明天人"。刘敞将致使阴阳不和的成因归结于"臣蔽君"，将阴阳失衡的重任归咎于太尉、司徒、司空的政治行为。他认为解决水旱问题本源在于问责三公，了解三公政治行为的得失，可明阴阳不和之因。对于大臣所提出的"煮粥粜米"等措施，他认为是臣蔽君的一种方式，"名为救济，其实亦欲欺聪明，自解免而已，非谋国之体也"④。由此，刘敞将阴阳不和与臣蔽君的政治行为纳入同一体系。

刘敞"臣蔽君"观念是对臣子的一种约束，强调大臣尤其是居于高位的三公做好表率，其臣子之失的论断或为古代君主大权独揽下的委婉劝诫模式，但不失为一种灾异观的发展。虽刘敞依旧将灾异与人事相对应，但已将过错方由君主转移至臣子，相对而言是对君主行事不当的开脱，此为刘敞灾异观的局限性。

（二）君主畏天内省与关注民生

古代社会中，即使在政治氛围宽松的宋朝，皇权也依旧高涨，少有外在因素可加以制衡，因而以灾异事件警示君主也较为常见。刘敞虽在上书时多将灾异的缘由归咎于臣子之过，但实际应用中，依旧强调对君主的约束。在上述政

---

① 《汉书》卷81，北京：中华书局，1962年版，第3351页。
② （宋）李焘：《续资治通鉴长编》卷176，北京：中华书局，2004年版，第4272页。
③ （宋）刘敞：《公是集》卷32，《景印文渊阁四库全书》第1095册，台北：商务印书馆，1986年版，第673页。
④ （宋）刘敞：《公是集》卷32，《景印文渊阁四库全书》第1095册，台北：商务印书馆，1986年版，第675页。

治实践中，或许对君主的约束相对弱化，但在刘敞的《春秋》学著作中随处可见其对君主的劝诫。故可认为刘敞或将对君主的规劝置于对古籍的重新诠释中，借古喻今。

刘敞认为在灾异的警示下，君主应该有敬畏天地之心，"人君诚有畏天之心，虽有灾害不残"①。刘敞也强调君主应在畏天的前提下自省，其《春秋》学著作中多有对君主的劝诫之言，可见他对政治的现实关怀。如于鲁庄公十一年（前683年）"秋，宋大水"条，刘敞曰：

> 异者，天所以谴人君，使修德也。故异至则内自省而已耳，非所待于外也。不当告，告为失礼，失礼则书。灾者，害之及民物者也。诸侯于四邻，固有恤病救急之义，是所待于外也，不可不吊。吊为得礼，得礼则书。由此观之，凡物不当待于外者，已不可不内自竭也；其当待于外者，人亦不可不勉趋之也。此一天下之道也。②

在鲁僖公十六年（前644年）"六鹢退飞，过宋都"条，刘敞曰：

> 人君遇怪异非常之变者，当自内省而已，非所以告同盟也。同盟有分灾救患之义，故水火兵戎之为败则告，告则赴之，赴则吊之，此所待于外者也。奇物妖变之至，则天之所以警人君，虽有尧、汤之智，反而责其躬，此无待于外者也。无待于外者何赴告之有？《春秋》因而书之，以见人君之莫能畏天命，乃反以责于己者，望于人也。③

两者虽为不同的灾异事件，但刘敞的注解大致相同，往往伴随着对君主的劝诫，并多次强调君主要畏天命而自省。刘敞认为同盟职责为恤病救急，大多为人事，如兵戎之事等。而灾异事件为上天对君主行为的警示，显然不属于此范畴，因而不应告于同盟，求助四邻。"责于己望于人"在刘敞著作中出现多次，可将此视为他对君主自省的内在期许。

对灾异事件的解读往往也伴随着君主对百姓的责任，即民本思想。民本思想的重要性，从灾异的概念界定便略知一二。此外，刘敞的《春秋》学著作中也有诸多具体案例。鲁庄公七年（前687年）"秋，大水无麦苗"条，《公羊传》载："一灾不书，待无麦，然后书无苗。"刘敞对此加以批驳，"若《春秋》

---

① （宋）刘敞：《公是先生弟子记》卷2，《景印文渊阁四库全书》第698册，台北：商务印书馆，1986年版，第451页。

② （宋）刘敞：《刘氏春秋意林》卷上，《景印文渊阁四库全书》第147册，台北：商务印书馆，1986年版，第497—498页。

③ （宋）刘敞：《刘氏春秋意林》卷上，《景印文渊阁四库全书》第147册，台北：商务印书馆，1986年版，第508页。

一灾不书,岂爱民之谓乎"①。《春秋》大义在于垂教后世,关注民生,灾异事件据实直书为圣人的笔削之道。

于鲁僖公三年(前657年)"夏四月,不雨"条,刘敞曰:

> 若是者,所谓无常心,而以百姓心为心。是故与民同忧者,王事之始也;与民同乐者,王事之成也。此《春秋》所为贵,非得雨之谓,其义则近矣。②

可见刘敞忧国忧民的政治关怀,他认为王事的实现需要以民为本,关注百姓喜乐是实现王事的关键。值得一提的是刘敞的"与民同忧"之论与同时代范仲淹"先天下之忧而忧,后天下之乐而乐"的政治理念不谋而合,彰显了北宋士大夫忧国忧民的政治关怀。刘敞著作中关于民生的论述远多于此,体现了民生思想在灾异体系中的重要意义。

综上,从刘敞多次就灾异事件向仁宗的上书中便可一窥其政治理念,借助对《春秋》中灾异事件的诠释表达对现实政治的看法。灾异事件的价值多体现于警示作用,将天灾归结于人事,据天灾异变来调整政治措施。在灾异的警示下,应关注对君臣两方面的约束,避免臣子"蔽君之明",告诫君主畏天自省、关注民生。刘敞实现"王道"与"一天下"的政治构想,也可认为是在北宋内忧外患的背景下,对于整个国家现实境遇所做的思考。

三、政治实践与学术影响

政治实践即在事应论与畏天观念的前提下依托灾异实现政治主张,刘敞主要的政治实践为冯京事件与仁宗辞徽号事件,皆获得成功。学术影响为宋儒与后世学者对刘敞灾异观的认同与借鉴或针对刘敞灾异观所做的不同思考。

刘敞从灾异事件入手谈及政治,最后回归灾异。以历史时期灾异与人事的对应为例劝诫君主,后用现实灾异事件给君主一定压力,致使君主尽快修正人事。故刘敞在理论层面需将灾异与具体政治事件相对应,将灾异现象与君主行为联系起来,"以灾异随事辄应,欲陛下睹变自戒,永绥四方也"③,强调君主据灾异调整政事,此为事应论的体现。

---

① (宋)刘敞:《春秋权衡》卷10,《景印文渊阁四库全书》第147册,台北:商务印书馆,1986年版,第279页。
② (宋)刘敞:《刘氏春秋意林》卷上,《景印文渊阁四库全书》第147册,台北:商务印书馆,1986年版,第505页。
③ (宋)刘敞:《公是集》卷32,《景印文渊阁四库全书》第1095册,台北:商务印书馆,1986年版,第673页。

事应论为理论层面的构建，应用于具体政治活动需要有灾异应验的实例。上文提及刘敞卜筮、天文皆有所知，刘敞曾夜观镇星曰"此于法当得土，不然，则生女"①，后果然有两位公主诞生。英宗即位前，刘敞观星象提出岁星往来虚、危间，必有兴盛于齐者，后英宗以齐州防御使身份继承皇位。可见，刘敞对灾异的认知并不完全凭借《洪范》《易经》等古籍的预言理论。更重要的是在天文、地理知识的指导下，推知灾异发生的规律，增加灾异事件应验的准确性，以取得统治者信赖，实现政治构想。

上文提及至和元年（1054年）冯京事件，在刘沆与冯京的争论中，冯京被罢免，刘敞以《上仁宗论大臣不当排言者》为题两次上书，以灾异事件告诫君主修正人事，最终于次年召还冯京。此事以冯京还官告终，是刘敞灾异观应用于政治实践的胜利。

嘉祐四年（1059年）仁宗祭祖，宰臣富弼等人请求增加尊号曰"大仁至治"。刘敞听闻此事接连三次上奏《上仁宗乞固辞徽号》书，刘敞首先对群臣上书欲使仁宗加徽号，仁宗拒绝的行为表示赞扬。同时也可看出，刘敞此举也率先将此事的缘由归咎于臣子意愿。二次上书时刘敞便将近期发生的灾异事件添补于内，"入今岁以来，颇有灾异，日食、地震、雨雹、大雪、飞蝗、涌水，伤害广远"②，劝诫仁宗畏天自省，保持谦逊，以减少灾异事件的频次。富弼五次上书，仁宗皆辞，刘敞转而劝告富弼。富弼曰："乃是上意欲尔，不可止也。"③可见，仁宗本人欲加徽号，但畏于士大夫言论多次请辞。刘敞三次上书，并以灾异事件为由规劝，以仁宗妥协告终。

刘敞凭借灾异事件上书的政治构想多得以实现，虽不可认为其实现全然出于灾异事件的应验，但其结果必然受此影响，此为刘敞凭借灾异在政治事件中发挥作用的实例。刘敞在就政治事件上书时，也多将灾异事件贯穿其中，通过灾异预言的实现，推动政治主张的实施。但灾异本为精神类信仰，其作用的发挥依赖于君主的敬天畏天之心，从政治事件出发将灾异强行附会于此，过多凭借灾异达成政治意图，易消减灾异观本身所具有的精神警示作用。

学术影响方面，刘敞灾异观对宋朝与后世学者《春秋》学的灾异书写也具有指导作用，刘敞灾异的概念诠释、类型划分与详细注疏等皆有被引用。鲁庄公二十九年（前665年）"秋，有蜚"条刘敞据《山海经》解"蜚之为物状若牛

---

① 《宋史》卷319，北京：中华书局，1977年版，第10386页。
② （宋）刘敞：《公是集》卷32，《景印文渊阁四库全书》第1095册，台北：商务印书馆，1986年版，第674页。
③ （宋）李焘：《续资治通鉴长编》卷189，北京：中华书局，2004年版，第4569页。

而白首,一目虺尾,行水则竭,行草则死,见则其国大疫"①,吕大圭、家铉翁、赵鹏飞等人于"秋,有蜚"条皆引用刘敞对"蜚"这一生物概念的注解②。郝懿行对刘敞的注解提出疑问,他认为:"蜚,《尔雅》以为虫;《山海经》以为兽……懿行案:《尔雅》释虫,云:蜚,蠦蜰。注云:负盘是也。刘向以为为虫臭恶,盖即今所谓臭盘虫也;刘歆以为负蠜误矣;刘敞引《山海经》亦恐误姑存之。"③蠦蜰是一种圆薄能飞的小虫,味辛辣而臭。负盘为行夜别名,为步行虫科昆虫行夜的全虫。可见郝懿行认为其概念应出自《尔雅》,而《山海经》对此诠释恐有偏差。罗汝怀在《说春秋螕蜚》部分提出,"欲以此(刘敞关于"蜚"的注解)当春秋所书之蜚,则几以鲁史为志怪之书矣"。他认为"蜚"为"乡居常有虫飞集窗,几或着人衣,大如小指,形长而圆碎之,臭甚。农人谓之掀盘虫,辄曰:今岁掀盘特多,稻略伤矣,证之端良之说而益信。曰盘,盖象形也。其与食心之螟、食叶之䗩、食根之蟊、食节之贼,皆蝗类者,种微不同而其害苗则一,故或为灾或不为灾也"④。清人多采用《尔雅》之说,认为蜚为虫,对刘敞视蜚为兽的说法加以质疑。

学者对刘敞灾异类型划分的借鉴可见于鲁桓公元年(前711年)"秋,大水"条。《左传》载:"凡平原出水为大水。"刘敞曰:"水之为害何必平原出之乎……至于平原出水,盖最鲜尔",即刘敞认为平原出水为异象⑤。鲁庄公七年(前687年)"秋,大水,无麦苗"条,《左传》载:"不害嘉谷也。"刘敞从益于教化与非灾不书两个角度对此提出批驳,"此圣人为记灾而书耳,言其不害嘉谷,何益于教乎!且隐元年例曰:凡物不为灾不书"⑥。程公说对平原出水、大水、无麦苗等经文的注解直接引用刘敞之言,并且借鉴其灾异类型的划分,即平原出水为异,大水、无麦苗皆为灾⑦。

---

① (宋)刘敞:《刘氏春秋意林》卷上,《景印文渊阁四库全书》第147册,台北:商务印书馆,1986年版,第502页。
② (宋)吕大圭:《吕氏春秋或问》卷10,《景印文渊阁四库全书》第157册,台北:商务印书馆,1986年版,第576页。
③ (清)郝懿行:《春秋说略》卷3,《续修四库全书》第144册,上海:上海古籍出版社,2002年版,第280页。
④ (清)罗汝怀:《绿漪草堂集》卷2,清光绪九年(1883年)罗氏常刻本。
⑤ (宋)刘敞:《春秋权衡》卷2,《景印文渊阁四库全书》第147册,台北:商务印书馆,1986年版,第187页。
⑥ (宋)刘敞:《春秋权衡》卷3,《景印文渊阁四库全书》第147册,台北:商务印书馆,1986年版,第196页。
⑦ (宋)程公说:《春秋分记》卷47,《景印文渊阁四库全书》第154册,台北:商务印书馆,1986年版,第521—526页。

此外宋儒也多承袭刘敞对《史记》"鲁有天子礼乐者，以褒周公之德也"的批驳①。刘敞于鲁桓公五年（前707年）"大雩"条曰："鲁惠公使宰让请郊庙之礼于天子，天子使史角往，惠公止之，其后在鲁，实始为墨翟之学。由是观之，使成王之世而鲁已郊矣，则惠公奚请？惠公之请也，殆由平王以下乎。"②刘敞认为由惠公向成王请教郊庙之礼可知，成王之世鲁并未行天子礼乐。赵鹏飞"大雩"条摘录刘敞之言并进一步加以辨析，"愚得斯说，窃以为成王周公之一快，不然成王贤君而负失礼之罪，周公圣人而干犯礼之讥，吾知其必不然也，然则郊禘皆始于惠公矣"③，他也认为此时鲁国未曾僭越礼制，成王与周公对礼制了解颇多，因而不会违礼。黄震对此加以总结："成王赐鲁以天子礼乐之说，自刘敞始，以史角之事为据。至木讷述用之，甚明。"④沿用刘敞与赵鹏飞之说。刘敞《春秋》学著作注解细致、用词严谨、内容翔实，宋儒解读《春秋》时多以此为参考，对其认同与批驳皆可说明刘敞灾异观流传广泛，受到宋儒的关注。但后世学者在引用时还是较多采用汉儒董仲舒、刘向与宋儒王安石、胡安国等人的灾异解读。

四、结　　语

综上，刘敞灾异观的构建受到五经、汉代经学家与现实政治的影响。就灾异观的内容而言，君主据灾异事件内修自省与关注民生是宋代士大夫的普遍共识，但是时代背景的差异使其对灾异的解读具有不同特质，如孙复侧重于尊王层面、胡安国侧重于华夷之辨与正统观念，而刘敞的特色则在于结合时事对阴阳不和与臣蔽君思想的进一步阐述。在灾异实践方面，以灾异言政事是宋代士大夫常有的做法，刘敞也凭借着灾异事件表达政治构想并获得成功。此外，刘敞的灾异观具有一定的学术影响，宋儒与后世学者解读《春秋》时多借鉴他对灾异的概念诠释与类型划分。通过刘敞对《春秋》中灾异事件的解读与他借由现实灾异现象向仁宗的上书，我们能看到宋代士大夫群体对灾异的部分共性认识。但个体人物的灾异观总是有所偏倚，全面的认识还需要继续加以探究。值

---

① （汉）司马迁：《史记》卷33，北京：中华书局，1982年版，第1523页。
② （宋）刘敞：《刘氏春秋意林》卷上，《景印文渊阁四库全书》第147册，台北：商务印书馆，1986年版，第489页。
③ （宋）赵鹏飞：《春秋经筌》卷2，《景印文渊阁四库全书》第157册，台北：商务印书馆，1986年版，第51页。
④ （宋）黄震：《黄氏日钞》卷9，《景印文渊阁四库全书》第707册，台北：商务印书馆，1986年版，第194页。

得一提的是灾异观的发展源于君主畏天意识，当君主权势过大，不需要依托精神支持来论证王位合法性时，灾异所具有的警示作用会减弱。灾异思想会随着科学技术的发展与理性思维的回归趋于客观，但其内在的精神依托并不会完全消亡。

刍议沈括"性命之学"与古代科技的关系

霍 君

（河北大学外国语学院）

提 要 科学与伦理的关系越来越受到国内外学者的关注，"科技向善"成为人们的共识，伦理道德越来越凸显其作用。宋代是中国古代科技发展的高峰，宋学当中有关伦理道德的辩证思考会给今日之探讨带来一些启示。沈括是宋代科技发展的典型代表人物之一。沈括通过对《孟子》的理解，提出三个观点：第一，重视"性以利为本"，提出"顺利而无所凿者天命也"的观点；第二，提出"物交引、心择之"的观点；第三，主张"穷理尽性"的修身之道。其中，沈括阐明了"动性"的价值标准在于行中庸之道，规范约束"人心"在于保持"勿忘"。在"天人相分"的基调下，沈括对"命"与"天"的认识不是被"制"，而是要"顺"，他的"理想之道"是要充分发挥人的能动性，主动地认识万物的发展规律。

关键词 沈括 科技发展 伦理道德

李约瑟在皇皇巨著《中国科学技术史》中，探求着近代科学何以只产生在伽利略时代的西方这一问题的答案[①]，与此同时他又对中国古代科学技术的发展给予积极评价，并在其中发现了他"最为心仪的有机主义"[②]。"有机"主要是指复杂事物内外部联系、制约、交换、发展诸多客观现实运动形式，李约瑟根据阴阳五行学说中蕴含的复杂相关性原理，将中国古代哲学思维界定为一种"复杂相关性思维"或"通体相关性思维"[③]。这也可以说是李约瑟对近代西方

---

* 基金项目：河北大学社科培育项目"北宋科技伦理思想史研究"（2022HPY025）。

① 刘钝：《李约瑟的世界和世界的李约瑟》，刘钝、王扬宗编：《中国科学与科学革命：李约瑟难题及其相关问题研究论著选》，沈阳：辽宁教育出版社，2002年版，第6页。

② 何兆武：《本土和域外——读李约瑟书第二卷〈中国科学思想史〉》，《何兆武学术文化随笔》，北京：中国青年出版社，1998年版，第120页。

③ 徐刚：《近现代西方哲学的朱熹理学因素——以莱布尼茨、李约瑟为例》，《东南学术》2011年第4期，第160—168页。

科技演进模式的反思①。除李约瑟外，胡塞尔、爱因斯坦等哲学家和科学家都对近代西方的科学主义、理性主义表达了自己的看法。胡塞尔在《欧洲科学的危机与超越论的现象学》中正式提出了"生活世界"这一概念，"这个生活世界已不再是那个孳生了危机的自然态度中的生活世界，而只能是那个先验意义上的原本的生活世界或'先验生活'本身。只有当我们一方面以自然态度生活于'这个'世界之中，同时（通过先验还原）又体验到这样'自然的客观的世界生活，只是构成着世界的先验生活的一种特殊方式'"②。爱因斯坦在坚持"为科学而科学"的同时，还承认科学所具有的社会价值，坚决主张科学家要依照自己的良心来做事情③。不难看出，爱因斯坦强调作为伦理价值主体的"我们"应回到"科学"之中。胡塞尔为了克服科学危机和人的生存危机，也积极主张在"伦理—政治方面的改造"④。不过一般而言，作为知识体系的科学是中性的，需要悬置"人"这一主体，而作为研究活动和社会建制的科学具有道德伦理价值⑤。

科学与伦理之间的张力越来越受到社会的关注。然而需要注意的是，就西方哲学的传统而论，正如恩格斯指出的"全部哲学，特别是近代哲学的重大的基本问题，是思维和存在的关系问题"⑥，它以主客二分为基础和前提。胡塞尔在反思西方科学主义、理性主义，回返到"人"这一主体时，注重的是人的思维和意识。爱因斯坦坚持以人道主义为本的伦理思想，这也是以主客二分为前提。近代以来的科学是要为自然界"立法"，其中也存在只是机械地片面地强调科学技术对客观世界的改变作用，而忽视了人在伦理道德方面的制约性作用的情况。我们返回到李约瑟的"有机主义"，李氏所言的这一思想以中国的"天

---

① 如李约瑟说："中国思想中的关键词是'秩序'（order），尤其是'模式'（pattern）[以及'有机主义'（organism），如果我可以第一次悄悄提到它的话]。象征的相互联系或对应者组成了一个巨大模式的一部分。事物以特定的方式而运行，并不必然是由于其他事物的居先作用或者推动，而是因为它们在永恒运动着的循环的宇宙之中的地位使得它们被赋予了内在的本性，这就使那种运动对于它们成为不可避免的。如果事物不以那些特定的方式而运行，它们就会丧失它们在整体之中相对关系的地位……而变成与自己不同的某种东西。因此，它们是有赖于整个世界有机而存在的一部分。它们相互反应倒不是由于机械的推动或作用，而毋宁说是由于一种神秘的共鸣。"参见[英]李约瑟：《中国科学技术史》卷2《科学思想史》，北京、上海：科学出版社、上海古籍出版社，1990年版，第305页。

② 朱刚：《胡塞尔生活世界的两种含义——兼谈欧洲科学与人的危机及其克服》，《江苏社会科学》2003年第3期，第44—45页。

③ 杜严勇：《爱因斯坦的科技伦理思想及其现实意义》，《武汉科技大学学报（社会科学版）》2013年第6期，第612—616页。

④ [德]汉斯·莱纳·塞普、宋文良：《胡塞尔论改造——科学与社会性之交融视域中的伦理学》，《广西大学学报（哲学社会科学版）》2019年第1期，第21—31页。

⑤ 李醒民：《有关科学伦理学的几个问题》，《科学与伦理》，北京：中国人民大学出版社，2021年版，第80—100页。

⑥ 中共中央马克思恩格斯列宁斯大林著作编译局编译：《马克思恩格斯选集》卷4《路德维希·费尔巴哈和德国古典哲学的终结》，北京：人民出版社，2012年版，第229页。

人关系"为基础，他看重道家的崇尚自然，同时也倾心于两宋之际的新儒学。正如何兆武先生所言，"道学（理学）虽然被称为新儒学（Neo-Confucianism），然而其中最有价值的那部分思想，即有机主义的思想，却是来源于道家而非儒家"①。援佛道入儒是宋学的特色。朱熹的"理学"也融入了佛道的要素，得到李约瑟的高度评价，称为"自然主义哲学"，是阴阳构成天、地、人系统的整体有机观。"通过哲学的洞察和想象的惊人努力，而把人的最高伦理价值放在以非人类的自然界为背景，或者（不如说）放在自然界整体的宏大结构（或像朱熹本人所称的万物之理）之内的恰当位置上。根据这一观点，宇宙的本性从某种意义上说，乃是道德的，并不是因为在空间与时间之外的某处还存在着一个指导一切的道德人格神，而是因为宇宙就具有导致产生道德价值和道德行为的特性，当达到了那种组织层次时，精神价值和精神行为有可能自行显示出来。"②李约瑟认为"诚"便是作为"无孔不入的一种有机原理"③。从哲学思辨的角度，李约瑟的"有机主义观"为讨论中国古代伦理思想与科技的关系提供了很大的启发。

西方哲学中的主客二分，对应中国传统哲学中的"天人相分"。在究"天人之际"之时，包含着"天人合一"与"天人相分"两种倾向，而这两者间的关系并非像"主客二分"一般泾渭分明。"天"在中国文化中含义甚广，于"天人相分"而言，主要有"自然天"和"命运天"之分。荀子所言的"天行有常，不为尧存，不为桀亡"（《荀子·天论篇》）是"自然天"，是客观规律。而郭店楚简《穷达以时》篇中的"有天有人，天人有分"之句，根据篇章文脉来看，对应的应是"命运天"。它讲的是人生机遇的问题，"遇不遇"不由"人"所控，而在于"天"，在"不遇之时"要求"养性"，即"人"要努力完善自己的德行，"天人各有职分"。与"命运天"相关的是"时""遇"等具有偶然性和变化性的范畴。这与孟子的"性命之分"思想很接近，如《孟子·尽心上》讲："求则得之，舍则失之，是求有益于得也，求在我者也。求之有道，得之有命，是求无益于得也，求在外者也。"④因此，从大的方面来分，"天人相分"可分为"自然天"和"生物之人"，以及"命运天"和"道德之人"。谈论科技和伦

---

① 何兆武：《本土和域外——读李约瑟书第二卷〈中国科学思想史〉》，《何兆武学术文化随笔》，北京：中国青年出版社，1998年版，第120页。

② [英]李约瑟：《中国科学技术史》卷2《科学思想史》，北京、上海：科学出版社、上海古籍出版社，1990年版，第485页。

③ [英]李约瑟：《中国科学技术史》卷2《科学思想史》，北京、上海：科学出版社、上海古籍出版社，1990年版，第501页。

④ 梁涛：《竹简〈穷达以时〉与早期儒家天人观》，《哲学研究》2003年第4期，第65—70页；所引《孟子》内容均引自杨伯峻编著《孟子译注》（中华书局，1960年版）。杨伯峻编著：《孟子译注》，北京：中华书局，1960年版，第302页。

理的关系,要将"天人相分"的这两部分有机结合起来。对自然界的探索一向是科学的任务,而人对命运的态度决定了人的价值观①,也影响着科学探索的发展。

"天人关系"是一个庞大的有机体系,由理气(天)、心性(人)、知行(中介)和天人四个部分有机组成。"理气"是理学范畴的基础,"心性"是中心问题,"心性"中又分为"性命""心性""性情""理欲"等命题②。与以存在论为传统的西方哲学不同,中国哲学的传统是性命论③。"心性"属于道德形上哲学之内,包括讨论"性"与"命"之关系的问题,还牵涉到"心""情"等范畴。因此,讨论古代科技与伦理问题,就需要涉及"性、命、心、情、欲",以及"理、气"之间的关系问题。两宋是中国古代科技发展的高峰。从哲学的立场,分析这一时期科技能够达到如此辉煌之原因,吕变庭先生以"天人相分"切入,站在主客二分的角度展开分析④。笔者在这一视角的观照下,转向主体——人,从科学与伦理的方面探讨宋代科技发展的原因。本文选取沈括这一个案,围绕《梦溪笔谈》与《长兴集》所录《孟子解》⑤展开。

一、沈括的"理气"观

对"理气"的认识关系着其在本体论、认识论上的地位差异,是理学"气本论"与"理本论"的分野界限,也是讨论"性命之学"的前提。历经庆历新政、熙丰变法,宋代正值社会变革活跃期,宋学也处于形成与发展的阶段⑥。在这样一种社会文化背景下,沈括对"理气"的认识也带有时代的烙印。

(一)注重"理气"的功能与作用

在《续笔谈》中有一则著名的对谈,太祖皇帝尝问赵普曰:"天下何物最大?"普熟思未答间,再问如前,普对曰:"道理最大。"上屡称善⑦。靠着

---

① 傅斯年指出春秋战国时期的天命说有五种趋势:命定论、命正论、俟命论、命运论和非命论。参考傅斯年:《性命古训辨证》,《傅斯年全集》卷2,长沙:湖南教育出版社,2003年版,第597—600页。
② 蒙培元:《理学范畴系统》,北京:人民出版社,1989年版,第173—316页。
③ 吴飞:《性命论刍议》,《哲学动态》2020年第12期,第26—36页。
④ 吕变庭:《宋代天人相分思想研究——以哲学与科学的关系为视角》,北京:人民出版社,2017年版。
⑤ 《梦溪笔谈》使用文本为胡道静等译注《梦溪笔谈全译》(贵州人民出版社,1998年版)。《长兴集》以《景印文渊阁四库全书》为底本,校对本为国家图书馆藏明刻本《沈氏三先生文集》与天津图书馆藏清光绪二十二年(1896年)刻本《沈氏三先生文集》。
⑥ 漆侠:《宋学的发展和演变》,石家庄:河北人民出版社,2002年版,第1—31页;钱宝琮:《沈括》,李俨、钱宝琮:《李俨钱宝琮科学史全集》卷9,沈阳:辽宁教育出版社,1998年版,第468—478页。
⑦ (宋)沈括原著,胡道静、金良年、胡小静译注:《梦溪笔谈全译》,贵阳:贵州人民出版社,1998年版,第1070页。

"半部论语治天下"的赵普提出的"天下理最大"这一命题"不仅开启了宋代波澜壮阔的'求理'时代潮流，而且成为宋代'理学'血脉相承的一根思想轴线，意义巨大"①。对"理"进行体用方面的讨论著述卷帙浩繁，而沈括在《梦溪笔谈》和《长兴集》中并未像之后的朱熹等人，将"理"视为本体论的存在。《梦溪笔谈》中的"理"和"气"主要集中于"乐律"和"象数"部分，如第134段"物理有常有变"，第137段"数理得之自然"，第544段"潮汐之理"等主要表达的是自然事物的规律、属性之意。同时又在第82段中有"三祭之乐本天理"（"乐律"部分）一句，此处的"天理"作为道德伦理标准出现，被视为一种先验的规律。

　　沈括没有将"理"提升到"本体"的地位，而是从功能、作用的角度，即"用"的层面讲"理"在社会生活中形形色色的各种"角色担当"，是具体的理，是活生生的理。对于"气"亦如是，并没有像张载等人那样形成"气本论"的学说。《梦溪笔谈》中的"气"主要集中在"象数"部分，参杂于阴阳五行之间，物质世界有"五运"（水、火、木、金、土）和"六气"（风、寒、暑、湿、燥、火），通过彼此的相互关系来理解纷繁复杂的自然环境和人体生理的变化。如"医家有五运六气之术，大则候天地之变，寒暑风雨、水旱螟蝗，率皆有法；小则人之众疾亦随气运盛衰"②。沈括还利用这些"知识"准确预报了翌日的"久旱逢甘霖"。除物质实在之外，在道德领域"气"表现为人外在的精神气质。如《孟子解》中有"不得于心，勿求于气，可""故曰志，气之帅也""浩然之气"等。无论是自然现象，抑或是人的道德品质，"气"都是流动变化，而非静止的，并不能将其视为形而上的存在。在物质实在面前，沈括的"理气"观注重的是"体用"之"用"的方面，人们通过抽象思辨，把握事物运动变化的客观规律。正如吕变庭先生所言，沈括并没有明确地提炼出"天人相分"这一命题，而是在字里行间表现出了这一思想的内涵，如《宋史》所引沈括《浑仪议》中"度在器，则日月五星可搏乎器中，而天无所豫也"一句，人可以运用"器与智"认识宇宙，而不需要"天"参与其中，"这说明天与人是'异体'存在的，且'各自有分'"③。沈括在认知事物方面是通过经验观察，而非逻辑论证；但是在实际观察中沈括遵循着辩证的认知规律。

---

① 吕变庭、张婷：《宋学产生的历史背景初探》，《宋学讲习概论》，北京：科学出版社，2016年版，第3页。
② （宋）沈括原著，胡道静、金良年、胡小静译注：《梦溪笔谈全译》，贵阳：贵州人民出版社，1998年版，第259页。
③ 吕变庭、刘潇：《论沈括的"天人相分"思想》，《河北大学学报（哲学社会科学版）》2007年第5期，第11页。

（二）"理气"认识中具有客观辩证思想

沈括不仅"是我们历史上，同时也是世界上稀有的一位通才"[①]。《梦溪笔谈》在物理学、天文历法、地理学、化学、生物学，以及文学、音乐等领域建树颇多。他这样的成就与当时社会崇尚"疑古·疑经"思潮分不开。王安石写了《洪范传》，沈括的《梦溪笔谈》也充满了质疑、批判的精神，如对《神农本草经》的质疑，又如自称要补缺《汉书》见解之遗漏。"沈括科学研究的思想基础是他的唯物主义自然观和辩证思维，换句话来讲，他的科学成果的取得正是得益于此。"[②]沈括身上具有的客观辩证思想的气质得到了世人的肯定。在此，笔者举两个典型事例加以说明。

首先是经常被研究者引用的一段，"大凡物理有常有变，运气所主者常也，异夫所主者皆变也，常则如本气，变则无所不至，而各有所占。故其候有从、逆、淫、郁、胜、复、太过、不足之变，其发皆不同"[③]。"常"，吕变庭先生解释为"普遍规律"，"变"则是概率性规律[④]。"运气"是指"五运六气"，此学说是以阴阳五行为基本前提，结合医学（中医）探讨气象等自然变化规律的"一门古老科学"，胡道静先生又指出"本气"是"不同时节应当出现的运气"[⑤]。沈括认为，在自然界的某一特定时期，会有一种运气是"普遍规律"，同时，"气"又是流动变化的，所以会出现一些"概率性规律"事件，但这些偶然事件发生的原因却又不一样，即体现了常中有变，变中亦有变的辩证认识。

其次所举的例子是，"此皆以意配之，不然也。九七、八六之数，阳顺、阴逆之理，皆有所从来，得之自然，非意之所配也"[⑥]。"以意配之"是指有人认为《易》中的卦象是随意排列。然而，沈括认为事实上并非如此，而是有客观的依据。"得之自然，非意之所配也"这句体现了"物质决定意识"的唯物主义的基本观点。在此段内容中，沈括还认为《易》具有运动变化的特点，提出了"物盈则变"，即事物发展到极盛则会发生变化的观点，其中包含着在运动与变化中矛盾双方相互转化的辩证认识。

[①] 何勇强：《科学全才——沈括传》，杭州：浙江人民出版社，2005年版，第3—4页。
[②] 郑婉君：《〈梦溪笔谈〉中的科学思想和科学精神初探》，《2017年湖北省科学技术史学会年会论文集》，2017年版，第19页。
[③] （宋）沈括原著，胡道静、金良年、胡小静译注：《梦溪笔谈全译》，贵阳：贵州人民出版社，1998年版，第259页。
[④] 吕变庭、刘潇：《论沈括的"天人相分"思想》，《河北大学学报（哲学社会科学版）》2007年第5期，第11页。
[⑤] （宋）沈括原著，胡道静、金良年、胡小静译注：《梦溪笔谈全译》，贵阳：贵州人民出版社，1998年版，第260页。
[⑥] （宋）沈括原著，胡道静、金良年、胡小静译注：《梦溪笔谈全译》，贵阳：贵州人民出版社，1998年版，第268页。

从"理气"在理学中的发展脉络来看，沈括的"理气"观还处于理学的初始阶段，"理"与"气"均未上升至本体论的高度，而是注重在具体事物中"理气"的运动和所起作用。在辩证的认知过程当中，沈括也防止"过犹不及"。在"天人相分"的观照下，沈括对《孟子》有着自己的理解。

二、沈括的"心性"观

理学当中的"心性"部分对应于西方哲学传统中的道德伦理部分。在中国的"天人关系"体系中，除"自然天"之外，"道德天"与"命运天"也占有一席之地。"尽人事以听天命"，就是讲人有人的职分，天有天的职分，"天人有分"。这与"自然天"和"人"的"相分"形成呼应。对待"命运天"所展现出的人的能动性和约束性，也反映在了对待"自然天"上。在"天人相分"思想的呼应下，沈括在"心性""性命"方面的认识也呈现出与之相应的特色。

（一）重视"性以利为本"，提出"顺利而无所凿者天命也"的观点

沈括在对《孟子·离娄下》中的"中也养不中，才也养不才，故人乐有贤父兄也。如中也弃不中，才也弃不才，则贤不肖之相去，其间不能以寸"[1]一段进行阐述时，提出了"利者对不利而为言"的观点，进而对此观点铺陈开来：

> 在人也，顺之者谓之利，逆之者谓之不利。在器也，铦者谓之利，椎者谓之不利。在水也，行者谓之利，壅者谓之不利。在动也，便者谓之利，违者谓之（不）利。[2]

对人抑或物而言，都有矛盾的利与不利两方面。沈括对《孟子》这段内容阐述的重点不在于"养"与"不弃"的实践，而在于发现"中"与"不中"、"才"与"不才"、"贤"与"不肖"这些现象所蕴含的矛盾对立的规律。故而，沈括再引《孟子·离娄下》的章句："天下之言性也，则故而已矣。故者以利为本。"[3]并将"故"解释为："犹常也。"这里说的"性"，既包括"人性"也包括"物性"。沈括说："禹之行水也，行其所无事也。行其所无事者，水之利

---

[1] 杨伯峻编著：《孟子译注》，北京：中华书局，1960年版，第188页。
[2] （宋）沈括：《长兴集》卷19《孟子解》，《景印文渊阁四库全书》第1117册，台北：商务印书馆，1986年版，第357页。
[3] 杨伯峻编著：《孟子译注》，北京：中华书局，1960年版，第196页。

也。动而莫不顺利者,尽其性也。"相比孟子单方面将大禹治水一事归功于大禹的"智"①,沈括则一方面阐述了水之所"利",另一方面又强调了大禹尽"物性",按照事物的规律解决问题。当然,沈括也不会忘记"人性",他还说道:"舜由仁义行,孔子从心所欲、不逾矩,顺利之至也。"由"性以利为本",沈括提出了"顺利而无所凿者天命也"的观点。"利"所言者乃"性","顺利"则为"动性"。这里,"天命"已不是"不可知论",而是对自然界和人类社会经过全面考察后,择其所"利",按客观规律办事情。沈括将"天命"与人的能动性相联系,达到一种"顺天命"的境界②。这里的"顺"不是被动的"无为",而是顺应自然与社会关系规律的"有为"。这也体现在《梦溪笔谈》的"技艺""器用"等部分。

除"知物性"外,沈括还"制定"了判断"动性"的价值标准,他在这段中继续说道:"行而不失其贞者,尽其情也。喜怒哀乐之未发,谓之中。发而皆中节,谓之和,贞之至也。"关于"情",沈括在《孟子解》中还讲道:"人之情,无节则流。故长幼贵贱莫不为之节制。从流而下则狎于鄙慢,从流而上则乐于僭侈。"③"人"这一主体在应对自然界的事物和人类社会的关系时,要行"中庸之道",对自己的"情"要有所节制,不能过度地沉溺于"物"当中,"人类的抗争能进到何种地步?却不是一个定值。每个时代,都有人认为,已经达到的地步就是人力所能达到的极限。他们要求相应自然,适可而止。还有一部分人,却主张继续前进。前者往往不求进取,后者又易陷于荒唐"④。故沈括说:"役于物者,非其本性也。"关于"物"与"心"的关系,沈括提出了下面的观点。

(二)提出"物交引、心择之"的观点

沈括在阐发《孟子·告子上》中"耳目之官不思,而蔽于物。物交物,则引之而已矣。心之官则思,思则得之,不思则不得也。此天之所与我者。先立乎其大者,则其小者不能夺也。此为大人而已矣"⑤之意时,将"耳目之官不思"转为"耳目能受而不能择"一句。这一文本语言表述的转变,则将孟子"一步到位"地否定耳目等的功能,转变为沈括有条件地承认了耳目的作用。继

---

① "天下之言性也"段的原文:"天下之言性也,则故而已矣。故者以利为本。所恶于智者,为其凿也。如智者若禹之行水也,则无恶于智矣。禹之行水也,行其所无事也。如智者亦行其所无事,则智亦大矣。天之高也,星辰之远也,苟求其故,千岁之日至,可坐而致也。"
② 是否能称为"制天命",笔者认为还需要进一步探讨。
③ (宋)沈括:《长兴集》卷19《孟子解》,《景印文渊阁四库全书》第1117册,台北:商务印书馆,1986年版,第355页。
④ 席泽宗主编:《中国科学技术史·科学思想卷》,北京:科学出版社,2001年版,第288页。
⑤ 杨伯峻编著:《孟子译注》,北京:中华书局,1960年版,第270页。

而，沈括说："择之者心也。故物交物，则引之而已。心则不然，是则受，非则辞。此其所以为大也。从耳目口体而役其心者，小人之道也。"①"物交物，则引之而已"也道出了沈括所说的"役于物者，非其本性也"之意。我们将此处《孟子》与《孟子解》文本语言的差异，用表1表示出来。

表1 "耳目"段之文本差异

	《孟子》	《孟子解》
第一处	耳目之官不思，而蔽于物	耳目能受而不能择，择之者心也
第二处	心之官则思，思则得之，不思则不得也。此天之所与我者	心则不然，是则受，非则辞。此其所以为大也

从表1所示文本差异可知，孟子因耳目不能"思"，则否定了其能"受"的功能；沈括则将耳目纳入人们认识世界的过程当中。"思"是人心智、精神的活动，孟子强调"思"的作用，因"思"而得，颇有笛卡儿"我思，故我在"之意味。孟子的"思"是将客观世界存在排除在了认识活动之外，是一种主观唯心主义的体现。而沈括则是将"耳目心"视为一个整体，"耳目"是接受物质世界呈现的器官，"心"起着选择判断的作用。沈括在这里虽然没有明确说出"物"，即客观世界的物质存在，但是因为承认了"耳目之所受"，所以客观物质存在是其逻辑成立的前提条件。当耳目所受为"是"时，接受；当耳目所受为"非"时，拒绝。文本语言的这一改变，就将孟子的主观唯心主义观点转变为了辩证地看待物质与思维关系的这一问题。

就如何规范约束人之"心"，即思维意识的活动，沈括在《孟子解》中表示："必有事焉，而勿正心、勿忘、勿助长也。舜有事焉，非以其为仁义而后为之也。人皆有是心，舜能勿忘而已。求仁义而为之，所谓正心与助长者也。"②沈括认为舜施仁义不是特意为之。"助长"，孟子引"揠苗助长"的故事来说明问题。同样放到"择物"的问题上，也是在告诫人们要行"中庸之道"，行之莫过度。而"勿忘"又是指不能忘记什么？从下面的内容可管窥一二。

（三）主张"穷理尽性"的修身之道

"修身，齐家，治国，平天下"，对古代的士大夫来说，修身是第一位的。关于如何修身，《孟子·尽心上》说："尽其心者，知其性也。知其性，则知天

---

① （宋）沈括：《长兴集》卷19《孟子解》，《景印文渊阁四库全书》第1117册，台北：商务印书馆，1986年版，第358页。

② 关于"勿正心勿忘"的断句，有"勿正心、勿忘"与"勿正、心勿忘"两种分法。本文按照沈括文章的文脉，断为"勿正心、勿忘"。

矣。存其心，养其性，所以事天也。夭寿不贰，修身以俟之，所以立命也。"①对孟子的这一陈述，沈括也有所发挥：

> 善不至于诚，不尽其心者也。尽其心，则性也。知性，则知天矣。天之与我者，存而不使放也，养而无敢害也，是之谓事天。寿夭得丧，我不得而知。知修身而已。身既修矣，所遇者则莫不命也。所谓修身也，不能穷万物之理，则不足择天下之义。不能尽己之性，则不足入天下之道德。穷理尽性，以此小人之乐于食邑，没身不厌，诚欲之也。万物皆备于我矣，反身而诚，若小人之诚于食色也，乐莫大焉。②

两者的文本语言差异，用表2表示如下。

表2 "尽其心者"段之文本差异

	《孟子》	《孟子解》
第一处	尽其心者，知其性也。知其性，则知天矣	尽其心，则性也。知性，则知天矣
第二处	存其心，养其性，所以事天也	天之与我者，存而不使放也，养而无敢害也，是之谓事天
第三处	夭寿不贰，修身以俟之，所以立命也	寿夭得丧，我不得而知。知修身而已。身既修矣，所遇者则莫不命也。所谓修身也，不能穷万物之理，则不足择天下之义。不能尽己之性，则不足入天下之道德

就两者的文本表述所带来的意义上的差异，我们首先从第二处开始分析。孟子的"事天"是从人的"存心、养性"讲起，"心性"于人而言，就是从道德修为方面能够将自己做好，就做到了"事天"。显而易见，这是一种"天人合一"。而沈括的"事天"则是"存、养"好"天"给予我的"东西"。这也就将天与人分开来，各自应对各自的职责。

第三处《孟子》讲到人的寿命无所谓长短，重点在于"修身以俟之"，即以求达到"天人合一"的境界。"夭寿不贰"四字也说明了对于无法预知的生命的长度，与其说知"天"，不如靠"修身"，这里的"立命"更接近于"道德天"，在于内心的修为（俟命论）。与此相对，沈括则认为人的寿命长短是由"天"所决定的，是客观的，是不可知的，依人的行事以降福祸（命正论）。这也就将天与人相分离，沈括所讲的"命"更多是指"命运天"。"人"的职责在于"修身"，而"修身"兼有"穷万物之理"和"尽己之性"二义，即追求物质实在的真理和规范自身德行两方面。沈括在这里并不是简单地"主客二分"，而是有机地将两者统一起来。进一步来说，如前所述，沈括认为"性以利为本"，并提出了"顺利而无所凿者天命也"的命题，"性"包括"人性"和"物性"。

---

① 杨伯峻编著：《孟子译注》，北京：中华书局，1960年版，第301页。
② （宋）沈括：《长兴集》卷19《孟子解》，《景印文渊阁四库全书》第1117册，台北：商务印书馆，1986年版，第358页。

结合沈括的这一认识,"尽己之性"则是"顺人之利"。而"穷万物之理"则可"择天下之义",该句中的"择",又彰显了"人之心"的作用。在《梦溪笔谈》第285段中,沈括阐释了"己"的内涵。

> 古文"己"字从"一"、从"亡",此乃通贯天、地、人,与"王"字义同。中则为"王",或左或右则为"己"。僧肇曰:"会万物为一己者,其惟圣人乎?子曰:'下学而上达。'人不能至于此,皆自域之也。"得"己"之全者如此。①

古文的"己"有写为"上'丁'下'㇄'"之形②,《说文解字》对"王"的解释中有说:"古之造文者,三画而连其中谓之王。三者,天、地、人也;而参通之者,王也。"由此可见,沈括对修身的要求是将天地之理与人相贯通。僧肇所引孔子的"下学而上达"一句,有解释将"上达"作"天命"讲,李泽厚先生则翻译为"下学人事而上达真理"③。这一解释可贴切地道出沈括的修身之道。

分析到此,再回到"尽其心者"段的第一处文本差异。《孟子》为"尽其心者,知其性也",《孟子解》是"尽其心,则性也"。对《孟子解》中"则"的词性的理解,关乎对该句的认识。"则"字词性可有副词和连词二解。若"则"为副词,则句式"则……也"为判断句④。然而,从前文对《孟子解》的分析来看,"尽其心"不能作为"性"的内涵,从而在语法上,不能将"则"当副词来看待。若"则"为连词,则"性"当作动词理解,笔者尝试释为"尽性"之意。"尽其心"就是对物"是则受,非则辞""择天下之义",不役于物而"以利为本"。可以说,"尽心"之后达到"尽性"。那么,沈括所说的"知性则知天",就与孟子的"知天命"有所不同,是"以利为本"的"顺利而行",并且在《孟子解》中沈括并未将"穷理尽性"与"至天命"相关联。在沈括看来,天命还是"遇不遇"的问题。沈括的这一认识也体现在阐述孟子的"有事君人者,事是君则为容悦者也;有安社稷臣者,以安社稷为悦者也;有天民者,达可行于天下而后行之者也;有大人者,正己而物正者也"⑤这段话中。沈括说:

> 君子之道四。其君安则容,其君安则悦,是事君人者也,君不幸则死之。不为一君存亡,社稷安则容,社稷安则悦,是安社稷臣者,君危社稷

---

① (宋)沈括原著,胡道静、金良年、胡小静译注:《梦溪笔谈全译》,贵阳:贵州人民出版社,1998年版,第535页。
② (宋)沈括原著,胡道静、金良年、胡小静译注:《梦溪笔谈全译》,贵阳:贵州人民出版社,1998年版,第535页。
③ 李泽厚:《论语今读》,北京:生活·读书·新知三联书店,2008年版,第435页。
④ 杨伯峻:《古汉语虚词》,北京:中华书局,1981年版,第325—327页。
⑤ 杨伯峻编著:《孟子译注》,北京:中华书局,1960年版,第308页。

则去，社稷不幸则死之。天之所与者与之，天之所弃者弃之，不为一性存亡，视天而已，天民也，其终也，顺受其三。皇皇忧天下之不治者，墨子之道也。块然无情于万物者，老子之道也。有命、有义、正己而物正者，大人之道也。行至于大人尽矣。①

  沈括在对"天民"和"大人之道"的理解中，展现出了不同于孟子之处。孟子对"天民"的阐述为"达可行于天下而后行之者"，"达"表示"通达、理解"之意。言外之意，"达可行于天下"也就意味着天和人意念的统一。而沈括则是从"分"的角度阐释了"天民"是"视天"之命，而"顺受"。在对"大人之道"的理解中，沈括在孟子的"正己而物正"之上添加了"有命、有义"的命题。结合沈括在《梦溪笔谈》与《孟子解》中的认识，"正己而物正"可以理解为通天、地、人之义而穷万物之理。另外，"有命"是对"皇皇忧天下之不治者，墨子之道"的回应，"有义"是对"块然无情于万物者，老子之道"的回应。墨家讲"非命"，是对儒家"命定论"的批判，而沈括所言之"命"是"顺利无凿"，是发挥人的能动性，这一点与"命定论"不同②。沈括所言"有命"带有"命正论"的意味，从积极发挥人的能动性这点，可以驳斥"天下之不治"一说。涉及"有义"，则是针对道家的"绝仁弃义""绝学无忧"。沈括讲"穷万物之理，而择天下之义"，这也就是在驳道家"无情于万物"的理念。"道家虽然对自然深感兴趣，但却不信赖理性和逻辑"③，而沈括对自然感兴趣，要"究万物之理"。

  综上可知，沈括的"心性"观也具有"天人相分"的特征，"身既修矣，所遇者则莫不命也"与《穷达以时》篇中的"遇不遇，天也"意义相通。沈括的"命运天"不是被"制"，而是要"顺"，他的"理想之道"是要充分发挥人的能动性，主动地认识万物的发展规律，要有不被眼前事物遮蔽双眼、明辨是非、择矛盾双方有利的一面利用的能力，即"心"要"择"，"性"以"利"为本，还要做到"中庸之道"。

结　语

  本文考察了沈括在伦理道德方面的认识，以此为个案管窥宋代科技发展的

---

① （宋）沈括：《长兴集》卷19《孟子解》，《景印文渊阁四库全书》第1117册，台北：台湾商务印书馆，1986年版，第358—359页。
② 关于墨子的"非命"思想涉及诸多文献与理论范畴，本文暂不讨论。参考张德苏：《〈墨子〉"非命"与儒家的"命"》，《山东大学学报（哲学社会科学版）》2005年第3期，第21—26页。
③ 许苏民：《论李约瑟的中西哲学比较研究》，《云南大学学报（社会科学版）》2013年第6期，第26页。

思想文化因素。当然，沈括身上也有历史的局限性①。"天人相分"与"天人合一"并不是截然相分离的，同样对"命"的态度也并非自始至终坚持一个论调，如孟子兼有命正论和俟命论，墨子具有非命论与命正论的特点等。宋学有一个发展演变的过程，对"性命"的认识自然也有一个变化的历史过程。宋代是我国古代科技发展的高峰，中国古代科技思想丰富，不仅在数学、化学、物理学、医学等方面有卓越的认识，在推动古代科技前进方面，伦理道德哲学也有其积极的作用。沈括作为典型的代表之一，他在古代科学方面辉煌的成就也离不开伦理道德对他的推进与约束。伦理道德与古代科技发展之间的关系会对现代社会科学与伦理给予一定的启示。

张祥龙先生曾指出，人类从来就有技术，技术是为人类的幸福生活而存在的，但每个人对幸福的要求和理解不同，就要求技术应当是多样化的，满足不同要求的；但现代科学技术发展中的"西方数学因素"将技术研究大大提速，使人类掌握了改造自然的更大能力，以至于形成"高科技崇拜"②。科学本身虽是中性，但科学研究活动及科研应用却离不开人这一主体。从这一角度讲，"科技向善"也成为人们的共识，伦理道德越来越凸显其作用。李约瑟从"有机主义哲学"谈及宇宙论时说："虽然宇宙全然是自发性和非创造性，但它同时又全然是秩序……那么崇高的秩序是由个体之间的和谐、各种有机体对自己本性的直觉的忠诚所产生的。……这是一种与自然科学密切相关的哲学的自然主义。它在一种含蓄的进化论体系之中，再一次融汇了道家和儒家的道德世界。"③宋学当中，有被李约瑟称为"自然主义哲学"的朱熹的哲学体系，还有与沈括关系密切的王安石的哲学思想，以及宋代"事功学派"的哲学思想等，为我们讨论科技与伦理的关系提供了丰富的资源。

---

① 吕变庭、刘潇：《论沈括的"天人相分"思想》，《河北大学学报（哲学社会科学版）》2007 年第 5 期，第 13 页。
② 张祥龙：《适生科技与高科技》，《江海学刊》2021 年第 3 期，第 20—28 页。
③ [英]李约瑟：《中国科学技术史》卷 2《科学思想史》，北京、上海：科学出版社、上海古籍出版社，1990 年版，第 502 页。

医 学 史

月令体农书中人类医药知识书写特点探析

——以《四时纂要》为例

李伟霞

（中国科学院大学人文学院）

提　要　《四时纂要》是唐代韩鄂撰写的根据四季按月列举农家应做事项的"实用百科全书"。书中记录了不少医药知识，其中关于人类医药知识的记载主要出现在冬季，这反映了对人类疾病发病时间和认识的经验。《四时纂要》中人类医药知识以治通病的药方为主，且使用的药物也多属诸病通用药，体现月令体农书关注方便实用的原则。

关键词　《四时纂要》　人类医药知识　月令体　冬季　通用药

引　言

月令体农书记载了人民在生产实践活动中不断积累的关于日月星辰、物候变化与农业生产密切相关的经验知识，其中许多内容跟人民的生产生活息息相关。我国是农耕为主的国家，非常重视时令对农耕生产的影响，早在西汉时期就出现了按月记载物候、气相、星象与有关重大政事，特别是关于农耕、渔猎、医药等方面的事情，如《夏小正》。不过早期月令体书籍的官方色彩比较浓，关注的是政府应该如何按照时令来管理农业生产，更像官方月令。直到东汉崔寔从农家角度出发，撰写了一部按时令指导农家生产生活的《四民月令》，诞生了真正的农家月令，才基本形成了后世月令体农书的书写特点。《四时纂要》是唐代韩鄂在广泛收集前人资料的基础上撰写的，其中收录记载了农家农副业生产和日常生活所需的各方面知识，也包含了大量人类医药知识和牲畜饲养有关的兽医药知识，本文中的人类是相对"兽类"而言的，人类医药知识是指普通百姓治疗疾病常用的医药知识。本文以《四时纂要》为核心，重点探讨该书中人类医药知识的内容、来源及其书写特点,并分析这些知识出现在农书中的原因及其价值。

一、《四时纂要》中人类医药知识的内容与来源

《四时纂要》中记载的与普通民众有关的医药知识有30条,主治各种常见疾病。笔者根据其治疗内容与特点分作以下四类:①通用类医药知识;②预防类医药知识;③传染病类医药知识;④其他类医药知识。

(一)通用类医药知识

通用类医药知识是指可以治疗多种疾病的医药知识,在《四时纂要》中甚至表述为治百病,或治一切相关类型疾病。笔者在缪启愉《四时纂要校释》基础上,将这类医药知识整理统计,如表1所示。

表1 《四时纂要》中通用类医药知识

编号	季节	月份	病方	治疗疾病	页码
1	夏季	5月	金疮药	治一切金刃伤疮,血即止;兼治小儿恶疮	《四时纂要校释》,第127页
2	夏季	5月	痢药阿胶散子	此散兼治一切疮及小儿疮,以人乳调涂。余疮干用	《四时纂要校释》,第128页
3	夏季	6月	肾沥汤	治丈夫虚羸、五劳七伤、风湿、肾藏虚竭、耳目聋暗……三伏日各服一剂,极补虚,复治丈夫百病	《四时纂要校释》,第152页
4	秋季	7月	八味丸	治男子虚羸百病,众所不疗者,久服轻身不老,加以摄养,则成地仙	《四时纂要校释》,第179页
5	秋季	8月	干酒法	干酒治百病方	《四时纂要校释》,第200页
6	秋季	8月	作诸粉	当服,补益去疾,不可名言	《四时纂要校释》,第201页
7	秋季	9月	收枸杞子	九日收子,浸酒饮,不老,不白,去一切风	《四时纂要校释》,第212页
8	冬季	10月	鹿骨酒	治百体虚劳、大风、诸风、虚损诸疾,久服长骨留年,久久自知	《四时纂要校释》,第222页
9	冬季	10月	枸杞子酒	补虚、长肌肉、益颜色、肥健延年	《四时纂要校释》,第222页
10	冬季	10月	钟乳酒	主补骨髓、益气力、逐湿	《四时纂要校释》,第222页
11	冬季	10月	地黄煎	甘美而补虚,益颜色,发白更黑,充健不极	《四时纂要校释》,第223页
12	冬季	10月	麋茸丸	补虚、益心、强志	《四时纂要校释》,第223页
13	冬季	12月	红雪	疗一切病冷,以水下之。产后病以酒调服之,以汤投之	《四时纂要校释》,第249页
14	冬季	12月	犀角丸	疗痈肿并发背、一切毒肿,服之肿化为水神验方	《四时纂要校释》,第251页
15	冬季	12月	备急丸	治腹内诸卒暴百病方	《四时纂要校释》,第252页
16	冬季	12月	乌金膏	治一切恶疮肿方	《四时纂要校释》,第257页

从表 1 可以看出，《四时纂要》中记载的人类通用类医药知识共计 16 条，主治金刃疮伤、恶疮、男子虚羸、虚损、风病、劳伤、病冷、产病、痈肿等疾病，均为治疗普通民众常见疾病的服药、敷药和补益方药等。笔者对这些医药知识的内容、来源途径进行了仔细的考察，发现其中 5 条医方和前人使用的药物配伍完全一致，2 条相似但略有变化，余下 9 条未曾找到前人记载。

（1）相同药物配伍，如金疮药，《四时纂要》卷三《五月》载：

> 午日日未出时，采百草头——唯药苗多即尤佳，不限多少——捣取浓汁，又取石灰三五升，以草汁相和，捣，脱作饼子，曝干。治一切金刃伤疮，血即止；兼治小儿恶疮。①

北齐杜台卿《玉烛宝典》②中也有类似的记载：

> 以百种草合捣为汁，石灰和之……涂疮即愈。③

虽然叙述的详略不一，但都是百种草和石灰配伍，曝干后使用。

《四时纂要》载"八味丸"和"备急丸"，其来源可以追溯至张仲景《金匮要略》，在《外台秘要方》和《备急千金要方》中也有记载，但均明确提出此二方为张仲景所创。其中，八味丸由干地黄、薯蓣、山茱萸、泽泻、茯苓、牡丹皮、桂皮、附子八味药配伍组成④，韩鄂明确指出此方来源于"张仲景八味地黄丸"。此方在《金匮要略》中称为"肾气丸"⑤，在《外台秘要方》和《备急千金要方》中则称为"八味肾气丸"⑥。"备急丸"由大黄、干姜和巴豆三味药配伍组成，在《金匮要略》、《外台秘要方》和《备急千金要方》中称为"三物备急丸"⑦。

《四时纂要》载"枸杞子酒"和"犀角丸"，笔者在《外台秘要方》中找到相同记载，但书中均指出其更早出处，下面将《外台秘要方》的叙述一一列示：

> 《延年》常服枸杞补益延年方。……又生枸杞子酒，主补虚，长肌肉，

---

① （唐）韩鄂原编，缪启愉校释：《四时纂要校释》，北京：农业出版社，1981 年版，第 127 页。
② 本书是在广泛收集风俗人情资料基础上，按《礼记·月令》体裁汇编而成，共 12 卷。
③ （北齐）杜台卿：《玉烛宝典（及其他三种）》，北京：中华书局，1985 年版，第 238 页。
④ （唐）韩鄂原编，缪启愉校释：《四时纂要校释》，北京：农业出版社，1981 年版，第 179 页。
⑤ 胡菲、高忠樑、张玉萍校注：《金匮要略》，福州：福建科学技术出版社，2011 年版，第 94 页。
⑥ （唐）王焘撰，王淑民校注：《外台秘要方》卷 11《近效祠部李郎中消渴方二首》，北京：中国医药科技出版社，2011 年版，第 183 页；（唐）孙思邈撰，李景荣等校释：《备急千金要方校释》卷 19《肾脏·补肾第八》，北京：人民卫生出版社，2014 年版，第 695 页。
⑦ 胡菲、高忠樑、张玉萍校注：《金匮要略》，福州：福建科学技术出版社，2011 年版，第 97 页；（唐）王焘撰，王淑民校注：《外台秘要方》卷 31《古今诸家丸方一十八首》，北京：中国医药科技出版社，2011 年版，第 549 页；（唐）孙思邈撰，李景荣等校释：《备急千金要方校释》卷 12《胆腑·万病丸散第七》，北京：人民卫生出版社，2014 年版，第 450 页。

益颜色，肥健人方。枸杞子二升上一味，以上清酒二升搦碎，更添酒浸七日，漉去滓，任情饮之。①

又犀角丸，疗痈肿、肠痈、乳痈、发背，一切毒热肿，服之肿脓化为水，神方。犀角屑十二分，川升麻、黄芩、防风、人参、当归、黄芪、干姜（一作干蓝）、蘘实（一方无）、黄连、甘草炙、栀子各四分，大黄五分，巴豆二十四枚去心皮，熬。上十四味，如法捣筛，蜜和，更捣三千杵，丸如梧子。以饮服三丸至五丸，以利为度。或不利，投以热饮。如利，以冷浆水粥止之。未瘥，每日服一丸，以意量之，肿消散为度。若下黄水，或肿轻皮皱色变，即是消候。忌如药法。效验不可论之。②

此处之《延年》，即唐代医学著作《延年秘录》③；《近效》，即唐代医学著作《近效方》④。《四时纂要》所载"枸杞子酒"和"犀角丸"，可能来源于《延年秘录》《近效方》，抑或《外台秘要方》。

（2）相似药物配伍，如肾沥汤和地黄煎。此二方在《外台秘要方》中多处可见相似记录⑤，另外肾沥汤在《千金方》中也有一处记载。笔者只举一例进行比较：

肾沥汤，《四时纂要》卷三《六月》载：

治丈夫虚羸、五劳七伤、风湿、肾藏虚竭、耳目聋暗方：干地黄、黄蓍、白茯苓各六分，五味子、羚羊角屑、桑螵蛸、防风、麦门冬去心各五分，地骨皮、桂心各四两，磁石三两……白羊肾一对……。右以水四大升先煮肾，耗水升半许，即去水上肥沫，去肾滓，取肾汁煎诸药，取八大合，绞去滓，澄清。分为三服，三伏日各服一剂，极补虚，复治丈夫百病。药亦可以随人加减。忌大蒜、生葱、冷、陈、滑物。平旦空心服之。⑥

---

① （唐）王焘撰，王淑民校注：《外台秘要方》卷17《补益虚损方七首》，北京：中国医药科技出版社，2011年版，第291页。
② （唐）王焘撰，王淑民校注：《外台秘要方》卷31《古今诸家丸方一十八首》，北京：中国医药科技出版社，2011年版，第551页。
③ （唐）佚名撰，范行准辑佚，梁峻整理：《延年秘录》卷2《补益》，北京：中医古籍出版社，2019年版，第9页。
④ （唐）佚名撰，范行准辑佚，梁俊整理：《近效方》卷3《疮肿》，北京：中医古籍出版社，2019年版，第10页。
⑤ （唐）王焘撰，王淑民校注：《外台秘要方》，北京：中国医药科技出版社，2011年版。肾沥汤，见肾气不足方六首、睡中尿床不自觉方六首、古今诸家散方六首等；地黄煎，见补益虚损方七首、古今诸家酒方一十二首、筋实极方四首等。
⑥ （唐）韩鄂原编，缪启愉校释：《四时纂要校释》，北京：农业出版社，1981年版，第152页。

虽然配伍上与《备急千金要方》有些不同，但是治疗的疾病比较相似，使用的药物也大多相同，对照如下：

> 治肾寒虚，为厉风所伤，语音謇吃不转，偏枯，胻脚偏跛蹇，缓弱不能动，口喎，言音混浊，便利仰人，耳偏聋塞，腰背相引，肾沥汤，依源增损，随病用药方：羊肾一具，磁石五两，玄参、茯苓、芍药各四两，芎䓖、桂心、当归、人参、防风、甘草、五味子、黄芪各三两，地骨皮二升。切生姜八两。上十五味，咬咀，以水一斗五升煮羊肾，取七升，下诸药取三升，去滓，分三服，可服三剂。①

可见，《四时纂要》中的肾沥汤和地黄煎，可能来源于唐孙思邈撰《备急千金要方》和王焘撰《外台秘要方》。

（3）余下9条治通病类医药知识，如痢药阿胶散子、干酒法和鹿骨酒等，笔者未找到前人相同或相似记载，可能为韩鄂收集的民间验效方剂，或根据自己的实践经验总结出来的方剂。

（二）预防类医药知识

预防类医药知识是指可以预防疾病发生的医药知识，笔者将这类医药知识整理统计如表2所示。

表2 《四时纂要》中预防类医药知识

编号	季节	月份	病方	治疗疾病	页码
1	春季	2月	续命汤	每年春分后，隔日服一剂，服三剂，即不染天行，伤寒与诸风邪等疾	《四时纂要校释》，第70页
2	夏季	5月	木瓜饼子	治冷气、霍乱、痰逆方勿遇霍乱，咬一片子吃便定。远近出入，将行随身，用防急疾	《四时纂要校释》，第128页
3	冬季	12月	屠苏酒	从少起至大，逐人各饮小许，则一家无病	《四时纂要校释》，第262页

从表2可以看出，《四时纂要》中记载的人类预防类医药知识共计3条。笔者发现《四时纂要》中的"续命汤"和《外台秘要方》中的"小续命汤"，都是主治半身不遂、口眼不正常、不能言语的方子，只是药物的配伍有些改变。

《四时纂要》卷二《二月》载：

> 续命汤，主半身不遂、口歪、心昏、角弓反张，不能言方：麻黄六分去节，独活、防风各六分，升麻、干葛各五分，羚羊角屑、桂心、甘草各

---

① （唐）孙思邈撰，李景荣等校释：《备急千金要方校释》卷8《诸风·贼风第三》，北京：人民卫生出版社，2014年版，第313页。

四分……①

《外台秘要方》卷一四《偏风方九首》载：

> 小续命汤，主偏风半身不遂，口眼㖞，不能言语，拘急不得转侧方。麻黄、防己、附子、芎劳、桂心、黄芩、芍药、人参、甘草、杏仁、生姜、防风。上十二味，切，以水八升，煮取二升六合……②

可见，《四时纂要》所载"续命汤"，可能来源于《外台秘要方》和其他医书，亦可能为韩鄂加减化裁的新方剂。

《四时纂要》载"屠苏酒"，和《外台秘要方》《备急千金要方》中的内容基本一致，下面仅举其一进行比较：

《四时纂要》卷五《十二月》载：

> 大黄、蜀椒、桔梗、桂心、防风各半两，白术、虎杖各一两、乌头半分。右八味，锉，以绛囊贮。岁除日薄晚，挂井中，令至泥。正旦出之，和囊浸于酒中，东向饮之，从少起至大，逐人各饮小许，则一家无病。候三日，弃囊并药于井中。此轩辕黄帝之神方矣。③

《外台秘要方》卷四《辟温方二十首》载：

> 《肘后》屠苏酒疫气，令人不染温病及伤寒，岁旦饮之方。大黄、桂心各十五铢，白术十铢，桔梗十铢，菝葜六铢，蜀椒十株，汗，防风、乌头各六铢。上八味，切，绛袋盛，以十二月晦日中悬沉井中，令至泥，正月朔旦平晓出药，至酒中煎数沸，于东向户中饮之。屠苏之饮，先从小起，多少自在。一人饮，一家无疫。一家饮，一里无疫。饮药酒待三朝，还滓置井中，能仍岁饮，可世无病。当家内外有井，皆悉著药，辟温气也。④

此方中除防风外，《四时纂要》用虎杖替代了菝葜，其他药物大多相同。

木瓜饼子，此方未找到出处，可能为《四时纂要》新收医方，朝鲜金礼蒙《医方类聚》亦持此说。

（三）传染病类医药知识

传染病类医药知识是指专门治疗具有传染性疾病的医药知识，如治疗瘴

---

① （唐）韩鄂原编，缪启愉校释：《四时纂要校释》，北京：农业出版社，1981年版，第70页。
② （唐）王焘撰，王淑民校注：《外台秘要方》卷14《偏风方九首》，北京：中国医药科技出版社，2011年版，第236页。
③ （唐）韩鄂原编，缪启愉校释：《四时纂要校释》，北京：农业出版社，1981年版，第262—263页。
④ （唐）王焘撰，王淑民校注：《外台秘要方》卷4《辟瘟方二十首》，北京：中国医药科技出版社，2011年版，第53—54页。

疫、时气病、温病等，笔者将其整理统计如表3所示。

表3 《四时纂要》中传染病类医药知识

编号	季节	月份	病方	治疗疾病	页码
1	冬季	12月	茵陈丸	治瘴疫，时气，温，黄等	《四时纂要校释》，第254页
2	冬季	12月	辟瘟法	腊夜持椒三七粒，卧井傍，勿与人言，投椒井中，除瘟疫病	《四时纂要校释》，第259页
3	春、冬季	2、12月	神明散	一人带，一家不病。若染时气者，新汲水调方寸匕服之，取汗，便差。春分后，宜施之	《四时纂要校释》，第260页

从表3可以看出，《四时纂要》中记载的传染病类医药知识共计3条。其中"茵陈丸"，与《外台秘要方》及《备急千金要方》的记载一致，主疗瘴疫、时气及黄病等，此方由茵陈、栀、芒硝、杏仁、巴豆、恒山、鳖甲、大黄、豉九味药组成，据《外台秘要方》记载，此方可追溯至崔氏茵陈丸[①]。

《四时纂要》载"辟瘟法"，韩鄂明确指出此方来源于《养生术》（即《养生要论》）一书，但这部书已经失传，只在《隋书·经籍志》中有记载。目前在《齐民要术》中可以看到相似记载[②]。

《四时纂要》载"神明散"，辟瘟疫，主治时气、温病，未找到出处。此方可能为《四时纂要》首创，朝鲜金礼蒙主编《医方类聚》也持此说。

（四）其他类医药知识

这类医药知识主要针对某种特定非传染性疾病，且无预防功能，笔者将其整理统计如表4所示。

表4 《四时纂要》中其他类医药知识

编号	季节	月份	病方	治疗疾病	页码
1	夏季	5月	淋药	有患砂石淋者，水调方寸匕服之，立愈	《四时纂要校释》，第127页
2	夏季	5月	心痛药	患心痛，醋磨一丸服之	《四时纂要校释》，第127页
3	夏季	5月	疟药	有患者，得三发以后，第四发日五更，以井花水吞一丸。……若是劳疟，更一发，稍重，便差	《四时纂要校释》，第128页
4	秋季	8月	地黄酒	发当如漆。若以牛膝汁拌炊饭，更妙。切忌三白	《四时纂要校释》，第201页
5	秋季	12月	温白丸	治癥块等心腹积聚，心胸痛，吃食不消，妇人带下淋沥，羸瘦困闷无力方	《四时纂要校释》，第252页

---

① （唐）王焘撰，王淑民校注：《外台秘要方》卷3《天行病发汗等方四十二首》，北京：中国医药科技出版社，2011年版，第39页；（唐）孙思邈撰，李景荣等校释：《备急千金要方校释》卷10《伤寒下·伤寒发黄第五》，北京：人民卫生出版社，2014年版，第383页。

② （北魏）贾思勰著，石声汉译注，石定枎、谭光万补注：《齐民要术》卷4《种椒第四十二》，北京：中华书局，2015年版，第505页。

续表

编号	季节	月份	病方	治疗疾病	页码
6	秋季	12月	香油	疗头风、白屑、头痒、头旋、妨闷等方	《四时纂要校释》,第256页
7	秋季	12月	乌蛇膏	疗恶疮,生好肉,去浓水,风毒,气肿方	《四时纂要校释》,第257页
8	冬季	12月	收猪脂	腊日收买猪脂,勿令经水,新瓷器盛,埋亥地百日,治疗痈疽	《四时纂要校释》,第259页

从表4可以看出,这类医药知识共计8条。其中地黄酒与《备急千金要方》中记载的药物配伍一致,但主治不同。《四时纂要》卷四《八月》载:

> 地黄酒变白速效方:肥地黄切一大斗,捣碎,糯米五升,烂炊,曲一大升。右件三味,于盆中熟揉相入,内不津器中,封泥。春夏三七日,秋冬五七日,日满开,有一盏渌液,是其精华,宜先饮之。余用生布绞,贮之。如稀饧,极甘美。不过三剂,发当如漆。若以牛膝汁拌炊饭,更妙。切忌三白。①

唐孙思邈《备急千金要方》卷三《妇人方中·虚损第一》载:

> 地黄酒治产后百病,未产前一月当预酿之,产讫蓐中服之方:地黄汁一升,好曲一斗(二斤),好米二升。上三味,先以地黄汁渍曲令发,准家法酝之至熟,封七日,取清服之。常使酒气相接,勿令断绝。慎蒜、生冷、醋滑、猪、鸡、鱼。一切妇人皆须服之。但夏三月热不可合,春秋冬并得合服。地黄并滓纳米中炊合用之,一石十石一准此一升为率。先服羊肉当归汤三剂,乃服之佳。②

可见,《四时纂要》中的"地黄酒",可能来源于《备急千金要方》,方药配伍基本一致,仅主治和个别字句不同而已。

《四时纂要》载"温白丸",与《外台秘要方》中记载的药物配伍基本一致,后者多一味肉桂,主治都是癖块等。《四时纂要》卷五《十二月》载:

> 治癖块等心腹积聚,心胸痛,吃食不消,妇人带下淋沥,羸瘦困闷无力方:川乌头十分炮,紫菀,吴茱萸,菖蒲,柴胡,厚薄姜灸,桔梗,皂角去皮、子,茯苓,干姜,黄连去毛,蜀椒出汗,人参,巴豆。醋熬黄,去皮,心。右件十四味等分……③

《外台秘要方》卷三一《古今诸家丸方一十八首》载:

---

① (唐)韩鄂原编,缪启愉校释:《四时纂要校释》,北京:农业出版社,1981年版,第201页。
② (唐)孙思邈撰,李景荣等校释:《备急千金要方校释》卷3《妇人方中·虚损第一》,北京:人民卫生出版社,2014年版,第73页。
③ (唐)韩鄂原编,缪启愉校释:《四时纂要校释》,北京:农业出版社,1981年版,第252页。

> 崔氏温白丸，疗症癖块等一切病，并治之方。紫菀、吴茱萸、菖蒲、柴胡、厚朴炙、桔梗、皂荚去皮，炙，茯苓，桂心，干姜，黄连，蜀椒汗，巴豆去心皮，熬，人参各三分，本方各二分，乌头十分，炮。上十五味，合捣筛，以白蜜和……①

可见，《四时纂要》中的"温白丸"，可能来源于《外台秘要方》所引《崔氏方》。

《四时纂要》载"香油方"，疗头风、白屑、头痒、头旋、妨闷等。《四时纂要》卷五《十二月》载：

> 香油，疗头风、白屑、头痒、头旋、妨闷等方，蔓荆子三大合，香附子三十个，北地者佳，蜀附子、大猛、羊蹄躅花各一大两，旱莲子草、零陵香各一大两，葶苈子一大两半。已上六味细锉，绵裹故铧铁半斤碎。右都浸于一大升生麻油中，七日后涂头，旋添油。如药气尽，即换。②

据《外台秘要方》卷三二记载，此方来源于唐玄宗《开元广济方》，名蔓荆子膏方，"《广济》疗头风白屑痒，发落生发，主头肿旋闷，蔓荆子膏方"③。

除上述医方外，其余医方暂未找到出处，可能为韩鄂自己总结的验方。

综上，《四时纂要》中所载医药知识很多都可以在《金匮要略》《外台秘要方》《备急千金要方》《开元广济方》中找到相同或相似的记载，虽然不能肯定作者是直接引用这些书中的内容，但可以确定专业医书是《四时纂要》中很多人类医药知识较原始的来源途径，也有些来源于月令类书籍，如金疮药。

二、《四时纂要》中人类医药知识的特点及其原因分析

（一）通用类医药知识比重较大

《四时纂要》中记载的人类医药知识共30条，通用类医药知识16条，预防类医药知识3条，传染病类医药知识3条，其他类医药知识8条，具体如图1所示。

---

① （唐）王焘撰，王淑民校注：《外台秘要方》卷31《古今诸家丸方一十八首》，北京：中国医药科技出版社，2011年版，第549页。
② （唐）韩鄂原编，缪启愉校释：《四时纂要校释》，北京：农业出版社，1981年版，第256页。
③ （唐）王焘撰，王淑民校注：《外台秘要方》卷32《头风白屑方四首》，北京：中国医药科技出版社，2011年版，第574页。

其中通用类医药知识最多，条目数量甚至超过其他三类医药知识的总和。

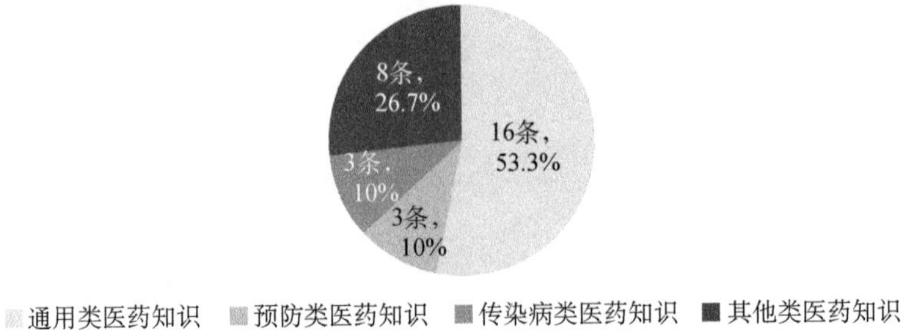

图 1 《四时纂要》中人类医药知识分类条目统计

作者为什么要在《四时纂要》中收载如此多的通用类医药知识呢？

通用类医药知识是指那些可以治疗多种疾病的医药知识，甚至可以表述为治疗一切相关类型疾病或百病的医药知识。因此人们可以在没有经过任何医学专业学习的情况下，通过自己的经验对疾病症候做出简易判断，凡是类似的疾病均可用同一通用类医方。而《四时纂要》是一部月令体农书，编撰的目的就是指导农民的日常生产生活，知识以简单方便实用为主。书中通用类医药知识较多，就是这一书写特点的体现。

（二）药物多为通用类

《四时纂要》人类医药知识的配方中使用了多种药物，对照唐代苏敬等撰写的《新修本草》中"案诸药"①的类别，笔者将这些药物进行归类统计（以首字母为序），参见表 5。

表 5 人类医药知识中药物的通用类型

编号	药物	方剂	通用类型
1	巴豆	犀角丸、温白丸、备急丸、茵陈丸	温疟、中恶、呕哕、大便不通、宿食、积聚症瘕、堕胎
2	白槟榔/槟榔	木瓜饼子、红雪	宿食、寸白
3	白矾	痢药阿胶散子	温疟、中恶、呕哕、大便不通、宿食、积聚症瘕、堕胎
4	白茯苓	肾沥汤、八味丸	风眩
5	白术	木瓜饼子、屠苏酒	宿食、寸白
6	白羊腰子/猪腰子	肾沥汤	温疟、中恶、呕哕、大便不通、宿食、积聚症瘕、堕胎
7	百合	作诸粉	腹胀满、心下满急、喉痹痛
8	荸荠	作诸粉	风眩
9	鳖甲	茵陈丸	伤寒、温疟、积聚症瘕、痿疮、腰痛、妇人崩中

① 案诸药即诸病的主治药，也可称为诸病通用药。

续表

编号	药物	方剂	通用类型
10	苍术	神明散	宿食、寸白
11	草豆蔻	木瓜饼子	转筋
12	柴胡	温白丸	伤寒、痰饮、宿食、积聚症瘕
13	菖蒲	温白丸	久风湿痹
14	陈橘皮	木瓜饼子	霍乱、痰饮、寸白
15	川芎（芎䓖）	木瓜饼子	温疟、中恶、呕吐、大便不通、宿食、积聚症瘕、堕胎
16	磁石	肾沥汤	虚劳
17	大腹（大腹皮）	木瓜饼子	腹胀满、心下满急、喉痹痛
18	大黄	地黄酒、犀角丸、备急丸、茵陈丸、屠苏酒	大热、大便不通、黄疸、痰饮、宿食、积聚症瘕、瘀血、痈疽
19	大青（蓼蓝）	红雪、犀角丸	伤寒、温疟、口疮
20	淡竹叶	红雪	风眩
21	当归	痢药阿胶散子、木瓜饼子、犀角丸	中恶、肠澼下痢、心腹冷痛、齿痛、虚劳
22	地骨皮	肾沥汤、钟乳酒	伤寒、温疟、积聚症瘕、瘘疮、腰痛、妇人崩中
23	豆豉	茵陈丸	中风脚弱、伤寒、劳复、口疮
24	独活	续命汤	疗风通用、齿痛
25	独头蒜	心痛药	宿食、寸白
26	阿胶	痢药阿胶散子	转筋
27	防风	续命汤、肾沥汤、钟乳酒、犀角丸、屠苏酒	疗风通用
28	茯苓	作诸粉、温白丸	风眩、痰饮、心下满急、心烦、惊邪、虚劳
29	茯神	麋茸丸	消渴、惊邪、虚劳
30	附子/香附子/蜀附子	八味丸、干酒法、香油、神明散	中风脚弱、久风湿痹、贼风挛痛、霍乱、呕吐、肠澼下痢、心腹冷痛、齿痛、堕胎等
31	干地黄	肾沥汤、八味丸、钟乳酒	溺血、瘀血、虚劳、妇人崩中、产后病
32	干葛（葛根）	续命汤、作诸粉	伤寒、消渴、虚劳
33	干姜	麋茸丸、犀角丸、温白丸、备急丸	肠澼下痢、上气咳嗽、腹胀满
34	干薯药（薯蓣、山药）	八味丸、作诸粉	头面风、虚劳
35	甘草	续命汤、痢药阿胶散子、木瓜饼子、犀角丸	腹胀满、心腹冷痛、心烦
36	高良姜	木瓜饼子	霍乱、呕吐
37	葛根	作诸粉	伤寒、消渴、虚劳
38	枸杞子	收枸杞子、鹿骨酒、枸杞子酒、麋茸丸	虚劳
39	桂心	续命汤、木瓜饼子、肾沥汤、干酒法、钟乳酒、麋茸丸、屠苏酒	霍乱、上气咳嗽、心腹冷痛、鼻衄、堕胎、难产
40	诃子（诃黎勒）	痢药阿胶散子、木瓜饼子、红雪	伤寒、痰饮、宿食、积聚症瘕
41	恒山（常山）	茵陈丸	久风湿痹

续表

编号	药物	方剂	通用类型
42	厚朴	温白丸	温疟、中恶、呕哕、大便不通、宿食、积聚症瘕、堕胎
43	虎杖	屠苏酒	瘀血、月闭
44	槐花	红雪	霍乱、痰饮、寸白
45	黄丹	心痛药、疟药、痢药阿胶散子、乌金膏、乌蛇膏	虚劳
46	黄连	痢药阿胶散子、犀角丸、温白丸	肠澼下痢、消渴、口疮、目赤热痛
47	黄芪	肾沥汤、犀角丸	痈疽、虚劳
48	黄芩	犀角丸	大热、肠澼下痢、黄疸、火灼、五痔
49	蒺藜	作诸粉	暴风瘙痒、阴㿉、难产
50	桔梗	温白丸、神明散、屠苏酒	宿食、心腹冷痛、肠鸣、惊邪、中蛊
51	葵子	淋药	小便淋
52	蜡	乌金膏、乌蛇膏	肠澼下痢
53	莲子	作诸粉	腹胀满、心下满急、喉痹痛
54	莲子（旱）、墨旱莲	香油	大热、大便不通、黄疸、痰饮、宿食、积聚症瘕、瘀血、痈疽
55	零陵香	香油	伤寒、温疟、口疮
56	羚羊角	续命汤、肾沥汤	伤寒、惊邪、噎病、吐唾血、瘀血
57	鹿骨	鹿骨酒	风眩
58	鹿角胶	地黄煎	中恶、肠澼下痢、心腹冷痛、齿痛、虚劳
59	麻黄	续命汤	疗风通用、伤寒、温疟、上气咳嗽、惊邪
60	麦门冬	肾沥汤	消渴、呕吐
61	蔓荆子	香油	
62	芒硝	茵陈丸	伤寒、大热、痰饮、积聚症瘕、堕胎
63	麋茸	麋茸丸	伤寒、温疟、积聚症瘕、瘘疮、腰痛、妇人崩中
64	蜜	地黄煎	中风脚弱、伤寒、劳复、口疮
65	牡丹皮	八味丸	伤寒
66	牛膝	钟乳酒	久风湿痹、瘀血、火灼、虚劳、堕胎
67	糯米	干酒法、地黄酒、鹿骨酒	疗风通用、齿痛
68	砒	疟药	宿食、寸白
69	朴硝	红雪	宿食、积聚症瘕、瘀血、堕胎
70	芡实	作诸粉	转筋
71	青木香	木瓜饼子	风眩、痰饮、心下满急、心烦、惊邪、虚劳
72	曲	干酒法、地黄酒、鹿骨酒	疗风通用
73	人参	木瓜饼子、麋茸丸、犀角丸、温白丸	霍乱、呕吐、痰饮、腹胀满、心腹冷痛、惊邪、虚劳
74	肉桂	八味丸	
75	桑白皮/桑根白皮	木瓜饼子、红雪	大腹水肿、消渴、腹胀满、发秃落、虚劳
76	桑螵蛸	肾沥汤	小便利、虚劳、泄精、无子
77	山药	作诸粉	消渴、惊邪、虚劳

续表

编号	药物	方剂	通用类型
78	山茱萸	八味丸	头面风
79	麝香	疟药	温疟、中恶、腹胀满、惊邪、目肤翳、面䵟疱
80	升麻、蜀升麻	续命汤、红雪、犀角丸	贼风挛痛、伤寒、中恶、喉痹痛、口疮
81	(生)地黄	地黄酒、地黄煎	齿痛、吐唾血、蹉折、妇人崩中、安胎
82	生干姜	干酒法	中恶、霍乱、肠澼下痢、上气咳嗽、腹胀满、心腹冷痛
83	生姜	木瓜饼子、地黄煎	伤寒、转筋、上气咳嗽、呕吐、痰饮、心下满急、瘿瘤
84	生乌头/川乌头	干酒法、温白丸、神明散、屠苏酒	久风湿痹、中恶、心腹冷痛、积聚症瘕、堕胎
85	石灰	金疮药	金疮
86	蜀椒	干酒法、温白丸、屠苏酒	久风湿痹、上气咳嗽、心腹冷痛、齿痛
87	鼠	乌蛇膏	中风脚弱、久风湿痹、贼风挛痛、霍乱、呕哕、肠澼下痢、心腹冷痛、齿痛、堕胎等
88	苏木	红雪	溺血、瘀血、虚劳、妇人崩中、产后病
89	苏子油	地黄煎	伤寒、消渴、虚劳
90	葶苈	香油	呕哕、小便淋
91	头发	乌金膏	肠澼下痢、上气咳嗽、腹胀满
92	乌蛇	乌蛇膏	头面风、虚劳
93	吴茱萸	木瓜饼子、温白丸	中恶、心腹冷痛、漆疮、蛔虫
94	五加皮	钟乳酒	中风脚弱、虚劳、囊湿、腰痛
95	五味子	肾沥汤	上气咳嗽、虚劳、阴痿
96	犀角	红雪、犀角丸	伤寒、惊邪、中蛊
97	细辛	神明散	久风湿痹、上气咳嗽、痰饮、喉痹痛、齿痛、鼻齆、目肤翳、不得眠
98	仙灵脾(淫羊藿)	钟乳酒	腹胀满、心腹冷痛、心烦
99	杏仁	茵陈丸	伤寒、上气咳嗽、心烦、喉痹痛
100	羊蹄蠋	香油	风眩、堕胎
101	益智子	木瓜饼子	霍乱、呕哕
102	茵陈	茵陈丸	久风湿痹、大热、黄疸
103	油麻油	乌金膏、乌蛇膏	声音哑
104	远志	麋茸丸	惊邪、虚劳
105	皂角	温白丸	声音哑
106	泽泻	八味丸、作诸粉	大腹水肿、虚劳、泄精
107	芝麻	钟乳酒	伤寒、消渴、虚劳
108	栀子仁	犀角丸、茵陈丸	虚劳
109	钟乳石(石钟乳)	钟乳酒	中风脚弱、声音哑、虚劳、无子、下乳汁
110	朱砂	疟药、红雪	霍乱、上气咳嗽、心腹冷痛、鼻齆、堕胎、难产
111	紫苏子	地黄煎	上气咳嗽
112	紫菀	温白丸	上气咳嗽

《四时纂要》中人类医药知识共使用112种药物，其中有73种药物在唐朝官修《新修本草》中被归入不同的通用类药物里，只有39种药物不在任何通用类药物行列。可见人类医药知识中使用的药物大多为治疗某一类或多种类型疾病的主治药物，人们可以根据自身疾病类型，选取相关的通用类药物进行治疗。

（三）人类医药知识主要集中在冬季

《四时纂要》中的人类医药知识在全年的8个月中均有所体现，除1月、3月、4月和11月中没有任何记载（详见图2）。10月收录了5条记载，12月收录了12条记载，整个冬季的记载条目为17条，超过全书中人类医药知识（30条）的一半，可见该书非常重视对人类疾病治疗的时间。

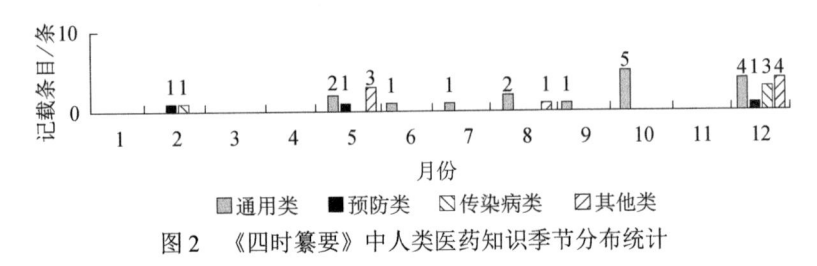

图2 《四时纂要》中人类医药知识季节分布统计

结　语

通过以上分析和研究，笔者得出如下重要结论：第一，《四时纂要》中记载的人类医药知识无论是医方，还是配方中使用的药物，均以通用型为主。人们只需要对疾病按病症做出大致的判断，即可选用通用型的医方或药物配伍进行治疗，既方便又实用。第二，《四时纂要》中的人类医药知识，主要来源于《延年秘录》《近效方》《备急千金要方》《开元广济方》《外台秘要方》等历代医书，其中对唐王焘《外台秘要方》内容的征引相对较多。这和《四时纂要》中所载畜牧兽医药知识大多来源于前代农书，形成了鲜明的对比。第三，《四时纂要》中所载人类疾病及其医药知识，主要集中在冬季，夏秋次之，春季较少，反映了人类疾病的发病时间与季节变化之间有着密切的关系。

宋代官修类书《太平广记·医部》中医药学知识的内容、来源与传播

韩 毅

（中国科学院自然科学史研究所）

提　要　宋初李昉等奉诏编撰的《太平广记》一书，是宋朝官修"四大类书"之一，也是中国古代最早的一部大型小说总集。该书"医部"，共3卷，收载了汉代至宋初名医和不详姓名医者53人、患者62人，详细地介绍了他们行医治病的事迹和诊治某些疑难杂症的医案，涵盖了中国古代医学中的疾病学、诊断学、药物学、方剂学、针灸学、养生学等内容。"医部"中的文献史料，主要来源于宋以前正史、野史、传记、故事、小说、笔记、方志等，收载了历代小说中保存的名医传记资料和民间医人、僧医、道医、胡医、梵僧等治疗某一专科疾病的事迹，开创了野史小说收载医学人物史料的先河，弥补了正史中有关医家人物记载的不足。"医部"中的医药学知识，宋以后受到历代医家的重视，医学本草、方书、针灸、医案等著作多有征引，成为研究10世纪以前中国医学史的珍贵史料。

关键词　宋代　类书　《太平广记》　医部　医学知识

《太平广记》是宋朝政府官修的一部大型类书，也是现存宋代"四大类书"之一。该书是太平兴国二年（977年）三月李昉等奉宋太宗诏旨编撰，太平兴国三年（978年）八月成书，太平兴国六年（981年）正月雕版刊印行世。全书共500卷、目录10卷，李昉等13人奉诏编撰而成，广泛辑录了汉代至宋初正史、野史、传记、故事、小说、笔记、方志等著作中的人物传记资料，是中国古代最早的一部大型小说总集。该书"医部"，共3卷，收录宋代以前名医和不详姓名医者53人、患者62人，详细地介绍了他们行医治病的事迹和诊治某些疑难

---

① 基金项目：中国科学院战略研究与决策支持系统建设专项项目。

杂症的医案，涵盖了中国古代医学中的疾病学、诊断学、药物学、方剂学、针灸学、养生学等内容，开创了野史小说收载医学人物史料的先河，成为研究10世纪以前中国医学史的珍贵史料，具有十分重要的学术价值和文献史料价值。

关于《太平广记》"医部"的研究，李良松、王金华、石文珍、张晋萍等学者从文献学、史学、文学等角度进行了研究[1]，为笔者提供了很有价值的借鉴。本文以"科技知识的创造与传播"研究视野，全面系统地探究《太平广记》"医部"中医药学知识的主要内容、史料来源和传播情况，揭示"小说类"类书辑录医药学知识的主要特点、选取原则和史料价值等。

一、《太平广记》的编撰过程与知识分类

（一）《太平广记》的编撰过程

太平兴国二年（977年）三月，宋太宗下诏李昉、扈蒙、李穆、徐铉、赵邻几、王克贞、宋白、吕文仲等13人编纂《太平广记》。太平兴国三年（978年）八月书成，因成书于宋太宗太平兴国年间，新书遂命名为《太平广记》。太平兴国六年（981年）正月，奉旨雕版刊印。关于《太平广记》的编撰背景和编撰过程，李昉等《太平广记表》记载甚详：

> 臣昉等言：臣先奉敕撰集《太平广记》五百卷者，伏以六籍既分，九流并起，皆得圣人之道，以尽万物之情，足以启迪聪明，鉴照今古。伏惟皇帝陛下，体周圣启，德迈文思，博综群言，不遗众善。以为编秩既广，观览难周，故使采摭菁英，裁成类例。惟兹重事，宜属通儒。臣等谬以谀闻，幸尘清赏，猥奉修文之寄。曾无叙事之能，退省疏芜，惟增靦冒。其书五百卷并目录十卷，共五百一十卷。谨诣东上合门奉表上进以闻，冒渎天听。臣昉等诚惶诚恐顿首顿首谨言。太平兴国三年八月十三日。[2]

宋朝官修《国朝会要》也记载了《太平广记》的编撰时间，南宋王应麟《玉海》卷五四《艺文·类书》载：

> 《会要》：先是，帝阅类书，门目纷杂，遂诏修此书。（太平）兴国二年三月，诏昉等取野史小说，集为五百卷（五十五部，天部至百卉）。三年八

---

[1] 李良松：《〈太平广记〉中的医药学内容概论》，《医古文知识》1988年第1期，第21—22页；王金华：《〈太平广记〉医部小说的宗教叙事及其文化意蕴》，《文教资料》2018年第35期，第99—101页；石文珍：《古代名医形象的异化及原因——以〈太平广记·医部〉与正史的区别为例》，《文教资料》2018年第35期，第115—117页；张晋萍：《〈太平广记〉医类书写研究》，《长安学刊》2020年第2期，第151—154页。

[2] （宋）李昉等编：《太平广记》卷首《太平广记表》，北京：中华书局，1961年版，第1页。

月，书成，号曰《太平广记》(二年三月戊寅所集，八年十二月庚子成书)。六年，诏令镂板(《广记》镂本颁天下，言者以为非学者所急，收墨板藏太清楼)。①

李昉《进表》和《宋会要》的记载，反映了以下一些重要内容：

一是《太平广记》的编纂过程。太平兴国二年（977年）三月，宋太宗下诏李昉、扈蒙、李穆等编纂《太平广记》。太平兴国三年（978年）八月修撰完毕，八月十三日李昉等上进书表，八月二十五日宋太宗下诏付史馆。

二是《太平广记》的书名和卷数。《太平广记》是否为宋太宗赐名，文献记载不详。根据宋太宗年间官修《太平御览》《文苑英华》《神医普救方》三部类书的命名情况，此书很有可能为宋太宗赐名。全书500卷，目录10卷，是中国古代收载小说数量最多、题材最广的一部小说类书。

三是《太平广记》的编纂人员，主要有李昉、吕文仲、吴淑、陈鄂、赵邻几、董淳、王克贞、张洎、宋白、徐铉、汤悦、李穆、扈蒙13人。这些通儒之士，除宋白外，大多为入宋的后周、南唐、后蜀等降臣，具有深厚的儒学修养，通晓各种典籍，曾参与宋太宗时期官修《太平御览》《文苑英华》《神医普救方》的编撰工作。

四是《太平广记》的刊印情况。太平兴国六年（981年）正月，国子监奉旨雕版开印，是为北宋初刻本。南宋时期，有《京本太平广记》刻本流传。宋代以后，历代多有刊本、钞本和节略本流传，影响颇广。

（二）《太平广记》的知识分类

《太平广记》500卷，宋太宗年间官修"四大类书"之一，构建了中国古代小说分类的完整体系，是"小说史上里程碑式的小说总集"②。其目录和卷数，南宋陈振孙《直斋书录解题》卷十一《小说家类》载："《太平广记》五百卷。太平兴国二年，诏学士李昉、扈蒙等修《御览》，又取野史、传记、故事、小说撰集，明年书成，名《太平广记》。"③

《太平广记》以部分类，全书分神仙、女仙、道术、方士、异人、异僧、释证、报应、征应、定数、感应、谶应、名贤、廉俭、气义、知人、精察、俊辩、幼敏、器量、贡举、铨选、职官、权幸、将帅、骁勇、豪侠、博物、文章、才名、儒行、乐、书、画、算术、卜筮、医、相、伎巧、博戏、器玩、酒、食、交友、奢侈、诡诈、谄佞、谬误、治生、褊急、诙谐、嘲诮、嗤鄙、

---

① （宋）王应麟：《玉海》卷54《艺文·类书》，南京、上海：江苏古籍出版社、上海书店，1987年版，第1031页。
② 牛景丽：《〈太平广记〉的传播与影响》，天津：南开大学出版社，2008年版，第14页。
③ （宋）陈振孙撰，徐小蛮、顾美华点校：《直斋书录解题》卷11《小说家类》，上海：上海古籍出版社，2015年版，第325页。

无赖、轻薄、酷暴、妇人、情感、童仆奴婢、梦、巫厌、幻术、妖妄、神、鬼、夜叉、神魂、妖怪、精怪、灵异、再生、悟前、塚墓、铭记、雷、雨、山、石、水、宝、草木、龙、虎、畜兽、狐、蛇、禽鸟、水族、昆虫、蛮夷、杂传和杂录，共92部，分150类目。

《太平广记》中的内容，大多来源于历代正史以外的野史、小说、笔记、神仙、志怪、传奇等著作。许多原书今已失传，仅在本书中录有部分或全部佚文，因而弥足珍贵。

二、《太平广记》"医部"中医药学知识的主要内容

《太平广记》卷二一八、卷二一九、卷二二〇为"医部"，收载汉代至宋初名医、隐士医人、无名医人和患者达115人，其中医人53人，患者62人。除名医华佗、张仲景、徐熙、徐秋夫、徐文伯、徐嗣伯、徐之才、甄权、孙思邈、许胤宗、秦鸣鹤、张文仲等外，大多为低级医官和民间普通医人、僧医、道医、胡医、梵僧和卖药者等，有些医者不见于正史和方志记载，有些医者甚至未留下姓名，参见表1。

表1 《太平广记》"医部"所载历代医家和患者姓名

卷数	类别	医家姓名	人数
卷二一八《医一》	医人	华佗，张仲景，吴太医，句骊客，无名医（一），徐熙，徐文伯，徐秋夫，徐嗣伯，无名医（二），李子豫，徐之才，甄权，孙思邈，许胤宗，秦鸣鹤，无名医官（三），杨玄亮，赵玄景，张文仲，郝公景，无名医（四）	22人
	患者	某郡守，女子（右膝患疮），某人（患腹瘕病），王仲宣（眉毛脱落），孙和，邓夫人（止痛除瘢痕），范光禄（两脚并肿），妇人（有娠），宋明帝宫人（患腰疼），妪（患滞涨），张景（蛔虫病），沈僧翼（眼痛），某病人（腹瘕病），许永弟弟（心腹坚痛），某病人（患脚跟肿痛），卢照邻，唐高宗（患风眩），卢元钦（患大风病），商州某患者（患大风病），周允元，赣县里正，洛州士人（患应病），崔务（坠马折足）	23人
卷二一九《医二》	医人	纪明，周广，白岑，张万福，王彦伯，元颃，赵卿，梁革，梁新，赵鄂，术士，西市卖汤药之人，张福，钉铰匠，医人	15人
	患者	宫人（患狂疾），黄门奉使（患虫病），柳登，尚书裴胄之子（中无鳃鲤鱼毒），李祐妇人（复苏），某妇人（误食虫病），某少年（眼花病），婢女莲子（患尸蹶病），富商（食物中毒），朝士（风疾），张廷之，麻风病人，田令孜，于遘（患蛊毒病），颜燮家女使	15人
卷二二〇《医三》	医人	申光逊，陈寨，两位书生，无名医（一），道士，广陵木工，陈怀卿，村妪，赵延禧，张鷟，刁俊朝，无名医（二），梵僧，无名医（三），无名医（四）	16人
	患者	孙仲敖（患脑痛），孙光宪家婢（火炭烧伤），渔人妻（患肺痨病），苏猛之子（患狂病），陶俊（飞石击中，患腰足之疾），张易（患病热），广陵木工（手足拳缩），某妇人，田承肇（手指中毒），绛州僧（患噎塞病），崔爽（食生鱼），刘录事（食生鱼），句容县佐史（食生鱼），崔融（腹中虫蚀），刁俊朝妻巴妪（患项瘿），李生（患乳痛），魏淑（不食消瘦症），皇甫及（患巨人症），王布小女（患鼻息肉病），侯又玄（摔伤肘部），江南商人（左臂生疮），李言吉（左眼睛上眼睑骚痒生疮），某病人（额角患瘤），某病人（足胫生瘤）	24人

从表1可知，这些医学人物传记资料，除征引自历代正史《方技传》外，大量征引自宋以前野史、传记、故事、小说、笔记、传奇、志怪、方志中的内容，因而具有重要的医学文献史料价值。相较于宋朝官修《太平御览》《册府元龟》《文苑英华》三部类书，《太平广记》中征引的民间医人资料极为丰富，为我们认识"小说类"类书中医人的形象提供了一个重要窗口，对于研究秦汉隋唐五代时期普通民众患病和民间医人诊疗情况，具有积极的意义。

（一）《太平广记》"医部"所载医家治病事迹

《太平广记》"医部"所载历代名医，包括华佗、张仲景、吴太医、徐熙、徐文伯、徐嗣伯、徐之才、甄权、孙思邈、许胤宗、秦鸣鹤、张文仲、郝公景、纪明、周广、白岑、张万福、王彦伯、元颃、赵卿、梁革、梁新、赵鄂、张福、申光逊、陈寨、陈怀卿、赵延禧、张鹭、刁俊朝，以及众多无名医者、道医、僧医、胡医、梵僧等，详细地介绍了他们行医治病、善用针药的事迹，其中许多医人不见于正史记载，十多位医人甚至未留下姓名。

华佗，汉末著名医学家，精于外科，擅长主治内科、疮肿、骨伤、妇科、小儿和养生。《太平广记》卷二一八引唐李亢撰《独异志》载：

> 魏华佗善医。尝有郡守病甚，佗过之，郡守令佗诊候。佗退，谓其子曰："使君病有异于常，积瘀血在腹中。当极怒呕血，即能去疾，不尔无生矣。子能尽言家君平昔之愆，吾疏而责之。"其子曰："若获愈，何谓不言！"于是具以父从来所为乖误者，尽示佗。佗留书责骂之。父大怒，发吏捕佗。佗不至，遂呕黑血升余，其疾乃平。又有女子极美丽，过时不嫁。以右膝常患一疮，脓水不绝。华佗过，其父问之，佗曰："使人乘马，牵一栗色狗走三十里，归而热截右足，柱疮上。"俄有一赤蛇从疮出，而入犬足中，其疾遂平。①

又引东晋孔约撰《志怪》载：

> 又后汉末，有人得心腹瘕病，昼夜切痛。临终，敕其子曰："吾气绝后，可剖视之。"其子不忍违言，剖之，得一铜枪，容数合许。后华佗闻其病而解之。因出巾箱中药，以投枪，枪即成酒焉。②

《太平广记》所引唐李亢撰《独异志》、东晋孔约撰《志怪》中有关华佗的三则医案资料，形象地反映了华佗精于医药和擅长外科疾病治疗。相较于《三国志》，《太平广记》引文的内容更为详细，可补西晋陈寿撰《三国志》卷二九

---

① （宋）李昉等编：《太平广记》卷218《医一》，北京：中华书局，1961年版，第1664页。
② （宋）李昉等编：《太平广记》卷218《医一》，北京：中华书局，1961年版，第1665页。

《魏志·华佗传》记载的不足。这两部轶事兼志怪的小说著作，原书已佚，今有辑佚本流传，因而《太平广记》中保存的史料弥足珍贵。

张仲景，名机，东汉末年著名医学家，撰《伤寒杂病论》16卷，创立"六经辨证"诊疗方法。《太平广记》卷二一八引《小说》（亦称《殷芸小说》）载：

> 何颙妙有知人之鉴。初郡张仲景总角造颙。颙谓曰："君用思精密，而韵不能高，将为良医矣。"仲景后果有奇术。王仲宣年十七时过仲景，仲景谓之曰："君体有病，宜服五石汤。若不治，年及三十，当眉落。仲宣以其赊远不治。后至三十，果觉眉落。其精如此，世咸叹颙之知人。"①

《太平广记》所引《小说》，可能为南朝殷芸奉梁武帝诏敕编撰的一部小说类著作。《小说》以时代为次序，首载帝王之事，继以周汉，终于南齐，记载了历代帝王和士大夫的遗闻逸事，后散佚不存，今有辑注本和补证本流传。关于张仲景的史料，除魏晋南北朝时期的《何颙别传》外，《小说》中记载的内容也较为丰富。

三国时期出现了不少名医，他们医术精湛，医德高尚，精于内、外、妇、儿、五官科疾病诊治，有些医者甚至有著作传世。如吴太医，三国时吴国名医，姓名不详。《太平广记》卷二一八引唐段成式《酉阳杂俎》载："吴孙和宠邓夫人。尝醉舞如意，误伤邓颊，血流，娇惋弥苦。命太医合药。言得白獭髓、杂玉与虎魄屑，当灭此痕。和以百金购得白獭，乃合膏。虎魄太多，及差，痕不灭，左颊有赤点如痣。"②吴太医用"白獭髓、杂玉与琥珀屑"三种药物，祛除了邓夫人面部瘢痕。句骊客，三国时魏国名医，擅长针灸治病。《太平广记》卷二一八引唐段成式《酉阳杂俎》载："魏时有句骊客善用针。取寸发，斩为十余段，以针贯取之，言发中虚也。其妙如此。"③形象地揭示了句骊客善用针治病，针贯毫发，针技超凡。

徐文伯，字德秀，祖籍东莞姑幕（治今山东诸城），名医徐道度之子。南朝宋名医，擅长针灸，撰有《徐文伯药方》2卷和《徐文伯疗妇人瘕》1卷，均佚。《太平广记》卷二一八引阳玠撰《谈薮》（亦题《八代谈薮》）中两则徐文伯医学故事载：

> 宋徐文伯尝与宋少帝出乐游苑门，逢妇人有娠。帝亦善诊候，诊之曰："是女也。"问文伯，伯曰："一男一女，男在左边，青黑色，形小于女。"帝性急，令剖之。文伯恻然曰："臣请针之，必落。"便针足太阴，补手阳

---

① （宋）李昉等编：《太平广记》卷218《医一》，北京：中华书局，1961年版，第1665页。
② （宋）李昉等编：《太平广记》卷218《医一》，北京：中华书局，1961年版，第1665页。
③ （宋）李昉等编：《太平广记》卷218《医一》，北京：中华书局，1961年版，第1665页。

明。胎应针而落,果效如言。文伯有学行,不屈公卿,不以医自业,为张融所善,历位泰山太守。文伯祖熙之好黄老,隐于秦望山。有道士过乞饮,留一胡芦子曰:"君子孙宜以此道术救世,当得二千石。"熙开视之,乃《扁鹊医经》一卷。因精学之,遂名振海内,仕至濮阳太守。子秋夫为射阳令,尝有鬼呻吟,声甚凄苦。秋夫问曰:"汝是鬼也,何所须?"鬼曰:"我姓斛斯,家在东阳,患腰痛而死,虽为鬼,疼痛犹不可忍。闻君善术,愿见救济。"秋夫曰:"汝是鬼,无形,云何措治?"鬼曰:"君但缚刍作人。按孔穴针之。"秋夫如其言,为针四处,又针肩井三处,设祭而埋之。明日,见一人来谢曰:"蒙君疗疾,复为设祭,除饥解疾,感惠实多。"忽然不见。当代服其通灵。又宋明帝宫人患腰疼牵心,发即气绝,众医以为肉症。徐文伯曰:"此发瘕也。"以油灌之,则吐物如发,稍稍引之,长三尺,头已成蛇。能动,悬柱上,水滴尽,一发而已。病即愈。①

《谈薮》为杂记体小说集,旧题北齐阳松玠撰,亦作隋阳玠撰,书中多记北齐前期人物事迹。宋朝官修目录学著作《崇文总目》"小说家类"著录为8卷,《宋史·艺文志》"小说家类"著录为2卷。《谈薮》原书已佚,今人有辑复本流传,并考定其为"隋代小说"②。《太平广记》所引徐熙、徐秋夫、徐文伯等行医治病事迹,反映了南北朝时期山东东海徐氏家族世代为医,拥有高超的医疗技术。

徐嗣伯,字叔绍,祖籍东莞姑幕(治今山东诸城),名医徐叔响之子。南齐医家,善针药,撰《徐氏落年方》3卷、《徐氏药方》5卷、《杂病论》1卷,均佚。《太平广记》卷二一八引唐朝李延寿撰《南史》载:

> 徐嗣伯字德绍,善清言,精于医术。曾有一妪,患滞瘀,积年不差。嗣伯为之诊疾曰:"此尸注也,当须死人枕煮服之可愈。"于是就古塚中得一枕,枕以半边腐缺,服之即差。后秣陵人张景年十五,腹胀面黄,众医不疗。以问嗣伯,嗣伯曰:"此石蚘耳,当以死人枕煮服之。"依语,煮枕以服之,得大利,出蚘虫,头坚如石者五六升许,病即差。后沈僧翼眼痛,又多见鬼物。以问之,嗣伯曰:"邪气入肝,可觅死人枕煮服之。竟,可埋枕于故处。"如其言又愈。王晏知而问之曰:"三病不同,而皆用死人枕疗之,俱差何也?"答曰:"尸注者,鬼气也。伏而未起,故令人沉滞。得死人枕促之,魂气飞越,不复附体,故尸注可差。石蚘者,医疗即僻。蚘虫转坚,世间药不能除,所以须鬼物驱之,然后可散也。夫邪气入肝,

---

① (宋)李昉等编:《太平广记》卷218《医一》,北京:中华书局,1961年版,第1666—1667页。
② (隋)阳玠撰,黄大宏校笺:《八代谈薮校笺》卷首《隋人阳玠与〈八代谈薮〉(代前言)》,北京:中华书局,2010年版,第22页。

故使眼痛而见魍魉。应须邪物以钓其气，因而去之，所以令埋于故处也。晏深叹其神妙。"①

这则史料征引自唐李延寿撰《南史》卷三二《徐文伯、徐嗣伯传》，记载了徐嗣伯为老妪、张景、沈僧翼治病的医案，反映了徐嗣伯善于治疗尸注、蛔虫病和眼病，并能辨证用药。

徐之才，字士茂，祖籍东莞姑幕（治今山东诸城），名医徐雄之子。北齐名医，善医术，精医药，撰《徐王方》5卷、《徐王八世家传效验方》10卷、《徐王小儿方》3卷、《药对》2卷等。《太平广记》卷二一八引唐代佚名撰《太原故事》载："北齐右仆射徐之才善医术。时有人患脚跟肿痛，诸医莫能识之。窥之曰：'蛤精疾也。得之当由乘船入海，垂脚水中。'疾者曰：'实曾如此。'为割之，得蛤子二个，如榆荚。"②可知，徐之才善于治疗酒色过度、下海之人腿脚肿痛"蛤精"病等。

甄权，许州扶沟（治今河南扶沟）人，唐代著名针灸学家，撰《明堂人形图》1卷、《针经钞》3卷、《药性论》4卷等。《太平广记》卷二一八引唐胡璩撰《谭宾录》载："甄权精究医术，为天下最。年一百三岁，唐太宗幸其宅，拜朝散大夫"③，记载了甄权的医术、年龄和授官情况。

孙思邈，京兆华原（治今陕西省铜川市耀州区）人，唐代著名医学家、药物学家。孙氏著述颇丰，撰有《备急千金要方》30卷、《千金翼方》30卷、《千金髓方》20卷、《千金月令》3卷、《千金养生论》1卷等。《太平广记》卷二一八全文引用唐胡璩撰《谭宾录》卷2《孙思邈》中的内容，介绍了唐阳思邈的生平事迹及其对疾病理论的理解。

> 显庆三年，诏征太白山隐士孙思邈，亦居此府。思邈，华原人，年九十余，而视听不衰。照邻自伤年才强仕，沉疾困惫，乃作《蒺藜树赋》，以伤其禀受之不同，词甚美丽。思邈既有推步导养之术。照邻与当时知名之士宋令文、孟诜，皆执师资之礼，尝问思貌曰："名医愈疾，其道何也？"思邈曰："吾闻善言天者，必质于人。善言人者，必本于天。故天有四时五形，日月相推，寒暑迭代，其转运也。和而为雨，怒而为风，散而为露，乱而为雾，凝而为霜雪，张而为虹霓，此天之常数也。人有四肢五脏，一觉一寐，呼吸吐纳，精气往来。流而为荣卫，彰而为气色，发而为音声，此亦人之常数也。阳用其精，阴用其形，天人之所同也。及其失也，蒸则为热，否则生寒，结而为瘤赘，隔而为痈疽，奔而为喘乏，竭而为焦枯。

---

① （宋）李昉等编：《太平广记》卷218《医一》，北京：中华书局，1961年版，第1667页。
② （宋）李昉等编：《太平广记》卷218《医一》，北京：中华书局，1961年版，第1668页。
③ （宋）李昉等编：《太平广记》卷218《医一》，北京：中华书局，1961年版，第1668页。

诊发乎面，变动乎形。推此以及天地，亦如之。故五纬盈缩，星辰错行，日月薄蚀，彗孛流飞，此天地之危诊也。寒暑不时，此天地之蒸否也。石立土踊，此天地之瘤赘也。山崩地陷，此天地之痈疽也。奔风暴雨，此天地之喘乏也。雨泽不降，川泽涸竭，此天地之焦枯也。良医导之以药石，救之以针灸。圣人和之以至德，辅之以人事，故体有可消之疾，天有可消之灾，通乎数也。"照邻曰："人事如何？"思邈曰："胆欲大而心欲小，智欲圆而行欲方。"照邻曰："何谓也？"思邈曰："心为五脏之君，君以恭顺为主，故心欲小。胆为五脏之将，将以果决为务，故胆欲大。智者动象天，故欲圆。仁者静象地，故欲方。……照邻又问："养性之道，其要何也？"思邈曰："天道有盈缺，人事多屯厄，苟不自慎而能济于厄者，未之有也。故养性之士，先知自慎。自慎者，恒以忧畏为本。《经》曰：'人不畏威，天威至矣。'忧畏者，死生之门，存亡之由，祸福之本，吉凶之源。故士无忧畏则仁义不立，农无忧畏则稼穑不滋，工无忧畏则规矩不设，商无忧畏则货殖不盈，子无忧畏则孝敬不笃，父无忧畏则慈爱不著，臣无忧畏则勋庸不建，君无忧畏则社稷不安。故养性者，失其忧畏则心乱而不理，形躁而不宁，神散而气越，志荡而意昏。应生者死，应存者亡，应成者败，应吉者凶。夫忧畏者，其犹水火不可暂忘也。人无忧畏，子弟为勍敌，妻妾为寇仇。是故太上畏道，其次畏天，其次畏物，其次畏人，其次畏身。忧于身者，不拘于人，畏于己者，不制于彼。慎于小者，不惧于大。戒于近者，不惧于远。能知此者，水行蛟龙不能害，陆行虎兕不能伤。五兵不能及，疫疠不能染。谗贼不能谤，毒螫不加害。知此则人事毕矣。"思邈寻授承务郎，直尚药局。以永淳初卒，遗令薄葬。不设冥器，祭祀无牲牢。死经月余，颜色不变，举尸就木，如空衣焉。撰《千金方》三十卷行于代。①

《太平广记》所引唐胡璩撰《谭宾录》中有关孙思邈的事迹，是唐人所撰笔记中的珍贵史料，不少与《旧唐书》卷一九一《孙思邈传》的记载相同，可信度很高，可知其可能出自唐朝官修《国史》。《谭宾录》原书久佚，李昉等《太平广记》、曾慥《类说》、陶宗仪《说郛》中征引了部分逸文，今有辑复本流传。这则史料反映了孙思邈精于医药、养生，提出了有关"大医习业""大医精诚""治病略例""养性之道"等主张，并和李元裕、卢照邻、宋令文、孟诜等有所往来。从《太平广记》引文可知，卢照邻患有严重的麻风病，因医治无效投颍水自尽。卢照邻和孙思邈有关"治病之道""养性之道"的问答，丰富了中医伦理学的内容。

---

① （宋）李昉等编：《太平广记》卷218《医一》，北京：中华书局，1961年版，第1669—1670页。

许胤宗，常州义兴（治今江苏宜兴）人，唐代名医，善于脉诊，清代时因避雍正皇帝讳而改名为许裔宗。《太平广记》卷二一八引唐胡璩撰《谭宾录》载：

> 许裔宗名医若神。人谓之曰："何不著书，以贻将来？"裔宗曰："医乃意也，在人思虑。又脉候幽玄，甚难别。意之所解，口莫能宣。古之名手，唯是别脉。脉既精别，然后识病。病之于药，有正相当者。唯须用一味，直攻彼病，即立可愈。今不能别脉，莫识病原，以情亿度，多安药味。譬之于猎，不知兔处，多发人马，空广遮围，或冀一人偶然逢也。以此疗病，不亦疏乎。脉之深趣，既不可言，故不能著述。"①

新、旧《唐书·方技传》中均载有许胤宗的事迹。从《太平广记》引文可知，许胤宗提出了以脉辨病、然后用药的思想，善治失语症、骨蒸等疾。许氏不喜著书，强调"医乃意也"，故未有著作流传下来。

秦鸣鹤，唐高宗时期御医、针灸学家，医术精湛。《太平广记》卷二一八引唐胡璩撰《谭宾录》载：

> 唐高宗苦风眩，头目不能视。召侍医秦鸣鹤诊之。秦曰："风毒上攻，若刺头出少血，愈矣。"天后自帘中怒曰："此可斩也，天子头上，岂是出血处耶？"鸣鹤叩头请命。上曰："医人议病，理不加罪，且吾头重闷，殆不能忍，出血未必不佳，朕意决矣。"命刺之。鸣鹤刺百会及脑户出血。上曰："吾眼明矣。"言未毕，后自帘中顶礼以谢之曰："此天赐我师也。"躬负缯宝以遗之。②

从《太平广记》引文可知，秦鸣鹤善于治疗风眩病，曾用针刺百会穴和脑户穴出血法治愈唐高宗所患风眩引起的眼目失明症。现代学者根据秦鸣鹤所用放血疗法，考证其可能为大秦景教医师③。

张文仲，洛州洛阳（治今河南洛阳）人，唐代名医。曾任侍御医、尚药奉御等职，以医术闻名，善于治疗风疾和气疾，撰《随身备急方》3卷、《法象论》1卷、《小儿五疳二十四候论》1卷和《疗风气诸方》1卷等。《太平广记》卷二一八引唐张鷟撰《朝野佥载》载："洛州有士人患应病，语即喉中应之，以问善医张文仲。张经夜思之，乃得一法，即取《本草》令读之，皆应；至其所畏者，即不言。仲乃录取药，合和为丸，服之应时而止。一云，问医苏澄云。"④《朝野佥载》原20卷，今本6卷或1卷，所记内容为唐初至开元间

---

① （宋）李昉等编：《太平广记》卷218《医一》，北京：中华书局，1961年版，第1671页。
② （宋）李昉等编：《太平广记》卷218《医一》，北京：中华书局，1961年版，第1671页。
③ 黄兰兰：《唐代秦鸣鹤为景医考》，《中山大学学报（社会科学版）》2002年第5期，第61—67页。
④ （宋）李昉等编：《太平广记》卷218《医一》，北京：中华书局，1961年版，第1673页。

名人佚事、典章制度、医学故事和社会生活等。多为作者亲历见闻，具有较高和史料价值。

王彦伯，唐代道士、名医，擅长脉诊和用药。《太平广记》卷二一九引唐段成式撰《酉阳杂俎》载："荆人道士王彦伯天性善医，尤别脉，断人生死寿夭，百不差一。裴胄尚书有子，忽暴中病，众医拱手，或说彦伯，遽迎便视之。候脉良久，曰：'都无疾。'乃煮散数味，入口而愈。裴问其状，彦伯曰：'中无鳃鲤鱼毒也。'其子实因鲙得病。裴初不信，乃鲙鲤鱼无鳃者，令左右食之，其疾悉同，始大惊异焉。"又引《国史补》载："彦伯自言：'医道将行。'列三四灶，煮药于庭。老幼塞门而请，彦伯指曰：'热者饮此，寒者饮此，风者饮此，气者饮此。'各负钱帛来酬，无不效者。"①《酉阳杂俎》前集20卷、续集10卷，是唐段成式撰写的一部"志怪小说之书"。《国史补》3卷，又名《唐国史补》，是唐李肇撰写的一部史书。此二书今有刊本传世，收载了唐朝中后期轶事、琐闻和杂记等，具有较高的史料价值。有关王彦伯的医学事迹，是研究隋唐时期道教医家名流的珍贵资料。

梁新，唐代武陵医人，曾任尚药奉御。赵鄂，唐代鄜州马医，曾任太仆卿。《太平广记》卷二一九引《北梦琐言》载：

> 唐崔铉镇渚宫。有富商船居，中夜暴亡，待晓，气犹未绝。邻房有武陵医工梁新闻之，乃与诊视曰："此乃食毒也。三两日非外食耶？"仆夫曰："主翁少出舫，亦不食于他人。"梁新曰："寻常嗜食何物？"仆夫曰："好食竹鸡，每年不下数百只。近买竹鸡，并将充馔。"梁新曰："竹鸡吃半夏，必是半夏毒也。"命捣姜捩汁，折齿而灌，由是而苏。崔闻而异之，召至，安慰称奖。资以仆马钱帛入京，致书于朝士，声名大振，仕至尚药奉御。有一朝士诣之，梁曰："何不早见示？风疾已深矣，请速归，处置家事，委顺而已。"朝士闻而惶遽告退，策马而归。时有鄜州马医赵鄂者，新到京都，于通衢自榜姓名，云攻医术。此朝士下马告之，赵鄂亦言疾危，与梁生之说同。谓曰："即有一法，请官人剩吃消梨，不限多少，咀龅不及，捩汁而饮，或希万一。"此朝士又策马而归，以书简质消梨，马上旋龅。行到家，旬日唯吃消梨，烦觉爽朗，其恙不作。却访赵生感谢，又访梁奉御，且言得赵生所教。梁公惊异，且曰："大国必有一人相继者。"遂召赵生，资以仆马钱帛，广为延誉，官至太仆卿。②

这便是中国医学史上有名的姜汁治疗食竹鸡中毒暴亡医案和消梨治疗风疾医案。又引唐佚名撰《闻奇录》载："省郎张廷之有疾，诣赵鄂。才诊脉，说其

---

① （宋）李昉等编：《太平广记》卷219《医二》，北京：中华书局，1961年版，第1675—1676页。
② （宋）李昉等编：《太平广记》卷219《医二》，北京：中华书局，1961年版，第1678—1679页。

疾宜服生姜酒一盏、地黄酒一杯。仍谒梁新，所说并同，皆言过此即卒。自饮此酒后，所疾寻平。他日为时相坚虐一杯，诉之不及，其夕乃卒。时论为之二妙。"①可知梁新、赵鄂两人，俱精于医药，善治疑难杂症。

元颃，唐代名医，任医学博士，擅长心理疗法。《太平广记》卷二一九引五代孙光宪撰《北梦琐言》载：

> 唐时京城有医人忘其姓，名元颃。中表间有一妇人从夫南中，曾误食一虫，常疑之，由是成疾，频疗不损，请看之。医者知其所患，乃请主人姨奶中谨密者一人，预戒之曰："今以药吐泻，但以盘盂盛之。当吐之时，但言有一小虾蟆走去，然切不得令病者知是诳绐也。"其奶仆遵之，此疾永除。②

《太平广记》所引这则史料出自《北梦琐言》"疗疑病"，说明了妇人因误食虫而患病，属心理疾病。元颃用呕吐法加以治疗，使病人的忧虑心病得以释放，最后取得良好的效果。

《太平广记》卷二一九引唐大中九年（855年）郑处诲撰《明皇杂录》，记载了唐代隐士、名医周广治愈宫人狂疾、黄门奉使腹中坚痞病的事迹。

> 开元中，有名医纪明者，吴人也，尝授秘诀于隐士周广。观人颜色谈笑，便知疾深浅，言之精详，不待诊候。上闻其名，征至京师。令于掖庭中召有疾者，俾周验焉。有宫人每日晨则笑歌啼号，若中狂疾，而又足不能及地。周视之曰："此必因食且饱，而大促力，顷复仆于地而然也。"周乃饮以云母汤，既已，令熟寐，寐觉，乃失所苦。问之，乃言："尝因大华宫主载诞三日，宫中大陈歌吹，某乃主讴者，惧其声不能清，且常食独蹄羹，遂饱，而当筵歌数曲。曲罢，觉胸中甚热，戏于砌台乘高而下，未及其半，复有后来者所激，因仆于地。久而方苏而病狂，因兹足不能及地也。"上大异之。有黄门奉使，自交广而至，拜舞于殿下。周顾谓曰："此人腹中有蛟龙，明日当产一子，则不可活也。"上惊问黄门曰："卿有疾否？"乃曰："臣驰马大庾岭，时当大热，既困且渴，因于路傍饮野水，遂腹中坚痞如石。"周即以消石雄黄，煮而饮之。立吐一物，不数寸，其大如指。细视之，鳞甲备具，投之以水，俄顷长数尺。周遽以苦酒沃之，复如故形，以器覆之。明日，器中已生一龙矣。上深加礼焉，欲授以官爵，周固请还吴中。上不违其意，遂令还乡。水部员外刘复为周作传，叙述甚详。

《明皇杂录》2卷、《补遗》1卷，记载了唐玄宗朝杂事，少部分叙及唐肃

---

① （宋）李昉等编：《太平广记》卷219《医二》，北京：中华书局，1961年版，第1679页。
② （宋）李昉等编：《太平广记》卷219《医二》，北京：中华书局，1961年版，第1676页。

宗、唐代宗二朝史实。从这则医案可知，周广活动于唐玄宗开元年间，擅长望诊，精于医药，具有高超的疾病诊断水平，其所用"云母汤"治狂疾、"硝石雄黄汤"治虫毒腹中坚痞病等，具有临床借鉴价值。

晚唐无名医，擅长医治风病。《太平广记》卷二一九引晚唐五代王仁裕撰《玉堂闲话》载：

> 江淮州郡，火令最严，犯者无赦。盖多竹屋，或不慎之，动则千百间立成煨烬。高骈镇维扬之岁，有术士之家延火，烧数千户。主者录之，即付于法。临刃，谓监刑者曰："某之愆尤，一死何以塞责。然某有薄技，可以传授一人，俾其救济后人，死无所恨矣。"时骈延待方术之士，恒如饥渴。监行者即缓之，驰白于骈。骈召入，亲问之。曰："某无他术，唯善医大风。"骈曰："可以核之。"对曰："但于福田院选一最剧者，可以试之。"遂如言。乃置患者于密室中，饮以乳香酒数升，则憃然无知，以利刀开其脑缝。挑出虫可盈掬，长仅二寸。然以膏药封其疮，别与药服之，而更节其饮食动息之候。旬余，疮尽愈。才一月，眉须已生，肌肉光净，如不患者。骈礼术士为上客。①

《玉堂闲话》原书已佚，唯《太平广记》征引内容最多，今有辑复本流传。该书在中国笔记小说史上占有重要地位，详细地记载了唐末五代时期的史实和社会传闻，具有很高的史料价值。高骈，晚唐名将、诗人，历任天平、西川、荆南、镇海、淮南等五镇节度使，爱好黄老之术。从医案中可知，扬州术士熟练掌握了乳香酒的应用和开颅取虫之术，曾治愈某位严重的麻风病患者。

无名医，善疗蛇蛊，曾治愈颜燧家女使所患蛇蛊病。《太平广记》卷二一九引王仁裕撰《玉堂闲话》载：

> 京城及诸州郡阛阓中，有医人能出蛊毒者，目前之验甚多。人皆惑之，以为一时幻术，膏肓之患，即不可去。郎中颜燧者，家有一女使抱此疾，常觉心肝有物唼食，痛苦不可忍。累年后瘦瘁，皮骨相连，胫如枯木。偶闻有善医者，于市中聚众甚多，看疗此病。颜试召之。医生见曰："此是蛇蛊也，立可出之。"于是先令炽炭一二十斤，然后以药饵之。良久，医工秉小钤子于傍。于时觉咽喉间有物动者，死而复苏。少顷，令开口，钤出一蛇子长五七寸，急投于炽炭中燔之。燔蛇屈曲，移时而成烬，其臭气彻于亲邻。自是疾平，永无啮心之苦耳，则知活变起虢肉徐甲之骨，信不虚矣。②

---

① （宋）李昉等编：《太平广记》卷219《医二》，北京：中华书局，1961年版，第1679页。
② （宋）李昉等编：《太平广记》卷219《医二》，北京：中华书局，1961年版，第1681页。

无名医通过烧炭施药，用熏蒸法治愈了颜燧家女使所患蛇蛊病。《玉堂闲话》中记载的这两则医案，均由无名医治愈，虽具有传奇色彩，但反映了当时某些民间医人具有高超的医术和掌握了某种治疗疑难杂症的方法。《玉堂闲话》共3卷，多记唐代佚事，入宋时已残缺不全，《太平广记》收文156条。尤其是《太平广记》中保存的若干医学资料，具有相当重要的史料价值，是研究晚唐五代时期民间医学史的珍贵史料。

（二）《太平广记》"医部"所载病人患病情况

《太平广记》还收载了有关两汉、魏晋南北朝、隋唐五代时期普通病人患病的医案，共有患者62人。如范光禄患脚肿病，不能吃饭，被无名医用针灸治愈。《太平广记》卷二一八引佚名撰《齐谐录》载：

> 有范光禄者得病，两脚并肿，不能饮食。忽有一人，不自通名，径入斋中，坐于光禄之侧。光禄谓曰："先不识君，那得见诣？"答云："佛使我来理君病也。"光禄遂废衣示之。因出针针肿上，倏忽之间，顿针两脚及膀胱百余下，出黄脓水三升许而去。至明日，并无针伤，而患渐愈。①

《齐谐录》为南北朝时期的志怪小说，撰者姓名不详，今已亡佚。从这则医案可知，无名医通过针刺脚肿之处和膀胱百余下，治愈了范光禄的脚肿病，显示了针刺疗法的神奇功效。《太平广记》中收载的这则有名的"脚肿医"医案，后被《名医类案》《外科医室》等引用，作为外科经典医案。

晋代豫州刺史许永弟弟，患"心腹坚痛"病，被医家李子豫用"八毒赤丸"治愈。《太平广记》卷二一八引晋陶潜撰《续搜神记》载：

> 许永为豫州刺史，镇历阳。其弟得病，心腹坚痛。居一夜，忽闻屏风后有鬼言："何不速杀之？明日，李子豫当以赤丸打汝，汝即死矣。"及旦，遂使人迎子豫。即至，病者忽闻腹中有呻吟之声。子豫遂于巾箱中出八毒赤丸与服之。须臾，腹中雷鸣绞转，大利，所病即愈。②

李子豫，晋代医家，"少善医方，当代称其通灵"，用"八毒赤丸"治愈许永弟弟所患心腹坚痛。"八毒赤丸"也名"李子豫赤丸""八毒丸"，最早见于唐甄立言撰《古今录验方》引《胡录》，主治五尸症积及恶心痛、蛊疰、鬼气，无所不疗。《续搜神记》亦题《搜神后记》《搜神续记》《搜神录》，东晋志怪小说集，今存10卷本，记载了许多拥有高超医术的医家和疑难杂症医案。

《太平广记》征引了唐初张鷟《朝野佥载》中的数则医案。如卢元钦客居泉

---
① （宋）李昉等编：《太平广记》卷218《医一》，北京：中华书局，1961年版，第1666页。
② （宋）李昉等编：《太平广记》卷218《医一》，北京：中华书局，1961年版，第1668页。

州,"染大风,唯鼻根未倒",时值五月五日,医官"取蚺蛇胆欲进,或言肉可治风,遂取一截蛇肉食之",吃了三五日之后,疾病逐渐好转,百日以后就完全康复了。商州有人患大风病,"家人恶之,山中为起茅舍。有乌蛇坠酒罂中,病人不知,饮酒渐差。罂底见蛇骨,方知其由也"①。可知卢元钦和商州病人所患均为麻风病,通过食用蛇肉被治愈。定州人崔务,坠马折足,《朝野佥载》载"医令取铜末,和酒服之,遂痊平"②。《朝野佥载》原书6卷,唐代笔记小说集,多载隋代、唐初和武后朝的逸闻趣事,具有一定的史料价值。原书久佚,唯《太平广记》引文最多,今有辑复本流传。

《太平广记》引晚唐五代王仁裕撰《玉堂闲话》记载,介绍了有关唐懿宗时期当权宦官田令孜患病的医案。《太平广记》卷二一九《田令孜》载:

  长安完盛日,有一家于西市卖饮子。用寻常之药,不过数味,亦不闲方脉,无问是何疾苦,百文售一服。千种之疾,入口而愈。常于宽宅中,置大锅镬,日夜铧斫煎煮,给之不暇。人无远近,皆来取之,门市骈罗,喧阗京国,至有赍金守门,五七日间,未获给付者,获利甚极。时田令孜有疾,海内医工召遍,至于国师待诏,了无其征。忽见亲知白田曰:"西市饮子,何妨试之。"令孜曰:"可。"遂遣仆人,驰乘往取之。仆人得药,鞭马而回。将及近坊,马蹶而覆之。仆既惧其严难,不复取云。遂诣一染坊,丐得池脚一瓶子,以给其主。既服之,其病立愈。田亦只知病愈,不知药之所来,遂偿药家甚厚。饮子之家,声价转高,此盖福医也。近年,邺都有张福医者亦然,积货甚广,以此有名,为蕃王掣归塞外矣。③

这则医案约发生在唐僖宗光启元年(885年)。田令孜,原姓陈,字仲则,其所患疾病被无名饮子治愈。从这则医案可知,当时"福医"备受推崇,这些人医疗水平不一,但却掌握了某种专科药物的配方,获得了极高的治愈率,"千种之疾,入口而愈"。

《太平广记》引《玉堂闲话》载唐代官吏孙仲敖患"脑痛症",被申光逊用醇酒、胡椒、干姜温服出汗的方法治愈。《太平广记》卷二二〇《申光逊》载:

  近代曹州观察判官申光逊,言本家桂林。有官人孙仲敖,寓居于桂,交广人也。申往谒之,延于卧内。冠簪相见曰:"非慵于巾栉也,盖患脑痛尔。"即命醇酒升余,以辛辣物泹胡椒、干姜等屑仅半杯,以温酒调。又于枕函中取一黑漆筒,如今之笙项,安于鼻窍,吸之至尽,方就枕。有汗出

---

① (宋)李昉等编:《太平广记》卷218《医一》,北京:中华书局,1961年版,第1671页。
② (宋)李昉等编:《太平广记》卷218《医一》,北京:中华书局,1961年版,第1673页。
③ (宋)李昉等编:《太平广记》卷219《医二》,北京:中华书局,1961年版,第1679—1680页。

表，其疾立愈，盖鼻饮蛮獠之类也。①

《太平广记》征引的这则史料，是中国古代鼻饮治法的典型医案，此法在古代广西地区非常盛行，其所用"洗鼻或雾化法"②，指用鼻嗅吸药物蒸汽或通过鼻腔吸药治疗口、鼻、头痛等疾病的方法，至今仍用于临床。

《太平广记》征引了五代宋初徐铉撰《稽神录》中数则医案资料。《稽神录》共6卷，是徐铉撰写的一部志怪小说集，所记之事虽多鬼怪异迹和因果报应之事，但也反映了某些医学内容，具有一定的史料价值。如瓜村渔人妻患肺痨病，"转相染著，死者数人"，不久其女也患此病。《太平广记》卷二二〇《渔人妻》载：

> 瓜村有渔人妻得劳疾，转相染著，死者数人。或云："取病者生钉棺中弃之，其病可绝。"顷之，其女病，即生钉棺中，流之于江。至金山，有渔人见而异之，引之至岸。开视之，见女子犹活，因取置渔舍。每多得鳗鲡鱼以食之，久之病愈。遂为渔人之妻，今尚无恙。③

劳疾，又名痨瘵、劳极、传尸劳、尸注、鬼注等，具有一定的传染性。这则史料反映了当时不仅认识到肺痨病（即肺结核病）可以互相传染，而且还提出了"传染之病"的概念。患病女子被人从江水中救出后，因食用鳗鲡鱼而痊愈。这则医案反映了普通民众面对传染病时的无奈，是研究传染病史的珍贵资料，被后世医书多所引用。

《太平广记》引《稽神录》载江南吉州刺史张曜卿仆人陶俊，在江西之战中因飞石击中，患腰足疼痛病，被两位书生用药丸治愈。《太平广记》卷二二〇《陶俊》载：

> 江南吉州刺史张曜卿，有傔力者陶俊性谨直。尝从军征江西，为飞石所中，因有腰足之疾，恒扶杖而行。张命守舟于广陵之江口。因至白沙市，避雨于酒肆，同立者甚众。有二书生过于前，独顾俊，相与言曰："此人好心，宜为疗其疾。"即呼俊，与药二丸曰："服此即愈。"乃去。俊归舟吞之。良久，觉腹中痛楚甚，顷之痛止，疾亦多差。操篙理缆，尤觉轻健。白沙去城八十里，一日往复，不以为劳。后访二书生，竟不复见。④

这则医案是研究军中战伤的珍贵史料，反映了药丸在疾病治疗中日益受到重视，并发挥了显著疗效。

---

① （宋）李昉等编：《太平广记》卷220《医三》，北京：中华书局，1961年版，第1682页。
② 林辰、吕琳主编：《壮医外治学》第10版，北京：中国中医药出版社，2017年版，第6页。
③ （宋）李昉等编：《太平广记》卷220《医三》，北京：中华书局，1961年版，第1683页。
④ （宋）李昉等编：《太平广记》卷220《医三》，北京：中华书局，1961年版，第1684页。

《太平广记》引《稽神录》载广陵某一木工，患手足蜷缩病，被道士用药治愈。《太平广记》卷二二〇《广陵木工》载：

> 广陵有木工，因病，手足皆拳缩，不能复执斤斧。扶踊行乞，至后土庙前，遇一道士。长而黑色，神采甚异。呼问其疾，因与药数丸曰："饵此当愈，旦日平明，复会于此。"木工辞曰："某不能行，家去此远，明日虽晚，尚未能至也。"道士曰："尔无忧，但早至此。"遂别去。木工既归，饵其药。顷之，手足痛甚，中夜乃止，因即得寐。五更而寤，觉手足甚轻，因下床，趋走如故。即驰诣后土庙前。久之，乃见道士倚杖而立。再拜陈谢。道士曰："吾授尔方，可救人疾苦，无为木匠耳。"遂再拜受之。因问其名居，曰："吾在紫极宫，有事可访吾也。"遂去。木匠得方，用以治疾，无不愈者。至紫极宫访之，竟不复见。后有妇人久疾，亦遇一道士，与药而差。言其容貌，亦木工所见也。广陵寻乱，木工竟不知所之。①

这则医案是研究晚唐五代时期道教医学史的珍贵资料，包含了以下重要内容：一是扬州木工制造业发达，木工所患手足蜷缩病，是典型的职业病；二是某些道士掌握了一定的医术，擅长治疗各种疑难杂症；三是药物在疾病防治中的地位受到重视，"有病试药"成为唐宋以来中国医药学发展的新趋向。

（三）《太平广记》"医部"所载疾病、毒药和"异疾"

《太平广记》"医部"中收载了某些疑难杂病防治知识，如腹瘕病、蛊毒、中毒、"异疾"、腹痛、瘿瘤、乳肿、疮肿等，对认识中医临证医学有一定的借鉴价值。

腹瘕病是一种腹内有虫或结块引起疼痛的疾病。《太平广记》卷二一八引晋陶潜撰《续搜神记》载："昔有一人，与奴同时得腹瘕病。奴既死，令剖腹视之，得一白鳖。乃试以诸药浇灌之，并内药于腹中，悉无损动，乃系鳖于床脚。忽有一客来看之。乘一白马，既而马溺溅鳖。鳖乃惶骇，疾走避之，既系之，不得去，乃缩藏头颈足焉。病者察之，谓其子曰：'吾病或可以救矣。'乃试以白马溺灌鳖，须臾消成水焉。病者遂顿服升余白马溺，病却豁然除愈。"② 此处的"马尿消瘕"方，最早出现于《续搜神记》，在古代可能是一种民间验方，此后被历代医书记载了下来。

关于蛊毒和中毒，《太平广记》征引了唐初张鷟撰《朝野佥载》中的数则医学资料。如"飞蛊"，《太平广记》卷二二〇引《朝野佥载》载："江岭之间有飞蛊，其来也有声，不见形，如鸟鸣啾啾唧唧然。中人即为痢，便血，医药多不

---

① （宋）李昉等编：《太平广记》卷220《医三》，北京：中华书局，1961年版，第1685页。
② （宋）李昉等编：《太平广记》卷218《医一》，北京：中华书局，1961年版，第1668页。

差,旬日间必不救。"①"菌毒",《太平广记》卷二二〇引《朝野佥载》载:"岭南风俗,多为毒药。令老奴食冶葛死,埋之。土堆上生菌子,其正当腹上,食之立死。手足额上生者,当日死。旁自外者,数日死。渐远者,或一月两月。全远者,或二年三年。无得活者。惟有陈怀卿家药能解之。或有以菌药涂马鞭头马控上,拂着手即毒,拭着口即死。"②"冶葛鸩",《太平广记》卷二二〇引《朝野佥载》"冶葛食之立死。有冶葛处,即有白藤花,能解冶葛毒。鸩鸟食水之处,即有犀牛,犀牛不濯角其水,物食之必死,为鸩食蛇之故"③。冶葛,又名野葛,草名,有大毒,钩吻之别名。"蛇毒",是由毒蛇毒腺分泌液体或其干燥制品,被毒蛇咬伤后会引起人或动物中毒。《太平广记》卷二二〇引五代王仁裕撰《玉堂闲话》载,"赵延禧云:遭恶蛇虺所螫处,帖之艾炷,当上灸之,立差。不然即死。凡蛇啮即当啮处灸之,引去毒气,即止"④。可知,误食某些毒菌、毒药或被毒蛇咬伤,均可引起人体或动物中毒,轻者头昏眼花,重者危及生命。

"异疾",是指各种奇怪或罕见的疑难病症。《太平广记》征引了十多条医史资料,尤其是有关食用野生动物而引起的疾病案例,具有一定的借鉴价值。如"绛州僧",《太平广记》卷二二〇引唐初窦维鋈撰《广古今五行记》载:"永徽中,绛州有一僧病噎,都不下食。如此数年,临命终,告其弟子云:'吾气绝之后,便可开吾胸喉,视有何物,欲知其根本。'言终而卒。弟子依其言开视,胸中得一物,形似鱼而有两头,遍体悉是肉鳞。弟子致钵中,跳跃不止。戏以诸味致钵中,虽不见食,须臾,悉化成水。又以诸毒药内之,皆随销化。时夏中蓝熟,寺众于水次作靛,有一僧往,因以少靛致钵中,此虫怖惧,绕钵驰走,须臾化成水。世传以靛水疗噎疾。"⑤这是用靛水治疗噎塞病的医案,被后世医家多次引用。"崔爽",《太平广记》卷二二〇引唐初张鷟撰《朝野佥载》载:"永徽中,有崔爽者,每食生鱼,三斗乃足。于后饥,作鲙未成,爽忍饥不禁,遂吐一物,状如虾蟆。自此之后,不复能食鲙矣。"⑥"刘录事",《太平广记》卷二二〇引唐段成式《酉阳杂俎》载和州刘录事者,大历中罢官,居和州旁县,"食兼数人,尤能食鲙,尝言鲙味未尝果腹"。邑客于是"网鱼百余斤,会于野庭,观其下箸",刘录事"食鲙数碟,忽似小哽,因咯出一骨珠子大如豆,乃置于茶瓯中,以楪覆之。食未半,怪覆瓯楪倾侧",不久"神已痴

---

① (宋)李昉等编:《太平广记》卷220《医三》,北京:中华书局,1961年版,第1685页。
② (宋)李昉等编:《太平广记》卷220《医三》,北京:中华书局,1961年版,第1685—1686页。
③ (宋)李昉等编:《太平广记》卷220《医三》,北京:中华书局,1961年版,第1687页。
④ (宋)李昉等编:《太平广记》卷220《医三》,北京:中华书局,1961年版,第1686页。
⑤ (宋)李昉等编:《太平广记》卷220《医三》,北京:中华书局,1961年版,第1687—1688页。
⑥ (宋)李昉等编:《太平广记》卷220《医三》,北京:中华书局,1961年版,第1688页。

矣,半日方能语"①,自是恶鲙。虽具有鬼怪传奇色彩,但说明当时已经认识到食用野生鱼会使人致病。以上是由食用生鱼引起的积滞。同时,也反映了胡人在我国扬州收购名贵药物的情况,以及胡人辨识宝物的能力。

关于腹痛、瘿瘤、乳肿、疮肿等疑难杂症,《太平广记》亦多征引。如崔融患腹痛,《太平广记》卷二二〇引唐初张鷟撰《朝野佥载》载:"唐国子司业知制诰崔融病百余日,腹中虫蚀极痛不能忍。有一物如守宫,从下部出,须臾而卒。"②刁俊朝妻患项瘿,《太平广记》卷二二〇引唐李复言撰《续玄怪录》载:"安康伶人刁俊朝,其妻巴妪项瘿者。初微若鸡卵,渐巨如三四升瓶盎。积五年,大如数斛之鼎,重不能行",其妻说:"吾此疾诚可憎恶,送之亦死,拆之亦死。君当为我决拆之,看有何物。"刁俊朝"即磨淬利刃,挥挑将及妻前。瘿中轩然有声,遂四分披裂"③,又将"灵膏"涂之,于是疮合。这段史料真实地记载了瘿瘤的发病过程,说明采用外科手术和药物可以治愈此病。

(四)《太平广记》"医部"所载药学、针灸学和外科手术等知识

《太平广记》"医部"还收载了某些本草学和方剂学的知识。如"杀鬼丸方",《太平广记》卷二一八引唐初张鷟撰《朝野佥载》载:"郝公景于泰山采药,经市过。有见鬼者,怪群鬼见公景,皆走避之。遂取药和为杀鬼丸,有病患者,服之差。"④该方最早见于唐甄立言撰《古今录验方》,孙思邈《千金翼方》也有记载,主治瘟疫、时气瘴疫和杀毒等。"八毒赤丸",疗五尸癥积及恶心痛、蛊疰、鬼气等。关于"发背方",《太平广记》卷二一九引唐李肇撰《国史补》载:"白岑曾遇异人传发背方,其验十全。岑卖弄以求利。后为淮南小将,节度高适胁取之,其方然不甚效。岑至九江为虎所食,驿吏于囊中乃得真本。太原王升之写以传布。"⑤这则史料反映了善恶因果报应的思想。

关于民间验方、效方,《太平广记》多有征引。如商州有人患麻风病,因喝了蛇浸泡过的酒而治愈。孙光宪家婢女发现醋泥治火伤、止痛和除瘢疗效显著。《太平广记》卷二二〇引五代孙光宪撰《北梦琐言》载:"火烧疮无出醋泥,甚验。孙光宪尝家人作煎饼,一婢抱玄子拥炉,不觉落火炭之上,遽以醋泥傅之,至晓不痛,亦无瘢痕。是知俗说不厌多闻。"⑥

关于针灸治疗患者,《太平广记》亦多征引。如魏时句骊客善用针,南朝徐

---

① (宋)李昉等编:《太平广记》卷220《医三》,北京:中华书局,1961年版,第1688页。
② (宋)李昉等编:《太平广记》卷220《医三》,北京:中华书局,1961年版,第1689页。
③ (宋)李昉等编:《太平广记》卷220《医三》,北京:中华书局,1961年版,第1689—1690页。
④ (宋)李昉等编:《太平广记》卷218《医一》,北京:中华书局,1961年版,第1673页。
⑤ (宋)李昉等编:《太平广记》卷219《医二》,北京:中华书局,1961年版,第1675页。
⑥ (宋)李昉等编:《太平广记》卷220《医三》,北京:中华书局,1961年版,第1683页。

文伯善用针刺，唐代御医秦鸣鹤用针刺百会穴及脑户穴出血治愈唐高宗风眩病等。关于外科手术，《太平广记》也有收录，如杨玄亮用刀切除赣县里正背部痈肿，刁俊朝用快刀挑破妻子所患脖瘤，无名医割开患者额角瘤子等，反映了中医外科手术的神奇疗效。

《太平广记》中还收载了数则动物医学实验的案例。如《太平广记》引《朝野佥载》载："医书言虎中药箭，食清泥。野猪中药箭，豗荠苨而食。雉被鹰伤，以地黄叶帖之。又礜石可以害鼠。张鷟曾试之，鼠中毒如醉，亦不识人，犹知取泥汁饮之，须臾平复。鸟兽虫物，犹知解毒，何况人乎！被蚕啮者，以甲虫末傅之。被马咬者，烧鞭鞘灰涂之。盖取其相服也。蜘蛛啮者，雄黄末传之。筋断须续者，取旋覆根绞取汁，以筋相对，以汁涂而封之，即相续如故。蜀儿奴逃走，多刻筋，以此续之，百不失一。"①唐人张鷟进行的"鼠中毒"实验，是中国古代利用老鼠从事医学实验的案例，弥足珍贵。

总之，《太平广记》"医部"中的医学知识，主要来源于汉代至宋代前期的野史、传记、故事、小说等，收载了华佗、张仲景、徐文伯、徐嗣伯、许胤宗、甄权、孙思邈、张文仲、秦鸣鹤等历代名医的高超医术和广大民间医人行医治病的事迹，涵盖了中国古代医学中的疾病学、诊断学、药物学、方剂学、针灸学、养生学等内容，弥补了正史记载的不足。但对小说中呈现出的鬼怪传奇色彩，理应加以辨析和批判。

三、《太平广记》"医部"中医学知识的主要来源、传播与影响

（一）《太平广记》"医部"中医学知识的主要来源

由于《太平广记》按类书体例编排资料时详细地注明了引文出处，所以《太平广记》"医部"中医学知识的来源，主要包括以下几个方面。

第一，宋以前史书类著作，包括唐李延寿撰《南史》和李肇撰《国史补》。其中《南史》80卷，记载了南朝宋、齐、梁、陈四个政权的历史。《国史补》又名《唐国史补》，共3卷，叙述了唐玄宗开元年间至唐穆宗长庆年间的史实。

第二，宋以前笔记、小说类著作，包括东晋孔约撰《志怪》和陶潜撰《续搜神记》、南朝梁殷芸撰《小说》、魏晋南北朝佚名撰《续异记》《齐谐录》和隋阳玠撰《谈薮》，以及唐代张鷟撰《朝野佥载》、窦维鋈撰《广古今五行记》、李

---

① （宋）李昉等编：《太平广记》卷220《医三》，北京：中华书局，1961年版，第1687页。

亢撰《独异志》、段成式撰《酉阳杂俎》、胡璩撰《谭宾录》、郑处诲撰《明皇杂录》、戴孚撰《广异记》、李复言撰《续玄怪录》、张读撰《宣室志》、薛用弱撰《集异记》及佚名撰《太原故事》《闻奇录》等。虽多志怪传奇色彩，但收载了大量医学人物、药物、疾病等史料。

第三，五代、宋初笔记小说著作，包括孙光宪撰《北梦琐言》，王仁裕撰《玉堂闲话》，于逖撰《闻奇录》，徐铉撰《稽神录》6 卷、《拾遗》1 卷、《补遗》1 卷等。虽收载了不少鬼怪传奇和因果报应故事，但收载了大量医史文献资料。如五代宋初孙光宪撰《北梦琐言》30 卷，"先以唐朝达贤一言一行列于谈次，其有事类相近，自唐至后唐、梁、蜀、江南诸国所得闻知者，皆附其末"①，专记晚唐、五代、宋初政治逸闻、士大夫言行和社会风俗等，史料价值颇高。

（二）《太平广记》"医部"中医学知识的传播与影响

由于《太平广记》是中国古代第一部小说类书，故其刊行后受到后世的重视，不仅有刻本、钞本和节略本问世，而且书中的医学知识也受到历代医家的重视与引用。

宋代唐慎微撰《经史证类备急本草》载"矾石"，引《太平广记》"壁镜毒人必死，用白矾治之"②。张杲撰《医说》载白矾治壁镜毒人方，引《太平广记》"用桑柴灰汁，三度沸，取调白矾为膏，涂疮口即善，兼治蛇毒"③。王璆原辑《是斋百一选方》载"治气痢"，引《太平广记》"唐太宗得效方，乳煎荜拨"④。

明代李时珍撰《本草纲目》载"白矾"，引《太平广记》"壁镜毒人，必死，白矾涂之"⑤。江瓘编著《名医类案》载治恶蛇所螫方，引《太平广记》"赵延禧云：遭恶蛇所螫处，贴蛇皮，便于其上灸之，引去毒气，痛即止……有人被壁镜毒，几死。一医用桑柴灰汁三度沸，取调白矾为膏，涂疮口，即差，兼治蛇毒"⑥；"异症"，引《太平广记》"参政孟庾夫人徐氏有奇疾，每发于见

---

① （五代）孙光宪撰，林艾园校点：《北梦琐言》卷首《北梦琐言序》，上海：上海古籍出版社，2012 年版，第 4 页。
② （宋）唐慎微等撰，陆拯、郑苏、傅睿，等校注：《重修政和经史证类备用本草》卷 3《玉石部上品》，北京：中国中医药出版社，2013 年版，第 195 页。
③ （宋）张杲：《医说》卷 7《壁镜咬》，《中国医学大成三编》第 12 册，长沙：岳麓书社，1988 年版，第 142 页。
④ （宋）王璆原辑，刘耀、张世亮、刘磊点校：《是斋百一选方》卷 6《第八门》，上海：上海科学技术出版社，2003 年版，第 115 页。
⑤ （明）李时珍：《本草纲目》卷 11《石部》，北京：人民卫生出版社，2012 年版，第 676 页。
⑥ （明）江瓘编著，潘桂娟、侯亚芬校注：《名医类案》卷 7《蛇虫兽咬》，北京：中国中医药出版社，1996 年版，第 151 页。

闻，即举身战栗，至于几绝。其见母与弟皆然，母至死不相见。又恶闻徐姓，及打银打铁声。当有一婢，使之十余年，甚得力，极喜之。一日，偶问其家所为业，婢曰：打银。疾亦遂作，更不可见，逐去之。医祝无能施其术，盖前世所未尝闻也"①。

清代魏之琇编著《续名医类案》载"中风"医案，引《太平广记》"梁新见一朝士，诊之曰：风痰已深，请速归去。其朝士复见郑州高医治，赵鄂诊之，言疾危与梁说同。惟云只有一法，请啖沙梨，不限多少，咀嚼不及，绞汁而饮。到家旬日，依法治之而愈，此亦降火消痰之验也"②。

总之，《太平广记》"医部"中的医学知识，主要来源于宋以前野史、传记、故事、小说等著作，尤以笔记小说类著作的资料最为集中，充分反映了该书小说的属性。

四、《太平广记》"医部"中医学知识的选取原则与编辑特点

（一）《太平广记》"医部"中医学知识的选取原则

《太平广记》"医部"中的医学知识，大体上是按照医学人物和"异疾"的顺序编排的，充分体现了类书汇集资料的功能。"医部"中所引医史文献反映的内容，虽以野史、传记、故事、小说等形式体现出来，但弥补了正史记载的不足。某些内容虽具有志怪传奇的色彩，但恰恰反映了华佗、张仲景、徐文伯、甄权、孙思邈等医家的高超医术和临床诊疗水平，以及后世对前代名医医德、医技的肯定和"神化"。这些珍贵的医学文献史料，大多为直接征引，可与传世文献互相校勘、辑补。由于《太平广记》征引的著作大多已失传，故该书中保存的医学内容极为珍贵。明胡应麟称赞说："今六代、唐人小说、杂记存者，悉赖此书。"③

《太平广记》中医学知识的选取原则与编撰体例，是由宋太宗决定的，反映了宋朝最高统治者的想法和目的。宋太宗认为"编秩既广，观览难周，故使采掇菁英，裁成类例"，因此《太平广记》汇编了大量宋以前正史、野史、小说、

---

① （明）江瓘编著，潘桂娟、侯亚芬校注：《名医类案》卷12《异症》，北京：中国中医药出版社，1996年版，第260页。

② （清）魏之琇编著，黄汉儒、蒙木荣、廖崇文点校：《续名医类案》卷2《中风》，北京：人民卫生出版社，1997年版，第50页。

③ （明）胡应麟：《少室山房集》卷116《书牍·燕中与祝生杂柬八通其三》，《景印文渊阁四库全书》第1290册，台北：商务印书馆，1986年版，第853页。

笔记、别传、传奇、方志、风俗、神仙、鬼怪等珍稀资料。该书在宋以后产生广泛影响，不仅成为校证、增补、辑录前代著作的重要史料来源，而且也是研究中国文学史、小说史、科技史乃至医学史的珍贵资料。清代陆寿名辑《续太平广记》8卷，"仿其规制，节记其事"①，辑录了《太平广记》中未收的内容和北宋至明代的某些材料。鲁迅在《中国小说史略》中指出："《广记》采摭宏富，用书至三百四十四种，自汉晋至五代之小说家言，本书今已散亡者，往往赖以考见，且分类纂辑，得五十五部，视每部卷帙之多寡，亦可知晋唐小说所叙，何者为多，盖不特稗说之渊海，且为文心之统计矣。"②

（二）《太平广记》"医部"中医学知识的编辑特点

由于《太平广记》奉宋太宗诏旨"取野史小说"③编撰而成，故其医学知识来源于野史、传记、故事、小说等，弥补了正史记载的不足。这些珍贵的医家人物传记，反映了汉代至宋初历代名医和无名医人行医治病的事例及临证用药情况。如华佗、张仲景、徐文伯、徐之才、孙思邈、秦鸣鹤等，医德高尚，医术高明，擅长脉诊，精于针药，治愈了不少疑难杂症；十多位无名医人，大多来自民间，在治疗专科疾病方面具有显著的疗效。从医者出身来看，有官医、民间医人、道医、僧医、胡医、梵僧等，既有男性医家，也有女性医家，医疗水平不一。作为一种特殊的类书体裁，《太平广记》在歌颂、传播名医和讽刺庸医方面起到了重要的作用。

《太平广记》中保存的大量珍稀医学史料，以及医学书目《扁鹊镜经》《备急千金要方》《千金翼方》《释疾文》《发背方》等，丰富了中国古代医学史的研究。如唐代胡人从事的外科手术案例，更是丰富了隋唐医学史研究的内容。李锦绣在《唐代的胡人与外科手术：以〈太平广记〉为中心》一文中指出："胡医、胡僧和方士还在放血疗法、开颅、切除肿瘤、刀箭创伤和骨科等领域各展所长，甚至进行腹腔手术。不论宫廷、地方官府还是民间，胡医做手术的现象多有存在，胡人行医畅行无阻，成为中华医学的补充。中医以草药，胡医以手术刀，各司其职，共同行医成为唐皇室、官员、百姓健康的保证。胡医一定程度上弥补了中医的不足，与中医共同维系着唐代的医学水平。"④随着中国古代小说的发展，《太平广记》中的内容成为后世小说取材的来源之一，有力地促进了医学知识的传播。

---

① （清）陆寿名辑：《续太平广记》卷首《〈续太平广记〉序》，北京：北京出版社，1996年版，第1页。
② 鲁迅：《中国小说史略》，南宁：广西人民出版社，2017年版，第108页。
③ （宋）王应麟：《玉海》卷54《艺文·类书》，南京、上海：江苏古籍出版社、上海书店，1987年版，第1031页。
④ 李锦绣：《唐代的胡人与外科手术：以〈太平广记〉为中心》，刘进宝主编：《丝路文明》第1辑，上海：上海古籍出版社，2016年版，第102页。

五、结　　语

通过以上分析和研究，本文得出如下重要结论。

一是《太平广记》中的医学知识，以医学人物传记为主，反映了汉代至宋初华佗、张仲景、徐文伯、徐嗣伯、徐之才、许胤宗、甄权、孙思邈、秦鸣鹤、张文仲等53位医人诊治病人的经过和临证用药情况，以及无名医人在专科疾病诊疗方面的知识等，因而保存了大量珍贵的医学史料。

二是《太平广记》中的医学知识，主要来源于汉代至五代时期的正史、野史、传记、故事、小说中的资料等，是历代刻本、钞本、节本著作以外保存原始医学内容最多的载体，开创了中国古代小说类书收载医学文献史料的先河。

三是《太平广记》中的医学知识，在宋代以后产生了积极的影响，受到宋代以后历代医家、文人和小说家的高度重视，成为研究10世纪以前中国医学史的珍贵资料。

然而，也应该看到，由于《太平广记》是一部小说类书，书中的某些医药学知识是在鬼怪传奇、因果报应和人妖爱情叙事中出现的，虽然宣扬了善恶有报的伦理思想，但从医学史的角度来看具有夸大和迷信的成分，利用时应根据历代医家撰写的本草、方书中的记载加以辨析。

中国古代蒙古族传统医学中"牛腹疗法"初探

孙伟航

（中国科学院大学；中国科学院自然科学史研究所）

提 要 中国古代蒙古族传统医学中的"牛腹疗法"，是将刀、箭伤等引起的严重受伤失血之人装入以牛为代表的大型动物尸体中，依靠其腹内的温度、压力和血液浸泡作用，挽救患者性命，使其最终康复。"牛腹疗法"在元朝和清朝都得到过较为成功的应用，但是最后却消失在历史记载中。通过对"牛腹疗法"的文献记载、流传演变和疗法原理进行研究，有助于梳理蒙医特色医疗体系的传承和演变，为现代急救技术提供借鉴与参考。

关键词 元明清时期 蒙古族传统医学 金疮病 牛腹疗法 急救技术

蒙古高原的自然环境和气候条件十分恶劣，蒙古族先民们受自然条件的制约，历史性地选择游牧的生活方式，在接受古代北方民族及周边国家和地区人们积累数千年的防病治病经验基础上，能动地创造了本民族的原始的蒙医药学，具有显著的地区和民族特色①。如蒙古族人民由于主要食用牛、羊、马等的肉和乳制品，所以对这些动物产品的医疗作用有较多的了解，发展出了饮食疗法、酸马奶疗法等。同时因为古代蒙古族人民常年驰骋在辽阔的蒙古草原上，经常发生战伤、摔伤、骨折等疾病，所以正骨术、震脑疗法、烧灼疗法等外科疗法也成了早期蒙医的重要内容。其中"牛腹疗法"就是13—14世纪蒙古族军医在战场上使用的一种特殊疗法，主要是用来应对锐器伤、外伤大出血等危急情况进行的急救方法。具体做法是将以牛为代表的大型牲畜的腹部剖开，将受伤濒死之人置入其中，依靠动物体温和血液的综合作用来进行紧急治疗。这种疗法利用游牧民族所畜养的常见大型牲畜来进行急救，体现了蒙古族在长期的游牧、狩猎过程中形成的独特医疗手段和体系。

---

① 崔箭、唐丽主编：《中国少数民族传统医学概论》，北京：中央民族大学出版社，2007年版，第72页。

目前关于"牛腹疗法"的研究主要分为三个方面。首先，是作为中国古代蒙古族外科医疗手段而加以简要介绍，如伊光瑞主编《内蒙古医学史略》[1]、安官部和宝音图《蒙医外科史》[2]、策·财吉拉胡《论早期的蒙古医药》[3]、图门乌力吉《蒙医药学发展史概述》[4]等；其次，将"牛腹疗法"视为"腹罨疗法"的一种早期形式，如王婧琳等《蒙医腹罨术源流应用考》[5]；最后，则是将"牛腹疗法"视为蒙古族传统的瑟必素（音译）疗法，如巴雅尔和陶·苏和《色搏斯疗法》[6]、孟和毕力格和包金霞《蒙医传统瑟布素疗法与脏器贴敷法浅析》[7]等。上述学者的研究，为笔者提供了重要的借鉴。本文主要以狭义的"牛腹疗法"为研究对象，即将人置入大型动物的新鲜尸体内部进行急救的疗法，探究其在元代的出现及在明清时期的流传与演变的历史进程，同时依托于中医理论和现代急救学，分析"牛腹疗法"的病因病机。

一、元代"牛腹疗法"的出现及其医案

"牛腹疗法"作为战争中的外伤急救疗法，具有悠久的历史。《内蒙古医学史略》记载：蒙医瑟必素疗法与"13 世纪时把伤员趺坐牛腹腔里进行治疗的方法有相似之处。"[8]虽然在 13—14 世纪形成的《史集》和《蒙古秘史》中，都未记载这种"牛腹疗法"，但最迟在《元史》中就出现了关于"牛腹疗法"的记载。

据《元史》记载，在蒙古统帅成吉思汗率军西征时，抄马都镇抚郭宝玉在讹夷朵等城战役中"胸中流矢"，昏迷不醒。成吉思汗"命剖牛腹置其中，少顷，乃苏"。不久，便恢复健康。郭宝玉善骑射，随后又参加到战斗中，"收复别失八里、别失兰等城"[9]。同样在西征时的一场战斗中，名将布智儿"身中数矢"，伤势特别严重，"太祖亲视之，令人拔其矢，血流满体，闷仆几绝"。鉴于箭矢已射入布智儿的身体之中，一旦被贸然拔掉，失血的情况就会加剧，以至于"血流满体"，情况相当危险，成吉思汗为了挽救这位"奋身力

---

[1] 伊光瑞主编：《内蒙古医学史略》，北京：中医古籍出版社，1993 年版，第 30 页。
[2] 安官部、宝音图：《蒙医外科史》，《中国民族民间医药杂志》2000 年第 3 期，第 125—127 页。
[3] 策·财吉拉胡：《论早期的蒙古医药》，《中国民族医药杂志》1998 年第 2 期，第 37—38 页。
[4] 图门乌力吉：《蒙医药学发展史概述》，《中国民族医药杂志》2018 年第 12 期，第 43—47 页。
[5] 王婧琳、付新军、李亚军：《蒙医腹罨术源流应用考》，《浙江中医药大学学报》2021 年第 6 期，第 671—674、684 页。
[6] 巴雅尔、陶·苏和：《色搏斯疗法》，《中国民族医药杂志》1997 年第 4 期，第 33 页。
[7] 孟和毕力格、包金霞：《蒙医传统瑟布素疗法与脏器贴敷法浅析》，《中国民族民间医药杂志》1999 年第 5 期，第 33 页。
[8] 伊光瑞主编：《内蒙古医学史略》，北京：中医古籍出版社，1993 年版，第 30 页。
[9]《元史》卷 149《郭宝玉传》，北京：中华书局，1976 年版，第 3521 页。

战"的爱将,"命取一牛,剖其腹,纳布智儿于牛腹,浸热血中,移时遂苏"①。元太宗窝阔台时期,窝阔台率领军队攻打金朝西京大同府(治今山西大同),麾下将领谢仲温"力战先登",登上城墙,但不幸"连中三矢,仆城下"。连中三箭所受之伤在冷兵器时代已经极为严重,而又坠下城墙,无疑是雪上加霜。窝阔台不忍大将就此折殒,急"命军校拔其矢,缚牛,剚其肠",将谢仲温"裸而纳诸牛腹中,良久乃苏"②,依靠"牛腹疗法"将重伤之谢仲温抢救回来。在对南宋的沙洋新城之战中,蒙军管军总管李庭"炮伤左肋",但仍坚持战斗。抢攻外堡时,李庭"复中炮,坠城下,矢贯于胸,气垂绝"。由于连中两炮,又受了贯穿伤,李庭几乎是濒死状态,总帅伯颜也使用了"牛腹疗法"进行抢救,"命剖水牛腹,纳其中"。"牛腹疗法"再度发挥奇效,李庭"良久乃苏"③,得以保全性命。

从这几则记载中,可以看出当时使用"牛腹疗法"的一些共同特征:第一,伤者都是受了严重的外伤,尤其是箭伤。不论箭矢停留在体内,还是贯通而出,都会对身体造成极大的伤害。箭矢的特殊形状也给伤口的处理带来了很大的困难,一旦处理失当,很容易引发大出血和箭镞的二次伤害。第二,根据对于伤者"乃苏"的记载,可以从侧面看出,伤者都出现了不同程度的昏迷情况,失去了意识。第三,受治疗者都是被包裹在以牛腹为代表的动物尸体内部空间中的,这与单独在伤口上覆盖动物脏器和只用动物皮覆盖的疗法存在差异。第四,用于医病的牛,既有北方地区的黄牛,也有南方地区的水牛,说明"牛腹疗法"对于牛的种类并没有特殊要求。第五,从《元史》记载来看,未见有"马腹""驼腹""羊腹""鹿腹"疗病的记载。但据明李时珍《本草纲目》和民国时期赵尔巽等撰《清史稿》记载,除了"牛腹疗法"外,"马腹疗法""驼腹疗法"也可用于治疗此类疾病。

二、明清时期"牛腹疗法"的流传与演变

在《元史》之前的史料中并未找到"牛腹疗法"的相关文献。"牛腹疗法"产生的时间,从目前的史料来看,是难以考证的。但是"牛腹疗法"作为一种战争急救措施,在元代得到广泛使用以后,明清时期受到医家的重视、记载和应用。明李时珍在《本草纲目》中记载牛、马血的主治功用时说,"牛血,伤重者破牛腹纳入,食久即苏也",又说"牛马血,折伤垂死,破牛或马腹纳入,浸

---

① 《元史》卷123《布智儿传》,北京:中华书局,1976年版,第3021页。
② 《元史》卷169《谢仲温传》,北京:中华书局,1976年版,第3977页。
③ 《元史》卷162《李庭传》,北京:中华书局,1976年版,第3796页。

热血中愈"①。李时珍在介绍牛马血治疗箭伤引起的金疮病时，引用了《元史》中的医案："按《元史》云：布智儿从太祖征回回，身中数矢，血流满体，闷仆几绝，太祖命取一牛剖其腹，纳之牛腹中，浸热血中，移时遂苏"，"李庭从伯颜攻郢州，炮伤左肋，矢贯于胸，几绝，伯颜命剖水牛腹，纳其中，良久而苏"②。由此观之，李时珍从《元史》中关于"牛腹疗法"的相关记载，得出牛血在急救中的作用。但是在明代的军事上此法并未引起太多的关注，以至于嘉靖重臣何孟春曾云："予在职方时，问各边将无知此术者（牛腹疗法）。"因此，李时珍将《元史》中布智儿和李庭之事与"牛腹疗法"一起写入《本草纲目》中"以备缓急"。明孙一奎撰《赤水玄珠》中，在"箭伤"③部分也记载了"牛腹疗法"，其所选医案与李时珍同，均来自《元史》，只不过将"李庭"误记为"李挺"。明代晚期医家王肯堂在《证治准绳·疡医准绳》中延续了孙一奎的说法④。总体上来看，"牛腹疗法"在明代虽然有相关记载，但所选医案大多来自《元史》记载，未见有明代临床实践医案，说明该疗法没有得到更多的关注与实践应用。

清代，"牛腹疗法"治疗箭伤等疾病的情况则发生了显著改变。蒙医绰尔济在天命年间就已经投靠努尔哈赤，受到努尔哈赤的重用。绰尔济，墨尔根氏，"善医伤"，擅长医治各种刀、箭伤，治疗多有奇效，他将蒙医所擅长的蒙古骨伤和外科疗法传授给满、蒙八旗士兵，培养了大批满、蒙八旗骨伤科医生，满语称这些医生为"绰班"（coban）。《清史稿》载，时白旗先锋鄂硕"与敌战，中矢垂毙"，绰尔济"为拔镞，傅良药，伤寻愈"。都统武拜"身被三十余矢，昏绝"，绰尔济"令剖白驼腹，置武拜其中，遂苏"⑤。可知，绰尔济此次医病所用为白骆驼，达到了和"牛腹疗法"相同的效果。

随着清代疆域的扩张，在战争中培养起来的广大满、蒙八旗"绰班"遍布全国各地⑥。同时按照清例"选上三旗每旗士卒之明正骨法者，每旗十人，隶上驷院，名'蒙古医士'，凡禁庭执事人有跌损者，咸令其医治，限以日期报

---

① （明）李时珍：《本草纲目》第 2 版卷 4《百病主治药下》，北京：人民卫生出版社，2007 年版，第 346 页。
② （明）李时珍：《本草纲目》第 2 版卷 50《兽部》，北京：人民出版社，2007 年版，第 2753—2754 页。
③ （明）孙一奎著，叶川、建一校注：《赤水玄珠》卷 30《箭伤》，北京：人民卫生出版社，1996 年版，第 526 页。
④ （明）王肯堂：《证治准绳·疡医准绳》卷 6《损伤门》，北京：人民卫生出版社，2001 年版，第 1577 页。
⑤ 《清史稿》卷 520《绰尔济传》，北京：中华书局，1977 年版，第 13880 页。
⑥ 黄旭：《清代太医院制度探究》，兰州大学 2009 年硕士学位论文。原文中为穆麟德转写法，引用时保持原貌。

愈，逾期则惩治之"①的规定选出直属于内务府上驷院的"蒙古医士"来对所在地区的病患进行诊疗，这体现了清代统治者对蒙医骨科和外科疗法的重视。

袁枚在礼部侍郎齐召南的墓志铭中②记载的关于宠臣齐召南受重伤后被"牛腹疗法"救治一事，也说明了当时清代蒙古医士依旧在治疗过程中使用"牛腹疗法"："（齐召南）触大石上，脑浆涔涔流，昏憒不起。上大惊，命蒙古医速治，医刳生牛腹，卧公其中，又取牛脑，趁热纳公颡，左右摇，公始苏。"齐召南因马惊触石，以致脑浆流出，受伤昏迷，经过蒙古医士的"牛腹疗法"，苏醒了过来。整个急救过程有条不紊，首先是皇帝直接召善于治疗外伤的蒙古医士进行救治，接着蒙古医士迅速将活牛剖腹，将齐召南置于其中，同时将流出脑浆的头部用牛脑治疗，整个过程一气呵成。根据袁枚的记载，齐召南受伤时是在"上书房归澄怀园"的路上，皇帝事先并不知晓。而皇帝在知道齐召南坠马重伤后，派出的蒙古医士可以直接据此情形选择使用"牛腹疗法"，并快速找到一头活牛进行剖腹，说明宫廷的蒙古医士依然对于传统的"牛腹疗法"颇为娴熟，并且依旧将其作为应对外伤濒死的急救手段。在19世纪末朝鲜著名医学家黄渡渊撰写的《医宗损益校勘注释》③中引用了李梴的《医学入门》中"急救方"的内容，称"金疮及诸疮，重痛，闷欲死。取牛一只，割腹纳其人可苏"，说明"牛腹疗法"经由中国医书的记载在朝鲜得以传播。

同时，"牛腹疗法"的材料也得到了发展，从单一的牛腹扩展到橐驼腹等其他材料。在《续名医类案》④和《清史稿》⑤中都记载了用橐驼腹治疗的案例。通过蒙古族医生绰尔济医治武拜的医案可以得知，使用白橐驼（即白骆驼）的尸体来代替牛的尸体，也可以起到相仿的作用。但是即使后来经过了不同程度的演化，"牛腹疗法"有别于其他蒙古族传统医学疗法的特点仍然没有变化，即将受伤之人纳入新鲜动物尸体的整个空间中。对于新鲜动物尸体的整体使用，是"牛腹疗法"与蒙古族其他使用动物部分器官进行覆盖、热敷的疗法的明显差异。

三、"牛腹疗法"疗效分析

从以上元、明、清时期医案中可知，蒙古族传统医学中的"牛腹疗法"在

---

① （清）昭梿撰，何英芳点校：《啸亭杂录·续录》卷1《蒙古医士》，北京：中华书局，1980年版，第396页。
② （清）袁枚著，周本淳标校：《小仓山房诗文集》卷25，上海：上海古籍出版社，1988年版，第1693页。
③ 金明玉主编：《医宗损益校勘注释》卷10《诸伤》，长春：吉林科学技术出版社，2015年版，第517页。
④ （清）魏之琇编，黄汉儒、蒙木荣、廖崇文点校：《续名医类案》卷36《金疮》，北京：人民卫生出版社，1997年版，第1173页。
⑤ 《清史稿》卷520《绰尔济传》，北京：中华书局，1977年版，第13880页。

治疗箭伤等金疮疾病方面发挥了显著的功效，笔者认为其原因主要有以下几个方面。

牛血可以作为一种温养补虚的药材，又兼有外治创伤的功效。《本草蒙筌》记载牛血可做药用："（牛）血补身血枯涸。"[1]《本经逢原》也记载了牛血的功效："牛血性温，能补脾胃诸虚，治便血、血痢，一切病后羸瘦咸宜食之。"[2]《本经疏证》则指出蒙古族所用之"牛腹疗法"是"假牛之热血，以焊人之生气"[3]，将"牛腹疗法"的功效归为牛血的作用。所以从传统医学的角度来看，牛血可以在人受伤元气虚弱之时，补充调节气血，对于外伤和大出血有着一定的作用。从现在科学理论来看，从牛血小板中提取的衍生生长因子可以促进骨骼生长和软组织愈合，并且跨种属的活性对于外伤存在一定的作用[4]。而在古代医案中也有使用白橐驼作为治疗的载体，其血液在急救中是否能发挥牛血相似的作用，有待进一步的研究。

低体温、代谢性酸中毒和凝血功能障碍合称为死亡三联征。新鲜牛腹腔相当于一个"保温室"，形成了一个温度相近而又紧致的体外包裹层，一能促进机体体温调节机制的启动，恢复各脏器生理功能，调动凝血机制以止血；二则发挥散寒通阳的作用，畅通血液运行[5]。自发性低体温是创伤后常见的并发症之一，可导致外周血管收缩，血液中乳酸积聚，引发酸中毒，迅速导致凝血功能障碍，威胁患者的生命[6]。内外创伤急救指南中均明确强调积极防治创伤后低体温的重要性。人体被包裹在牛腹中减缓了暴露于外界和地面所造成的快速失温，有利于促进身体机能的维持。"牛腹疗法"所使用的大范围的包裹措施，将人的身体的大部分都置于牛腹中，减少了因身体和外界接触而造成的热量散失，这也是"牛腹疗法"与局部的皮疗术、腹罨术之间的主要区别。

牛腹中的挤压作用，可以让体内血液集中供应躯干部位，防止休克，减少失血。牛虽为体型较大的常见牲畜，但其腹内容量与成年男子舒展开的体积相比还是有些差距。据此分析，古代使用"牛腹疗法"时，极有可能是将人抱膝蜷缩后装入牛腹。牛腹腔压及蜷缩身体所形成的压力，可保持伤者身体血液循

---

[1] （明）陈嘉谟撰，王淑名、陈湘萍、周超凡点校：《本草蒙筌》卷9《兽部》，北京：人民卫生出版社，1988年版，第372页。

[2] （清）张璐著，赵小青等校注：《本经逢原》卷4《兽部》，北京：中国中医药出版社，1996年版，第247页。

[3] （清）邹澍撰，陆拯、姜建国校点：《本经疏证》卷10《天雄》，北京：中国中医药出版社，2013年版，第267页。

[4] 陈建庭、区伯平：《牛血小板衍生生长因子的提取及其生物活性研究》，《第一军医大学学报》1991年第2期，第114—118页。

[5] 王婧琳、付新军、李亚军：《蒙医腹罨术源流应用考》，《浙江中医药大学学报》2021年第6期，第671—674、684页。

[6] 韩春彦、贺莉、赵存，等：《创伤后自发性低体温影响因素及干预措施的研究进展》，《中国护理管理》2019年第10期，第1552—1557页。

环，防止休克，其医学原理与现代抗休克裤基本相同[1]。抗休克裤的主要原理就是给患者的肢体人为加压，增加血管外周阻力和心脏后负荷，使因失血而减少的血液重新分配，维持有效的中心静脉压，保证心、肺、脑、肾等器官的血液供给，使休克症状得以缓解[2]。

结　语

中国古代蒙古族传统医学中的"牛腹疗法"，在拯救由外伤引起的大出血、昏厥等症状的伤员时发挥了重要作用。"牛腹疗法"将重伤濒死的伤员置入以牛为代表的大型动物的新鲜尸体内，通过血液保温和挤压等多方面作用，挽救伤者的生命。虽然"牛腹疗法"在清代以后逐步消失在了医疗实践的过程中，但是其血液与患处结合，保温结合挤压的内涵依然可以在现代蒙古族医学的瑟必素疗法、皮疗法、脏疗法和热敷法中显现出来，发挥着其在外伤治疗上的价值与作用。"牛腹疗法"这种传统的蒙古族医疗手段，体现了中国古代蒙古族人民在长期生产生活实践中产生的独特医疗体系与文化，值得进一步深入挖掘和总结。

---

[1] 张龙海：《成吉思汗时期蒙古军队的给养与医疗卫生》，《滨州学院学报》2021年第3期，第60—65页。
[2] 吴太虎、宋振兴、韦玮，等：《抗休克裤的研制》，《医疗卫生装备》2007年第4期，第9—10页。

中国近代西药学译著《西药大成》中的"泻药"探析

文 健

（中国科学院大学；中国科学院自然科学史研究所）

提　要　《西药大成》是中国近代系统介绍西方药物学的译著，也是江南制造局翻译馆译介的首部西药学著作，涵盖西药学方方面面的知识，具有重要的学术价值。书中载有65种泻药共计94种药剂，以植物药居多，兼有动物药和矿物药，这一特点是当时西药学整体发展状况的缩影。本文以泻药为研究对象，从译介背景、药物的介绍、药物特点、文本表达与术语处理等方面对书中所涉泻药的相关信息进行分析考证，为了解19世纪中叶西药学知识的样貌及其传入中国时的情况提供一个具体鲜活的案例。

关键词　《西药大成》　江南制造局翻译馆　泻药

自1500年前后新航路开辟以来，东西方在商贸、文化、科技、物种、医药等各领域交流的频度和强度明显增加，真正意义上的全球史开始形成。在此背景下，明末清初和晚清的中国经历了两波西学东渐浪潮，具有向近代科学迈进性质的诸类西学进入中国人的视野，先是渐进，继而激烈地冲击着中国传统的学术体系，也让近代西方科学在中国逐步落地生根，开启了中国学术的转型之路。在近代传入中国的西学中，西方药物学知识是十分重要的一个方面，其对中国社会的深远影响直至今日。

在明末清初，曾有两部西药学著作《药露说》和《本草补》传入中国，但限于较小的体量和时代原因，在当时未产生广泛影响。《西药大成》共10卷，是中国近代全面系统介绍西药学的译著，是晚清时期规模较大的一部西药学专书，也是江南制造局翻译馆译介的首部西药学著作，在中国药学史上具有重要的学术价值。作为第二波西学东渐浪潮中传入中国的西学专书，《西药大成》充分体现了19世纪中期英国药物学的发展状况，其译介为中国人带来了系统的西药学知识，是近代西方药物学知识传入中国的标志性文献。这类知识的传入，深刻塑造了中国人的日常生活，在与中国既有本草和医疗传统发生碰撞的同时，也逐渐被中国人容纳吸收，成为国人医药实践中的重要部分，为国人健康事业所服务。

《西药大成》中载有包括植物药、矿物药、动物药和发酵质在内的多种药物，涉及稀释剂、缓和剂、润肤剂、腐蚀剂、酸、碱性液、抗结石剂、消毒剂、收敛剂、增强体质药、引涕药、催涎剂、催吐剂、祛痰剂、发汗剂、利尿剂、泻药、打虫药、通经剂、发红剂、补药、兴奋剂、弥散性兴奋剂、麻醉剂、止痉挛剂、制冷剂、镇静剂等类别，泻药是其中的一种。其中所载泻药共65种，包括94种药剂，植物药在其中占据66.2%，居于绝对优势地位，没有包含动物药，从文本内容看具有药物成分分析的意识，计量精确、实验特征鲜明，这与19世纪中期西方药物学的整体发展情况相吻合，充分体现了当时西方药物学发展的特点，具有极强的样本性价值，是当时西方药物学的一个缩影。19世纪的西方药物学一方面处于科学化初期向更深层次发展的转型期，天然药物的浸出液和无机盐药物仍占据药物的主体[1]，与此同时，动物药的占比正大大减少；另一方面已经开始对药物中的有效成分进行化学分析，西药向着"纯度、药效、标准、剂量都能够可以控制的化学物质"[2]转变。其中各类名词术语的翻译，如化学名词、植物名、度量衡等，也具有鲜明的特色，因此泻药虽只是其中一类药物，以此为研究对象却具有见微知著的效果。

学界既有研究仅简要提及《西药大成》，缺乏对文本内容的研究分析，更未见以其中某类药物作为对象进行研究的。目前仅有的一篇利用《西药大成》具体文本内容进行研究的文章是陈明的《〈西药大成〉所见中国药物的书写及其认知》，但其着眼点在19世纪中叶中药在中西交流语境下的地位问题[3]。在比《西药大成》稍早译出的四卷本《西药略释》中，泻药独占一卷，反映泻药在19世纪的西药中较为重要的地位。那么对于生活中常见的泻药，《西药大成》进行了怎样的分类？这些药物的特点如何？体现出当时西药发展的何种特色？译者在译介过程中进行了怎样的表达？对于特定的名词术语做了怎样的处理？译出后泻药在中国社会产生了怎样的流传与影响？本文以《西药大成》中的泻药为研究中心，对药物进行介绍，归纳其特点，并分析文本表达、术语处理等相关问题，以期对晚清西药学知识在中国的引入、传播情况有更为清晰、准确

---

[1] Singh P P and Ragnekar D W, *An Introduction to Synthetic Drugs*, Bombay: Himalaya Publishing House, 1980, p.2.

[2] Cowen D L, *Pharmacy: An Illustrated History*, St Louis: Mosby, 1990, p.124.

[3] 陈明：《〈西药大成〉所见中国药物的书写及其认知》，《华东师范大学学报（哲学社会科学版）》2017年第4期，第55—64页。

的认知。

一、《西药大成》的翻译背景与译介经过

（一）《西药大成》的翻译背景

19世纪见证了西方药物学逐步趋向并最终完成科学化的历史性转变，这一时期，西欧各国在药物学知识方面都有巨大的进步，英国是其中的典型代表。

在19世纪40年代的英国市面上已经有种类众多的药物学书籍，但时任国王学院（King's College）药物和治疗学教授来拉（John Forbes Royle）认为，这些既有著作尚有可供完善的空间，结合自己多年来一线教学的直观感受，来拉本着为学生负责的原则，深感有必要为学生提供更为系统的学习材料，并努力做到既能包含丰富的信息，避免流于粗浅，又能尽量简明扼要。1847年，来拉编写的新药物学著作 A Manual of Materia Medica and Therapeutics 出版，该书出版后获得广泛欢迎，加之19世纪中期药物学知识日新月异，更新速度很快，为满足市场需求，在来拉的好友、同为林奈学会（Linnean Society）会员的海得兰（Frederick William Headland）的帮助下，该书很快在1853年出版了第二版，1856年出版了第三版。来拉去世后，海得兰又独立对书籍进行修订，分别于1865年和1868年出版了第四版和第五版。海得兰去世后，医学博士哈来（John Harley，1833—1921年）又对该著作进行增删，于1876年出版了第六版。从初版算起29年间竟修订出版达6次之多，足见其刊行后在英国社会产生的广泛影响。

与此同时，19世纪下半叶的中国，统治阶级意识到列强入侵给政权存续带来了危机，掀起一股以自强求富为目标的洋务运动，一方面通过对西方军事技术的引进学习加强本土军事能力。另一方面通过兴办官办企业、官督商办企业发展实业以增加国家税收，这两者都离不开对数学、力学、军事、医学等西学知识的引进，因此便产生了译介西学书籍的需求。颇有见识的学者徐寿建议在江南制造局附设翻译馆进行西书翻译，这一建议得到采纳，江南制造局翻译馆于1868年6月正式在局内开设，聘请中外人士入馆翻译。

（二）《西药大成》的译介经过

《西药大成》的译者为傅兰雅（John Fryer）和赵元益，两人在西学翻译史上都具有标志性意义。傅兰雅是英国传教士，在晚清来华传教士中，他是译书书目最多的一位，也是继合信（Benjamin Hobson）之后翻译西医书最多的一

位,为西学在华的传播做出重要贡献;赵元益祖籍江苏新阳,是近代最早从事西医书籍翻译的中国人。该书所依据的底本为1868年伦敦出版的 *A Manual of Materia Medica and Therapeutics* 第五版,全书共十卷,前三卷于1879年刊出,全书于1887年刊出,书前有程祖植所作的序。

在近代西方药学知识传入中国的过程中,《西药大成》的译介具有较强的代表性,体现在以下方面。首先,本书为江南制造局翻译馆所译出的西书,在近代早期西学东渐史上,江南制造局翻译馆起到了相当重要的作用,其所译书籍普遍版本选择优良、翻译过程精细考究,为近代早期西方科学知识传播入华做出了不可磨灭的贡献;其次,从其翻译形式看,采用了近代早期较为流行的西人口译、华人笔述的方式,这是晚清中国特定时期兼顾国情和译介效果的一种权宜之计,能够在既有条件下保障翻译的水准,而该书的两位译者也都是晚清科技译坛中的代表性人物;再次,相较于明末清初两部西药学著作或是晚清稍早译出的《东西本草录要》《西药略释》等书,该书底本从内容上看是更为完整、成体系的,从西方药学知识传入本身看,《西药大成》所起作用和影响显然更大;最后,该书的术语处理也颇具特色。

二、《西药大成》中"泻药"的分类、内容与特点

(一)"泻药"的分类

泻药为促进肠道内消化废物排出之药,其原理在于加速肠道运动并刺激黏液质分泌物的产生,以达到致泻之效。

《西药大成》中将泻药分为地产泻药、盐类泻药、汞之泻药、植物微利药、重泻药和逐胆汁泻药6大类。其中,地产泻药包括提净硫黄结成硫白、镁养、镁养炭养$_2$ 3种;盐类泻药包括镁养硫养$_3$、钾养硫养$_3$、钾养二硫养、钾养果酸、钾养二果酸、钾养醋酸、钾养硫养$_3$合于硫黄、钠养硫养$_3$、钠养磷养$_5$、钠养钾养果酸、钠养醋酸、钠绿12种;汞之泻药包括水银丸、水银白石粉散、水银合镁养散、汞养、汞$_2$绿5种;植物微利药包括甘露蜜、加西耶果肉并其甜膏、印度枣、家梅、干葡萄、无花果、堇葵、百叶玫瑰花并其糖浆、杏仁油、橄榄油、胡麻子油11种;重泻药包括蓖麻油,辛拿叶并其糖浆冲水,辛拿叶杂酒合于干葡萄、芜茜、胡荽,大黄并其丸膏冲水杂散合于镁养与姜,大黄杂丸合于哑啰、没药、薄荷,大黄酒合于胡荽、番红花、白豆蔻,啯啰嘛并其膏与杂膏,啯啰嘛杂丸合于司卡暮尼、哑啰、钾养硫养$_3$、丁香油,啯啰嘛合羊蹄躅杂丸,啯啰嘛外导药,衣啦特里与其膏,巴豆油,渣腊伯并其酒膏及松香质,渣

腊伯杂粉合于钾养果酸与姜，司卡暮尼并其松香类，藤黄与其合于哑啰、姜作杂丸，哑啰并其膏与酒合于甘草，哑啰没药丸，哑啰合于阿魏丸，哑啰杂煮水合于没药、番红花、钾养炭养=、白豆蔻杂酒，哑啰葡萄酒合于白豆蔻、姜，哑啰外导药，布道非路末并其松香类质，黑色藜芦，白色藜芦，喝勒枝噪，拉磨奴斯并其糖浆，泄泻麻子，大戟香，松香油，松香油外导药，镁养硫养=外导药32种；逐胆汁泻药包括合强水、蒲公英根汁2种（另有3种已在他类中列出，不再重复计算）。

下文将分类对《西药大成》中泻药的主要内容加以说明，并分析其特点，具体详见表1。

表1 《西药大成》泻药分类及属性表

类别	数量	属性
地产泻药	3种	全为矿物药
盐类泻药	12种	全为矿物药
汞之泻药	5种	全为矿物药
植物微利药	11种	全为植物药
重泻药	32种	植物药31种，矿物药1种
逐胆汁泻药	5种（3种重复）	植物药3种，矿物药2种
合计	65种（不含重复）	植物药43种，矿物药22种

资料来源：牛亚华主编：《江南制造局科技译著集成·医药卫生卷》第1分册，合肥：中国科学技术大学出版社，2017年版

（二）"泻药"的内容

1. 地产泻药

地产泻药（Laxatives from the Mineral Kingdom）分为提净硫黄结成硫白、镁养、镁养炭养=3种，属金石类泻药，介绍2种。

1）提净硫黄结成硫白

"硫黄"即"硫黄花""硫黄散"，分别称"Sublimed Sulphur""Preciptated Sulphur"。硫黄磨粉经加热蒸馏冷凝后变为"硫黄花"。向"硫黄花"中加入熟石灰、水、盐酸等加热，使"绿气与钙化合成钙绿，而硫凝结沉下"[1]，将沉淀的硫过滤、清洗、加热烘干成"硫黄散"，即"提净硫黄得到硫白"，为白色滑腻粉状，属名贵药物。

2）镁养

"镁养"（MgO）系将镁养炭养=（MgO，CO_2）加热至暗红色，散发出二氧化碳气体后所剩物质。白色粉状，质轻而细，无臭，味如土，重率为2.3，

---

[1] [英]来拉、海得兰：《西药大成》卷3之1，牛亚华主编：《江南制造局科技译著集成·医药卫生卷》第1分册，合肥：中国科学技术大学出版社，2017年版，第38页。

不易溶于水，微溶于酒精，加热不熔化。另一种轻镁养，同等重量的轻镁养体积比镁养大 3.5 倍，易消化。"镁养"应避免与酸质、酸性盐、金属盐及氯化铵相接触，以免影响其药性。以 20 厘至 1 钱为一服。小儿使用时，与大黄一起服用效果更佳。有肠胃气胀的人勿服用。长期服用易在腹中结成硬块，有危险性。

2. 盐类泻药

盐类泻药（Saline Purgatives）共 12 种，属金石类，择要介绍 3 种。

1）镁养硫养$_三$

"镁养硫养$_三$"（Sulphate of Magnesia），即"番元明粉"，无色透光，味苦，表面略微生霜，不溶于酒精，溶于热水。

一种从海水中提取，在将海水煮成盐后所余水中加入若干硫养$_三$，反应后，去除杂质成镁养硫养$_三$，蒸干，即纯净的镁养硫养$_三$。

另一种从含有钙养炭养$_二$与镁养炭养$_二$的矿石中获取，通过加热此石，或煅烧矿石等化学反应生成镁养硫养$_三$。避免与"钾养、钠养并钾养与炭养$_二$合成之质、钠养与炭养$_二$合成之质、钙养水、钙绿、钡绿、铅养醋酸"①相接触。以 2 钱至 1 两为一服口服。

2）钠养硫养$_三$

"钠养硫养$_三$"（Sulphate of Soda，化学式 NaO，SO$_3$+10Aq.②），广泛存在于土壤、山石、湖海、植物、动物体液中，用硫养$_三$与钠绿相反应，生成轻绿及钠养硫养$_三$，加入钙养炭养$_二$中和酸性，炭养$_二$气体放出，成钠养硫养$_三$。透明，无色无臭，味苦，溶于水，微溶于酒精。遇热后先熔化，后结成白色细粉。避免与钾养炭养$_二$、钙养绿、含钡养的溶液、铅养醋酸、铅养二醋酸接触。口服，4 钱至 1 两或 2 两为一服，若服用颗粒，为 3—4 钱。

3）钾养二果酸

"钾养二果酸"（Bitartrate of Potash，化学式 KO，T③，HO）为白色颗粒，质坚硬，味酸且佳，"每钾养一分剂，配果酸一分剂"④而得，结构图详见图 1。不易变化，不溶于酒精，溶于热水。应避免接触浓酸、碱类碳酸盐、含铅盐类质及含氧化钙的盐类质。口服，每服 4—6 钱。

---

① ［英］来拉、海得兰：《西药大成》卷 3 之 4，牛亚华主编：《江南制造局科技译著集成·医药卫生卷》第 1 分册，合肥：中国科学技术大学出版社，2017 年版，第 141 页。
② "Aq."为水溶液之意。
③ T 即"Tartaric Acid"，指果酸。
④ ［英］来拉、海得兰：《西药大成》卷 3 之 2，牛亚华主编：《江南制造局科技译著集成·医药卫生卷》第 1 分册，合肥：中国科学技术大学出版社，2017 年版，第 99 页。

图 1　钾养二果酸结构图

资料来源：牛亚华主编：《江南制造局科技译著集成·医药卫生卷》第 1 分册，
合肥：中国科学技术大学出版社，2017 年版，第 99 页

3. 汞之泻药

汞之泻药（Mercurial Purgatives）共 5 种，属金石泻药，择要介绍 2 种。

1）水银丸

"水银丸"（Mercurial Pill）是含汞加工药。丸剂，蓝而质软，将 2 两汞与 3 两玫瑰花膏磨匀，再加入 1 两甘草细粉，磨匀成丸。口服，3—5 厘为一服，每 3 厘中含有 1 厘水银，用量最多可至 15 厘。

2）汞养

"汞养"（Oxide of Mercury，化学式 HgO），橘红色粉状，无臭，有金属味，不溶于水，略溶于沸水，受光受热药性会有变化，反应原理的化学式为 $Hg + 2NO_5 = HgO + NO_5 + NO_4$；$Hg + HgO + NO_5 = 2HgO + NO_4$。将硝强水与水混合，先加 4 两水银，加热得到干粉，再与剩下的一半水银混合并研磨均匀，加热，搅拌，冷却后即成丸剂。口服剂量以 1/8 至 1 厘为一服，然"此药之性情究未定准，勿用为妙"[①]。

4. 植物微利药

植物微利药（Laxatives from the Vegetable Kingdom）含 11 种泻药，前 8 种属于植物部位或液汁类，后 3 种属于定质油（Fixed Oil）类。限于篇幅，第一类中只介绍 3 种。

1）第一类植物部位或液汁类

（1）甘露蜜。"甘露蜜"（Manna），为刺破圆叶甫辣克西尼乌司树（Fraxinus Rotundifolia）树皮流出的凝结物（图 2）。此树产于西西里岛和加喇蒲利亚（Calabria）、阿布里亚（Apulia）等欧洲南部多山地带。甘露蜜味甜，入口后舌上有涩感。内含玛内得（Mannite，甘露糖醇）、糖、树胶、膏质或松香

---

① ［英］来拉、海得兰：《西药大成》卷 3 之 6，牛亚华主编：《江南制造局科技译著集成·医药卫生卷》第 1 分册，合肥：中国科学技术大学出版社，2017 年版，第 224 页。

类质，其膏质成分使得甘露蜜带有泻性。口服，1—2两为一服；小儿用时60—120厘为一服。也可与辛拿甜膏、辛拿糖浆一起服用①。此药会令胃中胀气。

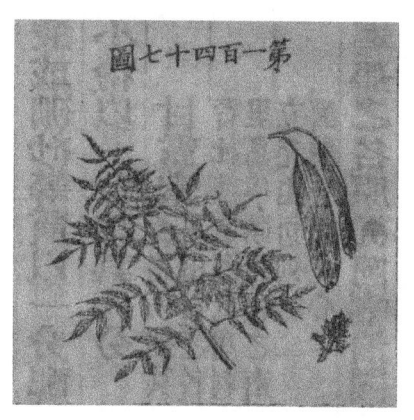

图 2　美观甫辣克西尼乌司树（欧罗巴美观树）
资料来源：牛亚华主编：《江南制造局科技译著集成·医药卫生卷》第 1 分册，合肥：中国科学技术大学出版社，2017 年版，第 515 页

（2）印度枣。印度枣（Tamarinds）属萼花类植物中的豆科植物，原产于印度，以树荚和种子间的浆状物为药，可制成糖浆或药膏，口服，还可服用 2 两印度枣浆和 2 升牛奶混合均匀并煮沸后所成之乳清或"在辛拿甜膏中用之"②。印度枣味极酸，久放能变甜，内含柠檬酸 9.4%、果酸 1.55%、苹果酸 0.45%、钾养二果酸 3.25%、糖 12.5%、胶质 4.7%、果胶 6.25%、海绵形质 34.35%、水 27.55%。

（3）堇葵。"堇葵"（Violets）长于欧洲荒僻阴凉之地，将堇葵花压出的汁与糖浆，混合相同质量的杏仁油，制成药剂，一至二茶匙为一服。适合小儿尤其是婴儿口服使用。

2）第二类定质油类

"定质油"是指一种不具有挥发性的油类，源于植物、动物，由脂肪酸组成，分 3 种。

（1）杏仁油。"杏仁油"（Expressed Oil of the Seeds of Either the Sweet or Bitter Almond）是用甜、苦杏仁压榨而成的。杏仁油清淡而无刺激性，容易变质，色淡黄，易燃。含 24%植物奶油、76%油精。可口服作泻药。

（2）橄榄油。"橄榄油"（Olive Oil），用橄榄的成熟果实压出，黄或淡黄绿

---

① ［英］来拉、海得兰：《西药大成》卷 10，牛亚华主编：《江南制造局科技译著集成·医药卫生卷》第 1 分册，合肥：中国科学技术大学出版社，2017 年版，第 748 页。
② ［英］来拉、海得兰：《西药大成》卷 10，牛亚华主编：《江南制造局科技译著集成·医药卫生卷》第 1 分册，合肥：中国科学技术大学出版社，2017 年版，第 748 页。

色，无臭，味淡并略甜，油清澈，不溶于水，易溶于挥发油，内含有72%的油精和28%的植物奶油。口服可用作泻药，剂量为1两。也常加入灌肠剂中。

（3）胡麻子油。"胡麻子油"（Linseed Oil）是用物理方法将胡麻籽压出油，无臭无味，色淡。溶于酒精和乙醚，可作为髹饰之物，内含植物奶油和油精。胡麻草广泛分布于亚欧大陆与北非。口服4钱至1两为一服。

5. 重泻药

"重泻药"（Purgatives）即药性较强的泻药，有32种药物，是泻药中最多的一类。因其数量过多，下面择要介绍5种。

1）大黄并其丸膏冲水杂散合于镁养与姜

大黄（Rheum）属蓼科（Buckwheats）植物，以根晒干入药。大黄根含有成分6种，其中的大黄酸有泻性成分，化学分子式为 $C_{20}H_8O_6$。大黄图参见图3。

图3 大黄图

资料来源：牛亚华主编：《江南制造局科技译著集成·医药卫生卷》第1分册，合肥：中国科学技术大学出版社，2017年版，第561页

大黄磨成粉，10—20厘为一服口服。大黄杂丸，用3两大黄粉、2.25两索哥德拉哑啰粉、1.5两没药粉、1.5两硬肥皂粉、1.5钱水苏油和4两糖渣滓，调和成丸。大黄膏，取1磅切成片或捣碎后的大黄泡在10两提纯酒精、5升蒸馏水中4天，倒出液体、挤压、沉淀、过滤剩余物，加热使浓度合宜成膏，10—30厘为一服。大黄也可冲水，将1/4两大黄薄片浸入其中，放置1小时后，过滤服用，1两半为一服。

大黄粉还可与6两轻①镁养、1两姜粉同服，大黄粉含量占2/9，成人20—60厘为一服，小儿量减至5—10厘。

---

① 此处之"轻"作"light"之用，非指"氢"。

2）渣腊伯并其酒膏及松香质

以晒干后的渣腊伯（Jalap）球根入药。球根黑灰色，切开后呈棕色，气味不好，味道辛涩。内含松香质、流质糖、潮解性盐类质、棕色含糖膏质、胶质、淀粉、木质纤维等物质，致泻性的成分为松香。

渣腊伯粗粉泡酒，取 1—2 钱为一服口服。

取 1 磅渣腊伯粗粉浸泡在 4 升标准浓度酒精中 7 日，过滤、蒸馏出酒精，将剩下软膏质加热至合适的浓度，成渣腊伯膏，以 10—20 厘为一服口服。

或制成渣腊伯松香，口服，取 3—5 厘或 10 厘为一服。将 8 两渣腊伯粗粉泡酒 24 小时，过滤、蒸馏出酒精，冷却后，倒掉表面的水，用热水①冲洗 2—3 次，加热烘干，即得。化学家克勒认为其化学式为 $C_{62}H_{50}O_{32}$。

3）司卡暮尼并其松香类

以司卡暮尼（Scammony）的根晒干入药，或刺破鲜根取胶脂入药。内含松香质、胶质、淀粉、纤维质、沙质和水。常与大黄或汞=绿（氯化亚汞，化学式今写作 Hg_2Cl_2）一起服用，小儿服用时将其粉掺入饼干。成人每服 10—15 厘，如服纯根粉可减量至 5—10 厘。

可制成司卡暮尼松香服用，或用司卡暮尼根粗粉泡酒，过滤、蒸馏、冲洗、加热至干粉。可用牛奶等冲服②，每服 5—10 厘。

将 4 厘司卡暮尼松香类质和 2 两牛乳融合均匀，成司卡暮尼酪，为小儿泻药，每服半两至 2 两。

将 3 两司卡暮尼细粉、1.5 两姜细粉、1 钱芫荽油、半钱丁香油、3 两糖浆和 1.5 两提纯蜂蜜，混合均匀得司卡暮尼甜膏，10—30 厘为一服口服。

取 4 两司卡暮尼极细粉、3 两渣腊伯细粉、1 两姜细粉混合均匀，用细筛筛之，用乳钵轻轻研磨均匀即成司卡暮尼杂散。每服 10—30 厘，口服。

4）拉磨奴斯并其糖浆

拉磨奴斯（Buckthorn）系拉丁语音译，属鼠李科（Rhamneae）植物，以果汁入药。果实呈黑色，皮光滑，汁为绿色，味苦。化学家夫苟勒（Vogel）分析认为其成分包括绿色颜料、醋酸、植物胶、糖、含氮之质。胡白特（Hubert）认为该植物致泻是因为其中含有苦味泻素，但苏比兰（Soubeiran）对此持不同意见。

将 4 升拉磨奴斯果汁熬至 2.5 升，加入 3/4 两香姜和捣碎后的西班牙甜椒加热 4 小时后过滤，冷却后加入酒精，放 2 天，倒出清液，加入 5 磅提纯白糖，

---

① 《西药大成》此处误译为冷水，经笔者查阅英文底本，发现此处应译为热水。

② 《西药大成》此处翻译略有两处瑕疵，原文为"以五厘至十厘为一服，则为必效之泻药，又合于牛乳或淡味流质服之"，而底本则为"Active Cathartic in doses of gr. v.-gr. x. with some bland fluid, such as milk"，汉文本的译法显得用牛奶合服是一种其他服用方法，而实际底本原意为此药一般都这样服用，底本用牛奶举例指出用淡味流质冲服，而汉文本译为了牛奶或淡味流质，仿佛两者为不同物质，不甚妥当。

加热溶解,即成拉磨奴斯糖浆,口服,每服 1—2 钱。

5) 大戟香

大戟香(Euphorbium)是漆头蔺茹(Euphorbia)中凝结成的松香。漆头蔺茹是大戟族(Tribe Euphorbieae)植物,种类多。大戟香呈暗淡黄白色,质脆,臭少,味辛辣,食之灼热,刺激性强。成分包括辛性松香类质、蜡质、钙养苹果酸、钾养苹果酸、巴苏里尼、软橡皮、水等。此药使用剂量不明,有危险性,不可多用,注明"英、苏、阿、伦各药品书俱不载之"[①]。

6. 逐胆汁泻药

逐胆汁泻药(Cholagogues)包括 5 种药物,其中"各种水银药"是指一类药,在前文"汞之泻药"中已介绍,此处不赘,而"大黄""哑啰"也在重泻药第 4 和第 17 种中做了介绍,不赘。此类药的原理在于促进胆汁分泌,从而达到泻的效果。

1) 合强水

合强水(Nitro-muriatic Acid)是盐酸和硝酸混合而得的溶液,色金黄,臭似氯气,具有强腐蚀性。将纯硝酸和纯盐酸按 1∶2 的比例混合盛入绿色玻璃瓶中,将瓶放置在凉爽处,即得。每服 5—20 滴,用水稀释口服。

2) 蒲公英根汁

蒲公英根汁(Juice of Taraxacum),将蒲公英鲜根捣碎取出汁液,与酒精按 3∶1 比例配制,放置 7 日,过滤即得。根汁呈乳白色,含胶质、糖、菊粉、阿勒布门、哥路登、香质、膏质和蒲公英素。口服,1 钱至半两为一服。

(三)"泻药"的特点

1. 药物来源以植物药为主

由前文可知,《西药大成》中所列出的泻药共分 6 大类。其中,地产泻药中有 3 种药物,都属于矿物药;盐类泻药中有 12 种药物,都属于矿物药;汞之泻药中有 5 种药物,都属于矿物药;植物微利药共 11 种,全部为植物药;重泻药 32 种,其中植物药 31 种,矿物药 1 种;逐胆汁泻药 5 种(其中的 3 种与前几类中药物有重复),其中植物药 3 种,矿物药 2 种。

总结起来,《西药大成》共载有 65 种泻药(重复的 3 种药不再重复计算),包括 94 种药剂,其中,植物药有 43 种,矿物药 22 种,植物药竟占到 66.2%,而从植物药占据泻药的比例也能管窥当时整个药物应用体系中植物药所具有的不可撼动的地位。《西药大成》所据底本为 1868 年在伦敦出版的 *A Manual of Materia Medica and Therapeutics* 第五版,而从 1847 年到 1865 年,该书共出了

---

① [英]来拉、海得兰:《西药大成》卷 5 之 4,牛亚华主编:《江南制造局科技译著集成·医药卫生卷》第 1 分册,合肥:中国科学技术大学出版社,2017 年版,第 593 页。

四版内容，且书籍的出版本身具有滞后效应，因此该书大略能反映19世纪40年代末到60年代末的西方药学发展的相关情况。

这反映了虽然西方科学知识在整个19世纪突飞猛进，但具体到药学领域，在19世纪中叶，植物药仍占据不可替代的位置，这时还没有出现规模化的化学合成药物，药物应用基本为从天然植物、矿物中通过物理手段和一些化学方法得到有效成分。

2. 剂型多样

泻药部分涉及多种药物剂型，按服用方法可分为口服药和灌肠剂。灌肠剂共4种；口服药中，分为粉剂、丸剂、膏剂、汤剂、油类、浸酒、松香类质、乳清类、乳酪类、糖浆和植物原药11种剂型，其中，粉剂26种、丸剂9种、膏剂10种、汤剂8种、油类5种、浸酒6种、松香类质3种、乳清类1种、乳酪类1种、糖浆4种、植物原药17种。

以此为例，可见19世纪中期的西药可熟练应用多种剂型，呈现出较为成熟的发展状态。

3. 注重药物成分分析

植物药、矿物药的应用仍占据主流，这一时期的西方药学已经有了明显的药物成分分析意识。通过分析《西药大成》所涉泻药可知，矿物药基本以其化学名称命名，让人对其成分一目了然；植物药会注明入药部分、列出其中的化学组成，并注明其中哪种化学物质使得该药有这样的性质（尽管有的在当时学界仍存在争议）。这种对药物进行化学成分分析的意识是十分突出的，也直观反映了19世纪中期西方自然科学发展所达到的程度及其在药学领域产生的影响。这与传统中国医药的开方用药形成鲜明对比。

正是对于药物中有效化学成分分析的努力，使得西药发展日益走上了一条科学化的道路，为19世纪晚期合成药物的出现奠定了基础。

4. 剂量计量精确

《西药大成》所涉泻药，无论是在药物的制备过程中，还是药物使用方法的说明中，对于剂量的精确计量无疑是另一个鲜明的特点，药剂配比已经呈现了标准化、专业化的样貌，实现了在一国之内无论从何处拿药，药物都没有差别的目的。这是传统中国药物远远不能达到的。

这当然与19世纪西方国家的律法制定有关。《西药大成》卷一《制药各工》中对此有过生动的描述，当时西方国家意识到药物制备因人而异的不规范局面后，决心解决这一问题。以英国为例，"一千八百五十八年，英国设立医学律法，派若干人作公会，定当时各药之制法；一千八百六十四年书成，名曰《大英全药品书》……近时国内用定法备药，用定法配药成方"，其效果是"无论何处医士开方，无论何处药肆配药，毫无歧异"，并规定"通国药肆，遵英书配药，如有不遵者，则以犯法治罪"①。这样的律法无疑对西药制备、应用的规范化发展起到了重要作用。

除此之外，《西药大成》对药物加工过程的描述也不厌其详，并对温度和时间具有精确的控制要求，这些共同呈现出 19 世纪中叶西方药学发展的图景。

5. 实验特征鲜明

与传统中医论药必先述阴阳、和合等理论不同，《西药大成》对泻药的分析具有鲜明的实验特征，基本的结构是先讲药物来源的产地、分布，接着介绍其形性、成分，然后详论药物的制备过程，还有专门的"试法"部分，用来教人用化学实验等方法分辨买到的药是否为真，最后为服用方法和剂量的说明。这样的文本风格给人务实、注重实效的观感，"用实验说话"所能达到的效果，比空谈理论更具说服力。即便在卷十《药品依性与功用分类排列》总论泻药之原理时，也注重从生理学原理来解释说明，比如：谈到泻药的定义时，作"凡能令养生路（肠道）之运动匀转能加增，令其所容之质运出，又增所变成之内皮汁（黏液质分泌物），又令废料分出，此种药谓之泻药"②，通过生理学知识直观说明该类药物之所以有泻性的原理；在论及不同种类泻药的致泻原理时也试图用生理学知识阐述，"即如有数质，只能惹肠之内面，而后借脑筋（神经）之力能推去"③，又如"汞之各药，能增一切津液，又在肠内之核，有行气（刺激）之性，又能令肝多生胆汁，因此有大益"④等。

6. 药物产地全球化

植物药的产地蕴藏着丰富的历史信息，能反映特定时代的样貌。综观《西药大成》所载泻药中的植物药，有诸多药物产地并不在欧洲，比如加西耶产地在印度和非洲北部、印度枣产于印度、辛拿叶产于阿拉伯等地、大黄产于中国等地、渣腊伯产于墨西哥、司卡暮尼产于叙利亚和小亚细亚、藤黄产于暹罗、哑啰产于亚非多地、布道非路末产于美国、大戟香产于亚非多地，正是在 19 世纪日益紧密的全球经济网络中，这些药物随着贸易等方式流转到欧洲，并被西欧人应用到药物之中。

---

① [英]来拉、海得兰：《西药大成》卷 1，牛亚华主编：《江南制造局科技译著集成·医药卫生卷》第 1 分册，合肥：中国科学技术大学出版社，2017 年版，第 19 页。

② [英]来拉、海得兰：《西药大成》卷 10，牛亚华主编：《江南制造局科技译著集成·医药卫生卷》第 1 分册，合肥：中国科学技术大学出版社，2017 年版，第 747 页。

③ [英]来拉、海得兰：《西药大成》卷 10，牛亚华主编：《江南制造局科技译著集成·医药卫生卷》第 1 分册，合肥：中国科学技术大学出版社，2017 年版，第 747 页。

④ [英]来拉、海得兰：《西药大成》卷 10，牛亚华主编：《江南制造局科技译著集成·医药卫生卷》第 1 分册，合肥：中国科学技术大学出版社，2017 年版，第 747 页。

三、《西药大成》中"泻药"的文本表达与术语处理

（一）"泻药"的文本表达

1. 图文结合

《西药大成》在介绍相关药物时，特别注重插图说明，特别是在篇幅最多的植物药部分，不仅把底本中的图片全部囊括，还额外从各种西方植物书籍中找到涉药植物图，放入《西药大成》中。因为西药彼时传入中国时日不长，中国人对其十分陌生，一些常用的植物在西方人那里可能已经比较熟悉，所以在底本中没有配图，而对中国人而言却是全然新鲜的事物，如果配图会更有助于中国人理解与接受。在植物药部分，新补充的图片甚至要超过底本中原有的图片数量，这样无疑会增大工作量，但为了达到精益求精的科学启蒙目的，傅兰雅、赵元益仍做出了这样的选择，其敬业的译者精神值得后人铭记。

经笔者统计，《西药大成》泻药部分共配图 43 幅，其中译书时补充的就有24 幅，占到全部配图的半数以上，后补的图全部属于植物类药。这样图文结合的文本安排使得西方药物知识以更直观、更有效的方式在中国流传。

2. 内容——对译且引述丰富

《西药大成》在介绍泻药时，将底本中的内容全部翻译过来而未曾删改，体现了译者对底本原意的尊重，也彰显了其将西方成体系的西药知识介绍到中国的信念。

文本叙述时，常引述当时化学家和医生的各种学术观点，也常将《英国药品书》《伦敦药品书》《苏格兰药品书》《爱尔兰药品书》中的配方呈现给读者，对于尚无定论的几种互有冲突的观点也一并列出，例如在介绍拉磨奴斯之时，提到胡白特分析得出的该植物致泻成分，但紧接着便指出苏比兰有着不同的意见。这样丰富的引述使得读者能接触到不同来源的信息而不至于偏信一种，在用药治疗时能够更加稳妥。

3. 叙述严谨、详尽且体贴

这样的特点从很多细节都能体现出来，例如在介绍矿物质药时，常常附带储存禁忌，说明此药不能与何种物质接触，因为一旦接触可能发生化学反应损失有效成分从而降低药性。

对于某些药物潜在的危险性，书中也予以详细说明，体现了对患者负责的严谨态度。比如在介绍镁养时，就特意说明"如久用之，则易在腹中聚合成

块，而永不消化，颇有危险"①，这样的说明能够让患者提前知悉长期服用此药可能产生的不良后果，以便有更加周全的选择，并最大限度避免了此类情况出现的可能性，真正做到了以患者为中心的医治原则。

在介绍拉磨奴斯糖浆的制法时，对于可能出现的制出糖浆重率不能达到要求的情况，《西药大成》特意介绍补救措施"如不得此重率，必加糖配准"②，而这一内容在底本中并没有出现，是翻译过程中补充进去的，足见译者的敬业与体贴入微。又如，松香油用作泻药时，其功效不很确定，特意告知"其功用不足恃"③；在介绍汞养时，因药物性情仍不十分明晰，也注明不推荐使用。

4. 译介周期问题

《西药大成》所据底本出版于 1868 年，而《西药大成》由江南制造局翻译馆在 1879—1891 年刊出，间隔了 11—23 年，《西药大成药品中西名目表》落款光绪十三年（1887 年）的序中有云"初译此书兼造名目，自起手迄今，已逾十二载"④，如此推算，《西药大成》译介开始的年份应不晚于 1875 年，也即底本出版后的第七年。这一时期的西药学知识发展日新月异，就在该书的翻译过程中，伦敦 1876 年又在第五版（1868 年）的基础上出版了第六版，因此当《西药大成》在中国刊出时，事实上已不能反映最新的知识发展状况，因此 1904 年江南制造局翻译馆又参照第六版刊出了《西药大成补编》，然而这距离第六版的出版时间又过去 28 年了。

总体看来，该书译介周期相对较长，一定程度上影响了知识本身的时效性。

（二）"泻药"的术语处理

1. 度量衡问题

度量衡是《西药大成》翻译过程中一个较有特色的地方，值得单独探讨。因为西药具有计量精确的特点，要将西药系统性地运用于中文语境之中，仅仅依靠中文已有的一套度量术语是远远不能满足要求的，必须同时引入和西药的度量相匹配的一套西方度量衡体系。

根据西药药物的特点，粗略分为定质和流质两种，对于定质的度量称为衡

---

① [英]来拉、海得兰：《西药大成》卷3 之 4，牛亚华主编：《江南制造局科技译著集成·医药卫生卷》第 1 分册，合肥：中国科学技术大学出版社，2017 年版，第 135 页。
② [英]来拉、海得兰：《西药大成》卷5 之 2，牛亚华主编：《江南制造局科技译著集成·医药卫生卷》第 1 分册，合肥：中国科学技术大学出版社，2017 年版，第 349 页。
③ [英]来拉、海得兰：《西药大成》卷5 之 4，牛亚华主编：《江南制造局科技译著集成·医药卫生卷》第 1 分册，合肥：中国科学技术大学出版社，2017 年版，第 623 页。
④ 《西药大成药品中西名目表》序，牛亚华主编：《江南制造局科技译著集成·医药卫生卷》第 2 分册，合肥：中国科学技术大学出版社，2017 年版，第 189 页。

法，也即对其重量的表示，而对于流质的度量称为量法，表示的是其容量。在《西药大成》底本第五版撰写的时代，也是英国度量衡改革转换的时期，新衡法（Imperial Weights）取代了旧衡法（Troy Weights，也称"金衡制"），新量法（Imperial Measure）取代了旧量法（Old Wine Measure，也称"酒量"），这一转换使得英国在度量衡方面有了国家层面更为统一的标准，也更能适应精确计量的需求。

新衡法的主要单位由大到小分别为磅（Pound）、盎司（Ounce）和格令（Grain），译成中文分别为磅、两、厘，"磅"属于直接音译，后两者并未采用音译方法，而是借用了中文已有的度量衡单位，只是含义并不相同。"磅"是中国传统度量衡中所没有的单位，其引入不会引起歧义，但"两"和"厘"却是中国固有的度量衡单位，因此两者译介到中文语境中又常被称为"英两"和"英厘"以示区分，避免混淆。

新量法的主要单位由大到小分别为加仑（Gallon）、品脱（Pint）、流质盎司（Fluid Ounce）、流质钱（Fluid Drachm）和滴（Minim），译成中文分别为斗、升、两、钱和滴，除"滴"外全部借用了中文已有的度量衡单位，含义同样与原先中文语境中的含义不同。

这种在术语处理中并未大量使用音译而借用中国人熟悉的计量单位的做法，可能考虑到中国人的接受程度，使其阅读起来不觉得拗口生僻，而且使得中国人对这些计量单位孰大孰小一目了然，这是纯音译名词所达不到的效果，但这也给公众一种误导，让人感觉仿佛书中说的各种计量单位与自己所熟悉的中国传统单位是一回事，客观来说不利于传播最为精准的科学信息。

另外，明清时期中国通用的量法单位由大到小分别为石、斛、斗、升、合，这些单位适用于较大容量液体的计量，对精度要求不高，且传统中国医学在汤剂等流质药品计量时本身就比较粗疏，并没有对计量单位提出更小更精的要求，因此量法较之衡法单位表示微小精确物质的能力更弱，缺乏更小更为精确的计量单位，其实这一特点在19世纪以前的西方也十分明显。19世纪中期以来西药和实验方法的进一步发展对药物特别是流质物剂量的计量提出了更加严格的要求，但旧量法中又缺乏相应的单位，这给量法的变革带来了挑战。我们从新量法的单位命名中可以看出这种过渡时期的尴尬处境，英国人的处理方法是借用了衡法中已有的盎司和钱，并在前面加"Fluid"以示区分，然而在《西药大成》的译者将其译介成中文时，并没有将该词"流质"的意思体现出来，这不能不说是一处缺憾。

2. 化学类物质名词

作为一部19世纪中期的综合性西药学著作，*A Manual of Materia Medica*

and Therapeutics 一书充分体现了那一时期西方药学，特别是英国药学的发展情况。19世纪中期的西方药学虽然还未步入人工合成化学药的发展阶段，但已经对植物、矿物、动物中的成分进行化学分析，许多药物的制备过程也充分利用了化学方法，因此将这样的一部著作译介成中文的过程中，势必面临一大批化学类物质名词的术语处理问题。此处以《西药大成》中所涉"泻药"中所见化学类物质名词的翻译探讨这一问题。

"泻药"部分引入化学类名词最多的要数矿物药部分对矿石成分的描述，以及对药物制备所需化学反应的详细论述中，在植物药的元素分析中有时也提到化学物质。文本中的化学类名词，可分为元素名、无机化合物和有机物三大类。

早在译馆成立之初，江南制造局翻译馆确立翻译原则时明确，确需设立新名的，其一"以平常字外加偏旁而为新名，仍读其本者，如镁、钠、硒、矽等；或以字典内不常用字释以新义而为新名，如铂、钴、锌等是也"，其二"用数字解释其物，即以此解释为新名，而字数以少为妙，如养气、轻气、火轮船、风雨表等是也"，其三"用华字写其西名，以官音为主，而西字各音亦代以常用相同之华字，凡前译书人已用惯者袭之，华人可一见而知为西名"[①]，这些原则在之后的翻译活动中得到了遵照。江南制造局翻译馆在翻译《西药大成》之前已有翻译化学类书籍的实践，傅兰雅与徐寿所译的《化学鉴原》[②]，创造了一套化学元素汉译的方法，并在译介实践中编成了《化学材料中西名目表》。这套方法行之有效，《西药大成》在译介时借鉴了《化学鉴原》中确立的翻译原则，《西药大成药品中西名目表》是在译介《西药大成》过程中为方便翻译而作的译名对照表，我们在该表序中可见这样的表述："凡死物质之名，俱依前印《化学材料中西名目表》所载之公法而定之。"[③]这里所说的"死物质"即为化学类物质，可见这种翻译中对化学名词术语的承袭关系。

化学元素有金属与非金属之别，后者又细分为气体和固体两类。《化学材料中西名目表》序中论及原质译法时说："以一字为主，或按其形性大意而命之，或照西文要声而译之"[④]，这里所说的"原质"即元素。由此可知，《西药大

---

① [英]傅兰雅：《江南制造总局翻译西书事略》，宋原放主编：《中国出版史料（近代部分）》第1卷，武汉：湖北教育出版社，2004年版，第550页。
② 此书于1869年翻译完毕，1871年由江南制造局出版。
③ 《西药大成药品中西名目表》序，牛亚华主编：《江南制造局科技译著集成·医药卫生卷》第2分册，合肥：中国科学技术大学出版社，2017年版，第189页。
④ 《化学材料中西名目表》小序，王雪迎、邓亮主编：《江南制造局科技译著集成·化学卷》第2分册，合肥：中国科学技术大学出版社，2017年版，第617页。

成》在处理元素名称时，采用了江南制造局翻译馆实践中形成的这套行之有效的取音造字译法，这种元素译法至今仍被我们所使用，这是不同译法在竞争中优胜劣汰的结果。其实在清末，与江南制造局翻译馆的元素取音造字译法相对，还有京师同文馆创制的一套取意造字译法，1882 年同文馆出版的《化学阐原》就体现了这种译名方法，该法以元素特性造字，所造新字普遍繁杂，使用颇为不便，最终被历史淘汰。

无机化合物的翻译，采用了对分子式直译的方式，如将 MgO 译为"镁养"、将 Hg_2Cl 译为"汞₌绿"等。这种翻译方式颇具时代特点，其弊端将在后文论述。

有机物的翻译则大多采用音译方式。

从文本译法看，也能体现出科学发展的阶段性特征，比如一些化学物质的化学式与今天并不相同，如氯化亚汞，今日化学式写作 Hg_2Cl_2，而书中的译法却为"汞₌绿"，这样的例子还有不少。

对于盐酸、硝酸等酸性化学物，书中则分别译为"盐强水""硝强水"。

3. 植物名及植物成分、部位术语

植物类药物占《西药大成》泻药部分的主体，在文本叙述中涉及大量的植物名。对于这些植物名的翻译方法，《西药大成药品中西名目表》中是这样表述的，"凡植物动物分类所有之拉丁名目，平常译其音，尚有分种之名，则译其意，而列于类名之前……如其种名因原为人名或地名，或因他故无法译其意，则仍译其音。凡能察得中华已有常用之名目，亦并记之……凡植物动物之英文名目，亦照前款之意译之。如确知中华名目者，则不译其音"[1]，由此可见对植物名词的翻译采用了一种音意结合的方法，对于中文中已有明确译法的名称加以遵照，对于中文中没有的名词、类名进行音译，有种名的将种名意译并加于音译类名之前，种名无实际含义的仍采音译，如"圆叶甫辣克西尼乌司树"即将意译种名加于音译类名前之例。

这样的术语处理较好地解决了新词引入的问题，同时还考虑了中国人的既有习惯与接受程度。

对于大量植物分类、植物成分与部位术语的翻译，为更直观地表现，列表 2 加以说明。

---

[1] 《西药大成药品中西名目表》序，牛亚华主编：《江南制造局科技译著集成·医药卫生卷》第 2 分册，合肥：中国科学技术大学出版社，2017 年版，第 189 页。

表 2 《西药大成》植物分类、成分与部位术语对照表

西文名	书中译法	现译法
Mannite	玛内得	甘露糖醇
Vegetable Jelly	植物直辣的尼	植物胶
Gluten	哥路登	谷蛋白
Parenchyma	海绒形质	薄壁组织
Pectin	贝格的尼	果胶
Ligneous Fibre	木纹	木质纤维
Margarine	玛加里尼	植物奶油
Elaine	以拉以尼	油精
Albumen	阿勒布门	胚乳、蛋白
Chlowphyll	克罗路非勒	叶绿素
Chrysophanic Acid	可里苏凡尼克酸	大黄酸
Starch	小粉	淀粉
Lignine	立故尼尼质	木质素
Oil of Peppermint	水苏油	薄荷油
Aloes	哑啰	芦荟
Colocynth	嗗啰嗽	药西瓜
Resin of Scammony	司卡暮尼	墨牵牛子脂
Henbane	羊蹄躅	天仙子
Elaterin	衣啦特里尼	喷瓜素
Crotonic Acid	可罗敦以克酸	巴豆酸
Tubers	根头	球根
Fibre	丝纹质	纤维质
Mucus	暮苦司	黏液
Ulmine	乌勒米尼	棕腐质
Veratria	非辣得里亚质	结晶形藜芦碱
Corm	根团	球茎
Large Strophiole	脐眼近处大凸头	种阜
Inulin	以奴里尼	菊粉
Cathartine	楷他替尼	苦味泻素
Rhamneae	枣科	鼠李科
Pimento	比门屠	西班牙甜椒
Larch	拉里克司	落叶松
Camphene	加暮非尼	莰烯
Terebene	脱里比尼	萜
Taraxacin	他拉格萨西尼	蒲公英素
Guttiferae	成香脂科	藤黄科
Artocarpeae	波罗果族/馒头果族	面包树族
Dicotyledones	外长/两子瓣	双子叶植物纲
Thalamiflorae	他辣米花	花托类
Corolliflorae	瓣花	冠花类
Monocotyledones	内长/独子瓣/一字瓣	单子叶植物纲

资料来源：牛亚华主编：《江南制造局科技译著集成·医药卫生卷》第 1 分册，合肥：中国科学技术大学出版社，2017 年版；Royle J F and Headland F W，*A Manual of Materia Medica and Therapeutics*，London：John Churchill & Sons，1868

由表2可见，经统计的42种术语中，采用音译的有27种、采用意译而与今日译法有别的有10种，剩下的5种采用了晚清中文语境中已有的称法，体现了傅兰雅和赵元益灵活、有效的翻译方法。

4. 生理及解剖术语

这类术语的翻译与我们今天习见的翻译方式尚存较大差异，如"Mucous Secretions"，直译本为"黏液质的分泌物"，文本中却采用了意译，将其译为"内皮汁"；"Nervous"今日译为"神经"，文本译为"脑筋"；"Intestinal Canal"，直译本为"肠的管道"，文本译为"养生路"；等等。这些术语的翻译方法后来逐渐被历史淘汰了。

5. 现象、机制、状态及疾病术语

这类术语的例子，如"Stimulate"译为"行气"、"挥发"译为"自散"、"不挥发"译为"定质"、"精制的"（Prepared）译为"净"、"提取物"（Extractive）译为"膏质"、"灌肠剂"译为"外导药"、"Rubefacient"（发红药）译为"引炎药"、"Counter-Irritant"（抗刺激剂）译为"惹性药"、"提纯后的酒精"译为"正酒醇"、"标准浓度的酒精"译为"准酒醇"、"弹力"译为"凹凸力"等。与生理及解剖术语类似，这类术语的翻译方式也基本被历史所淘汰。

（三）"泻药"译介中的欠妥与错译

《西药大成》的欠妥之处，首先是缺少索引，给查阅带来一定不便。在底本 A Manual of Material Medica and Therapeutics 书后，有按字母顺序排列的索引，十分方便。但译成中文后却没有这样的索引，要想在书中快速定位某一具体药物并不容易，是该书一处瑕疵。

其次，一些化学元素名称译法可能在语句中产生歧义。比如，化学元素"H"译为"轻"，但书中将"light"也译为"轻"，如此一来像"轻镁养"这样的物质，就易使初学而不精通化学的人产生误解；同样地，化学元素"N"译为"淡"，而"稀释"这个意思也用"淡"来表示，也容易产生歧义。

另外，该书翻译虽整体质量较高，但仍有部分错译之处，例如在论及松香油的功用时，指出当以八滴至半钱为一服，多次服用可用作行气药，可被血液所吸收，并通过皮肤和肺渗出，同时使尿液出现紫罗兰的气味，底本原文在描述尿液情况时为"the urine acquires a violet odour"，《西药大成》却将其错译为"令溺变紫色"，显系误解了原文之意。又如，在论及司卡暮尼松香类质的服法时，底本原文为"Active Cathartic in doses of gr. v.-gr. x. with some bland fluid, such as milk"，意为欲达到"必效"之功效，应用牛奶等淡味流质服用，而汉文本译为"以五厘至十厘为一服，则为必效之泻药，又合于牛乳或淡味流质服之"，因此"又"和"或"字用得不够准确。

四、《西药大成》中"泻药"的流传与影响

《西药大成》中的 65 种泻药，其来源以植物药为主且呈现出产地全球化的特点，剂型多样、注重药物成分分析、用药剂量精确、实验特征鲜明，体现了向科学化不断演进的总体趋势。文本内容一一对译、图文结合、引述丰富、叙述严谨详尽且体贴，体现了底本作者以病人为中心的原则，也体现了译者努力将西药学知识系统引入中国，并使中国人所熟知的一片良苦用心。文本中的术语名词翻译，一些译法沿用至今，如化学元素的译法，一些译法则逐渐被历史淘汰未能流传下来，个别地方存在错译和不妥当的地方，但整体而言翻译质量较高，较好地将底本原意传达出来，体现了务实、灵活的处理原则，协调了新术语引入与中国人接受度之间的关系，取得了较好的译介效果，不失为晚清西药学的一部佳作。

《西药大成》译出后在中国医学界、文化界获得了非常高的评价，梁启超曾高度评价该书"译出医书以《内科理法》、《西药大成》为最备"[①]，徐维则也在《增版东西学书录》中评价其"西药之书，此为最备"[②]，甚至中医界的一些开明医生也开始参考此书。而书中所载的泻药知识，也随着书籍的流传而得到传播。

结　　语

《西药大成》代表了 19 世纪中期英国药物学发展的水平与状况，这一时期英国药物学发展正在向最终完成科学化过渡。从所载的泻药来看，其中仍以植物药为主、兼有矿物药，并没有出现人工化学合成药物，体现了这种过渡时期

[①] 梁启超：《读西学书法》，《梁启超全集》第 1 集，北京：中国人民大学出版社，2018 年，第 169 页。
[②] 《中华大典》工作委员会、《中华大典》编纂委员会：《中华大典·文献目录典·古籍目录分典·丛书、译著》，桂林：广西师范大学出版社，2016 年版，第 698—699 页。

的特征。但是，在这些药物特别是矿物药的制备过程中，已经用到许多化学反应，一些矿物药需要通过化学反应才能生成，这些过程是精确可控、可以量化的，在药物成分分析中也涉及药物化学成分，即使在植物药的制备这种不涉及化学反应的过程中也实现了量化与精确。这样的发展水平和科学化的趋势已经与当时的中国传统药物产生巨大的区分。英国药物学出现的这种趋势，也为其在世纪末完成药物学的科学化建构打下了坚实的基础。

浅谈中西医诊治疾病上的结合与发展

武晨琳

（河北大学宋史研究中心）

提　要　通过中西医结合发展史以及对中西医结合诊断治疗进行分析发现，无论在理论上还是实践上，中西医结合均具优势。中医平稳，西医见效快，中西医结合优势互补、各有所长，其不仅能够尽早筛查病因，让患者较快好转至痊愈，还可减轻其用药所产生的毒副作用，缩短病程。中医传承，西医开拓，中西医结合是时代的需求，更是广大人民的需求，中西医诊治疾病上的结合完全实现了"1+1>2"，更将加快推动我国医学蓬勃发展。

关键词　中西医结合　结合发展　结合诊断　结合治疗

一、中西医结合的发展

随着西医传入，其在中国疾病治疗上得到了广泛应用，这也导致对西医人才需求的激增。1894年，中国第一所官办的医学院校——"北洋医学堂"成立，这是中国第一所正规的现代医学院校[1]；1902年袁世凯开设"北洋军医学堂"，有了政府的大力支持，西方医学与东方传统医学逐渐碰撞出火花，中西医学汇通思想这颗种子开始生根发芽；1927年"中国近代医学第一人"中西医汇通派医学家张锡纯，创办国医函授学校、中西汇通医舍[2]。

中华人民共和国成立初期，落后的医疗环境无法满足社会需求，1958年，

---

[1] 中国科学技术协会主编：《中国解剖学科史》，北京：中国科学技术出版社，2021年版，第91页。
[2] 乔晨曦、梁丽金、李雪纯，等：《天津中西医结合发展史研究》，《西部中医药》2021年第4期，第64—67页。

卫生部颁布了《继承老年中医学术经验通知》[1]，在广大医务工作者的努力下，给党和政府还有人民交出了满意的答卷。1963年，中国首个中西结合医院由南开医院下设。1970年，周恩来总理指示召开第一届全国中西医结合工作会议，中西医结合具体工作从此正式拉开帷幕。方先之成立了全国首个中西医结合治疗骨科研究所，王今达为我国中西医结合急救医学学科创始人，建立了中国首个中西医结合急救医学研究所[2]。

人才培养方面从1978年开始，国务院学位委员会批准招收中西医结合专业硕士及博士研究生，为我国不断培养中西医结合研究人才[3]；1981年《中国中西医结合杂志》创刊，1982年国务院学位委员会将"中西医结合"设置为一级学科（1006），下设中西医结合基础（100601）和中西医结合临床（100602）两个二级学科；1992年《中华人民共和国学科分类与代码国家标准》将"中西医结合医学"设置为一门新学科；1993年开始设立中西医结合博士后流动站[4]。此后，中西医结合相关专业、期刊、教材、研究方向逐步发展，不仅促进了我国医疗的长足发展，也提高了各种疾病的治愈率。

21世纪以来，中西医诊治疾病上的结合取得了新进展，不仅得到了国家政府的大力支持，而且也更加广泛地被患者所接受。2003年抗击"非典"期间，中西医结合疗法在缩短平均发热时间、改善全身中毒症状、促进肺部炎症吸收、降低重症患者病死率、改善免疫功能、减少激素用量、减轻病患的不良反应等方面效果显著[5]；同年10月，《中华人民共和国中医药条例》开始施行，该条例第三条规定"推动中医、西医两种医学体系的有机结合，全面发展我国中医药事业"[6]，从法规层面确定了中西医结合的合法性与合理性。2007年，由科技部、卫生部、国家中医药管理局、国家食品药品监督管理局等16个部委联合制定的《中医药创新发展规划纲要（2006—2020年）》提出"促进中西医药学的优势互补及相互融合，为创建具有中国特色的新医药学奠定基础"的目标战略，进一步推动中西医结合的发展。2013年，习近平主席在会见世界卫生组织总干事陈冯富珍时表示："中国重视世界卫生组织的作

---

[1] 干祖望：《茧斋索隐：干祖望医学文集》下册，济南：山东科学技术出版社，2020年版，第640页。
[2] 张伯礼：《津沽中医名家学术要略》第3辑，北京：中国中医出版社，2017年版，第210页。
[3] 《中国中医药年鉴》编辑委员会编：《中国中医药年鉴（1989）》，北京：人民卫生出版社，1990年版，第79页。
[4] 赵玉男主编：《中西医结合的未来——从联合走向融合》，上海：上海科学技术出版社，2016年版，第20页。
[5] 张艳萍、徐军主编：《白衣战疫为人群：复旦上医抗击新冠肺炎疫情纪实》，上海：复旦大学出版社，2020年版，第174页。
[6] 国家中医药管理局专业技术资格考试专家委员会：《全国中医药专业技术资格考试大纲与细则》，2016年版，第343页。

用，愿继续加强双方合作，促进中西医结合及中医药在海外发展，推动更多中国生产的医药产品进入国际市场……为促进全球卫生事业、实现联合国千年发展目标做出更大贡献。"①中西医结合诊治疾病体现出来的优势正在被全世界所接纳。

2016年12月25日，第十二届全国人民代表大会常务委员会第二十五次会议通过了《中华人民共和国中医药法》，我国中医药发展全面走向法制化。

党的十九大报告指出："坚持中西医并重，传承发展中医药事业"②，在临床治疗中运用中西医结合，不仅要弘扬中医药，更要创新出更多中西医结合成果。

2020年，新冠病毒肆虐全球，张伯礼院士带队进驻的武汉江夏方舱医院自2月14日开舱，采取中西医结合、以中医为主的治疗方案，累计治疗患者500多例，实现了患者的"零死亡""零转重"和医护人员的"零感染"③。习近平总书记在北京市调研指导新冠疫情防控工作时强调："不断优化诊疗方案，坚持中西医结合。面对严峻复杂的疫情防控形势，充分发挥中西医结合的优势，能够为人民群众构建更牢固的健康防线。"④在不断的实践中，中西医诊疗为人类健康架起了厚厚的保护屏障。

二、中西医疾病诊断上的结合

中医诊断主要通过望、闻、问、切，判断预测病人的某个部位出现了病症，但容易出现漏诊从而耽误病情。对于西医来说，通过化验、B超、X光、CT等，可以快速检验出疾病，但是西医过于依赖检验数据。中西医结合中医预测、西医检测，即中国传统医学与现代医学相结合的医学诊断模型和中西医结合理论的应用模式。

（一）"证"与"病"相结合

中医的"证"是指"证候"，它是机体在疾病发展过程中某一阶段出现的各种症状的病理概况⑤，中医学认识及治疗疾病的主要依据包括望、闻、问、

---

① 《习近平20日会见世界卫生组织总干事陈冯富珍》，https://www.gov.cn/govweb/ldhd/2013-08/20/content2470625.htm，2013-08-20。
② 习近平：《决胜全面建成小康社会 夺取新时代中国特色社会主义伟大胜利》，北京：人民出版社，2017年，第48页。
③ 闫希军：《加快推进中西医结合》，《人民日报》2020年7月3日，第19版。
④ 汤钊猷：《发挥好中西医结合优势》《人民日报》2020年2月20日，第9版。
⑤ 张瑞馥：《中医学基础》，北京：人民卫生出版社，1995年版，第4—5页。

切等。西医所说的"病"是指病因与机体相互作用、功能、代谢、组织失调所引起病理生理等一系列临床表现的总结,是现代医学认识及治疗的主要依据[1]。

中医的"证病"实际是诸多症状群的结果。如中医确诊黄疸病,是以目黄、身黄、小便黄为主症。像扁鹊见蔡桓公一样,经验丰富的扁鹊一眼就看出蔡桓公有病症在表面上,容易治好。当然,随着时间流逝,如不及时用药治疗,那疾病就会慢慢加重,甚至出现无药可医的情况,也就是扁鹊所说的"无奈何也"。

实际上蔡桓公的病症到后来包括了西医的许多肝、胆、胰腺等疾病的可能,出现的这些症状可以用大小便检验、退黄、抗炎、手术及输液治疗等。由此可见,中医里的"证"包括了西医的几种病,而西医的一种病,同样可以出现中医的几种"证"。

中西医疾病诊断不同,但各有所长,如对于某早期癌症、结核病(痨病)、肺病、艾滋病及乙肝病毒携带者等,必须借助西医的特殊检查才能确诊,这就弥补了中医诊断上的不足。然而临床上亦有不少的病人无明显发病症状,而西医经常用各种检测手段检查仍无异常发现,如中医所说的"温阳""郁症""虚劳""奔脉气"等。因此,在临床诊断中应以"证"与"病"相结合,才能更有效地减少病人的痛苦。

(二)案例分析

三伏天仍衣帽厚穿,远离风扇的病人,经西医多种检查未发现什么"病",而中医的"证"认为是阴盛阳病,证属脾肾阳虚,经用中医调治服用"附子理中丸+金贵肾气丸"而愈。

四季皆常见,以冬春季节为常见,流行性感冒发病症状主要有鼻塞流鼻涕、打喷嚏、咽喉痛或痒。恶寒发热,无汗或少汗,头痛肢体酸楚。中医辨"证"分类如下。第一,风寒证:恶寒、发热、无汗、头疼身痛,鼻塞流清涕。舌苔薄白,脉浮紧或浮缓。第二,风热证:发热、恶风、头胀痛,鼻塞流黄涕、咽痛、声哑、咳嗽痰黄。舌苔白或微黄、边尖红,脉浮数。第三,暑湿症:见于夏季,头昏脑重,鼻塞流涕,形寒发热,或热势不扬,无汗或少汗,胸闷泛恶。苔薄黄腻,脉濡数。西医诊断参考项目:白细胞计数正常或偏低,中性粒细胞减少,淋巴细胞相对增多[2]。

妇科常见月经病,中医辨"证"外因外感之中以寒、热、湿为主,内伤以

---

[1] 王建枝、钱睿哲主编:《病理生理学》,北京:人民卫生出版社,2018年版,第5页。
[2] 王净净、龙俊杰主编:《中医临床病症诊断疗效标准》,长沙:湖南科学技术出版社,1993年版,第8页。

忧、思、怒及房事不节居多；内因如正气不足，气血失调，导致月经疾病。症状分为血虚型、肾虚型、血寒型、气郁型、血热型、实热型[1]。因此治疗重在调经治本主理气、扶脾、补肾等。西医认为月经病是体内、体外因素影响了下丘脑—垂体—卵巢轴任何部位的条件功能，均可导致月经不调，月经不调泛指月经周期经期和经量发生异常以及明显出现不适症状的疾病[2]。由脏腑气血病变和冲任脉功能失调所导致，常见的因素有精神紧张、环境、天气骤变、过于疲倦等，通过大脑皮层和神经递质影响下丘脑—垂体—卵巢轴间的相互调节，使得卵巢功能失调，进而导致经期不调。另外，营养不良、严重缺血和新陈代谢障碍等也可能会影响激素的合成、运输与代谢，而引起月经异常。此时借助B超检查可以确定与发病女性的整个人体机能，尤其是神经、内分泌系统的机能状况，以及卵巢、子宫本身病变有关。

另有一"咳嗽病"中西医诊断依据分别如下。

中医诊断：①咳逆有声或伴咽痒咳痰为主症；②外感咳嗽，起病急，可伴有寒热等表证；③内伤咳嗽，因外感反复发作，病程较长，可咳而伴喘，经多剂中药无效[3]。西医诊断：①经化验血急性期、血白细胞总数和中性粒细胞增高；②两肺听诊，呼吸音增粗或伴散在干湿啰音；③肺部X线，肺纹理增多[4]；当然西医可以利用CT扫描技术直接看清确诊早期肺癌，遂于手术治疗，获得临床治愈（不过主要考虑到价格比较昂贵，患者经济状况难以承受，普通检查如能诊断出病因，便不首选CT扫描检查）。

以上即可说明"证"与"病"中西医结合各具优势，然而两者结合诊断则显得更为重要。又如西医确诊的多种慢性病，当西医暂无理想的治疗方法时，这时运用中医中药治疗，往往可以获得更显著的疗效，大量的临床实践已予以证实。

三、中西医疾病治疗上的结合

（一）中西医结合治疗疾病的优势

中医烦琐复杂，中药服用汤药见效慢。西医针对病情可以通过检验、化

---

[1] 国家中医药管理局医改司：《中医内外妇儿科病证诊断疗效标准》第1辑，南京：江苏科学技术出版社，1988年版。

[2] 王富春、李铁主编：《临床针法备要》，上海：上海科学技术出版社，2021年版，第243页。

[3] 王净净、龙俊杰主编：《中医临床病症诊断疗效标准》，长沙：湖南科学技术出版社，1993年版，第15页。

[4] 王净净、龙俊杰主编：《中医临床病症诊断疗效标准》，长沙：湖南科学技术出版社，1993年版，第15页。

验、B超快速诊断病情，通过静脉注射、手术等达到立竿见影的效果。中医主要针对慢性病，治疗效果较好，重在养身，而西医针对突发性疾病效果显著，但是同时也会带来副作用。

"中西医结合是指中医中药知识和西医西药知识相结合，特别是指用现代科学方法来整理研究中医学，把两个医学体系结合起来，是我国在医学领域的优势之一。"[1]诊断方面的中医以辨"证"论治为基本原则，并且注重整体的统一、完整性及其与自然界的相互关系，以祛邪扶正为目的。中医总结的药疗中汤药、食疗、体疗、气功、针灸、按摩等手段根据病人的具体情况，即因人、因时、因地制宜灵活实施。而西医则以彻底消灭病原体或切除病理组织或手术固定更换、复位等为治疗手段，在治疗疾病中具有无可置疑的优越性。然而某些西药毒副作用、过敏作用、抗药性等亦是不可忽视的，而这些反应根据中医的整体观念，采取辨证施治往往可以达到明显的效果。若以手术为例，手术治疗疾病往往是西医外科治疗疾病的主要手段，但也可能产生后遗症如胃切除后会引起贫血、营养不良及其他症状等。这时用中医的辨证施治，配合中药治疗可促进机体恢复和健康。因此，"证"与"病"相结合，可以取长补短，发挥各自优势，如癌症病人放疗、化疗之后，白细胞迅速下降，出现头昏、恶心、食欲不振、脱发等毒副反应，这时采用中药治疗，可以明显减轻或消除毒副反应等。

中西医结合治疗的另一种优势，是通过辨证和辨病，结合西医的各种检查结果，在选方用药时加入一些已经被实践证明对于某些病有显著疗效的中草药，则可明显提高治疗效果。病久肝阳暗伤，久而及肾。首先需要严格限制蛋白质的食物，待病情好转后才能逐渐增加蛋白质的摄入量，还应禁酒，避免进食粗糙坚硬或刺激性食物。此外，支持及保肝治疗，应静脉滴注葡萄糖液，以供给机体必要的热量，输液中可以加入维生素 C、肌苷、氯化钾等。中医辨证论治，肝硬化腹水患者主要属于瘀血郁结，气虚脾弱，不能健运，不能升精去湿。这时配合中药多以通阳利水、清热解毒及活血化瘀。通阳利水用：①五苓散药方为"猪苓十八铢（去皮），泽泻一两六铢，白术十八铢，茯苓十八铢，桂枝半两（去皮）。上五味，捣为散，以白饮和服方寸匕，日三服。多饮暖水，汗出愈，如法将息。综上所述，五苓散证候要点为气结水停，三焦气化不行，水不化津。太阴太阳阳明合病偏于表里、三焦津液不布而无真阳虚损"[2]。②五皮饮组成：陈皮、茯苓皮、生姜皮、桑白皮、大腹皮各9克。用法：上药共研为粗末，每次用9克，水煎，去渣，温服。功效：理气健脾，利水消肿。药理

---

[1] 《教师百科辞典》编委会：《教师百科辞典》，北京：社会科学文献出版社，1987年版，第777页。
[2] 毛进军：《经方辨治法度——古代经典核心名方临证指南》，北京：中国中医药出版社，2020年版，第57页。

分析：脾虚湿盛，溢于肌肤而致浮肿。三药相合，能去皮肤中的停水，又佐以桑白皮肃降肺气，通调水道，利消肿，且泻肺平喘；陈皮理气健脾，燥湿和胃，使气行水行。诸药皆用其皮，则善行皮间之水气，故专治皮水[1]。温阳利水用：真五汤为熟附子、生姜、白术、茯苓、生苡仁、法半夏、广橘皮、桂枝、砂仁、泽泻等[2]。对带病毒和肝功能进行损害的主清热解毒，用板蓝根、广豆根、蒲公英、银花、白花蛇舌草等。活血化瘀用丹参、党参。

（二）中医与西医对待病症的不同方式

《红楼梦》中曹雪芹将林黛玉的病情描述为"先天不足"，她"从会饮食时便吃药，到今日未断，请了多少名医修方配药，皆不见效"。"每岁至春分秋分之后，必犯旧疾""近日每觉神思恍惚，病已渐成，医者更云气弱血亏，恐致劳怯之症"，并且病症主要表现是咳嗽、咳痰、数量不等的咳血，难以入睡，心绪敏感易悲伤。林黛玉从小服人参养荣丸，其主要成分：人参、白术（土炒）、茯苓、炙甘草、当归、熟地黄、白芍（麸炒）、炙黄芪、陈皮、远志（制）、肉桂、五味子（酒蒸）、鲜姜、大枣，温补气血，用于心脾不足、气血两亏、形瘦神疲、食少便糖、病后虚弱。

现代医学认为林黛玉所患病为肺结核，针对肺结核病筛查：血常规患者会出现血沉加快下降，痰结核菌检查患者痰液中分枝杆菌，结核菌素试验，胸部X线检查。肺结核病以预防为主接种卡介苗，增强身体免疫力，做到早预防、早筛查、早发现、早诊断、早治疗[3]。肺结核病人应注意休息、戒酒、补充营养。一般情况，合理用药2—3周便可恢复正常生活。为了达到疾病痊愈的可能，病人要坚持规律生活、全程化疗，并且每天及时服用适量的药物。在用药过程中还应注意药物引起的副作用，如若有副作用应及时就诊，同时病人及其家属也要尽可能了解出现的并发症以及突发情况的处理措施。医护人员也会对结核病患者进行至少一年的追踪，病人也要定期随诊并接受X线胸片等检查。

（三）治疗难题

中西医结合办法在诊治疾病上能收到一定的效果，但是还不能根治有些病，比如：更年期综合征，这是由于更年期综合征是一个包括了全身各个系

---

[1] 施维、才颖、黄缨主编：《颐养汤头》，上海：上海科学技术文献出版社，2020年版，第111—112页。
[2] 李聪甫：《李聪甫医案》，长沙：湖南科学技术出版社，1979年版，第95—96页。
[3] 何文英、黄新玲、郑丽英主编：《结核病感染预防与控制》，武汉：华中科技大学出版社，2018年版。

统，各个器官脏腑逐步由生理状态发展到病理状态的演变过程，在这个时期内有很多与年龄相关的疾病同时发生[①]，社会经济问题、家庭问题、造成的精神反应也会参与其中，使得更年期综合征成为一个复杂的、不易搞清楚的妇科疾病中的疑难病症。由于发病高、治愈困难而成为妇科临床研究的重要课题。

人常说："三分吃药，七分养。"这句话在中西医结合治疗实践中是有道理的，对于一些由于精神创伤而导致功能失调的病人更应该注意开导，从而为其树立治愈疾病的信心，净化精神环境、避免恶性刺激、保证充分睡眠、进行适当运动、维持营养均衡、调动医患双方的积极性，使患者早日恢复健康。

四、结　语

中医对于疾病的确诊，一般性疾病通过望、闻、问、切可以探测病症，但对于急腹症诊断还是有点慢，可能还会因为慢而延误确诊从而使病情加重。西医诊断、化验、X线、B超或者CT可以快速确诊，因此，对于简单疾病、慢性疾病等，可采用中医进行诊断，对于复杂急症，可采取西医诊断、中西医结合诊断等。中西医结合诊疗疾病的时间相对较短，从治疗疾病的效果来看，中医、西医相结合，患者的病情可以明显好转或者痊愈，其毒副作用等可明显减轻，病程也明显缩短，当然也表明，中医辨"证"和西医论"病"，中西医结合在诊断、治疗上要比单一的诊断更全面、更正确，具有广阔的前景，是大有可为的。中西医结合诊治疾病势在必行。中西医结合起到的作用不只是实现优势互补，还有助于将中医药文化更好地传承创新发展下去[②]。但是，我们应该明确，中西医结合首先要将认病、论病与辨病相结合（即望、闻、问、切），而决不能成为一病一方或一证一药的简单结合，两者互相不能代替，同时要高度认识中西两种医药体系，两者之间具有广泛的互补性，中西医各有所长，"证"和"病"相结合必将加速推进我国医学的发展。

[①] 冯桃莉：《雌激素替代疗法面面观》，《家庭医学》2006年第6期，第4—5页。
[②] 刘祺：《西方医学在近代中国（1840—1911）——医术、文化与制度的变迁》，南开大学2012年博士学位论文。

生物学史

唐宋时期生物学书目分类体系的流变考察*

张彤阳

（中国科学院自然科学史研究所；中国科学院大学）

提　要　唐宋以来，传统生物学著作大量涌现，其书目分类体系随着目录学的进步，在继承传统的基础上又有所突破和创新，对后世产生了深远的影响。这一变迁历程不单是编著者知识框架和学术主张的体现，更深层地展现了这一时期，在国民经济、社会风气、学术思想等发展与转型的多重作用下，生物资源在生产实践中扮演愈发重要的角色，其地位逐步提升，从而对传统"农本"思想下属于"浮伪"生物界限的冲淡；亦反映出生物学体系的学术内涵，郑樵等学者为发扬经学力倡探索生物学知识，且目录学著作中已有从应用角度出发的农、医等家，故谱录等生物学专书始终未有从其内容出发的专属类目。

关键词　目录学著作　生物学　谱录　农本思想　郑樵

唐宋以降，社会经济繁荣，科学文化的进步使生物学知识得到快速的积累。生物学知识，主要指古代人民积累的有关生物（植物、动物、微生物及其生态环境等）的描述性、经验性的学问理论。知识的进步意味着时人在生产实践中能够更好地利用生物资源，对于相关学术体系的认知也在逐渐发生变化，这一时期涌现出大量的名物、谱录等生物学著作，正是反映变迁历程、展现学问发展情况的最为集中、直观的重要载体。

生物学史领域的不少学者，如陈桢、李约瑟、周尧、郭郛、汪子春、罗桂环等，已就古代生物学的总体样貌进行了卓有成效的深入探讨[①]。他们对生物

---

*　本文为中国科学院自然科学史研究所"十四五"规划重大突破项目"全球科技史视野下的中国与世界"（E1GHXMTP02）、中国科学院自然科学史研究所2021年度科研奖励项目"中国医学史专题研究"（E1KYJLXM01）阶段性研究成果。

①　陈桢等：《关于中国生物学史》，北京：科学普及出版社，1958年版，第1—12页；[英]李约瑟：《中国科学技术史》第六卷《生物学及相关技术》第一分册《植物学》，袁以苇等译，北京：科学出版社，2006年版；周尧：《中国昆虫学史》，西安：天则出版社，1988年版；郭郛、[英]李约瑟、成庆泰：《中国古代动物学史》，北京：科学出版社，1999年版；汪子春、罗桂环、程宝绰：《中国古代生物学史略》，石家庄：河北科学技术出版社，1992年版；罗桂环、汪子春主编：《中国科学技术史·生物学卷》，北京：科学出版社，2005年版。

学著作的具体划分虽有不同，但大体上均将其分为经学体系下生物名实注疏类，如《埤雅》《尔雅翼》等；某种或某类生物及其制品（酒、茶、香等）的专书，如《竹谱》《花木录》等；生物资源（"异物志"等方物志类）类书籍。生物学常与医药学（主要是其中的本草学）具有共同的关注对象而相互交融，后者中的部分著作类似于特用生物志，如包含丰富生物学知识的《本草图经》（又名《图经本草》）等，故也可归入生物学著作的范畴。以上几类著作间并非泾渭分明，而是常存在交叉与重叠。唐宋时期随着刻印技术的发展，书籍保存情况较好，虽存在因战事纷扰、王朝疆域的变化等导致的相关书目在时间与空间方面的不均衡，但以书籍切入仍是管窥学术文化与意识形态变迁历程的便捷途径。目前学界对此的考察主要聚焦在某本或某类生物学谱录内容的问题中，鲜有研究关注生物学著作在当时学术体系中的分类、定位乃至认识观念问题。

南宋郑樵在《通志二十略》中指出："古人编书，必究本末，上有源流，下有沿袭，故学者亦易学，求者亦易求。"[1]点明了目录学在治学中的重要性。"分类之应用，始于事物，中于学术，终于图书"[2]，将典籍著录按照规则类聚编排的思想，在一定程度上体现了当时对于其中所载知识的定位及认知，是学术源流与发展情况的展现，正如清代学者章学诚在《校雠通义》中对传统目录学功能的归纳："辨章学术，考镜源流。"[3]生物学知识始终受到古代社会的高度重视，并形成了独特的学术体系。厘清生物学书目分类体系的演变情况，可更直观地把握其学术史的演化脉络。

在农学、地理学领域，曾雄生、葛小寒、邱志诚、潘晟等前辈学者，通过目录学著作考究了农学、地理学概念及学术体系的流变[4]，给本文以重要启发和参考，这些论著均指出唐宋时期书目范围及蕴含观念的变化，但对产生这一现象的原因及内涵未做更深入的分析。生物学与农学本就关系密切，故本文将通过官私目录学著作中对生物学书目的划分，结合社会背景，探讨唐宋时期相关学术分类体系及其演变历程，分析生物学书目分散且未产生专门类目的原因，以及生物学与农、医二家的渊源与关系，从而弥补学界在这一领域研究的

---

[1] （宋）郑樵撰，王树民点校：《通志二十略·校雠略》，北京：中华书局，1995年版，第1807页。
[2] 姚名达撰，严佐之导读：《中国目录学史》，上海：上海古籍出版社，2019年版，第53页。
[3] （清）章学诚：《章学诚〈校雠通义〉自序》，（清）章学诚撰，王重民通解，傅杰导读，田映曦补注：《校雠通义通解》，上海：上海古籍出版社，2009年版，第1页。
[4] 曾雄生：《中国农学史》，福州：福建人民出版社，2008年版，第16—23页；葛小寒：《唐北宋官修书目所见农学观念》，《自然辩证法研究》2016年第2期，第67—73页；葛小寒：《南宋官私书目所见农学观念》，《科学技术哲学研究》2017年第3期，第96—100页；邱志诚：《中国传统农学概念的历史发展及传统农书分类再议》，《河北师范大学学报（哲学社会科学版）》2022年第1期，第17—24页；潘晟：《中国古代地理学的目录学考察（二）——汉唐时期目录学中的地理学》，《中国历史地理论丛》2008年第1辑，第122—131，155页；潘晟：《中国古代地理学的目录学考察（三）——两宋公私书目中的地理学》，《中国历史地理论丛》2008年第2辑，第148—160页。

薄弱之处。

一、古代目录学著作对生物学书目的划归情况

（一）唐代以前目录学著作的收录情况

西汉刘歆编撰的《七略》被认为是中国第一部目录学著作，内有全书总要《辑略》，以及《六艺略》《诸子略》《诗赋略》《兵书略》《术数略》《方技略》六大类，然此书已佚。东汉班固在《七略》基础上"删其要，以备篇籍"[1]，作《汉书·艺文志》。汉代时重视农业发展，故书中将"农家"列为诸子之一，"农家者流，盖出于农稷之官。播百谷，劝耕桑，以足衣食，故八政一曰食，二曰货"[2]，并收入《氾胜之书》等农书。总体上，《汉书·艺文志》内有关生物的书目较为分散，除归于农、医类外，其余题目含有生物者，如《种树臧果相蚕》十三卷、《相六畜》三十八卷[3]，分别属于"杂占"[4]与"形法"之类。

（二）唐代、五代时期目录学著作的收录情况

唐代魏征等吸收博采前代学术成果，加以改进而修著的《隋书·经籍志》，是继《汉书·艺文志》之后第二部留存下来的综合性图书目录，内分经、史、子、集四部，后附道经、佛经，由此开启了以四部分类法为正统的目录学新阶段。

《诗经》《尔雅》及其注疏类作品，从原属的《六艺略》划入经部，南朝梁学者刘杳的《离骚草木疏》（《离骚草木虫鱼疏》）等归入集部。这一分类多被后世学者沿用，未有较大变动。

《隋书·经籍志》首次把《夏小正》独立列入经部之中。将以东汉杨孚的《异物志》为权舆，繁盛于魏晋南北朝的"异物志"类著作归至史部的"地理"类，如万震的《南州异物志》、沈莹的《临海水土异物志》等[5]；而戴凯之的《竹谱》则归属于"氏姓之书"[6]。其余包含生物学知识的著作多存在于合"《诸子》、《兵书》、《数术》、《方伎》之略"[7]的子部之中，如《博物志》属

---

[1] 《汉书》卷30《艺文志》，北京：中华书局，1962年版，第1701页。
[2] 《汉书》卷30《艺文志》，北京：中华书局，1962年版，第1743页。
[3] 二书均已亡佚。
[4] "杂占者，纪百事之象，候善恶之征。"参见《汉书》卷30《艺文志》，北京：中华书局，1962年版，第1773页。
[5] 《隋书》卷33《经籍志》，北京：中华书局，1973年版，第982—988页。
[6] 《隋书》卷33《经籍志》，北京：中华书局，1973年版，第990页。
[7] 《隋书》卷34《经籍志》，北京：中华书局，1973年版，第1051页。

"无所不冠"的"杂者";梁朝的《陶朱公养鱼法》《卜式养羊法》《养猪法》《月政畜牧栽种法》等,书虽已亡,仍与《氾胜之书》等同列入其中的"农者"[1];《相马经》与梁朝亡书《伯乐相马经》《王良相牛经》《相鸭经》《相鸡经》《相鹅经》《相贝经》等属"五行者"[2];值得注意的是,与《汉书·艺文志》相比,《隋书·经籍志》多收入了各类本草类著作,如《神农本草》《华佗弟子吴普本草》《陶弘景本草经集注》,与《种神芝》《治马经图》《治马牛驼骡等经》等同属"医方者"[3]。

后晋刘昫等编修的《旧唐书·经籍志》以唐人毋煚的《古今书录》为蓝本,"录开元盛时四部诸书,以表艺文之盛"[4],且"在开元四部之外,不欲杂其本部"[5],反映了盛唐以前图书的基本情况。书中将《南州异物志》《临海水土异物志》等"异物志"类著作仍归至史部的"地理"类[6]。子部之中,把《竹谱》《相鹤经》《鸷击录》《蚕经》《相贝经》《养鱼经》等合为"农家";《博物志》归入"小说家"[7];"医术本草"中又补充了《本草图经》《新修本草》《新修本草图》等唐代巨著[8]。

(三)两宋时期目录学著作的收录情况

宋代首部综合性官修目录《崇文总目》,总结了北宋前期国家藏书概况。其史部"地理类"增收了《投荒录》《南方异物志》《桂林风土记》《北户杂录》等唐人编撰的生物资源考察类著作[9]。子部"农家类"中有《山居要术》《淮南王蚕经》《孙氏蚕书》等[10];"小说类"收入了《博物志》、《平泉山居草木记》、《岭表录异》、《异鱼图》、《竹谱》、《筍谱》(《笋谱》)、《竹经》、《茶记》(陆羽)、《花木录》、《花品》等[11];《周穆王相马经》《相鹤经》《鹰鹞五脏病源》《医驼

---

[1] 《隋书》卷34《经籍志》,北京:中华书局,1973年版,第1006—1011页。
[2] 《隋书》卷34《经籍志》,北京:中华书局,1973年版,第1039页。
[3] 《隋书》卷34《经籍志》,北京:中华书局,1973年版,第1040—1050页。
[4] 《旧唐书》卷46《经籍志上》,北京:中华书局,1975年版,第1963页。
[5] 《旧唐书》卷46《经籍志上》,北京:中华书局,1975年版,第1966页。
[6] 《旧唐书》卷46《经籍志上》,北京:中华书局,1975年版,第2015—2016页。
[7] 《旧唐书》卷47《经籍志下》,北京:中华书局,1975年版,第2035—2036页。
[8] 《旧唐书》卷47《经籍志下》,北京:中华书局,1975年版,第2047—2051页。
[9] (宋)王尧臣等编次,(清)钱东垣等辑释:《崇文总目(附补遗)》卷2,上海:商务印书馆,1937年版,第87—91页。
[10] (宋)王尧臣等编次,(清)钱东垣等辑释:《崇文总目(附补遗)》卷3,上海:商务印书馆,1937年版,第146—148页。
[11] (宋)王尧臣等编次,(清)钱东垣等辑释:《崇文总目(附补遗)》卷3,上海:商务印书馆,1937年版,第148—166页。

方》等则属于"艺术类"①;"医书类"有《本草拾遗》等②。

其后,欧阳修、宋祁等修撰的《新唐书·艺文志》补充了《旧唐书·经籍志》所不录的唐人著述 27127 卷。"异物志"类、《北户杂录》等仍属史部的"地理类",并加入《岭表录异》③;子部"农家类"中有《竹谱》《鸷击录》《相马经》《种植法》《养鱼经》《鹰经》《蚕经》《园庭草木疏》等;"小说家类"含《博物志》、《采茶录》、《茶经》(陆羽)等④;《斗鸡图》《相马图》属于"杂艺术类"⑤;"医术类"有《药图》《本草图经》《食疗本草》等⑥。

南宋晁公武撰的《郡斋读书志》是中国现存最早的私家藏书目录,其子部"农家类"主要含《竹谱》、《笋谱》、《平泉草木记》、《荔支谱》(《荔枝谱》)、《荔支故事》(《荔枝故事》)、《牡丹谱》、《续酒谱》、《酒经》,以及《茶经》《煎茶水记》《茶谱》等多部与茶相关的专著⑦;"小说类"如《博物志》⑧;《相鹤经》《相马经》《黄帝医相马经》《育骏方》《相牛经》等属"艺术类"⑨;"医书类"有《图经本草》、《证类本草》⑩、《本草广义》等⑪。

郑樵的《艺文略》为其《通志》菁华之作《通志二十略》之一,是中国第一部通史性史志目录,创立了经、礼、乐、小学、史、诸子等 12 类的分类体系。"史类"之中,"地里"分为"方物""蛮夷"等,"异物志"及《岭表录异》《异鱼图》等属前者,《投荒杂录》《北户杂录》等属后者⑫。"食货"下分"货

---

① (宋)王尧臣等编次,(清)钱东垣等辑释:《崇文总目(附补遗)》卷 3,上海:商务印书馆,1937 年版,第 189—195 页。

② (宋)王尧臣等编次,(清)钱东垣等辑释:《崇文总目(附补遗)》卷 3,上海:商务印书馆,1937 年版,第 195—197 页。

③ 《新唐书》卷 58《艺文志》,北京:中华书局,1975 年版,第 1505—1508 页。

④ 《新唐书》卷 59《艺文志》,北京:中华书局,1975 年版,第 1537—1543 页。

⑤ 《新唐书》卷 59《艺文志》,北京:中华书局,1975 年版,第 1559—1562 页。

⑥ 《新唐书》卷 59《艺文志》,北京:中华书局,1975 年版,第 1566—1573 页。

⑦ (宋)晁公武撰,孙猛校证:《郡斋读书志校证》卷 12,上海:上海古籍出版社,1990 年版,第 527—542 页。

⑧ (宋)晁公武撰,孙猛校证:《郡斋读书志校证》卷 12,上海:上海古籍出版社,1990 年版,第 543—554 页。

⑨ (宋)晁公武撰,孙猛校证:《郡斋读书志校证》卷 15,上海:上海古籍出版社,1990 年版,第 679—701 页。

⑩ 北宋后期,民间医家唐慎微编著的《经史证类备急本草》(简称《证类本草》),为国内现存最早的留存内容完整的本草学著作。该书后经官方校正增订为《经史证类大观本草》(简称《大观本草》)、《重修政和经史证类备急本草》(简称为《政和本草》)。

⑪ (宋)晁公武撰,孙猛校证:《郡斋读书志校证》卷 16,上海:上海古籍出版社,1990 年版,第 701—736 页。

⑫ (宋)郑樵撰,王树民点校:《通志二十略》,《艺文略》第 4,北京:中华书局,1995 年版,第 1575—1586 页。

宝""器用""豢养""种艺""茶""酒"6目。《香谱》等属"器用";"豢养"内有《马经孔穴图》《骐骥须知》《医牛经》《东川白鹰经》《蚕书》《猩猩传》《禽经》《卜式养猪羊法》《卜式月政蓄牧栽种法》《相贝经》《论驼经》等著作41部;属"种艺"的24部书籍如《竹谱》《笋谱》《园庭草木疏》《四时栽接记》《禁苑实录》《花目录》《海棠记》《荔枝新谱》《洛阳花木记》《禾谱》《漆经》;"茶"目含《茶经》《茶谱》《茶法易览》等12部;"酒"目有《酒录》《庭萱谱》等8部[①]。"诸子类"之中,《博物志》属于"杂家";"农家"书目的范围缩小至《山居要术》等12部[②]。"医方类"分《神农本草》《唐本草》《证类本草》《海药本草》《胡本草》等"本草"39部,《本草音义》等"本草音"6部,《图经》《本草图经》等"本草图"6部,《本草经类用》《本草要方》等"本草用药"26部,《入林采药法》等"采药"5部,《食疗本草》《酒谱》等"食经"41部,"香薰"3部等[③]。

尤袤的《遂初堂书目》为中国最早的版本目录著作,虽无四部之名目,内实从四部。其"地理类"有《南方异物志》《南方草木状》《北户杂录》《投荒杂录》《岭外代答》《岭表录异》[④];"农家类"所列第一部书目即《夏小正》,后列《山居忘怀录》(《梦溪忘怀录》)、《禾谱》、《农器谱》等;"小说类"含《博物志》《海物异名记》等[⑤];"医书类"有《本草》《类证图经本草》等[⑥]。该书重要贡献之一乃首立"谱录"一类,"于是别类殊名,咸归统摄"[⑦]。尤袤改变了以往多依文本内容分门别类的方式,收入"谱录类"者体例相近,并主要以叙物为主题。除《洪氏香谱》《天香传》《北山酒经》《酒谱》外,列有《桐谱》《陆氏茶经》《品茶要录》《煎茶水记》《茶谱》《茶总录》《禾谱》《牡丹记》《洛阳花木记》《洛阳花谱》《扬州芍药谱》《笋谱》《竹谱》《续竹谱》《禽

---

① (宋)郑樵撰,王树民点校:《通志二十略·艺文略》,北京:中华书局,1995年版,第1591—1594页。
② (宋)郑樵撰,王树民点校:《通志二十略·艺文略》,北京:中华书局,1995年版,第1653—1656页。
③ (宋)郑樵撰,王树民点校:《通志二十略·艺文略》,北京:中华书局,1995年版,第1713—1731页。
④ (宋)尤袤:《遂初堂书目》,(明)陶宗仪等编:《说郛三种》卷28,上海:上海古籍出版社,2012年版,第488—489页。
⑤ (宋)尤袤:《遂初堂书目》,(明)陶宗仪等编:《说郛三种》卷28,上海:上海古籍出版社,2012年版,第492—494页。
⑥ (宋)尤袤:《遂初堂书目》,(明)陶宗仪等编:《说郛三种》卷28,上海:上海古籍出版社,2012年版,第495—496页。
⑦ (清)纪昀等撰,四库全书研究所整理:《钦定四库全书总目(整理本)》卷115《谱录类》,北京:中华书局,1997年版,第1525页。

经》《别本禽经》《相鹤经》《养鱼经》《庆历花谱》《荔枝谱》等 60 余种[1]。

这一时期著名的私修书目除了晁公武、尤袤著作外,当推陈振孙的《直斋书录解题》。是书亦不标经、史、子、集之名,但分类性质仍为四部分类法。"地理类"有《桂林风土记》《桂海虞衡志》《岭外代答》《南方草木状》等[2];"农家类"有《蚕书》、《秦少游蚕书》、《禾谱》、《竹谱》、《笋谱》、《梦溪忘怀录》、《越中牡丹花品》、《牡丹谱》、《冀王宫花品》、《吴中花品》、《花谱》、《牡丹芍药花品》、《洛阳贵尚录》、《芍药谱》、《芍药图序》、《荔枝故事》、《增城荔枝谱》、《四时栽接花果图》、《桐谱》、《何首乌传》、《海棠记》、《菊谱》(刘蒙)、《菊谱》(史正志)、《范村梅菊谱》、《橘录》、《糖霜谱》、《蟹谱》、《蟹略》;《博物志》等属"杂家类"[3];然《周卢注博物志》(周卢注《博物志》)却归"小说家类"[4];《集马相书》《相鹤经》《相贝经》《师旷禽经》属"形法类"[5];"医书类"含《大观本草》《本草衍义》《绍兴校定本草》等[6];"杂艺类"有《香谱》《萱堂香谱》《茶经》《煎茶水记》《茶谱》《北苑茶录》《茶录》《补茶经》《东溪试茶录》《宣和北苑贡茶录》《品茶要录》《酒谱》《北山酒经》等[7]。

此外,元代脱脱的《宋史·艺文志》乃在宋代《国史·艺文志》《中兴馆阁书目》《中兴馆阁续书目》等的基础上,"删其重复,合为一志,盖以宁宗以后史之所未录者,仿前史分经、史、子、集四类而条列之"[8],可补前述著作之阙。是书将《北户杂录》等收入史类"传记类"[9];《岭表录异》《岭表异物志》

---

[1] 《遂初堂书目》最早保存在元末明初学者陶宗仪的《说郛》之中,现通行本主要分为张宗祥校刻、涵芬楼刻印的百卷本《说郛》以及《海山仙馆丛书》本,前者"谱录"类收书 64 种,后者删去《警年录》《禾谱》,为 62 种。参见(宋)尤袤:《遂初堂书目》,上海:商务印书馆,1935 年版,第 24 页;(宋)尤袤:《遂初堂书目》,(明)陶宗仪等编:《说郛三种》卷 28,上海:上海古籍出版社,2012 年版,第 495 页。

[2] (宋)陈振孙撰,徐小蛮、顾美华点校:《直斋书录解题》卷 8,上海:上海古籍出版社,1987 年版,第 237—268 页。

[3] (宋)陈振孙撰,徐小蛮、顾美华点校:《直斋书录解题》卷 10,上海:上海古籍出版社,1987 年版,第 294—303 页。

[4] (宋)陈振孙撰,徐小蛮、顾美华点校:《直斋书录解题》卷 11,上海:上海古籍出版社,1987 年版,第 315—338 页。

[5] (宋)陈振孙撰,徐小蛮、顾美华点校:《直斋书录解题》卷 12,上海:上海古籍出版社,1987 年版,第 377—381 页。

[6] (宋)陈振孙撰,徐小蛮、顾美华点校:《直斋书录解题》卷 13,上海:上海古籍出版社,1987 年版,第 382—386 页。

[7] (宋)陈振孙撰,徐小蛮、顾美华点校:《直斋书录解题》卷 14,上海:上海古籍出版社,1987 年版,第 405—419 页。

[8] 《宋史》卷 202《艺文志》,北京:中华书局,1977 年版,第 5033—5034 页。

[9] 《宋史》卷 203《艺文志》,北京:中华书局,1977 年版,第 5115—5125 页。

《岭南异物志》《桂海虞衡志》等属于"地理类"[1]。子类中,"农家类"如《南方草木状》《采茶录》《医牛经》《蚕书》《洛阳花木记》《酒经》《荔枝故事》《芍药谱》《南蕃香录》《禾谱》等;《博物志》等入"杂家类"[2];"小说类"则有《禽经》、《南方异物志》、《异鱼图》、《异物志》(沈如筠)、《花品》、《荔枝谱》等[3];《马经》《相马经》《相马病经》《相犬经》《相鹤经》等为"五行类"[4];《辨马图》《医马经》《论驼经》《医驼方》等归"杂艺术类"[5]。同时大大扩充了"医书类"书目,如《本草拾遗》《唐本草》《开宝本草》《详定本草》《补注本草》《本草音义》《四声本草》《本草韵略》《删繁本草》《本草性类》《食性本草》《灵芝记》《菖蒲传》《南海药谱》《神仙玉芝图》《经食草木法》《芝草图》《食疗本草》《司牧安骥集》《司牧安骥方》《编类本草单方》《本草外类》《食鉴》《嘉祐本草》《校本草图经》《本草辨误》等[6]。可见《宋史·艺文志》融汇多书后,在沿用基本框架并查漏补缺的同时,对书目的收录和归类不免出现杂糅,如将晚唐人段公路撰、崔龟图注、陆希声作序的《北户杂录》,误以为撰序者另为作者而重复列出;张宗诲的《花木录》等则分属"农家类"与"小说类"。

综上所论,生物学著作自唐代开始,数量日益增多,在宋代时已呈百花齐放的态势。相关书目散落于四部之中,除经学体系下生物名实注疏类作品外,以子部为主,归属变动较多者,如这一时期蔚然成风的谱录等专书,多数编者将其归于"农家类"。部分书目的变动情况见表1。

表1 生物学书目在唐宋目录学著作中的类目演变情况

生物学著作	成书朝代	唐代	后晋	北宋	北宋	南宋	南宋	南宋	南宋
	目录学著作	《隋书·经籍志》	《旧唐书·经籍志》	《崇文总目》	《新唐书·艺文志》	《郡斋读书志》	《通志·艺文略》	《遂初堂书目》	《直斋书录解题》
经学体系下生物名实注疏类	《毛诗草木鸟兽虫鱼疏》(三国)									
	部(大类)	经部	经部	经部	经部	经部	经类	(经部)	(经部)
	类(小类)	诗	诗	诗类	诗类	诗类	诗-名物	诗类	诗类
	《离骚草木疏》(《离骚草木虫鱼疏》,南朝梁)									
	部(大类)			集部	集部	集部	文类		
	类(小类)			楚辞	楚辞	楚辞类	楚辞		

---

[1] 《宋史》卷204《艺文志》,北京:中华书局,1977年版,第5152—5166页。
[2] 《宋史》卷205《艺文志》,北京:中华书局,1977年版,第5203—5213页。
[3] 《宋史》卷206《艺文志》,北京:中华书局,1977年版,第5219—5231页。
[4] 《宋史》卷206《艺文志》,北京:中华书局,1977年版,第5236—5264页。
[5] 《宋史》卷207《艺文志》,北京:中华书局,1977年版,第5277—5292页。
[6] 《宋史》卷207《艺文志》,北京:中华书局,1977年版,第5303—5320页。

生物学史　127

续表

		《竹谱》（南朝宋）						
某种或某类生物及其制品（酒、茶、香、等）的专书	部（大类）	史部	子部	子部	子部	史类	（子部）	（子部）
	类（小类）	谱系	农家	小说类	农家类	农家类	食货-种艺	谱录类	农家类
		《相鹤经》（撰者可能为魏晋南北朝人，托名于春秋时期的浮丘公）						
	部（大类）	子部	子部	子部	子部	子部	（子部）	（子部）
	类（小类）	五行	农家	艺术类	农家类	艺术类	食货-豢养	谱录类	形法类
		《茶经》/《茶记》（唐）						
	部（大类）		子部	子部	子部	子部	（子部）	（子部）
	类（小类）		小说类	小说家类	农家类	食货-茶	谱录类	杂艺类
生物资源（"异物志"等方物志）类		《博物志》（西晋）						
	部（大类）	子部	子部	子部	子部	子部	诸子类	（子部）	（子部）
	类（小类）	杂者	小说家	小说家	小说家类	小说类	杂家	小说家	杂家类
		《南州异物志》（三国）/《南方异物志》（唐）						
	部（大类）	史部	史部	史部	史部	史类	（史部）	
	类（小类）	地理	地理	地理类	地理类	地里-方物	地理类	
		《神农本草经》（东汉）/《本草音义》（唐）						
	部（大类）	子部	子部	子部	子部	子部	医方类	（子部）	（子部）
	类（小类）	医方	医术	医书类	医术类	医书类	本草/本草音	《本草》医书类	《大观本草》医书类

资料来源：（唐）魏征等：《隋书》，北京：中华书局，1973年版；《旧唐书》，北京：中华书局，1975年版；（宋）王尧臣等编次，（清）钱东垣等辑释：《崇文总目（附补遗）》，上海：商务印书馆，1937年版；《新唐书》，北京：中华书局，1975年版；（宋）晁公武撰，孙猛校证：《郡斋读书志校证》，上海：上海古籍出版社，1990年版；（宋）郑樵撰，王树民点校：《通志二十略》，北京：中华书局，1995年版；（宋）尤袤：《遂初堂书目》，（明）陶宗仪等编：《说郛三种》卷28，上海：上海古籍出版社，2012年版；（宋）陈振孙撰，徐小蛮、顾美华点校：《直斋书录解题》，上海：上海古籍出版社，1987年版

上述著作的编排情况一方面是《七略》之后目录学体系不断完善的体现，例如《郡斋读书志》分类体系充分参考自《隋书·经籍志》《旧唐书·经籍志》《崇文总目》等官、私修著作，故诸多框架的安排因循传统；另一方面是编著者面对唐宋以来蔚为大观的生物学著作审时度势的结果，其分类也逐渐跳出原有框架，特别是谱录类等生物学书籍在"农家"类中合并与分流的情况引人注目。故下文将以此为中心，讨论此现象产生的原因，探赜编著者对生物归类问题的思想演变历程。

二、唐宋时期谱录类等生物学书目在"农家"类中的合并与分流

《隋书·经籍志》对"农者"的定义沿袭自《汉书·艺文志》，言："农者，

所以播五谷，艺桑麻，以供衣食也。"①是书展现了唐代以前生物学著作归类的基本情况。其中，《竹谱》同《钱谱》一道，与姓氏、家谱等盛于中古的谱牒之作，归入史部的"谱系篇"②。《隋书·经籍志》在确立四部基本格局时，"远览马《史》、班《书》，近观王、阮《志》、《录》，挹其风流体制，削其浮杂鄙俚，离其疏远，合其近密，约文绪义"。其中，南朝齐人王俭的《七志》除沿承《七略》的六部之外，另立《图谱志》，"纪地域及图书"③，"图"主要收录有关地域的地理书，而当时的地理书往往是地图与文字并行，因而连类附录了其他有图的书籍，"谱"则主要指"谱牒"。④南朝梁阮孝绪在《七录》中评价："王氏《图谱》一志，刘《略》所无；刘'数术'中虽有'历谱'，而与今谱有异。窃以图画之篇，宜从所图为部，故随其名题，各附本录；"谱"即注记之类，宜与史体相参，故载于'记传'之末。"⑤遂在其书中设置"谱状部"。故《隋书·经籍志》较多吸收前书经验设立"谱系篇"。《竹谱》为国内现存最早的植物专题谱录，"裒辑竹事，四字一读，有韵，类赋颂"⑥。彼时仍鲜有谱录等生物学专书，因而《隋书·经籍志》对《竹谱》的划归一方面或依其题名含"谱"字，参照了前人的分类传统；另一方面，《隋书·经籍志》又引用《尚书·舜典》之"别生分类"释"氏姓之书"，可见其更强调《竹谱》与谱牒一般，具有"别贵贱，明是非……或复中表亲疏，或复通塞升降"⑦，即依据一定特征分门别类的作用。魏晋南北朝时期，"人尚谱系之学，家藏谱系之书"⑧，在谱牒基础上盛行的谱学，以及记物类志、状、诗、赋、颂、赞、铭等的发展，正为《竹谱》及其后生物学谱录的诞生添砖加瓦。

至于唐代书目，《旧唐书·经籍志》中的"农家""以纪播植种艺"⑨，收书范围扩大，有前属"五行""形法"类，鉴别动物的《相贝经》等，及《竹谱》《钱谱》等几部谱录类著作；《新唐书·艺文志》仍从之。

肇端于先秦两汉的"相术"又谓为"形法"，与"五行""杂占"等同属"方术"（又称为"术数"），在封建社会十分盛行。班固释曰："形法者，大举九

---

① 《隋书》卷34《经籍志》，北京：中华书局，1973年版，第1010页。
② 《隋书》卷33《经籍志》，北京：中华书局，1973年版，第990页。
③ 《隋书》卷32《经籍志》，北京：中华书局，1973年版，第903—909页。
④ 辛德勇：《中国古典目录学中史部之演化轨迹述略》，《中国典籍与文化》2006年第1期，第10—14页。
⑤ （南朝·梁）阮孝绪：《七录序》，（唐）释道宣：《广弘明集》卷3，上海：商务印书馆，1929年版，第89—90页。
⑥ （宋）晁公武撰，孙猛校证：《郡斋读书志校证》，上海：上海古籍出版社，1990年版，第538页。
⑦ （南朝·梁）萧绎撰，许逸民校笺：《金楼子校笺》卷2《戒子篇》，北京：中华书局，2011年版，第499页。
⑧ （宋）郑樵撰，王树民点校：《通志二十略·氏族略》，北京：中华书局，1995年版，第1页。
⑨ 《旧唐书》卷46《经籍志上》，北京：中华书局，1975年版，第1963页。

州之势以立城郭室舍形，人及六畜骨法之度数、器物之形容以求其声气贵贱吉凶。"①将《相六畜》与《相人》《山海经》等归于其间。该分类体系的演变可由阮孝绪之言窥见一斑："王②以数术之称，有繁杂之嫌，故改为阴阳。方伎之言，事无典据，又改为艺术。窃以阴阳偏有所系，不如数术之该通；术艺则滥六艺与数术，不逮方技之要显。故还依刘氏，各守本名。但房中、神仙，既入仙道；医经、经方，不足别创。故合术伎之称，以名一录，为内篇第五。"③在这一旨趣下，随着目录学著作与相术系统的传承与发展，《隋书·经籍志》将《汉书·艺文志》中的"形法"类著作多并入"五行"类，由宋太祖下诏编纂的《旧五代史》，其《五行志》便列有"虫鱼禽兽""蝗""草木石冰"。《崇文总目》《郡斋读书志》等将有关动物相术、医术的书籍列入"艺术"类内。

欧阳修参编的两部目录学著作《崇文总目》与《新唐书·艺文志》有关"小说"类书目的选择受到《太平广记》等著作叙事、记异风格的影响。《旧唐书·经籍志》为13部、90卷，《崇文总目》则激增为152部、588卷。《崇文总目》虽曰"农家者流，衣食之本原也，四民之业，其次曰农稷播百谷，勤劳天下，功炳后世，著见书史。孟子聘列国，陈王道，未始不究耕桑之勤。汉兴劝农勉人为之著令。今集其树艺之说，庶取法焉"④，但列书仅8部、24卷，大量关于"树艺之说"的生物学著作却归于"小说类"。《新唐书·艺文志》缩减了"小说家类"书目，而《采茶录》《茶经》等仍列其间。此外，小说本就脱胎于方术⑤，诚如薛综所言："小说，医巫厌祝之术。"⑥因此相关生物学书目列入"形法""小说"等类中的举措可谓同源异流。上述现象也在兼蓄宋代多志的《宋史·艺文志》中体现得尤为突出。

宋末元初马端临在《文献通考·经籍考》中言："晁、陈二家书录，以医、相牛马及茶经、酒谱之属，俱入杂艺术门，盖仍前史之旧。今以医、相牛马之书名附医方、相术门，茶酒经、谱附种植，入农家门，其余艺技则自为此一类云。"⑦如前所述，实际上晁、陈二家对"医、相牛马及茶经、酒谱之属"并非

---

① 《汉书》卷30《艺文志》，北京：中华书局，1962年版，第1775页。
② 即王俭。
③ （南朝·梁）阮孝绪：《七录序》，（唐）释道宣：《广弘明集》卷3，上海：商务印书馆，1929年版，第89—90页。
④ （宋）王尧臣等编次，（清）钱东垣等辑释：《崇文总目（附补遗）》卷3，上海：商务印书馆，1937年版，第146—148页。
⑤ 王瑶：《中古文学史论》，北京：商务印书馆，2011年版，第113—142页。
⑥ （三国）薛综：《张平子西京赋一首》，（南朝·梁）萧统编，（唐）李善等注：《六臣注文选》卷2，北京：中华书局，1987年版，第55页。
⑦ （宋）马端临著，上海师范大学古籍研究所、华东师范大学古籍研究所点校：《文献通考》卷229《经籍考》，北京：中华书局，2011年版，第6273—6274页。

一概而论，而是散于多类。《经籍考》子部将"茶酒经、谱附种植"等归入"农家"实同《郡斋读书志》；其余如《相马经》《集马相书》《相牛经》《相鹤经》《相贝经》《师旷禽经》等划至"五行、占筮、形法"类中[①]，《皇帝医相马经》《育骏方》《相马经》归入"医家"类[②]，实乃借鉴《隋书·经籍志》等前人做法。

《郡斋读书志》《直斋书录解题》内列书目多附有提要，从中可一探作者归至"农家类"的意图。晁公武认为："农家者，本出于神农氏之学。孔子既称'礼义信足以化民，焉用稼'，以诮樊须，而告曾参以'用天之道，分地之利，为庶人之孝'，言非不同，意者，以躬稼非治国之术，乃一身之任也。然则士之倦游者，讵可不知乎？故今所取，皆种艺之书也。前世录史部中有岁时，子部中有农事，两类实不可分，今合之农家。又以《钱谱》置其间，今以其不类，移附类书。"[③]陈振孙则言："农家者流，本于农稷之官，勤耕桑以足衣食。神农之言，许行学之，汉世野老之书，不传于后，而《唐志》著录，杂以岁时月令及相牛马诸书，是犹薄有关于农者。至于钱谱、相贝、鹰鹤之属，于农何与焉？今既各从其类，而花果栽植之事，犹以农圃一体，附见于此，其实则浮末之病本者也。"[④]

可见坚持"农本"思想的陈振孙对"农"属范畴的定义小于晁公武且更加严格，陈振孙指出其余生物类诸书与"农者"相去甚远。正如后魏贾思勰在《齐民要术》序言中所称："花草之流，可以悦目，徒有春花，而无秋实，匹诸浮伪，盖不足存"[⑤]，认为观赏植物对生产生活的实际作用微薄，不符合其"农本"思想而不足以被列入书中。但《直斋书录解题》多效法引用自《郡斋读书志》，且尤袤所创的"谱录"一类在当时影响有限。故陈振孙对涉及"花果栽植之事"书目的去留虽有异议，但并未寻到或创出更合适的类别，"是皆明知其不安，而限于无类可归，又复穷而不变，故支离颠舛遂至于斯"[⑥]，故仍将这些生物学专书归入"农家类"，甚至扩增了此类著作的数目。

[①] （宋）马端临著，上海师范大学古籍研究所、华东师范大学古籍研究所点校：《文献通考》卷220《经籍考》，北京：中华书局，2011年版，第6114—6115页。

[②] （宋）马端临著，上海师范大学古籍研究所、华东师范大学古籍研究所点校：《文献通考》卷223《经籍考》，北京：中华书局，2011年版，第6167—6168页。

[③] （宋）晁公武撰，孙猛校证：《郡斋读书志校证》卷12，上海：上海古籍出版社，1990年版，第527页。

[④] （宋）陈振孙撰，徐小蛮、顾美华点校：《直斋书录解题》卷10，上海：上海古籍出版社，1987年版，第294—295页。

[⑤] （后魏）贾思勰原著，缪启愉校释：《齐民要术校释》第2版，北京：中国农业出版社，1998年版，第19页。

[⑥] （清）纪昀等撰，四库全书研究所整理：《钦定四库全书总目（整理本）》卷115《谱录类》，北京：中华书局，1997年版，第1525页。

社会的功利性需求会影响乃至规定学术的运行。在生产条件仅足以支撑基本的衣食住行时，实用性乃发展学问的第一要务，"治本于农"方能确保社会正常运转、江山社稷稳固，医药者可保人乃至家畜性命，故此二家能够在目录学著作中占有一席之地。生产力水平较低时，只有部分可用于农、医的生物得到了人们的重视，而观赏园艺、果类、"贝、鹰鹤之属"及宠物等，可调剂生活、锦上添花，却实用性不高，不符合重农贵粟的观念。《隋书·经籍志》开篇即规定："夫经籍也者，机神之妙旨，圣哲之能事，所以经天地，纬阴阳，正纪纲，弘道德，显仁足以利物，藏用足以独善，学之者将殖焉，不学者将落焉。"可见编者最初确立四部及其下类目时，是围绕着当时社会要求知识分子所掌握的学识技能来考虑的，"夫仁义礼智，所以治国也，方技数术，所以治身也；诸子为经籍之鼓吹，文章乃政化之黼黻，皆为治之具也"①。唐代以前流传下来的生物类书目本就稀少，加之"农本""浮末"等观点的影响，在当时仅设农、医二家便不难理解。

　　然而，"六朝以后，作者渐出新裁，体例多由创造，古来旧目遂不能改，附赘悬疣，往往牵强"②，加之唐宋以降，经济水平的逐步提升使得人们有机会享受更多生物资源带来的便利与舒适，观赏植物、戏斗动物一类生物的地位虽仍不及五谷六畜，但可满足人们日益增长的文化艺术生活需求。在崇雅、尚博的风气下，园艺等行业的繁荣让原属"浮伪"类的生物引起了愈多人的关注，著作者不再仅致力于记述生产生活必需的知识技能，由此使得"专明一事一物"③的谱录在这一时期蓬勃发展，其中有关生物类的主题性作品自然占比较大。以实用为出发点的原有四部类目无法更加准确地包罗此类具有较为相近体例的著作，故尤袤将"无类可归"者从前代的"农家类""小说家类"等中析出，归入新创的"谱录"一类，簿列之物多为休闲雅玩类。唐宋时期的社会需求在客观上促进了生物学的进步，"谱录"的出现正是由此带来的必然结果。然而尤袤另辟蹊径的做法仍有些许不足，如其间混有《小名录》《侍儿小名录》等有关人物故事之书，使"谱录类"主题显得混杂，故其后的书目编纂者并未采纳"谱录"的分类系统。直至清代《钦定四库全书总目》剔除人物之书，将"谱录类"分为"器物""食谱""草木鸟兽虫鱼"三属，其中约三分之二书目著于宋代。

---

　　① 《隋书》卷32《经籍志》，北京：中华书局，1973年版，第909页。

　　② （清）纪昀等撰，四库全书研究所整理：《钦定四库全书总目（整理本）》卷115《谱录类》，北京：中华书局，1997年版，第1525页。

　　③ （清）纪昀等撰，四库全书研究所整理：《钦定四库全书总目（整理本）》卷123《杂家类》，北京：中华书局，1997年版，第1640页。

后世对于生物学著作的划分一直处于不断修订完善的状态，谱录等生物学专书是否需归入"农家"类一直颇有争议。明末张国维认为除《齐民要术》等书外，"而贾元道《农经》、王珉《要术》及何亮《本书》，流行最广。下迨《禾谱》《耕织图》，并花木竹药诸谱，各随好事之手，以辟新领异。合之，则皆农家言也"①。《四库全书总目》的子部"农家类"指出"农家条目，至为芜杂。诸家著录，大抵辗转旁牵。因耕而及《相牛经》，因《相牛经》及《相马经》《相鹤经》《鹰经》《蟹录》至于《相贝经》，而《香谱》《钱谱》相随入矣。因五谷而及《圃史》，因《圃史》而及《竹谱》《荔支谱》《橘谱》至于《梅谱》《菊谱》，而《唐昌玉蕊辨证》《扬州琼花谱》相随入炙。因蚕桑而及《茶经》，因《茶经》及《酒史》《糖霜谱》至于《蔬食谱》，而《易牙遗意》《饮膳正要》相随入矣"。因而"惟存本业"列书10部195卷，存目9部68卷。其余的大多数生物类专书即入"谱录类"，"明不以末先本也"②。颇有回归传统农书范畴，正本清源的意味。

但四库馆臣将《全芳备祖》划入"类书类"，认为"明王象晋《群芳谱》即以是书为蓝本也"③，而《群芳谱》和在其基础上"删其踳驳，正其舛谬，复为拾遗补阙"④的《广群芳谱》，却归于"谱录类草木鸟兽虫鱼之属"。《四库全书总目》所收谱录，乃"诸杂书之无可系属者"，其中又将诸物以类相从。⑤而如《全芳备祖》《群芳谱》《广群芳谱》等一脉相承且体例相近者却被割裂开来，可见这种以体例为主、主题为辅的划分体系的弊端。

总的来看，谱录等生物学书目不论合于"农家"类，抑或划入"形法""五行""艺术""小说"类中，一来是著者目录学思想来源及编纂主张的体现，上述目录学著作均博引前书，故在未寻到更合适的书目系统时，自然沿袭传统。二来展现了著者对书目内容不同视角的解读，如从体例、主题角度出发的"谱录"类；或依据生物被应用于农、医、方术等不同领域，而归入各家之中。

---

① （明）徐光启撰，石声汉点校：《农政全书校注》下册，上海：上海古籍出版社，2020年版，第1461页。

② （清）纪昀等撰，四库全书研究所整理：《钦定四库全书总目（整理本）》卷102《农家类》，北京：中华书局，1997年版，第1322—1328页。

③ （清）纪昀等撰，四库全书研究所整理：《钦定四库全书总目（整理本）》卷135《类书类》1，北京：中华书局，1997年版，第1784页。

④ （清）纪昀等撰，四库全书研究所整理：《钦定四库全书总目（整理本）》卷116《谱录类存目》，北京：中华书局，1997年版，第1560页。

⑤ （清）纪昀等撰，四库全书研究所整理：《钦定四库全书总目（整理本）》卷115《谱录类》，北京：中华书局，1997年版，第1525页。

三、郑樵《通志》对生物学书目的划分及探索

值得关注的是郑樵对生物学著作的分类及对待这一学问的观念。首先，郑樵是著名的史学家、目录学家，《通志·艺文略》参考采撷自《汉书·艺文志》《隋书·经籍志》《新唐书·艺文志》等书，"总古今有无之书为之区别，凡十二类"①，所列书目远超之前的任一目录学著作，同《校雠略》《图谱略》《金石略》等，均在古代目录学中占有重要地位。其次，他乃上述目录学编著者中掌握生物学知识最深厚者，他博览本草学等经典，工于注疏，通过躬身实践，"以虫鱼草木之所得者，作《尔雅注》，作《诗名物志》，作《本草成书》，作《本草（木）外类》……其未成之书……在虫鱼草木，则有《动植志》"②。就连郑樵也自认为他在这方面造诣颇高，"观《本草成书》《尔雅注》《诗名物志》之类，则知樵所识鸟兽草木之名，于陆玑、郭璞之徒，有一日之长"③。特别是"二十略"中的《昆虫草木略》等五略，"为旧史之所无"④。故《艺文略》中所列的本草类著作甚多且分类缜密，并将"医方类"等独立为大类，对生物学著作的分类别出新意且最为细致。因此，在郑樵所坚持的"类例既分，学术自明"⑤原则下，该书为考察该时期生物学体系的范畴、分类及概念演变提供了重要的样本，并能够进一步深化上文讨论的问题。

（一）归生物学专书至"食货"

郑樵另辟蹊径地将唐宋涌现出的生物学专书列入了"史类"的"食货"之下。"食货"语出《尚书·洪范》，"八政：一曰食，二曰货"⑥，"八政"即"农用八政"，"食货"为其之首。《汉书·食货志》进一步解释为"食谓农殖嘉谷可食之物，货谓布帛可衣，及金刀龟贝，所以分财布利通有无者也。二者，生民之本，兴自神农之世。……食足货通，然后国实民富，而教化成"⑦。"食货"可引申为对生产生活与财政贸易活动的统称。班固在《食货志》中列举典故，提出统治者当重视农业、保障五谷的地位，百姓辛勤耕桑以足衣食，这样才能确保国家长治久安。他认为发展农业为保障"食货"之根本，故在解释

---

① （宋）郑樵撰，王树民点校：《通志二十略》，北京：中华书局，1995年版，第1804页。
② （宋）郑樵撰，吴怀祺校补：《郑樵文集》，北京：书目文献出版社，1992年版，第24—25页。
③ （宋）郑樵撰，吴怀祺校补：《郑樵文集》，北京：书目文献出版社，1992年版，第39页。
④ （宋）郑樵撰，王树民点校：《通志二十略》，北京：中华书局，1995年版，第2062页。
⑤ （宋）郑樵撰，王树民点校：《通志二十略·校雠略》，北京：中华书局，1995年版，第1806页。
⑥ 李民、王健：《尚书译注》，上海：上海古籍出版社，2004年版，第217—229页。
⑦ 《汉书》卷24上《食货志》，北京：中华书局，1962年版，第1117页。

"农家"时再次强调了"食货"概念。

随着社会的进步，后世的田赋等财政制度不断革新。唐代杜佑的《通典》，开创了典章制度专史编撰之先河，与《通志》《文献通考》合为"三通"，作者开篇即言："夫理道之先在乎行教化，教化之本在乎足衣食。"[1]首次将"食货"置于史书的首位，足见对其的重视。《旧唐书·食货志》《新唐书·食货志》在前书基础上加以扩增，对田制、茶法等都有详细论述。其中记载，太宗年间，"州府岁市土所出为贡，其价视绢之上下，无过五十匹。异物、滋味、口马、鹰犬，非有诏不献。有加配，则以代租赋"[2]。《新唐书》还记录了各地进贡情况，如"太原献异马驹，两肋各十六，肉尾无毛""滑州刺史李邕献马，肉鬃鳞臆，嘶不类马，日行三百里""李克用献马二"[3]；"京兆府京兆郡……厥贡：水土稻、麦、蒡、紫秆粟、隔纱、粲席、靴毡、蜡、酸枣人、地骨皮、樱桃、藕粉……华州华阴郡……土贡：鹞、乌鹘、茯苓、伏神、细辛"[4]。唐代进奉之风盛行，各地的贡品以生物及其制品为主，它们所带来的较高经济及政治价值，使得更多生物得以跻身于"食货"的关注对象之列，也促使了这一时期《投荒杂录》、《北户录》（《北户杂录》）、《岭表录异》等集录有地域性生物资源的书籍的兴盛。

唐宋社会对于酒、茶、漆、竹、木等的需求愈发强烈，来自这些物品的税收成了国家重要的财政来源[5]。例如，茶税肇始于唐德宗建中年间，延及宋世，政府又制定了严苛的条令来维护这项垄断权利，围绕茶法的变革与完善更是贯穿了整个宋代王朝；宋代的榷酤制度大致沿袭隋唐，政策同样严格；此外，"宋之经费，茶、盐、矾之外，惟香之为利博，故以官为市焉"[6]，动植物性香料的商贸活动也完全由国家垄断。《艺文略》前一略即为《食货略》，论述财货之源流，内分"田制""陂渠""屯田""赋税""历代户口""赦宥""丁中"，以及"钱币""漕运""盐铁茶""鬻爵""榷酤""算缗""杂税""平准（均输）""平籴（常平、义仓）"。可见这一时期的"农本"思想并未减弱，随着经济及农业水平的提升以及土地制度的变革，唐代两税法实施之后，农业税在赋税之中的比重逐步下降，来自茶、酒等的收利对国家财政的影响愈发强烈，此类生物制品自然在后世的《食货志》中占有愈发显著的地位。宋代时，果蔬与药材种植、花卉园艺以及蚕桑、水产养殖等也纷纷摆脱了粮食生产的附庸地位，成为

---

[1] （唐）杜佑撰，王文锦等点校：《通典》卷1，北京：中华书局，2016年版，第1页。
[2] 《新唐书》卷51《食货志》，北京：中华书局，1975年版，第1344页。
[3] 《新唐书》卷36《五行志》，北京：中华书局，1975年版，第953页。
[4] 《新唐书》卷37《地理志》，北京：中华书局，1975年版，第961—964页。
[5] 《新唐书》卷54《食货志》，北京：中华书局，1975年版，第1381—1383页。
[6] 《宋史》卷185《食货志下》，北京：中华书局，1977年版，第4537页。

独立的行业，由此带来的商业价值不言而喻①。因此，从五代至南宋初年间的部分目录学著作，《旧唐书·经籍志》《宋国史艺文志》《新唐书·艺文志》《宋秘书省续编到四库阙书目》等，均将《钱谱》类著作归入"农家类"，充分发扬了"货"之内涵，可视作郑樵做法的先声。郑樵继往开来，将"食货"单独列出，将大量生物学专书置于其中的"蓺养""种艺""茶""酒"目之下，《钱谱》类归"货宝"目，进一步增强了生物资源与财政间的关联，可谓深谙经济结构转型带来的生物价值及地位的转变。

这一变化趋势从唐宋类书的类别安排中亦可见一斑。唐代欧阳询等的《艺文类聚》是现存最早的完整的官修类书，其后徐坚等的《初学记》，以及北宋李昉等奉敕修编的《太平御览》等，均汇编了大量的生物学资料（表2）。其分类思想与体例较为接近，编排大致按照天、地、人、事、物五大类的框架，"物"所列内容多涉及满足生产生活需求的衣食住行类，自然包括资产财货与生物类，并且对这两类在编排上呈现越发紧密的态势。南宋王应麟的《玉海》属应试类书，侧重于典章制度之事，取消了前书中的"木部""兽部""鳞介部"等一级类目，直接专设"食货"一类，这一思路与郑樵可谓异曲同工。

表2 《艺文类聚》《初学记》《太平御览》中有关资产财货与生物类的部分编排情况

类书	《艺文类聚》	《初学记》	《太平御览》
成书年代及辑录者	（唐）欧阳询等	（唐）徐坚	（北宋）李昉等
部类	居处部一、二、三、四；产业部上、下；衣冠部；仪饰部；服饰部上、下；舟车部	（居处部；器物部2卷）	（珍宝部、布帛部、资产部，共35部）
	食物部		百谷部（6部）
	杂器物部；巧艺部；方术部；内典上、下；灵异部上、下；火部	（宝器部）花草附	饮食部（25部）
	药香草部上		（火部、休征部、咎征部、神鬼部、妖异部，共21部）
	药香草部下		兽部（25部）
	宝玉部上、下	果木部	羽族部（15部）
	百谷部（布帛部）	果木部	鳞介部（15部）
	果部上、下		虫豸部（8部）
	木部上、下		木部（10部）
	鸟部上、中、下	兽部	竹部（2部）
	兽部上、中、下		果部（12部）
	鳞介部上、下；虫豸部	鸟部、鳞介部、虫部	菜茹部（5部）
	祥瑞部上、下		香部（3部）
	灾异部		药部（10部）
			百卉部（7部）

资料来源：（唐）欧阳询等撰，汪绍楹校：《艺文类聚》，北京：中华书局，1965年版；（唐）徐坚等：《初学记》，北京：中华书局，1962年版；（宋）李昉等：《太平御览》，北京：中华书局，1960年版

---

① 漆侠：《宋代经济史》，上海：上海人民出版社，1987年版，第139—173页。

（二）"农家"书目的缩减

反映宋太祖、太宗、真宗三朝书目的《宋三朝艺文志》云：自《汉书·艺文志》对"农家"定义后，"岁时者，本于敬授平秩之义。殖物宝货著谱录者，亦佐助衣食之源，故咸见于此"①，提出书籍能否列入"农家"，最重要的是其内容是否符合或帮助满足"以足衣食"的需求。郑樵自言"货泉之书，农家类也。《唐志》以顾烜《钱谱》列于农，至于封演《钱谱》又列于小说家，此何义哉，亦恐是误耳。《崇文》、《四库》因之，并以货泉为小说家书。……是故君子重始作，若始作之讹，则后人不复能反正也。"②可见他认为"食货"实属"农家"。实际上，"礼类""史类"中收录大量生物学著作，"农家"书目则缩减，所载数目与反映宋仁宗、英宗两朝史的《宋两朝志》完全一致③，郑樵或许正是摘录自该书。张国维亦感慨："郑渔仲博精载籍，其所裒乃仅得十二部四十七卷。"④

这一划分也体现出郑樵强烈的个人学术所长，他创作《昆虫草木略》乃深感于"农圃之人识田野之物而不达《诗》《书》之旨，儒生达《诗》《书》之旨而不识田野之物"⑤。书中内容除躬身实践所得经验外，多参考自《尔雅》《诗经》注疏作品和本草学著作，是书也许本就是从其已有的《本草成书》《尔雅注》等生物学著作中择要编录而成的。书中不拘泥于成说，常就具体问题辩证分析，指出前人谬误，但很少列举农书来论证观点，甚至其中的"稻粱类"亦是如此，故后人评议《草木昆虫略》，"则并《诗经》《尔雅》之注疏亦未能详核"⑥。并且郑樵对书目的划分实则是以学术系统为重，不以体例优先，"类书者，谓总众类不可分也。若可分之书，当如别类。且如天文有类书，自当列于天文类，职官有类书，自当列职官类。岂可以为类书而总入类书类乎？"⑦因此《艺文略》对生物学著作的划分除前述原因外，可能与郑樵对属"农"者的把控更为严格，就学术体系的分类愈加细致，也与他更精于生物名实注疏与本草学有一定关系。

---

① （宋）马端临著，上海师范大学古籍研究所、华东师范大学古籍研究所点校：《文献通考》卷218《经籍考》，北京：中华书局，2011年版，第6067页。

② （宋）郑樵撰，王树民点校：《通志二十略·校雠略》，北京：中华书局，1995年版，第1815—1816页。

③ （宋）马端临著，上海师范大学古籍研究所、华东师范大学古籍研究所点校：《文献通考》卷218《经籍考》，北京：中华书局，2011年版，第6067—6068页。

④ （明）徐光启撰，石声汉点校：《农政全书校注》下册，上海：上海古籍出版社，2020年版，第1461页。

⑤ （宋）郑樵：《通志总序》，（宋）郑樵撰，王树民点校：《通志二十略》，北京：中华书局，1995年版，第10页。

⑥ （宋）郑樵撰，王树民点校：《通志二十略》，北京：中华书局，1995年版，第2063页。

⑦ （宋）郑樵撰，王树民点校：《通志二十略·校雠略》，北京：中华书局，1995年版，第1816页。

需要注意的是，参考书目的偏好选择并非郑樵首次为之。《艺文类聚》《初学记》《太平御览》等类书中，有关生物的文献来源广泛，有儒家经典、"异物志"类著作、诗词歌赋等，涉及的诸子典籍如医家、小说家等，然对目录学中"农家"类书目的征引相较之下十分有限，其中"百谷部"（《艺文类聚》《太平御览》）、"五谷"（《初学记》）的援引情况也是如此。可见郑樵构建"鸟兽草木之学"体系参考书目的选择实际上颇有渊源。

（三）"鸟兽草木之学"对应类目的构设

"二十略"与《艺文略》所列类目多有对应，如《礼略》《乐略》《食货略》《天文略》《地理略》。郑樵自言："学之不专者，为书之不明也。书之不明者，为类例之不分也。有专门之书则有专门之学，有专门之学则有世守之能。人守其学，学守其书，书守其类，人有存没而学不息，世有变故而书不亡。"[①]他既然认为"鸟兽草木之学"居于"天下之大学术"[②]之列，何不在《艺文略》中开辟一类目专收这一"专门之学"的"专门之书"呢？

郑樵在《上宰相书》中说："去年到家，今年日料理文字，明年修书，若无病不死，笔札不乏，远则五年，近则三载，可以成书。"[③]顾颉刚、王树民等将作《上宰相书》的时间定为绍兴二十九年（1159年）[④]，则《通志》乃不足2年急就成书，不久后郑樵便病逝；吴怀祺、杨国桢则分别称《上宰相书》成于绍兴十七年（1147年）、绍兴二十年（1150年）[⑤]，据此《通志》完成耗时数年。但可以肯定，郑樵涉猎广泛且所长甚多，共完成84种著作[⑥]，不论《通志》花费时间如何，这种煌煌大作中很多内容自然是删节自己有著作的，《艺文略》便可能是源自《群书会记》，框架早已成型。或因《艺文略》付梓早于居"二十略"之尾的《昆虫草木略》，使得郑樵在形成"鸟兽草木之学"的构思后因多种原因未对前书结构加以调整，且《昆虫草木略》所主要参考的《诗经》《尔雅》注疏类及本草学相关著作都各有所属。最重要的是，郑樵为宋代学术思想的解放风潮下，发明经旨、倡导革新的重要人物。他虽有发展和宣传"鸟兽

[①] （宋）郑樵撰，王树民点校：《通志二十略·校雠略》，北京：中华书局，1995年版，第1804页。
[②] （宋）郑樵：《通志总序》，（宋）郑樵撰，王树民点校：《通志二十略》前言，北京：中华书局，1995年版，第5页。
[③] （宋）郑樵撰，吴怀祺校补：《郑樵文集》，北京：书目文献出版社，1992年版，第38页。
[④] 顾颉刚：《郑樵传（1104—1162）》，《国学季刊》1923年第1卷第2期，第328—329页；王树民：《前言》，（宋）郑樵撰，王树民校：《通志二十略》，北京：中华书局，1995年版，第4页。
[⑤] 吴怀祺：《郑樵年谱》，《郑樵研究》，厦门：厦门大学出版社，2010年版，第234—238页；杨国桢：《郑樵年代考索二题》，《海涛集》，北京：海洋出版社，2015年版，第88—97页。
[⑥] 郑樵历史调查组：《新发现的郑樵历史资料——郑樵历史调查报告之二》，《厦门大学学报（社会科学版）》1963年第4期，第28—40页。

草木之学"的意向，但他所筹设的这门学问本质上仍为发扬经学之旨而服务，"已得鸟兽草木之真，然后传《诗》；已得《诗》人之兴，然后释《尔雅》。今作《昆虫草木略》，为之会同，庶几衰晚少备遗忘，岂敢论实学也"①。故《艺文略》在多重因素下，最终未设相关类目。

郑樵深居山林，以一己之力完成《通志》等鸿篇巨著，首次将生物学知识凝练为"鸟兽草木之学"载入史册，书中虽有错误疏漏乃至前后矛盾之处，但其价值和功绩实难以磨灭，正可谓"大抵开基之人不免草创，全属继志之士为之弥缝"②。然中国古代学术体系的特殊性却致使后人未能完善并发扬其遗志，生物学体系一直处于松散的状态，本草等类展现了其实用性的一面，对生物名实的注疏是儒学体系下的学者对这一学问的探索，也使得目录学著作对生物学书目的归类始终处于支离与广受争议的状态。

四、结　语

综上所述，唐宋以来，生物学书籍的繁盛实为经济水平的提升、社会风气的活跃、学术思想的革新等多因素环环相扣作用下相关知识提升的产物。加之目录学自身的进步，生物学书目分类体系随之经历了由简至繁、推陈出新的历程。一方面，四部分类法日趋完善、渐臻成熟；另一方面，在私修为主的书目系统继承发展的基础上，郑樵、尤袤等学者逐渐跳出传统框架与类目，对繁多的生物学著作的划分亦别出心裁，后世就生物学书目的分类及争议，基本与这一时期如出一辙。可以说古代生物学书目分类体系在唐宋时期基本成型，并对其后的目录学著作，如明代的《文渊阁书目》《国史经籍志》，清代的《四库全书总目》等均产生了深远的影响。

在这一时期的目录学著作中，学者就书目是否随类相从而归于"农家"的困顿，以及划入"食货""谱录"等类的创新，表面为编著者学术理念的展示，但根源乃其所处时代对生物资源开发程度，以及生物经济在经济体系中地位的体现。医药业致力于治病救命，这一含义直接而明确，故隶属医家的本草书目一脉历来稳定。而解决衣食需求的农业，其概念则更为复杂与广泛。生产力水平低下时，可以满足人们基本生存需求的生物自然受到重视，相关产业即为"本业"。随着生产力的提升，外来作物的传入，人们物质、文化需求赋予更多

---

① （宋）郑樵撰，王树民点校：《通志二十略·昆虫草木略》，北京：中华书局，1995年版，第1981—1982页。

② （宋）郑樵：《通志总序》，（宋）郑樵撰，王树民点校：《通志二十略》，北京：中华书局，1995年版，第2页。

传统农业生物以外的生物资源以巨大的经济收益及开发潜能。唐宋时期社会生活的多元化，实际上冲淡了原有属农生物者的严格界限，人们虽坚持并强调"农本"思想，但潜移默化间部分群体对"本"含义的认知已然改变。故贾思勰认为花木不属农者是其生活环境所决定的，此类观点虽影响深远，但后人却仍多将"浮末"划入"农本"，一方面为囿于目录学传统之下折中的举措；另一方面是生物对生产生活的价值及意义变迁历程的体现。一言以蔽之，生物学书目分类体系的流变，展现了不同时期利用生物资源的不同面相。

同时，生物学书籍在目录学著作中辗转旁牵的局面正反映出生物学学术系统的困局。郑樵等学者虽有意变革，然身处传统学术体系内，他们对生物学知识的探索在根本上乃巩固主流学说的举措，正如李时珍评价其《本草纲目》："虽曰医家药品，其考释性理，实吾儒格物之学，可裨尔雅、诗疏之缺。"[①]故谱录等生物学专书始终未有从其内容出发的专属类目。但必须肯定，唐宋时期，学者们对于生物的关注与探索，客观上极大地促进了这一学问的发展与深化。

---

① （明）李时珍：《凡例》，李时珍编：《本草纲目》，北京：人民卫生出版社，1982年版，第18页。

"菊落之争"的中国传统博物学之思

郭幼为

（仲恺农业工程学院马克思主义学院）

提　要　发生在北宋时期的菊花有无落英的争论，因争辩双方（王安石与欧阳修）的名声遐迩而使得之后不断有士人加入辩论的队伍之中，冀求为菊落之争做出评判。抛开感情色彩不谈，我们从这场菊落之争中可以看到宋代士人多以皓首穷经、引经据典来证明菊有无落英。但也要注意到，随着宋学兴起，其探寻形而上义理的精神与方法，改变了他们追求博物知识的方式，使其从故纸堆中走出，"学为老圃而颇识草木"，用亲事培壅的事实来佐证菊有无落英。这与重视实践和重归经典的宋代博物学不谋而合，也使得大量与中国传统博物学特征相契合的植物学专著涌现出来，一定程度上促进了宋代"草木"学逐渐从原来的知识门类中分离，形成一门独立的植物博物之学。

关键词　宋代　菊花　落英　花谱　中国传统博物学

中国传统博物学是对自然物种进行辨识、命名、分类的一类知识，是关于自然与人文各类知识的总汇，其鲜明的人文与实用特征使之有别于西方的自然科学，其显著的特征为人文性与实用性以及"人学"本质[1]。目前学界对传统博物学的研究，主要集中于中古时期和明清以后西学影响下近代科学化的博物学[2]。相较而言，宋朝的博物学研究则比较寂寥，但在方术与异域想象式微，

---

* 本文为教育部人文社会科学研究青年基金项目"晋唐以来廿五种道地植物药的形成史研究"（23YJC770007）、中国博士后科学基金第 73 批面上资助课题"宋元以来若干植物药的本草书写与道地药材建构研究"（2013M71317）、国家社会科学基金重大项目"日本静嘉堂所藏宋元珍本文集整理与研究"（18ZDA180）阶段性研究成果。

[1] 余欣：《中国博物学传统的重建》，《中国图书评论》2013 年第 10 期，第 48 页。

[2] 朱渊清：《魏晋博物学》，《华东师范大学学报（哲学社会科学版）》2000 年第 5 期，第 43—51 页；余欣：《敦煌的博物学世界》，兰州：甘肃教育出版社，2013 年版；余欣：《中古异相——写本时代的学术、信仰与社会》，上海：上海古籍出版社，2011 年版；[美]范发迪：《清代在华的英国博物学家：科学、帝国与文化遭遇》，袁剑译，北京：中国人民大学出版社，2011 年版；余欣、钟无末：《博物学的中晚唐景象：以〈北户录〉的研究为中心》，《中华文史论丛》2015 年第 2 期，第 313—336 页；周金泰：《孔子辨名怪兽——试筑一个儒家博物学传统》，《史林》2021 年第 1 期，第 59—70 页。

近代科学尚未涉足的两宋时期，博物学在自身文化语境影响下其承袭转化的进程应更能展现出来①。晋人郭璞曾云，"若乃可以博物不惑，多识于鸟兽草木之名者，莫近于《尔雅》"②。中国传统博物学的重要知识方式，是辨析物名物性，名物学与博物学紧密相连，名物学研究也倡导实证主义，其研究对象包括日常饮食、服用、器玩等。而发生在一千多年前宋代文坛的"菊落之争"则不仅有求诸经典文献的皓首穷经，亦有自晚唐《北户录》以来博物学的新动向③，即在亲历目验中求博且信。

一、王安石与欧阳修的"菊落"论辩

争论缘起于王安石的一首《残菊》诗："黄昏风雨打园林，残菊飘零满地金。折得一枝还好在，可怜公子惜花心。"④诗作于何时，已不得而知。蔡绦在《西清诗话》中点出嘉祐中欧阳修见王氏诗，料想该诗应撰于嘉祐年间⑤。蔡绦也将这场争论完整记录下来，"欧阳文忠公嘉祐中见王荆公诗：'黄昏风雨暝园林，残菊飘零满地金。'笑曰：'百花尽落，独菊枝上枯耳。'因戏曰：'秋英不比春花落，为报诗人仔细吟。'公闻之，怒曰：'是定不知《楚辞》云'餐秋菊之落英'，欧阳公不学之过也"⑥。

蔡氏的上述记录加入了个人揣测之语，如王安石听闻欧阳修对其诗句点评之后的表情，他录为"怒"。南宋人史正志在《史氏菊谱》中却是另一番记录："王介甫《武夷》诗云：'黄昏风雨打园林，残菊飘零满地金。'欧阳永叔见之，戏介甫曰：'秋花不落春花落，为报诗人子细看。'介甫闻之笑曰：'欧九不学之过也。岂不见《楚辞》云："夕餐秋菊之落英"。'"⑦

其实，怒与笑虽表情迥异，但均属后人的推想，这种臆测是基于欧阳修与

---

① 温志拔：《宋代类书中的博物学世界》，《社会科学研究》2017 年第 1 期，第 181 页。
② （晋）郭璞注，邢昺疏：《尔雅注疏》卷 1，（清）阮元校刻《十三经注疏》，北京：中华书局，1980 年版，第 2567 页。
③ 余欣、钟无末：《博物学的中晚唐图景：以〈北户录〉的研究为中心》，《中华文史论丛》2015 年第 2 期，第 313 页。
④ 《临川先生文集》卷 34，《宋集珍本丛刊》第 13 册，北京：线装书局，2004 年版，第 374 页。
⑤ 有学者考证王安石与欧阳修开始诗词互赠的时间即在嘉祐元年（1056 年），详细内容参见王国巍、陈冬根：《欧阳修与王安石第一次诗歌互赠之辨正》，《江西师范大学学报（哲学社会科学版）》2008 年第 2 期，第 57—62 页；陈冬根：《欧阳修与王安石嘉祐元年诗歌互赠再议》，《江西师范大学学报（哲学社会科学版）》2011 年第 4 期，第 95—99 页。
⑥ 吴文治主编：《宋诗话全编》第 3 册，南京：凤凰出版社，1998 年版，第 2509 页。
⑦ （宋）史正志《史氏菊谱》，（宋）范成大等著，刘向培整理校点：《范村梅谱（外十二种）》，上海：上海书店出版社，2017 年，第 291 页。

王安石之间微妙的关系所做出的判断。现以清人颜栋高所著的《王荆公年谱》为据，对二人交往进行梳理。

庆历五年（1045年）欧阳修与王安石"未识面而寄语相商"，有惺惺相惜，相见恨晚之意。

至和元年（1054年）欧阳修为朝选才，力荐王安石"为谏官，不就，复言于朝，用为群牧判官"伯乐识马，对王安石多有提携之恩。

嘉祐元年（1056年）欧阳修与王安石常有书信来往，关系日益亲密，渐成莫逆之交。

嘉祐六年（1061年）欧阳修"已微见公（王安石）之好兴事，而其后往来书问，亦遂寂然"。

从粗略的爬梳中可以看出嘉祐年间似成欧王二人关系由密趋疏的分水岭[①]。但即使如此，对王安石有知遇之恩的欧阳修仍不忘提携后辈，以花喻事，借诗警人，规劝王安石作诗如同做人要处处谨慎，不可妄下结论。"为报诗人子细看"应理解为长辈对晚辈（欧阳修比王安石年长14岁）的谆谆教诲，这种教诲无论对错均属呵护范畴，理应受到晚辈的尊重。怎料，王安石不以为意，引据屈原《离骚》中的经典名句"夕餐秋菊之落英"来暗讽"欧九不学之过"。此番言论也一石激起千层浪，引得后来学士对王安石所持之据进行详细考证。

二、"落"与"英"的纸上争锋

严格说来，王安石的"残菊飘零满地金"本没有错，南宋人史铸便在《百菊集谱》中列举前人诗句来证明菊有落英。同为南宋人的史正志也以亲身实践来说明菊花瓣扶疏者多落，结密者不落。实际上，后来学士也多未在王安石自吟的诗句上做文章，而是将注意力放在了王氏所持论据即"夕餐秋菊之落英"上。确切地说，大家是将重点放在了诗句的"落"与"英"二字上，试看：

> 落英《楚辞》云："餐秋菊之落英。"释者云：落，始也。如《诗》访落之'落'，谓初英也。[②]
>
> 予按：访落《诗》"访予落止"，毛氏曰："落，始也"，《尔雅》"俶、

[①] 严格说来，欧、王两人在学术和政见上的观点不同甚至是有分歧，但并不影响两人的私交，欧与王之间还是属于君子之交的。关于欧阳修与王安石之间关系的详细内容可参见田宣弘：《一桩历史公案的思考——从〈祭欧阳文忠公文〉看王安石与欧阳修的关系》，《中州学刊》1986年第5期，第102—106页；顾永新：《欧阳修和王安石的交谊》，《文学遗产》2001年第5期，第128—130页。

[②] （宋）罗大经：《鹤林玉露》，《全宋笔记》第8编第3册，郑州：大象出版社，2017年版，第333页。

生物学史　143

落、权、舆，始也"，郭景纯亦引"访予落止"为注。然则《楚辞》之意乃谓撷菊之始英者尔。东坡《戏章质夫寄酒不至诗》云"漫绕东篱嗅落英"，其义亦然。①

以予观之，"夕餐秋菊之落英"，非零落之落。落者，始也。故筑室始成谓之落成。《尔雅》曰："俶、落、权、舆，始也。"②

《诗》之《访落》，以落训始也。意落英之落，盖谓始开之花，芳馨可爱，若至于衰谢，岂复有可餐之味。③

《楚辞》云："夕餐秋菊之落英。"王逸云："英，华也。"《类篇》云："英，草荣而无实者。"后汉冯衍赋云："食玉芝之茂英。"言英华之英。洪兴祖《补注楚辞》云："秋花无自落者，读如'我落其实，而取其华'之'落'。"此言为是。今秋花亦有落者，但菊蕊不落耳，若云"黄菊飘零满地金"，即诗用《楚辞》之句。且《宋书·符瑞志》沈约云："英，叶也。言食秋菊之叶。"据《神农本草》：'菊服之，轻身耐老。三月采叶。'《玉函方》王子乔《变白增年方》：'甘菊，三月上寅采，名曰玉英。'是英谓之叶也。晋许询诗云："青松凝素体，秋菊落芳英。"④

屈原《离骚经》"朝饮木兰之坠露兮，夕餐秋菊之落英"。王逸注云："言旦饮香木之坠露，吸正阳之津液；暮食芳菊之落华，吞正阴之精蕊。"洪兴祖补注曰："秋花无自落者，当读如'我落其实，而取其材'之落。"⑤

从上述士人的名物考证中可得知，"夕餐秋菊之落英"中的"落"乃始意，"英"做叶解。合起来意为初生之苗叶，并非王安石所理解的是落地菊英。

诸多士人在详考"夕餐秋菊之落英"之后便戛然而止，个中原因在此不妨揣度一二。

其一，众士人虽多为饱学之士，然终日皓首穷经却不务农事，在园艺领域缺乏基本常识。即使如欧阳修这样的大家，在诸多领域建树颇丰，撰写了牡丹专谱——《洛阳牡丹记》，但他因没有亲身事稼穑而得出的"秋英不比春花落"的结论，有失客观。倒是如史铸、史正志等士人爱菊成癖亲事培壅，在当时名气虽不如欧氏等人，却能以亲身经验说明菊花有落与不落之分。看来，没有实践经验的众士人故纸堆中究事理，凭借名物考证还能辨析出"夕餐秋菊之落英"的真

---

① （宋）费衮：《梁溪漫志》，《全宋笔记》第5编第2册，郑州：大象出版社，2012年版，第198页。
② （宋）吴曾：《能改斋漫录》，《全宋笔记》第5编第3册，郑州：大象出版社，2012年版，第60页。
③ （宋）史铸：《百菊集谱》卷4，《景印文渊阁四库全书》第845册，台北：商务印书馆，1986年版，第79页。
④ （宋）姚宽：《西溪丛语》，《全宋笔记》第4编第3册，郑州：大象出版社，2008年版，第63页。
⑤ （宋）史铸：《百菊集谱》卷4，《景印文渊阁四库全书》第845册，台北：商务印书馆，1986年版，第79页。

意，而菊落与不落因前朝无人考证，士人们也只能徒增为之奈何的感叹。

其二，如前所述，王安石对待长辈的教诲有失风度的傲慢，悖于当时尊兄敬长的道义，为众士人所不容。菊落之争掺杂了较多的感情因素，主观色彩浓重使得争论的天平从一开始便倾向于欧氏。陈鹄便在《西塘集耆旧续闻》中言，"夫百卉皆雕落，独菊花枝上枯，虽童孺莫不知之"①，暗讽王安石不如童孺不明事理。其他士人虽不像陈氏那般直接将感情诉诸笔端，但不添加主观臆测的考据笔法却也使因果道理不言自明。这些作者希望读者相信王安石所持错解的论据是可倒证论点错误的。既然王安石可用"夕餐秋菊之落英"来证明自己所吟"残菊飘零满地金"的正确，那么证明了"夕餐秋菊之落英"非王安石所解之意，不就可以反证其所作之诗的错误吗？

事实上，从逻辑上来说，这种以论据证论点所得的结论无外乎有四种结果：

A：论点正确　　论据正确　　结论正确
B：论点正确　　论据错误　　结论正确
C：论点错误　　论据正确　　结论错误
D：论点错误　　论据错误　　结论错误

对照上述四种结论，王安石的情况应属于 B 项——虽错解古意，但并不影响结论的正确。而众士人却将焦点聚集到论据上，冀求论据的错误来导出结论的错误。殊不知，论点的正确与否才是这个逻辑公式中的关键，只纠缠于论据对错难以撼动结论的正误。

综上，菊落之争中有两对两错：一对一错出在王安石这边，即"残菊飘零满地金"是对的，而所持论据"夕餐秋菊之落英"确是错解其意；另一对正误则出在欧阳修及后来士人身上，即"秋英不比春花落"是错的，而考证出落英为初始的菊蕊或菊叶是正确的。两对两错，相辅相成，互为呼应，使后人既知菊有落英，亦解"夕餐秋菊之落英"之中落英之意。

三、博物学之思

按阶段划分，中国传统博物学大致经历了先秦至晋、晋至宋、元至清中叶、清末等四个阶段②。因雕版印刷业的繁荣，博物学到了宋代逐渐兴盛，涌

---

① （宋）陈鹄撰，郑世刚校点：《西塘集耆旧续闻》，《宋元笔记小说大观》第 5 册，上海：上海古籍出版社，2001 年版，第 4798 页。
② 周远方：《中国传统博物学的变迁及其特征》，《科学技术哲学研究》2011 年第 5 期，第 82 页。

现出了一大批药学、动植物学和农学著作。像史正志的《史氏菊谱》、史铸的《百菊集谱》等花谱①（主要是牡丹、菊花、芍药、梅花、海棠等）的大量出现是这种兴盛的集中体现。目前学界对于花谱的研究主要集中于技术、文献与文化层面的考量，如基于花谱文本来探究花卉的历史源流与文化内涵的花文化研究系列；以现代科学眼光来提炼花谱中的技术因子，从而实现古为今用的技术史取向；以搜罗版本、访求存佚为方式的文献学考察②。但文献的内涵却远不止于此。它一般具有文本性、物质性、历史性与社会性。文本性与物质性主要说的就是我们之前较多关注的文献的"语言形式"和"物质形式"。而历史性是指文献的知识、物质形式都是在特定的历史中形成的，都是通过一定的程序"生产"出来的③。对其进行整体考察，一方面可以向外扩展加深对物质介质、社会指令等的认识；另一方面向内深入文献体制与书写策略的研究，甚至考察文本创作、传播、阅读、展示，从而可以将文本分析引入物质文化史的研究范畴④。近年来，一些学者从花谱文本出发，考察花谱文本"生产"过程中的社会经济文化因素，从而走向更为广阔的社会文化空间⑤。

（隋朝或唐朝初期），写作运动只是缓慢增长，至11世纪北宋时期才出现第一次真正的突破。那时，许多植物学者以唐朝中晚期已明显增长的对观赏植物的兴趣为背景，纷纷拿起笔来记述某些特别受宠的植物种类。……在整个宋代，约从1000年至1300年是植物学写作的繁荣时期；在元代有过短暂的衰退，但此时的戏剧、医药和农业写作热情很高；而在明代，随着社会的再度安定，植物学著作和论文再次涌现。17世纪中叶的革命和战争使植物学写作停息了约50年，但康乾盛世又使闸门大开，相继出现了关于野生和栽培植物的独特著作，此后直至19世纪现代植物学和中国传统植物学已经开始结合时也没有停止过。⑥

---

① 花谱之名首见于宋人张峋所作《花谱》，"以花有千叶多叶、黄红紫白之别，类以为谱"。参见（宋）陈振孙：《直斋书录解题》，上海：上海古籍出版社，1987年版，第227页。
② 倪根金、周米亚：《传统菊谱中的艺菊技术探析》，《农业考古》2014年第1期，第285—296页；付壹强：《故宫藏民间刻本〈秘传花镜〉考述》，《农业考古》2019年第6期，第191—195页。
③ 冯国栋：《"活的"文献：古典文献学新探》，《中国社会科学》2020年第11期，第43—65页。
④ 黄卓越：《"书写"之维：美国当代汉学的泛文论趋势》，《北京大学学报（哲学社会科学版）》2016年第5期，第121页。
⑤ 葛小寒：《交往与知识：明代花谱撰写中的两个面向》，《云南社会科学》2019年第5期，第162—171页；郭幼为：《知识社会史视域下的宋代花卉谱录》，《农业考古》2020年第6期，第174—179页；刘爽、惠富平：《文本与技术：清代花谱的生成与传播》，《中国农史》2021年第5期，第23—33页。
⑥ [英]李约瑟：《中国科学技术史》第6卷《生物学及相关技术》第1分册《植物学》，袁以苇等译，北京：科学出版社，2006年版，第303页。

李约瑟先生对中国古代植物学写作时期的划定（从宋代肇始直至19世纪现代植物学和中国传统植物学已经开始结合），让我们看到宋代植物学专著在中国古代植物学写作的发展历程中发挥了承上启下的重要作用。在分类叙述中，李约瑟先生也对涉及菊花的园艺学和传统植物学的一般文献进行了评论，特别注意提及菊花最早的著述、最佳的植物学描述或最适宜的实用价值的介绍以及最大篇幅的著作[①]。事实上，宋代菊花的专著有9种，详见表1。

表1 宋代菊谱一览表

著作名称	作者	成书年代	存世情况
刘氏菊谱	刘蒙	1104年	现存
菊花图	王子发	1175年之前	佚失
史氏菊谱	史正志	1175年	现存
范村菊谱	范成大	1186年	现存
图形菊谱	胡融	1191年	残存
菊名篇	沈兢	1213年	残存
菊谱	马楫	1242年	残存
百菊集谱	史铸	1246年	现存
菊谱	文保雍	年代不详	佚失

资料来源：王毓瑚：《中国农学书录》，北京：中华书局，2006年版；[日]天野元之助：《中国古农书考》，彭世奖、林广信译，北京：农业出版社，1992年版

李约瑟先生亦按时间顺序对表1中《刘氏菊谱》《史氏菊谱》《范村菊谱》《图形菊谱》《百菊集谱》做了简要介绍，特别是唯一一部出自北宋年间（1104年）的作品——刘蒙的《刘氏菊谱》，李约瑟认为之后直到19世纪出品的菊花专谱都无出其右者[②]。而《刘氏菊谱》中"说疑"部分则体现了士人为使植物学描述达到精确所做的努力，表现出高度自觉的博物意识。到了南宋末年，菊花经过百年来的悉心培育，其品种已从北宋1104年的二十几种增加到二百余种[③]。宋朝最后一部菊花专著（1246年），也是菊花史上的集大成之作——《百菊集谱》也围绕着愈出愈奇的菊花品种得以撰成。

当然，包括菊谱在内的宋代植物学著作也高度契合了中国传统博物学的人文与实用特征，反映了宋时传统博物学已不只是对奇花异草进行平铺直叙的白描，而是对草木之学向纵深探究，其对博物知识的探求方式也正在发生深刻的变化，而这种变化在宋代也逐渐定型，成为后世（清末之前）探求自然科学知

---

① [英]李约瑟：《中国科学技术史》第6卷《生物学及相关技术》第1分册《植物学》，袁以苇等译，北京：科学出版社，2006年版，第348—354页。

② [英]李约瑟：《中国科学技术史》第6卷《生物学及相关技术》第1分册《植物学》，袁以苇等译，北京：科学出版社，2006年版，第352页。

③ 关于菊花品种，王微曾以《百菊集谱》为参照对宋代菊花品种进行统计，结果为221种。参见王微：《中国菊花史上集大成之作〈百菊集谱〉述评》，《农业考古》2014年第4期，第294页。

识的思考模式与思维形式。

　　首先，包罗万象，自成一体。一方面，中国传统博物学的知识体系具有包罗万象的特征，其代表作为西晋张华的《博物志》，异境奇物、古代琐闻杂食及神仙方术都包含在该志之中。宋代花谱也是自然与人文知识杂粗其中，其内容已不再只是关于欣赏花卉的诗词，而是记载有助于园艺的栽植技术，记录有助于增加见闻的花卉品种的名称和出处。这些花谱的撰述风格使得花卉谱录的文学色彩趋淡、实用色彩渐浓。另一方面，从花卉谱录的内容来看，谱录作者们开始走出书斋、走向田野，更为注重亲身实践和田野调查，比如孔武仲《芍药谱》中所记的芍药花，是作者实地考察和访问所得；范成大的《范村梅谱》也是其亲植梅于范村后，"尝为谱之"。前述《史氏菊谱》的作者史正志也是爱菊成癖、亲事培壅，才能确定菊确有落英。《百菊集谱》的作者史铸不但参合前人诗文佐证菊有落英，还利用前人经验之谈加自己的亲身实践将菊花有实解释清楚。包罗万象并不是杂乱无章，宋代花卉专谱亦自成一体。现存最早的牡丹专谱为欧阳修的《洛阳牡丹记》（1034年）。该书分三部分：《花品序第一》《花释名第二》《风俗记第三》，符合自然与人文相结合的博物学著作特征。这种结构及文体对后人产生一定影响，陆游的《天彭牡丹记》便"书体全仿欧记"[1]。王观的《扬州芍药谱》也与欧记体例相似，风格趋同。此外还有一点值得注意，与前代相比宋代花谱中鬼神灵异的记载较少，这与多具奇幻神异色彩的中古时期博物学著作明显不同，或可说明宋代博物学正逐渐向日常鸟兽草木实用之学回归。

　　其次，天人合一，兼记风俗。一方面，中国传统博物学具有明显的人文特征，博物学的著作往往将天人合一的博物情怀和"人与物"关系的整体理解杂糅其间。宋代花谱虽记的是花，但也具有鲜明的人文特征。如欧阳修在《洛阳牡丹记》中，开篇即用儒家核心观念之一"中庸之道"来体察花的美与丑，"物之常者不甚美，亦不甚恶，及元气之病也，美恶隔并而不相和入，故物有极美与极恶者，皆得于气之偏也"[2]。王观在《扬州芍药谱》中也有类似的哲学思考，"天下之物，悉受天地之气以生，其小大短长、辛酸甘苦与夫颜色之异，计非人力之可容致巧于其间也"[3]，这亦契合了不偏不倚、过犹不及的中庸理念。另一方面，花谱中记录了一些与花卉有关的风土人情，借此我们可以一窥两宋时期簪花、赏花等民俗活动与社会文化。如张邦基在《陈州牡丹记》中对

---

[1] （清）马国翰：《玉函山房藏书簿录》，《宋元明清书目题跋丛刊》第18册，北京：中华书局，2006年版，第390页。

[2] （宋）欧阳修等著，王云整理校点：《洛阳牡丹记（外十三种）》，上海：上海书店出版社，2017年版，第2页。

[3] （宋）欧阳修等著，王云整理校点：《洛阳牡丹记（外十三种）》，上海：上海书店出版社，2017年版，第26—27页。

牡丹种植面积有过直接描写："园户植花如种黍粟，动以顷计"①。陆游也在《天彭牡丹谱》中记录天彭地区花户种植牡丹"连畛相望"②。这说明宋代花卉在全国范围内形成了独立的种植行业，出现了像河南陈州地区和四川天彭地区这样的牡丹主产区，种植的面积也不断扩大。而花卉数量日益增多，品种愈出愈奇，使得簪花成为宋时普遍的民俗活动。这在宋代花谱中有鲜明反映。欧阳修在《洛阳牡丹记》中便记载，"洛阳之俗，大抵好花。春时城中无贵贱皆插花，虽负担者亦然"③。王观在《扬州芍药谱》中也说："扬之人与西洛不异，无贵贱皆喜戴花"④。从专谱记述来看，簪花在宋代城市中或已蔚然成风。宋时的民俗中亦有献花，多为民向官敬献鲜花，而一旦变为地方官员向上级或皇室敬献鲜花则称为贡花，胡元质在《牡丹谱》中便有记录，"（宋景文）公在蜀四年，每花时按其名往取，彭州送花，遂成故事"⑤。这种贡奉也让隋代发明的"蜡封果蒂"运用在贡花上，欧阳修在《洛阳牡丹记》中就记录了"蜡封牡丹蒂"的具体做法⑥，用来保鲜存香。

最后，博物之士，览而鉴焉。实用性亦是中国传统博物学的一大特征。"博物之士，览而鉴焉"（《博物志》）便是为了使人增加见闻，进而直接服务于人们的生产生活。宋代花谱的实用性也表现得很明显。花谱中都重点记录了一些花卉的品种，比如牡丹品种方面，欧阳修《洛阳牡丹记》记24种、仲休《越中牡丹花记》记32种、陆游《天彭牡丹记》记66种、周师厚《洛阳牡丹记》记109种等；菊花方面，周师厚《洛阳花木记》记26种、刘蒙《刘氏菊谱》记35种等；芍药方面，刘攽《芍药谱》记31种、孔武仲《芍药谱》记33种、王观《扬州芍药谱》记39种等。作者在记录这些花卉品种的同时多一一解释品种的名称出处，使时人的植物知识大大拓展。同时，花谱中记载大量栽植技术，如欧阳修的《洛阳牡丹记》、陆游的《天彭牡丹记》便是详述接植栽灌牡丹之事，王观的《扬州芍药谱》对芍药的栽培也多着笔墨。此外，一些花谱多冠有地名，比如《洛阳牡丹记》《扬州芍药谱》对某地花卉的栽植、品种、风俗的记录

---

① （宋）欧阳修等著，王云整理校点：《洛阳牡丹记（外十三种）》，上海：上海书店出版社，2017年版，第15页。

② （宋）欧阳修等著，王云整理校点：《洛阳牡丹记（外十三种）》，上海：上海书店出版社，2017年版，第18页。

③ （宋）欧阳修等著，王云整理校点：《洛阳牡丹记（外十三种）》，上海：上海书店出版社，2017年版，第6页。

④ （宋）欧阳修等著，王云整理校点：《洛阳牡丹记（外十三种）》，上海：上海书店出版社，2017年版，第27—28页。

⑤ （宋）欧阳修等著，王云整理校点：《洛阳牡丹记（外十三种）》，上海：上海书店出版社，2017年版，第24页。

⑥ （宋）欧阳修等著，王云整理校点：《洛阳牡丹记（外十三种）》，上海：上海书店出版社，2017年版，第7页。

也符合了中国传统博物学与地理志有密切联系的特征。

四、结　语

　　博物学是古代先民精神信仰与文化学术的知识基础。记录菊花、牡丹等花卉专著所呈现的知识演进，是宋代博物学转变的一个侧面，也是精神文化史变迁的一个注脚。李约瑟先生曾将中国古代植物学专著的作者分为六类，《洛阳牡丹记》的作者欧阳修被其归为第一类"是在特殊植物资源丰富的边陲或边境任职的幕僚人员、医生等"，而《史氏菊谱》的作者史正志则被归为第四类，即"退休的文职人员，他们把退休后的晚年生活奉献给园艺事业"。其他四类，除第六类"在16世纪后期明末出现的学者"外，在宋代植物学专著的作者群体中都能对号入座且多为儒者士子，其中不乏像欧阳修（《洛阳牡丹记》）、陆游（《天彭牡丹记》）、范成大（《范村梅谱》《范村菊谱》）、周必大（《唐昌玉蕊辨证》）这样名震四方、权倾一时的士大夫领袖。当然，在六类之外，王室成员甚至皇帝本人也同样重要，比如王室的后裔赵时庚撰述的《金漳兰谱》首开兰花专著先河，和之后不久问世的王贵学的《王氏兰谱》一起记录了宋代高超的艺兰成就①。

　　从其著作内容来看，欧阳修、史正志、史铸等儒者士子有了更加自觉的博物意识，追求知识的方式也不断变化。正如南宋人郑樵所言，"大抵儒生家多不识田野之物，农圃人又不识《诗》《书》之旨，二者无由参合，遂使鸟兽草木之学不传"②。在郑氏看来，鸟兽草木之学属于田野之物，其知识的获得方式一方面是求证于田野农圃的自然世界，另一方面是参合《诗》《书》等经典文献。前述"菊落之争"中，史正志便从参合文献与注重实践两方面为"菊是否有落英"做出公允的判断。类似的例子还有周必大，他于公元1195年左右撰写了《唐昌玉蕊辨证》，李约瑟先生认为该书的出现，"表明在林奈之前，中国植物学家便仔细地对它们进行了描述和鉴别"③。周氏的《唐昌玉蕊辨证》虽通篇多是参合前人的文献，但也有作者的实际考察，"予往因亲旧自镇江招隐寺远致一本，条蔓如荼蘼，种之轩槛，冬凋春茂……其中别抽一英出众须上，散为十余蕊，犹刻玉然，花名玉蕊，乃在于此，群芳所未有也。宋子京、刘原父、宋次

---

①　[英]李约瑟：《中国科学技术史》第6卷《生物学及相关技术》第1分册《植物学》，袁以苇等译，北京：科学出版社，2006年版，第355页。
②　（宋）郑樵：《通志二十略》，北京：中华书局，1995年版，第1981页。
③　[英]李约瑟：《中国科学技术史》第6卷《生物学及相关技术》第1分册《植物学》，袁以苇等译，北京：科学出版社，2006年版，第362—364页。

道博洽无比，不知何故，疑为琼花"①。史正志、周必大、史铸等人探求植物知识的方式或可说明，宋朝随着宋学兴起，其探寻形而上义理的精神与方法大大提升了儒者的思考深度，也改变了他们追求博物知识的方式②，使他们感到有责任去探索奇异植物或古人提到过的有疑问的植物③。这也就是自北宋中期欧阳修与王安石争辩之后，如此多的士人加入菊是否有落英的辩论队伍之中，且越来越多的士人从实践角度想要求得可信结论的原因之一。中国古代儒者士人们探求博物知识的方式和西方自然科学家为了了解自然物种的性质而进行研究、总结自然规律的目的明显不同。这种不同或许可以对一些问题如中西思想观念中的"科学"应当作何理解，可否用博物学的眼光重新看待中国传统科学；如何解答近代自然科学没有在中国兴起，可否用博物学的知识架构重建中国古代科学史等做出一定的回答。

---

① （宋）欧阳修等著，王云整理校点：《洛阳牡丹记（外十三种）》，上海：上海书店出版社，2017年版，第46页。
② 温志拔：《宋代类书中的博物学世界》，《社会科学研究》2017年第1期，第186页。
③ [英]李约瑟：《中国科学技术史》第6卷《生物学及相关技术》第1分册《植物学》，袁以苇等译，北京：科学出版社，2006年版，第372—375页。

古代手工业

从考古遗存看东北地区辽金时期冶铁业发展与交流

孟庆旭　郭美玲
（吉林省文物考古研究所）

提　要　文本首先对辽代冶铁遗址进行了梳理，确认辽代冶铁中心在今辽宁省南部和河北省北部地区，吉林省西部地区分布有辽代州府，辽代冶铁遗存主要是铁器制作，辽代冶铁技术来源于渤海，与中原地区存在一定差距。金代早期冶铁中心在黑龙江和吉林省中、东部，技术来源主要是本地区冶铁技术和突厥等部族冶铁技术。金代中晚期统治区域扩大，接收了宋、辽的技术和产业，吉林省铁器制作遗存增多。金代冶铁技术快速发展，铁器大量普及，促进了东北地区的开发。

关键词　辽代　冶铁　金代

中国东北地区地处亚洲东部，位于东北亚腹心，为温带大陆性季风气候，有国内三大平原之一东北平原，除平原外，东西部地貌形态差异明显。地势由东南向西北倾斜，呈现出东南高、西北低的特征。以中部大黑山为界，可分为东部山地和中西部平原两大地貌。东部山地分为长白山中山低山区和低山丘陵区，中西部平原分为中部台地平原和西部草甸、湖泊、湿地、沙地。

早在旧石器时代就有人类生活于此，利用石、木等简单的工具改造自然。进入青铜时代，由于铜矿资源的稀缺，铜制生产工具没有大量普及。战国时代晚期，东北地区开始出现铁器，至汉代铁器数量增多，这一时期的铁器既有中原式铁器，也有地方特色式铁器[1]。地方特色式铁器的出现说明东北地区可能已有本地铁器生产活动。通过对早期铁器的金相分析也发现，东北地区早期铁

---

[1]　蒋琳：《东北地区早期铁器的发现与研究》，吉林大学2014年硕士学位论文。

器既包含中原的生铁冶炼技术，也有使用较为原始的块炼铁技术[1]。在这两种冶铁技术的影响下，东北地区逐渐掌握钢铁冶炼及制作技术，最迟至唐代，东北地区已经建立起采矿、冶铁、铁器制造等系统的冶铁生产体系，并随着时代的发展，生产技术在不断进步。

一、辽代冶铁业

公元907年，契丹族耶律阿保机建立辽，定都上京临潢府（今内蒙古赤峰市巴林左旗境内），在辽王朝建立以前，就已经产生了小规模的钢铁冶炼及制作生产[2]，这时期冶铁产品主要是生产工具和生活用具[3]。辽王朝建立后，由于生产和军事需要，冶铁业开始快速发展，圣宗朝设置上京盐铁使司，专门管理冶铁业相关事务。辽上京位于内蒙古巴林左旗林东镇东南，城址由北部的皇城和南部的汉城两部分组成，平面略呈"日"字形，总面积约5平方千米[4]。辽代冶铁的重心在辽宁省和河北省一带，《辽史·地理志》载："东平县。本汉襄平县地。产铁，拨户三百采炼，随征赋输。"[5]东平县为辽代同州治所，在今辽宁省开原市中固镇一带。《辽史·营卫志》载："曷术部。初，取诸宫及横帐大族奴隶置曷术石烈，'曷术'，铁也，以冶于海滨柳湿河、三黜古斯、手山。"[6]其中手山即今辽阳市首山，柳湿河近海滨，亦应在辽宁省东南一带。

除文献记载外，1988年，承德地区文物管理所与滦平县文物管理所对滦平县半砬子东沟村冶铁遗址进行了调查和发掘，清理出冶铁炉一座，发掘者根据周边遗址分布认为冶铁炉年代应该属于辽代[7]。2009—2011年，北京市文物研究所联合北京科技大学等多家单位对延庆区大庄科矿冶遗址群进行了调查与发掘，发现了榆木沟、东三岔、香屯、东王庄、慈母川5处矿山，水泉沟、汉家川、铁炉村、慈母川4处冶炼遗址，保存相对完整的冶铁炉发现10座，年代均

---

[1] 陈建立、张周瑜：《刍议东北亚地区古代钢铁技术的发展与传播》，《北方民族考古》第3辑，北京：科学出版社，2016年版，第271—278页。

[2] 郑绍宗：《辽代矿冶发展简论》，《内蒙古社会科学（文史哲版）》1988年第5期，第58—62页。

[3] 孟庆山：《辽代矿产资源的开发与利用》，《辽宁工程技术大学学报（社会科学版）》2005年第5期，第530—531页。

[4] 中国社会科学院考古研究所、内蒙古文物考古研究所：《内蒙古巴林左旗辽上京遗址的考古新发现》，《考古》2017年第1期，第3—8页。

[5] 《辽史》卷38《地理志》，北京：中华书局，1974年版，第469页。

[6] 《辽史》卷33《营卫志》，北京：中华书局，1974年版，第389页。

[7] 承德地区文物管理所、滦平县文物管理所：《河北滦平辽代渤海冶铁遗址调查》，《北方文物》1989年第4期，第36—40页。

属于辽代①。1980年，辽宁省文物工作者在鞍山南郊的西鞍山发现辽代古矿洞，亦与冶铁相关②。此外，在考古发掘的辽代墓葬和遗址内也出土有各类铁器，如内蒙古凉城县水泉辽墓出土有铁辖、铁熨斗、铁剪刀、铁牌饰等各类铁器③。内蒙古巴林右旗罕山辽代祭祀遗址出土有铁勺和各类铁釜④。

辽代统治范围包括整个吉林省，在吉林省境内先后设立长春州、黄龙府、宁江州、信州等州府进行统治。2013—2016年，吉林省文物考古研究所等对白城城四家子城址进行考古发掘，确认城四家子城址为辽代长春州⑤。2017年，通过考古调查，确认农安古城为辽代晚期黄龙府⑥。2017年，吉林大学边疆考古研究中心和吉林省文物考古研究所对松原市伯都古城进行系统的考古调查，确认该城址为辽代宁江州⑦。赵里萌根据田野调查的结果，发现秦家屯城址多金代遗存，而其西侧的五家子城址遗存以辽代为主，结合文献分析认为秦家屯城址为金代信州，五家子城址为辽代信州⑧。

由此可见辽代在吉林省的统治重心在西部。由于地质原因，吉林省铁矿主要分布在中东部地区⑨，即通化、吉林、四平南部和延边塔东地区⑩。由于辽代统治重心与铁矿原料产地的差异，目前吉林省尚未发现辽代冶铁遗存。在城四家子城址内的西北部，分布有大型方形建筑台基，地表出土大量铁甲片和炼渣，可能是与铁甲加工有关的作坊，这类遗存应该与铁器锻造制作有关。此外，吉林省境内的辽代遗址及墓葬中也出土了大量铁器，如梨树县东五家子村

---

① 北京市文物研究所、北京科技大学科技史与文化遗产研究院、北京大学考古文博学院，等：《北京市延庆区大庄科辽代矿冶遗址群水泉沟冶铁遗址》，《考古》2018年第6期，第38—50页。
② 韩英：《鞍山地区辽金时期冶铁遗址及窖藏铁器研究》，《祖国》2013年第10期，第310—311页。
③ 内蒙古文物考古研究所：《内蒙古凉城县水泉辽代墓葬》，《考古》2011年第8期，第13—30页。
④ 内蒙古自治区文物工作队、巴林右旗文物馆：《内蒙古巴林右旗罕山辽代祭祀遗址发掘报告》，《考古》1988年第11期，第1002—1014页。
⑤ 吉林省文物考古研究所、白城市文物保护管理所、白城市博物馆：《吉林白城城四家子城址建筑台基发掘简报》，《文物》2016年第9期，第39—55页；吉林省文物考古研究所、白城市文物保护管理所：《吉林白城城四家子城址北门发掘简报》，《边疆考古研究》第20辑，北京：科学出版社，2016年版，第55—69页。
⑥ 赵里萌、武松、孟庆旭：《农安古城的调查及相关问题研究》，《边疆考古研究》第31辑，北京：科学出版社，2022年版，第81—99页。
⑦ 吉林大学考古学院、吉林省文物考古研究所：《吉林省松原市伯都古城的调查——兼论宁江州位置》，《边疆考古研究》第25辑，北京：科学出版社，2019年版，第155—180页。
⑧ 赵里萌：《中国东北地区辽金元城址的考古学研究》，吉林大学2019年博士学位论文，第579页。
⑨ 陈明、刘思宇、于政涛，等：《吉林省铁矿主要矿床类型及成矿地质特征》，《吉林地质》2015年第4期，第66—70页。
⑩ 王宝金、刘忠、松权衡，等：《吉林省铁矿成矿规律及资源潜力预测》，《吉林地质》2008年第3期，第8—12页。

辽墓内即出土有铁刀、铁剪、铁帐钩等铁器[①]，白城永平辽金遗址出土了铁钉等遗物[②]，此类铁器在白城市金家金代遗址、孙长青遗址等都有发现[③]。此前认为这些遗址的年代为金代，最新研究表明遗址的主要使用年代应该是辽代[④]。

辽兴宗重熙二十二年（1053年），长春州置钱帛司，用于管理吉林省西部地区盐铁生产事务，可知这一时期，吉林省西部地区冶铁业有了较快发展，需要设置专门的管理机构进行监督管理。辽代建立初期与中原地区战争不断，边境局势紧张，中原自汉代开始即实行盐铁官营制度，在此条件下，辽很难从中原地区获得冶铁技术。《辽史·食货志》记载："神册初，平渤海，得广州，本渤海铁利府，改曰铁利州，地亦多铁。"[⑤]可知辽代的冶铁技术主要来自渤海。北京科技大学对燕山地带辽代冶铁遗址的检测分析也表明，辽代冶铁技术尚未达到中原汉代的水平[⑥]。辽代冶铁技术主要来自东北地区冶铁技术的积累，与中原地区交流较少。辽代铁器从器类上而言与中原地区差别不大，可知辽与中原地区在铁器制造方面技术差距不大，或者在产品上有一定的交流。

二、金代早期冶铁业

（一）金代早期冶铁遗存

金代是由完颜家族为核心的女真族在东北于1115年建立的政权，并于1125年灭辽，1127年灭北宋，建立起统一北方地区的封建王朝。早在金建立政权之前，女真人已经掌握了冶铁技术。《金史·乌春传》亦记载："乌春，阿拔斯水，温都部人，以锻铁为业。"[⑦]加古部亦有锻工，可一次性出售铁甲90副。可知至少在辽代晚期，女真已经有多个部族掌握了冶铁技术。

1962年，黑龙江省博物馆组织队伍对黑龙江省阿城县小岭地区进行了多次

[①] 吉林省文物考古研究所、梨树县文物管理所：《吉林省梨树县东五家子村发现两座辽墓》，《边疆考古研究》第26辑，北京：科学出版社，2019年版，第45—52页。

[②] 吉林省文物考古研究所：《白城永平辽金遗址2009—2010年度发掘报告》，北京：科学出版社，2015年版。

[③] 吉林省文物考古研究所：《吉林省白城市金家金代遗址的发掘》，《边疆考古研究》第12辑，北京：科学出版社，2012年版，第63—86页；吉林省文物考古研究所、白城市文物管理所、洮北区文物管理所：《吉林省白城市孙长青遗址发掘简报》，《北方文物》2010年第4期，第41—47页。

[④] 孟庆旭：《吉林省西部几处辽金遗存年代问题再探讨》，《北方民族考古》第9辑，北京：科学出版社，2020年版，第257—264页。

[⑤] 《辽史》卷60《食货志》，北京：中华书局，1974年版，第930页。

[⑥] 王启立、潜伟：《燕山地带部分辽代冶铁遗址的初步调查》，《广西民族大学学报（自然科学版）》2014年第1期，第44—52页。

[⑦] 《金史》卷67《乌春传》，北京：中华书局，1975年版，第1577页。

田野调查，发现了古代冶铁遗址五十余处，包括矿坑、冶炼炉以及建筑址[1]。调查者根据出土遗物对比认为该区域的冶铁遗址属于女真族遗存，阿城地区是女真完颜部的传统居住区。《金史·世纪》记载："献祖乃徙居海古水，耕垦树艺，始筑室，有栋宇之制，人呼其地为纳葛里。'纳葛里'者，汉语居室也。自此遂定居于安出虎水之侧矣。"[2]安出虎水即今阿什河。

阿什河流域是辽代晚期及金代早期女真完颜部的统治核心区域，金朝建立后，建都于此，称上京会宁府，即今黑龙江省阿城区金上京城址。黑龙江省文物考古研究所对金上京遗址进行了为期数年的考古工作，确认金上京城由毗连的南、北二城组成，平面略呈曲尺形，总面积6.28平方千米。皇城位于南城的偏西部[3]。金上京主要使用阶段可分为两个时期，一个是金初至熙宗时期，这一时期金上京作为都城在不断修建与完善；另一个是金世宗时期。

金上京周边资源的开发利用应该与金上京的兴废同步，结合《三朝北盟会编》卷十八引《神麓记》记载，献祖绥可定居安出虎水后，便"教人烧炭炼铁，剡木为器"[4]。可认为小岭地区的冶铁遗址可早至辽末金初，对遗址出土的木炭测年显示遗址冶铁时间跨度较大，最迟应于辽代中后期就已开始冶铁[5]。

然而《金史·世纪》记载："生女真旧无铁，邻国有以甲胄来鬻者，倾赀厚价以与贸易，亦令昆弟族人皆售之。"[6]这里的生女真即女真完颜部，可知完颜部早期并未掌握炼铁技术。周边掌握冶铁技术的宋与辽都有铁禁制度。张亮采、王福君等都指出在正式的榷场贸易中，北方的战马，南方的铜铁、硫黄等都严禁出境，更遑论铁甲[7]。《大金国志》亦记载辽王朝"唯铁禁甚严"[8]，与完颜部进行铁器贸易的应该是周边掌握冶铁技术的生女真诸部。

此时期掌握炼铁技术的是温都部、加古部。2021年，吉林省文物考古研究所对汪清县东四方台城址进行了考古调查，调查显示，东四方台城址位于汪清县嘎呀河上游前河和后河之间的深山顶台地上，交通极为不便。城址内发现集

---

[1] 黑龙江省博物馆：《黑龙江阿城县小岭地区金代冶铁遗址》，《考古》1965年第3期，第124—130页。

[2] 《金史》卷1《世纪》，北京：中华书局，1975年版，第3页。

[3] 黑龙江省文物考古研究所：《哈尔滨市阿城区金上京南城南垣西门址发掘简报》，《考古》2019年第5期，第45—65页；黑龙江省文物考古研究所：《哈尔滨市阿城区金上京皇城西部建筑址2015年发掘简报》，《考古》2017年第6期，第44—65页；赵永军：《金上京城址发现与研究》，《北方文物》2011年第1期，第37—41页。

[4] （宋）徐梦莘：《三朝北盟会编》卷18，上海：上海古籍出版社，1987年版，第127页。

[5] 李延祥、佟顿明、赵永军：《哈尔滨阿城东川冶铁遗址初步考察研究》，《边疆考古研究》第23辑，北京：科学出版社，2018年版，第387—398页。

[6] 《金史》卷1《世纪》，北京：中华书局，1975年版，第5页。

[7] 张亮采：《宋辽间的榷场贸易》，《东北师范大学科学集刊》1957年第3期，第146—155页；王福君：《辽宋夏金时期宋的榷场贸易考述》，《鞍山师范学院学报（综合版）》1997年第1期，第32—35页。

[8] （宋）宇文懋昭撰，崔文印校证：《大金国志校证》卷13，北京：中华书局，2000年版，第186页。

中分布多处大型水窖、水池，水窖、水池周边分布有铸铁作坊，地表采集铁斧、铁铧、铁链等大量铁器，还有未进行铸造的铁锭。城址内还分布有大型院落，应该是专门的管理机构。

城址位于深山之内，交通极为不便，上述作坊的铁锭应该不是从外部输入，而是就地冶炼而成，城址东西两侧皆有断崖，尤其是西侧断崖内沟岔纵横，沟底可见散落的铁矿石，可能与采矿有关，附近应该存在专门的冶炼遗址。

（二）金代早期冶铁技术来源

东四方台城址内采集的陶器风格皆为金代风格，但是部分铁锅形制与渤海时期的铁锅相类，综合判断该城址的年代应属于金代早期，其冶铁产业可能在金朝建立之前即已开始。该城址在辽代属于生女真活动区域，从铸造的铁器风格看，东四方台城址的冶铁技术应该传承自本区域更早的渤海冶铁技术。

陈建立和张周瑜认为东北地区的生铁冶炼技术是由中原地区传入的[①]。由于历史上不同时期政权的更迭，这种技术传播并非如溪水一样连绵不断，在中原地区建立统一的王朝后，为实现军事装备上的优势，往往会实行严厉的铁禁。由对辽代燕山地区冶铁遗址检测结果可知，由于宋朝的技术封锁，辽代冶铁水平较之中原有一定差距。在辽代晚期的女真，更无法直接从中原王朝或者辽获得冶铁的相关技术。

辽代中晚期，女真族掌握冶铁技术的温都部主要活动区域为阿跋斯水，其全盛时期宣称"来流水以南、匹古敦水以北，皆吾土也"[②]。据《吉林通志》记载，加古部主要活动区域在今黑龙江省五常市境内。这一区域原本为渤海故地，辽灭渤海后设立东丹国进行统治。渤海遗民燕颇与大延琳先后发动起义后，严重打击了辽对这一区域的统治，由苏密城的考古发掘结果可知，辽中后期逐渐放弃了对这一区域的控制，将东部防线退至农安黄龙府周边[③]，并修建了以老边岗为代表的防御体系[④]，女真诸部迅速从吉林省东部进入并控制了这一区域，其中便包括掌握冶铁技术的温都部和加古部。

在这一时期，女真诸部之间在冶铁技术上亦存在技术封锁现象。乌春统治温都部期间，为阻止完颜部势力扩大，曾极力阻止加古部向完颜部出售铁甲。

---

① 陈建立、张周瑜：《刍议东北亚地区古代钢铁技术的发展与传播》，《北方民族考古》第3辑，北京：科学出版社，2016年版，第271—278页。

② 《金史》卷67《乌春传》，北京：中华书局，1975年版，第1578页。

③ 吉林省文物考古研究所、桦甸市文物管理所：《吉林省桦甸市苏密城外城南瓮城考古发掘简报》，《边疆考古研究》第19辑，北京：科学出版社，2016年版，第83—100页。

④ 孟庆旭、王晓明：《再论吉林省中部老边岗的性质》，《中国国家博物馆馆刊》2020年第9期，第46—53页。

《金史·世纪》记载："生女真旧无铁"[1]，而《三朝北盟会编》载，献祖绥可定居安出虎水后，便"教人烧炭炼铁"[2]。由此可见，女真完颜部并未在渤海腹地获得冶铁技术，而是在迁居至阿什河流域后获得冶铁技术，并开始大规模开发小岭地区的铁矿资源。由于辽王朝实行严厉的铁禁，温都部亦阻止完颜部获得铁甲及冶铁技术，那么以阿城区小岭遗址为代表的完颜部冶铁技术必然另有来源。北京科技大学等对小岭地区冶铁遗址的检测显示，该区域炼渣高锰的特点不同于中原地区[3]，这种具高锰特征的冶炼技术也不见于此前的渤海时期。可知小岭遗址的冶铁技术另有来源。《金史·世纪》记载乌古乃统治时期："是时，辽之边民有逃而归者。及辽以兵徙铁勒、乌惹之民，铁勒、乌惹多不肯徙，亦逃而来归。"[4]《辽史·营卫志》记载，在辽代中期，黄龙府都部署司下辖隗衍突厥部、奥衍突厥部等[5]。这些源于西北地区的突厥诸部，在历史上就以冶铁技术而闻名。

1982年，齐齐哈尔市梅里斯三合砖厂发现一座墓葬，清理出陶壶、陶罐等遗物，发掘者根据遗物对比认为墓葬年代属辽代[6]。1987年，黑龙江省考古工作者在齐齐哈尔市富拉尔基清理出两座墓葬，其中编号QFWM1的墓葬内出土大量遗物，包括4件陶罐，发掘者根据遗物对比认为墓葬年代属于辽代[7]。上述墓葬中出土的陶罐除下腹部带有契丹风格的篦纹外，上腹部皆带有三角形折线纹或多周弦纹，辽代内蒙古东南部及辽西地区的辽代典型陶器上均不见此类纹饰。

2014年，内蒙古自治区文物考古研究所与蒙古国游牧文化研究国际学院联合对蒙古国布尔干省达欣其楞苏木詹和硕遗址进行了考古发掘，清理了不同时期墓葬6座，其中编号ⅡM1的墓葬为突厥墓葬[8]。墓葬内出土陶壶一件，上腹部带有三角形折线纹，此类纹饰常见于蒙古高原的突厥陶器。结合《辽史·营卫志》中黄龙府都部署司下辖隗衍突厥部、奥衍突厥部等的记载，确认齐齐哈尔市梅里斯三合砖厂辽墓及富拉尔基辽墓应是辽代突厥部族遗存。

---

[1] 《金史》卷1《世纪》，北京：中华书局，1975年版，第5页。
[2] （宋）徐梦莘：《三朝北盟会编》卷18，上海：上海古籍出版社，1987年版，第127页。
[3] 李延祥、佟路明、赵永军：《哈尔滨阿城东川冶铁遗址初步考察研究》，《边疆考古研究》第23辑，北京：科学出版社，2018年版，第387—398页。
[4] 《金史》卷1《世纪》，北京：中华书局，1975年版，第4—5页。
[5] 《辽史》卷33《营卫志》，北京：中华书局，1974年版，第390页。
[6] 辛建、崔福来：《齐齐哈尔市梅里斯三合砖厂辽代砖室墓清理简报》，《北方文物》1991年第2期，第30—31页。
[7] 许继生：《黑龙江省齐齐哈尔富拉尔基辽墓清理简报》，《北方文物》1999年第3期，第39—42页。
[8] 内蒙古自治区文物考古研究所、蒙古国游牧文化研究国际学院：《蒙古国布尔干省达欣其楞苏木詹和硕遗址发掘简报》，《草原文物》2015年第2期，第8—31页。

1980年，黑龙江省考古工作者在阿城市（今哈尔滨市阿城区）双城村发现一批受到破坏的墓葬，并征集到大量文物，包括铁质马具、带有篦纹的陶壶及瓷器等，通过墓葬内出土的马骨结合文献分析认为该批墓葬年代属于金代初期[①]。郝军军通过对出土遗物的对比分析认为双城村墓葬为辽代早中期契丹人遗存[②]，赵永军和姜玉珂根据墓葬形制不同之处认为该批墓葬年代跨度较大，属于不同时期[③]。

这批遗物中的陶壶虽带有篦纹，但形态与辽代内蒙古东南部及辽西地区的辽代典型陶器有异，与齐齐哈尔地区突厥部族的遗存一致。这批遗物实际上反映了辽代中晚期该区域突厥部族与女真完颜部不断融合的过程。这种融合不仅是墓葬随葬器物的融合，也可能为女真完颜部带来突厥部族所掌握的冶铁等相关技术。

三、金代中晚期冶铁业

随着金代初期的不断扩张，金的版图囊括了广大北方地区，随着统治区域的扩大，来自中原地区的工匠和技术极大地促进了东北地区冶铁产业的发展。到金代中晚期，吉林省出现了大量与冶铁有关的遗存。2000年，吉林省文物考古研究所对前郭尔罗斯蒙古族自治县塔虎城进行了考古发掘，发掘清理出两座炼铁炉，其中一座保存较好，编号2000QTII炉201，整体平面呈长方形，由砖砌炉门、炉台、炉膛构成。炉膛内壁烧结，底部尚存有铁渣，近炉膛处还有铁水及铁渣熔块[④]。

2013年，吉林省文物考古研究所与延边朝鲜族自治州文物保护中心在磨盘村山城东门内西南约150米的台地上清理出一处冶炼作坊，年代为金代晚期。冶炼作坊由起居房址和冶炼灶址构成，房址位于西部，平地起建，房址内西部和北部修有火炕可供居住。两处冶炼灶址位于东部和西南部，平面呈椭圆形，圆底，编号为2013TMF1Z3的灶址长轴约0.7米，短轴约0.56米，深约0.3米；编号为2013TMF1Z4的灶址长轴约0.65米，短轴约0.55米，深约0.1米。2013TMF1Z4西侧还有两个圆形小坑，直径0.25—0.3米，深0.2米，局部贴附碎瓦，有砖红色烧烤痕迹[⑤]。冶炼址内除铁质器物外未发现其他材质金属，故

[①] 阎景全：《黑龙江省阿城市双城村金墓群出土文物整理报告》，《北方文物》1990年第2期，第28—41页。
[②] 郝军军：《金代墓葬的区域性及相关问题研究》，吉林大学2016年博士学位论文，第51页。
[③] 赵永军、姜玉珂：《黑龙江地区金墓述略》，《边疆考古研究》第6辑，北京：科学出版社，2007年版，第312—328页。
[④] 彭善国主编：《前郭塔虎城——2000年考古发掘报告》，北京：科学出版社，2017年版，第72—73页。
[⑤] 吉林省文物考古研究所、磐石市文物管理所：《吉林省图们市磨盘村山城2013—2015年发掘简报》，《边疆考古研究》第24辑，北京：科学出版社，2018年版，第53—72页。

该冶炼址应该是冶铸铁器的遗存。

2019年，吉林省文物考古研究所和汪清县文物管理所对汪清县满台山城进行了考古调查，确认该城址为金代晚期城址。调查采集到大量铁器，其中包括铁砧一件，编号2019满采：50，整体呈立方体状，底部不平整，顶部平整略呈弧状，可见重力捶打留下的痕迹。铁砧顶长约16厘米，宽约15厘米，底长约17.9厘米，宽约17厘米，高约10.1厘米①。可知该城址内存在铁器加工作坊。

除上述遗存外，考古调查发现公主岭市秦家屯城址内地表可见大量炼渣，从规模看应该与冶铁有关②。该城址主要的使用年代为金代，由此推测秦家屯城址内存在金代冶铁作坊。白城城四家子城址中部的大型建筑台基北部分布有大量炼渣，应该也与冶铁有关，该大型台基建筑应为辽代的官式建筑，目前没有发现辽代在大型建筑上修建冶铁作坊并倾倒大量炼渣的情况，可能在金代大型建筑废弃后改为冶铁作坊。

除冶炼作坊外，在金代遗址中也大量出土铁器。1987年，吉林省文物考古研究所在对德惠县（今德惠市）后城子城址的发掘中，仅在编号为F2的单个房址内清理出数十件铁器，其中包括铁锹、铁镐、铁斧、铁铧等生产工具，和铁熨斗、铁刀等生活工具，还有铁马镫、铁车辖等车马器③。可知在金代，铁器已经普及社会生活的各个方面。

我国古代的封建王朝，盐铁之利多由国家掌控，金代亦遵循此例。《金史·百官志》记载，金朝建立后，在户部郎中下设一员掌管盐铁事宜④。金代与宋、辽厉行铁禁政策不同，《大金国志》记载："至大金则不然，唯利是视。"⑤这种政策下，金代铁器贸易兴盛，极大地促进了铁器的普及和流通，推动了东北地区社会生产力的发展。

四、结　　语

在中国古代，社会生产力的发展很大程度上依靠生产技术和生产工具的革新。东北地区的少数民族政权使用以铁器为代表的生产工具使社会生产力有了质的飞越，同时铁制兵器对军事的意义自不待言。为此，诸多北方民族对铁器

---

① 吉林省文物考古研究所、汪清县文物管理所：《吉林省汪清县满台山城调查简报》，《边疆考古研究》第30辑，北京：科学出版社，2021年版，第53—70页。
② 赵里萌：《辽金信州地望新探》，《历史地理研究》2022年第3期，第54—60页。
③ 吉林省文物考古研究所、长春市文物管理委员会办公室：《吉林省德惠县后城子金代古城发掘》，《考古》1993年第8期，第721—733页。
④ 《金史》卷55《百官志》，北京：中华书局，1975年版，第1233页。
⑤ （宋）宇文懋昭撰，崔文印校证：《大金国志校证》卷13，北京：中华书局，1986年版，第186页。

及冶铁技术有着孜孜不倦的追求。契丹在建立辽王朝之前，已经有小规模的冶铁活动，在攻灭渤海国以后，吸收渤海国的冶铁技术，其冶铁业有了进一步的发展。辽代冶铁业的中心在辽宁南部及河北北部一带。吉林省境内的辽代冶铁业主要分布在西部的大型州府内，以铁器的加工制作为主。

  金王朝建立以前，女真诸部族即通过各种途径获得冶铁技术，使冶铁业得到大规模发展，并在建朝后使其得到更大发展。金代早期冶铁依托黑龙江、吉林两省中、东部的铁矿资源，在金王朝攻灭辽与北宋后，又获得辽与北宋境内的冶铁资源与技术，使得金代冶铁业进一步发展。金代实行宽松的铁器贸易政策，使得铁器在东北地区大量流通并普及，极大地促进了东北地区的开发。

南宋、金时期金属货币显微观察分析

——以铜钱为例*

孙 斌

（河北师范大学学报编辑部；河北大学宋史研究中心）

提 要 南宋、金时期的铜钱鉴定仅仅依靠传统钱币学的"眼学"鉴定已经无法应付钱币鉴定发展的需要，这是由宋金铜钱版别繁多、私铸钱盛行、伪币较多这一客观情况决定的，故要提高南宋、金时期的铜钱文物研究的效率，就必须掌握科学化鉴别铜钱的新手段。这种状况可以运用电子显微镜观察鉴定钱币以求改善，同时结合考古学、历史学和科技史的研究方法加以解决。本文梳理了运用显微镜来观察文物的手段，并以南宋、金时期的铜钱为研究对象，结合出土实物和文献资料，讨论了铜钱表层及其他方位形态、锈蚀及附着物等方面的研究实例，对铜钱的宏微观性状、私铸钱、真伪、钱锈等进行了科学探究。

关键词 南宋 电子显微镜 显微观察 铜钱 货币

中国拥有着漫长而辉煌的铜钱铸造历史，先民们铸造了无数既美观又耐用的铜质货币。人们研究铜钱时发现，绝大多数同类铜钱的外形特点在视觉观察上可能难以察觉出显著差异，但在电子显微镜下，则会显示出区别性、差异性鉴定特征。通过相关实验流程，用显微镜观察实验的方法来对南宋、金时期的不同铜钱进行显微观察分析，可找出其规律性和差异性特征。这些铜钱在显微镜下的表层形态、其他方位形态、铜钱的锈蚀及附着物随着铸币的合金成分、工艺水平和保存环境的不同而不同，体现出不同时空环境对金属货币文物的影响。本实验拟利用光学显微镜、电子显微镜和数码相机，对南宋、金时期的铜钱进行显微观察分析，以期加深我们对金属货币文物微观特征的认识程度。

---

* 本文为2022年河北省研究生创新能力培养资助项目"北方地区宋元时期金属货币文物研究"（CXZZBS2022006）2023年河北省高等学校人文社会科学重点研究基地衡水学院董仲舒与传统文化研究中心课题"董仲舒义利马与儒商理念内在联系研究"（JDC2302）阶段性研究成果。

一、显微观察分析的实验条件和实验准备

（一）样品准备

本实验用到南宋铜钱样品共 24 枚（编号 1—24），包含淳熙元宝背上月下星纹折二钱 1 枚、景定元宝背上"元"折二钱 1 枚、庆元通宝背下"元"折二钱 1 枚、绍定通宝背上"元"折二钱 1 枚、淳祐元宝背上"元"折二钱 1 枚、隆兴元宝折二钱 1 枚、开禧通宝背上"元"折二钱 1 枚、咸淳元宝背上"元"折二钱 1 枚、大宋元宝背下"元"折二钱 1 枚、嘉泰通宝背上"元"折二钱 1 枚、嘉熙通宝背下"元"折二钱 1 枚、开庆通宝背上"元"折二钱 1 枚、绍熙元宝背下"元"折二钱 1 枚、嘉定通宝背上"元"折二钱 1 枚、皇宋元宝背上"二"折二钱 1 枚、乾道元宝折二钱 1 枚、绍兴元宝篆书折二钱 1 枚、建炎通宝小平钱 1 枚、建炎通宝私铸小平钱 1 枚、淳熙元宝小平钱 1 枚、嘉泰通宝背"三"小平钱 1 枚、皇宋元宝背"六"小平钱 1 枚、绍熙元宝背"五"小平钱 1 枚、开禧通宝背"三"小平钱 1 枚。金代铜钱样品 2 枚（编号 25—26），为正隆元宝小平钱和大定通宝小平钱各 1 枚。

（二）分析测试方法

光学显微镜观察分析：用光学显微镜对铜钱表层形态及其他方位形态进行形貌观察，并结合史料对其版别、真伪、保存环境、工艺水平等做出判断。本实验所用光学显微镜型号为 ZEISS Stemi305（图 1），德国 Carl Zeiss 公司生产。

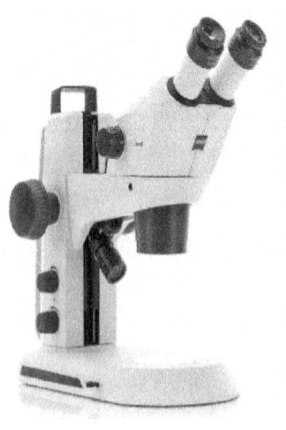

图 1　ZEISS Stemi305 光学显微镜和 BRESSER 52-01005 电子显微镜

电子显微镜观察分析：用电子显微镜对铜钱其他方位形态、锈蚀程度及附着物进行观察，并结合史料对其锈蚀种类、保存环境、自然痕迹辨别、锈色等做出判断。本实验所用电子显微镜型号为 BRESSER 52-01005（图1），德国宝视德公司生产。

二、铜钱表层及其他方位形态观察

南宋、金时期的铜钱留存至今，其保存的环境以沙土埋藏、陶瓷等器皿贮藏、水中浸泡保存和传世四种情况为主，不少铜钱并没有良好的保存环境，一些窖藏钱、库房钱也偶见严重锈蚀，空气、水、温度、湿度等环境因素长期影响着铜钱文物的存在状态。南宋、金时期铜钱合金成分的铜、锡、铅、铁、镍等金属元素会与周围保存环境中的氢、氧等元素发生一定的化学反应，生成各色化合物，存在于铜钱的面背、钱穿、钱文等位置，然后由于保存时空的变化，继续发生反应或保持相对稳定。铜钱表面形成的化合物大体上都是锈蚀层，颜色以蓝、绿、赤、白为主。使用电子显微镜观察铜钱文物时，进行10—30倍的放大观察，可以大致分辨其版别、保存环境、真伪、工艺水平等。下面我们就对南宋和金代的26个铜钱文物样品进行铜钱表层形态及其他方位形态观察，并做相关汇释。

（一）淳熙元宝背上月下星纹折二钱

1号样币是淳熙元宝背上月下星纹折二钱（图2），该钱钱径2.95厘米、穿径0.9厘米、厚0.17厘米、重5.47克。该钱锈蚀轻微，两面有浮土，保存状态较好。展目本品，铸造规整，内外轮廓完整，穿小而平整，外廓较宽，钱背上月而下星。该钱工艺水平高，铸钱合金比例含铜量高。据周卫荣先生整理，淳熙元宝的含铜量多在55.26%以上，主要含有铜、铅、锡等元素，个别含有铁、锌等元素[1]。看其钱文，真书旋读，写法自然。彭信威先生提到淳熙元宝时说，自淳熙以后，南宋钱币的文字和大小大致是一样的[2]。朱活先生言淳熙元宝折二真书钱见七至十六背文[3]。据《南宋铜钱》钱谱图版序号5.4，该钱可能为"正字背星月楷书"版淳熙元宝折二钱[4]。董遹《钱谱》记载此钱为宋孝宗

---

[1] 周卫荣：《中国古代钱币合金成分研究》，北京：中华书局，2004年版，第81页。
[2] 彭信威：《中国货币史》，上海：上海人民出版社，2015年版，第302页。
[3] 朱活：《古钱小辞典》，北京：文物出版社，1995年版，第100页。
[4] 白猫：《南宋铜钱》，桂林：广西师范大学出版社，2019年版，第249页。

时所铸①。今井贞吉在《古泉大全·丙集》中将此版淳熙元宝折二钱定为"背月星"，评级为"宝"②。钟旭洲在《南宋钱汇·铜钱编》中记载有"俯淳昂宝"等多版淳熙元宝楷书背星月折二钱③。

图 2　淳熙元宝背上月下星纹折二钱

（二）景定元宝背上"元"折二钱

2 号样币是景定元宝背上"元"折二钱（图 3），该钱钱径 2.85 厘米、穿径 0.8 厘米、厚 0.15 厘米、重 4.66 克。该钱有钱锈，以蓝绿锈为主，保存状态一般。纵览本品，铸造尚规矩，钱背外轮偏移，字有接廓，钱穿有不平之处，反映了南宋景定年间的铸钱水准。该钱工艺水平较高，铸钱合金比例含铜量较高。据周卫荣先生整理，景定元宝的含铜量多在 50.76% 以上，主要含有铜、铅、锡等元素，个别含有铁、锌等元素④。看其钱文，真书直读，字体规整。彭信威先生提到景定年间铸造有景定元宝，有小平和折二两种，背文自元字到五字⑤。李佐贤引《续通考》言："景定元年诏铸新钱。"⑥据《南宋铜钱》钱谱图版序号 19.8，该钱可能为"官铸背元"版景定元宝折二钱⑦。董遹《钱谱》记载此钱为宋理宗时所铸⑧。今井贞吉在《古泉大全·丙集》中将此版景定元宝背上"元"折二钱定为"背元"，评级为"凤"⑨。钟旭洲在《南宋钱汇·铜钱编》中记载有"俯景仰元"等多版景定元宝背上"元"折二钱⑩。

---

① （宋）董遹：《钱谱》，（宋）洪遵等著，任仁仁整理校点：《泉志（外三种）》，上海：上海书店出版社，2018 年版，第 11 页。
② [日]今井贞吉：《古泉大全·丙集》，天津：天津古籍出版社，1989 年版，第 284 页。
③ 钟旭洲：《南宋钱汇·铜钱编》，北京：文物出版社，2021 年版，第 253—256 页。
④ 周卫荣：《中国古代钱币合金成分研究》，北京：中华书局，2004 年版，第 82 页。
⑤ 彭信威：《中国货币史》，上海：上海人民出版社，2015 年版，第 302 页。
⑥ （清）李佐贤著，杜斌校注：《古泉汇》，济南：山东画报出版社，2017 年版，第 446 页。
⑦ 白猫：《南宋铜钱》，桂林：广西师范大学出版社，2019 年版，第 447 页。
⑧ （宋）董遹：《钱谱》，（宋）洪遵等著，任仁仁整理校点：《泉志（外三种）》，上海：上海书店出版社，2018 年版，第 12 页。
⑨ [日]今井贞吉：《古泉大全·丙集》，天津：天津古籍出版社，1989 年版，第 357 页。
⑩ 钟旭洲：《南宋钱汇·铜钱编》，北京：文物出版社，2021 年版，第 692 页。

图3　景定元宝背上"元"折二钱

（三）庆元通宝背下"元"折二钱

3号样币是庆元通宝背下"元"折二钱（图4），该钱钱径3厘米、穿径0.8厘米、厚0.18厘米、重5.80克。该钱锈蚀程度较低，钱面绿锈有浮土，钱背浮土重，保存状态好。观其铸相，铸造精整，圆规方矩，外轮廓较宽，穿轮适中，钱穿不平整。该钱工艺水平高，铸钱合金比例含铜量较高。据周卫荣先生整理，庆元通宝的含铜量多在55.15%以上，主要含有铜、铅、锡等元素，个别含有铁、锌等元素[①]。览其钱文，真书旋读，字体规整，笔画清晰。彭信威先生提到庆元通宝铜钱，有小平钱、折二钱和折三钱三种，背文自元字到六字[②]。李佐贤言："此泉形制重大，背文繁多，为宋钱中仅见者。"[③]据《南宋铜钱》钱谱图版序号7.19，该钱可能为"官铸背元"版庆元通宝折二钱[④]。董遹《钱谱》记载此钱为宋宁宗时所铸[⑤]。今井贞吉在《古泉大全•丙集》中将此版庆元通宝背下"元"折二钱定为"背元"，评级为"凤"[⑥]。钟旭洲在《南宋钱汇•铜钱编》中记载有"广郭仰元"等多版庆元通宝背下"元"折二钱[⑦]。

图4　庆元通宝背下"元"折二钱

[①] 周卫荣：《中国古代钱币合金成分研究》，北京：中华书局，2004年版，第81页。
[②] 彭信威：《中国货币史》，上海：上海人民出版社，2015年版，第300页。
[③] （清）李佐贤著，杜斌校注：《古泉汇》，济南：山东画报出版社，2017年版，第431页。
[④] 白猫：《南宋铜钱》，桂林：广西师范大学出版社，2019年版，第310页。
[⑤] （宋）董遹：《钱谱》，（宋）洪遵等著，任仁仁整理校点：《泉志（外三种）》，上海：上海书店出版社，2018年版，第11页。
[⑥] [日]今井贞吉：《古泉大全•丙集》，天津：天津古籍出版社，1989年版，第299页。
[⑦] 钟旭洲：《南宋钱汇•铜钱编》，北京：文物出版社，2021年版，第331页。

（四）绍定通宝背上"元"折二钱

4号样币是绍定通宝背上"元"折二钱（图5），该钱钱径 2.9 厘米、穿径 0.9 厘米、厚 0.2 厘米、重 5.99 克。该钱有锈蚀，钱面锈蚀稍轻，钱背草绿锈，保存状态好，可见铜色。展目本品，铸造规整，钱背右下角有月纹，但穿轮适中，钱穿规整，线条不清晰。该钱工艺水平较高，铸钱合金比例含铜量较高。据周卫荣先生整理，绍定通宝的含铜量多在 51.18% 以上，主要含有铜、铅、锡等元素，个别含有铁、锌等元素①。看其钱文，真书直读，字体规范，写法流畅。彭信威先生提到绍定通宝铜钱有小平和折二两种，背文自元字到六字②。据《南宋铜钱》钱谱图版序号 13.20，该钱可能为"官铸背元"版绍定通宝折二钱③，但钱背有月纹，极其少见。董遒《钱谱》记载此钱为宋理宗时所铸④。今井贞吉在《古泉大全·丙集》中将此版绍定通宝背上"元"折二钱定为"背元"，评级为"养"⑤。钟旭洲在《南宋钱汇·铜钱编》中记载有"仰定"等多版绍定通宝背上"元"折二钱⑥。

图 5 绍定通宝背上"元"折二钱

（五）淳祐元宝背上"元"折二钱

5号样币是淳祐元宝背上"元"折二钱（图6），该钱钱径 2.95 厘米、穿径 0.8 厘米、厚 0.2 厘米、重 6.07 克。该钱锈蚀严重，钱面字迹模糊，钱背轮廓磨损，有缺口，保存状态差。展目本品，铸造不规整，外廓损坏，穿轮适中，钱穿不平整。该钱工艺水平一般，铸钱合金比例含铜量较高。据周卫荣先生整理，淳祐元宝的含铜量多在 61.38% 以上，主要含有铜、铅、锡等元素，个别含

---

① 周卫荣：《中国古代钱币合金成分研究》，北京：中华书局，2004年版，第81页。
② 彭信威：《中国货币史》，上海：上海人民出版社，2015年版，第301页。
③ 白猫：《南宋铜钱》，桂林：广西师范大学出版社，2019年版，第383页。
④ （宋）董遒：《钱谱》，（宋）洪遵等著，任仁仁整理校点：《泉志（外三种）》，上海：上海书店出版社，2018年版，第11页。
⑤ ［日］今井贞吉：《古泉大全·丙集》，天津：天津古籍出版社，1989年版，第338页。
⑥ 钟旭洲：《南宋钱汇·铜钱编》，北京：文物出版社，2021年版，第512页。

有铁、锌等元素①。看其钱文,真书旋读,字体尚规整。彭信威先生提到淳祐元宝铜钱有小平和折二,背文自元字到十二②。据《南宋铜钱》钱谱图版序号16.22,该钱可能为"官铸背元大字"版淳祐元宝折二钱③。董逌《钱谱》记载此钱为宋理宗时所铸④。今井贞吉在《古泉大全·丙集》中将此版淳祐元宝背上"元"折二钱定为"背元",评级为"凤"⑤。钟旭洲在《南宋钱汇·铜钱编》中记载有"阔轮仰淳"等多版淳祐元宝背上"元"折二钱⑥。

图 6　淳祐元宝背上"元"折二钱

(六)隆兴元宝折二钱

6 号样币是隆兴元宝折二钱(图 7),该钱钱径 2.85 厘米、穿径 0.7 厘米、厚 0.19 厘米、重 6.36 克。该钱锈蚀较重,两面呈绿色溶蚀锈,钱背有针孔,保存状态差。观其铸相,铸造尚规整,内外轮廓已不清晰,钱穿稍小而不平。该钱工艺水平中等,铸钱合金比例含铜量较高,但隆兴元宝的含铜量实验检测结果较少。看其钱文,篆书旋读,写法自然。彭信威先生提到隆兴元宝折二钱篆书和真书成对⑦。据《南宋铜钱》钱谱图版序号 3.7,该钱可能为"正字仰元篆书"版隆兴元宝折二钱⑧。董逌《钱谱》记载此钱为宋孝宗时所铸⑨。今井贞吉在《古泉大全·丙集》中将此版隆兴元宝折二钱定为"篆书",评级为"养"⑩。钟旭洲在《南宋钱汇·铜钱编》中记载有"正字背四决"等多版隆

---

① 周卫荣:《中国古代钱币合金成分研究》,北京:中华书局,2004 年版,第 82 页。
② 彭信威:《中国货币史》,上海:上海人民出版社,2015 年版,第 301 页。
③ 白猫:《南宋铜钱》,桂林:广西师范大学出版社,2019 年版,第 416 页。
④ (宋)董逌:《钱谱》,(宋)洪遵等著,任仁仁整理校点:《泉志(外三种)》,上海:上海书店出版社,2018 年版,第 11 页。
⑤ [日]今井贞吉:《古泉大全·丙集》,天津:天津古籍出版社,1989 年版,第 348 页。
⑥ 钟旭洲:《南宋钱汇·铜钱编》,北京:文物出版社,2021 年版,第 597 页。
⑦ 彭信威:《中国货币史》,上海:上海人民出版社,2015 年版,第 299 页。
⑧ 白猫:《南宋铜钱》,桂林:广西师范大学出版社,2019 年版,第 217 页。
⑨ (宋)董逌:《钱谱》,(宋)洪遵等著,任仁仁整理校点:《泉志(外三种)》,上海:上海书店出版社,2018 年版,第 11 页。
⑩ [日]今井贞吉:《古泉大全·丙集》,天津:天津古籍出版社,1989 年版,第 275 页。

兴元宝折二钱①。

图 7　隆兴元宝折二钱

（七）开禧通宝背上"元"折二钱

7 号样币是开禧通宝背上"元"折二钱（图 8），该钱钱径 3 厘米、穿径 0.8 厘米、厚 0.2 厘米、重 9.10 克。该钱有锈蚀，钱面锈蚀较轻，钱背锈蚀较重，保存状态尚好。展目本品，铸造尚精整，内外轮廓完整，字有接廓，钱穿不平整，在开禧通宝中本品质量尚好。该钱工艺水平较高，铸钱合金比例含铜量较高。据周卫荣先生整理，开禧通宝的含铜量多在 54.49% 以上，主要含有铜、铅、锡等元素，个别含有铁、锌等元素②。看其钱文，真书旋读，字体尚规整。彭信威先生提到开禧通宝铜钱有平钱、折二钱两种，背文自元字至三字③。李佐贤言："开禧通宝，今铜钱未见元宝者。"④据《南宋铜钱》钱谱图版序号 9.12，该钱可能为"官铸背元阔宝"版开禧通宝折二钱⑤。董逌《钱谱》记载此钱为宋宁宗时所铸⑥。今井贞吉在《古泉大全·丙集》中将此版开禧通宝背上"元"折二钱定为"背元"，评级为"嘉"⑦。钟旭洲在《南宋钱汇·铜钱编》中记载有"阔轮仰开"等多版开禧通宝背上"元"折二钱⑧。

（八）咸淳元宝背上"元"折二钱

8 号样币是咸淳元宝背上"元"折二钱（图 9），该钱钱径 2.9 厘米、穿径 0.8 厘米、厚 0.2 厘米、重 6.12 克。该钱有锈蚀，两面带锈，锈蚀程度不均，保

---

① 钟旭洲：《南宋钱汇·铜钱编》，北京：文物出版社，2021 年版，第 157 页。
② 周卫荣：《中国古代钱币合金成分研究》，北京：中华书局，2004 年版，第 81 页。
③ 彭信威：《中国货币史》，上海：上海人民出版社，2015 年版，第 300 页。
④ （清）李佐贤著，杜斌校注：《古泉汇》，济南：山东画报出版社，2017 年版，第 434 页。
⑤ 白猫：《南宋铜钱》，桂林：广西师范大学出版社，2019 年版，第 335 页。
⑥ （宋）董逌：《钱谱》，（宋）洪遵等著，任仁仁整理校点：《泉志（外三种）》，上海：上海书店出版社，2018 年版，第 11 页。
⑦ [日]今井贞吉：《古泉大全·丙集》，天津：天津古籍出版社，1989 年版，第 311 页。
⑧ 钟旭洲：《南宋钱汇·铜钱编》，北京：文物出版社，2021 年版，第 388 页。

图 8　开禧通宝背上"元"折二钱

存状态尚好。观其铸相，铸造规整，圆规方矩，轮廓完整，穿轮适中，钱穿不平整。该钱工艺水平较高，铸钱合金比例含铜量较高。据周卫荣先生整理，咸淳元宝的含铜量多在 54.04% 以上，主要含有铜、铅、锡等元素，个别含有铁、锌等元素①。览其钱文，真书直读，字体规整，笔画清晰。彭信威先生提到咸淳元宝铜钱有平钱和折二钱两种，背文自元字到八字②。李佐贤引言咸淳元宝："有小钱、折二、折三，凡三等。"③据《南宋铜钱》钱谱图版序号 20.1，该钱可能为"官铸背元"版咸淳元宝折二钱④。董迪《钱谱》记载此钱为宋度宗时所铸⑤。今井贞吉在《古泉大全·丙集》中将此版咸淳元宝背上"元"折二钱定为"背元"，评级为"听"⑥。钟旭洲在《南宋钱汇·铜钱编》中记载有"阔淳"等多版咸淳元宝背上"元"折二钱⑦。

图 9　咸淳元宝背上"元"折二钱

---

① 周卫荣：《中国古代钱币合金成分研究》，北京：中华书局，2004 年版，第 82 页。
② 彭信威：《中国货币史》，上海：上海人民出版社，2015 年版，第 302 页。
③ （清）李佐贤著，杜斌校注：《古泉汇》，济南：山东画报出版社，2017 年版，第 447 页。
④ 白猫：《南宋铜钱》，桂林：广西师范大学出版社，2019 年版，第 451 页。
⑤ （宋）董迪：《钱谱》，（宋）洪遵等著，任仁仁整理校点：《泉志（外三种）》，上海：上海书店出版社，2018 年版，第 12 页。
⑥ [日]今井贞吉：《古泉大全·丙集》，天津：天津古籍出版社，1989 年版，第 360 页。
⑦ 钟旭洲：《南宋钱汇·铜钱编》，北京：文物出版社，2021 年版，第 726 页。

(九)大宋元宝背下"元"折二钱

9号样币是大宋元宝背下"元"折二钱(图10),该钱钱径2.95厘米、穿径0.8厘米、厚0.2厘米、重6.19克。该钱锈蚀严重,钱面有浮土,钱背有锈,保存状态一般。展目本品,铸造不规整,穿轮适中,钱穿不规整,钱背纪年,大宋元宝折二钱向来是南宋折值钱中的名誉品,本品虽质量有欠缺,但价值依然不低。该钱工艺水平较高,铸钱合金比例含铜量较高,但大宋元宝的含铜量实验检测结果较少。看其钱文,真书旋读,字体规范,写法流畅。彭信威先生提到大宋元宝铜钱有平钱、折二钱两种,背文自元字到三字[1]。据《南宋铜钱》钱谱图版序号12.13,该钱可能为"官铸背元"版大宋元宝折二钱[2],但钱背有月纹,极其少见。董迪《钱谱》记载此钱为宋理宗时所铸[3]。今井贞吉在《古泉大全·丙集》中将此版大宋元宝背下"元"折二钱定为"背元",评级为"风"[4]。钟旭洲在《南宋钱汇·铜钱编》中记载有"仰宝"等多版大宋元宝背下"元"折二钱[5]。

图10 大宋元宝背下"元"折二钱

(十)嘉泰通宝背上"元"折二钱

10号样币是嘉泰通宝背上"元"折二钱(图11),该钱钱径3.05厘米、穿径0.9厘米、厚0.17厘米、重6.13克。该钱锈蚀程度轻,钱背中廓,两面绿锈且有浮土,保存状态尚好。观其铸相,铸造精整,方矩圆规,穿轮适中,线条清晰。该钱工艺水平高,铸钱合金比例含铜量较高。据周卫荣先生整理,嘉泰通宝的含铜量多在57.27%以上,主要含有铜、铅、锡等元素,个别含有铁、锌等元素[6]。看其钱文,真书直读,字体规整,文字笔画整齐。彭信威先生提到

---

[1] 彭信威:《中国货币史》,上海:上海人民出版社,2015年版,第301页。
[2] 白猫:《南宋铜钱》,桂林:广西师范大学出版社,2019年版,第371页。
[3] (宋)董迪:《钱谱》,(宋)洪遵等著,任仁仁整理校点:《泉志(外三种)》,上海:上海书店出版社,2018年版,第11页。
[4] [日]今井贞吉:《古泉大全·丙集》,天津:天津古籍出版社,1989年版,第333页。
[5] 钟旭洲:《南宋钱汇·铜钱编》,北京:文物出版社,2021年版,第484页。
[6] 周卫荣:《中国古代钱币合金成分研究》,北京:中华书局,2004年版,第81页。

嘉泰通宝铜钱有平钱、折二钱、当五钱三种，前两者背文自元字到四字，当五为光背①。据《南宋铜钱》钱谱图版序号 8.16，该钱可能为"官铸背元"版嘉泰通宝折二钱②。董遹《钱谱》记载此钱为宋宁宗时所铸③。今井贞吉在《古泉大全·丙集》中将此版嘉泰通宝背上"元"折二钱定为"背元"，评级为"白"④。钟旭洲在《南宋钱汇·铜钱编》中记载有"进嘉仰宝"等多版嘉泰通宝背上"元"折二钱⑤。

图 11　嘉泰通宝背上"元"折二钱

（十一）嘉熙通宝背下"元"折二钱

11 号样币是嘉熙通宝背下"元"折二钱（图 12），该钱钱径 2.85 厘米、穿径 0.8 厘米、厚 0.2 厘米、重 6.59 克。该钱锈蚀较重，两面有浮土，锈色蓝红，保存状态尚好。展目本品，铸造规整，内外轮廓完整，穿略不平整，稍有偏移，钱背纪年。该钱工艺水平较高，铸钱合金比例含铜量较高。据周卫荣先生整理，嘉熙通宝的含铜量多在 55.83%以上，主要含有铜、铅、锡等元素，个别含有铁、锌等元素⑥。看其钱文，真书直读，写法自然。彭信威先生提到嘉熙通宝铜钱有小平和折二两种，背文自元字到四字⑦。据《南宋铜钱》钱谱图版序号 15.8，该钱可能为"背元正熙"版嘉熙通宝折二钱⑧。董遹《钱谱》记载此钱为宋理宗时所铸⑨。今井贞吉在《古泉大全·丙集》中将此版嘉熙通宝

---

① 彭信威：《中国货币史》，上海：上海人民出版社，2015 年版，第 300 页。
② 白猫：《南宋铜钱》，桂林：广西师范大学出版社，2019 年版，第 326 页。
③ （宋）董遹：《钱谱》，（宋）洪遵等著，任仁仁整理校点：《泉志（外三种）》，上海：上海书店出版社，2018 年版，第 11 页。
④ [日]今井贞吉：《古泉大全·丙集》，天津：天津古籍出版社，1989 年版，第 307 页。
⑤ 钟旭洲：《南宋钱汇·铜钱编》，北京：文物出版社，2021 年版，第 365 页。
⑥ 周卫荣：《中国古代钱币合金成分研究》，北京：中华书局，2004 年版，第 82 页。
⑦ 彭信威：《中国货币史》，上海：上海人民出版社，2015 年版，第 301 页。
⑧ 白猫：《南宋铜钱》，桂林：广西师范大学出版社，2019 年版，第 402 页。
⑨ （宋）董遹：《钱谱》，（宋）洪遵等著，任仁仁整理校点：《泉志（外三种）》，上海：上海书店出版社，2018 年版，第 11 页。

背下"元"折二钱定为"背元",评级为"凤"①。钟旭洲在《南宋钱汇·铜钱编》中记载有"粗字"等多版嘉熙通宝背下"元"折二钱②。

图 12 嘉熙通宝背下"元"折二钱

(十二)开庆通宝背上"元"折二钱

12号样币是开庆通宝背上"元"折二钱(图 13),该钱钱径 2.9 厘米、穿径 0.8 厘米、厚 0.19 厘米、重 6.67 克。该钱锈蚀程度较重,以红绿锈为主,保存状态尚好。展目本品,铸造尚规整,内外轮廓完整,中穿较平整,钱背纪年。该钱工艺水平较高,铸钱合金比例含铜量较高。一般情况下,根据南宋钱币合金成分的经验数据来看,开庆通宝可能主要含有铜、铅、锡等元素,个别含有铁、锌等元素。看其钱文,真书直读,字体敦厚。彭信威先生提到开庆通宝铜钱有小平和折二两种,背文仅有元字一种③。据《南宋铜钱》钱谱图版序号 18.3,该钱可能为"背元"版开庆通宝折二钱④。董逌《钱谱》记载此钱为宋理宗时所铸⑤。今井贞吉在《古泉大全·丙集》中将此版开庆通宝背上"元"折二钱定为"背元",评级为"养"⑥。钟旭洲在《南宋钱汇·铜钱编》中记载有"阔轮阔开大样"等多版开庆通宝背上"元"折二钱⑦。

(十三)绍熙元宝背下"元"折二钱

13号样币是绍熙元宝背下"元"折二钱(图 14),该钱钱径 2.95 厘米、穿径 0.7 厘米、厚 0.2 厘米、重 7.18 克。该钱锈蚀中等,钱正面有浮土,可见绿锈,保存状态尚好。观其铸相,铸造规整,轮廓外圆内方,中穿平直,线条清

---

① [日]今井贞吉:《古泉大全·丙集》,天津:天津古籍出版社,1989年版,第 345 页。
② 钟旭洲:《南宋钱汇·铜钱编》,北京:文物出版社,2021年版,第 559 页。
③ 彭信威:《中国货币史》,上海:上海人民出版社,2015年版,第 302 页。
④ 白猫:《南宋铜钱》,桂林:广西师范大学出版社,2019年版,第 443 页。
⑤ (宋)董逌:《钱谱》,(宋)洪遵等著,任仁仁整理校点:《泉志(外三种)》,上海:上海书店出版社,2018年版,第 12 页。
⑥ [日]今井贞吉:《古泉大全·丙集》,天津:天津古籍出版社,1989年版,第 355 页。
⑦ 钟旭洲:《南宋钱汇·铜钱编》,北京:文物出版社,2021年版,第 677 页。

晰，钱背纪年。该钱工艺水平高，铸钱合金比例含铜量较高。一般情况下，根据南宋钱币合金成分的经验数据来看，绍熙元宝可能主要含有铜、铅、锡等元素，个别含有铁、锌等元素。看其钱文，真书旋读，平正大方。彭信威先生提到绍熙元宝铜钱有平钱、折二钱、折三钱三种，折二钱背文自元字到五字[①]。据《南宋铜钱》钱谱图版序号6.19，该钱可能为"分点熙背元"版绍熙元宝折二钱[②]。董逌《钱谱》记载此钱为宋光宗时所铸[③]。今井贞吉在《古泉大全·丙集》中将此版绍熙元宝背下"元"折二钱定为"背元"，评级为"宝"[④]。钟旭洲在《南宋钱汇·铜钱编》中记载有"粗字俯熙"等多版绍熙元宝背下"元"折二钱[⑤]。

图13 开庆通宝背上"元"折二钱

图14 绍熙元宝背下"元"折二钱

（十四）嘉定通宝背上"元"折二钱

14号样币是嘉定通宝背上"元"折二钱（图15），该钱钱径2.95厘米、穿径0.8厘米、厚0.2厘米、重6.81克。该钱锈蚀较重，钱面点状绿锈明显，保存状态尚好。展目本品，铸造尚规整，方矩圆规，穿略不平整，钱背纪年。该钱工艺水平高，铸钱合金比例含铜量较高。据赵匡华等专家整理，嘉定通宝

---

① 彭信威：《中国货币史》，上海：上海人民出版社，2015年版，第300页。
② 白猫：《南宋铜钱》，桂林：广西师范大学出版社，2019年版，第294页。
③ （宋）董逌：《钱谱》，（宋）洪遵等著，任仁仁整理校点：《泉志（外三种）》，上海：上海书店出版社，2018年版，第11页。
④ [日]今井贞吉：《古泉大全·丙集》，天津：天津古籍出版社，1989年版，第292页。
⑤ 钟旭洲：《南宋钱汇·铜钱编》，北京：文物出版社，2021年版，第303页。

的含铜量多在 50.54%以上，主要含有铜、铅、锡等元素，个别含有铁、锌等元素①。看其钱文，真书直读，写法自然。彭信威先生提到嘉定通宝铜钱有小平和折二两种，钱背年份只到十四为止②。据《南宋铜钱》钱谱图版序号10.35，该钱可能为"背元"版嘉定通宝折二钱③。董逌《钱谱》记载此钱为宋宁宗时所铸④。今井贞吉在《古泉大全·丙集》中将此版嘉定通宝背上"元"折二钱定为"背元"，评级为"凤"⑤。钟旭洲在《南宋钱汇·铜钱编》中记载有"广郭正字"等多版嘉定通宝背上"元"折二钱⑥。

图 15 嘉定通宝背上"元"折二钱

（十五）皇宋元宝背上"二"折二钱

15 号样币是皇宋元宝背上"二"折二钱（图 16），该钱钱径 3.05 厘米、穿径 0.9 厘米、厚 0.18 厘米、重 6.8 克。该钱锈蚀程度中等，两面可见钱锈，保存状态尚好。观其铸相，铸造尚规整，内外轮廓完整，中穿较平整，钱背纪年。该钱工艺水平高，铸钱合金比例含铜量较高。一般情况下，根据南宋钱币合金成分的经验数据来看，皇宋元宝可能主要含有铜、铅、锡等元素，个别含有铁、锌等元素。看其钱文，真书旋读，端庄秀丽。彭信威先生提到皇宋元宝铜钱有小平和折二两种，背文自元字到六字⑦。据《南宋铜钱》钱谱图版序号17.16，该钱可能为"背二大字"版皇宋元宝折二钱⑧。今井贞吉在《古泉大全·丙集》中将此版皇宋元宝背上"二"折二钱定为"背二"，评级为"富"⑨。

---

① 赵匡华、王伟平、华觉明，等：《南宋铜钱化学成分剖析及宋代胆铜质量研究》，《自然科学史研究》1986 年第 4 期，第 322 页。
② 彭信威：《中国货币史》，上海：上海人民出版社，2015 年版，第 300 页。
③ 白猫：《南宋铜钱》，桂林：广西师范大学出版社，2019 年版，第 356 页。
④ （宋）董逌：《钱谱》，（宋）洪遵等著，任仁仁整理校点：《泉志（外三种）》，上海：上海书店出版社，2018 年版，第 11 页。
⑤ [日]今井贞吉：《古泉大全·丙集》，天津：天津古籍出版社，1989 年版，第 317 页。
⑥ 钟旭洲：《南宋钱汇·铜钱编》，北京：文物出版社，2021 年版，第 440 页。
⑦ 彭信威：《中国货币史》，上海：上海人民出版社，2015 年版，第 302 页。
⑧ 白猫：《南宋铜钱》，桂林：广西师范大学出版社，2019 年版，第 437 页。
⑨ [日]今井贞吉：《古泉大全·丙集》，天津：天津古籍出版社，1989 年版，第 353 页。

钟旭洲在《南宋钱汇·铜钱编》中记载有"进皇阔元"等多版皇宋元宝背上"二"折二钱[1]。

图 16　皇宋元宝背上"二"折二钱

（十六）乾道元宝折二钱

16号样币是乾道元宝折二钱（图17），该钱钱径2.8厘米、穿径0.7厘米、厚0.2厘米、重7.15克。该钱锈蚀较重，钱文稍模糊，保存状态一般。展目本品，铸造尚规整，内外轮廓完整，中穿不平整，穿右下角有锈蚀物堆积，钱背纪年。该钱工艺水平中等，铸钱合金比例含铜量较高。据赵匡华等专家整理，乾道元宝的含铜量多在52.17%以上，主要含有铜、铅、锡等元素，个别含有铁、锌等元素[2]。看其钱文，真书旋读，字迹端正。彭信威先生提到乾道元宝铜钱只有折二一种，篆书真书成对，铁钱则只有小平钱[3]。据《南宋铜钱》钱谱图版序号4.9，该钱可能为"小字楷书"版乾道元宝折二钱[4]。董逌《钱谱》记载此钱为宋孝宗时所铸[5]。今井贞吉在《古泉大全·丙集》中将此版乾道元宝折二钱定为"小字"，评级为"卢"[6]。钟旭洲在《南宋钱汇·铜钱编》中记载有"小字狭元"等多版乾道元宝折二钱[7]。

（十七）绍兴元宝篆书折二钱

17号样币是绍兴元宝篆书折二钱（图18），该钱钱径2.85厘米、穿径0.8厘米、厚0.18厘米、重6.09克。该钱锈蚀较轻，保存状态尚好。观其铸相，铸

---

[1] 钟旭洲：《南宋钱汇·铜钱编》，北京：文物出版社，2021年版，第559页。
[2] 赵匡华、王伟平、华觉明，等：《南宋铜钱化学成分剖析及宋代胆铜质量研究》，《自然科学史研究》1986年第4期，第322页。
[3] 彭信威：《中国货币史》，上海：上海人民出版社，2015年版，第299页。
[4] 白猫：《南宋铜钱》，桂林：广西师范大学出版社，2019年版，第232页。
[5] （宋）董逌：《钱谱》，（宋）洪遵等著，任仁仁整理校点：《泉志（外三种）》，上海：上海书店出版社，2018年版，第11页。
[6] [日]今井贞吉：《古泉大全·丙集》，天津：天津古籍出版社，1989年版，第277页。
[7] 钟旭洲：《南宋钱汇·铜钱编》，北京：文物出版社，2021年版，第189页。

造规整，方矩圆规，钱穿平整。该钱工艺水平较高，铸钱合金比例含铜量较高。据赵匡华等专家整理，绍兴元宝的含铜量多在 47.03% 以上，主要含有铜、铅、锡等元素，个别含有铁、锌等元素[①]。看其钱文，篆书旋读，字体大气饱满。彭信威先生提到绍兴元宝铜钱有小平和折二两种，篆书和真书成对[②]。据《南宋铜钱》钱谱图版序号 2.17，该钱可能为"正字光背篆书"版绍兴元宝折二钱[③]。董逌《钱谱》记载此钱为宋高宗时所铸[④]。今井贞吉在《古泉大全·丙集》中将此版绍兴元宝篆书折二钱定为"大样"，评级为"富"[⑤]。钟旭洲在《南宋钱汇·铜钱编》中记载有"大字仰宝"等多版绍兴元宝篆书折二钱[⑥]。

图 17 乾道元宝折二钱

图 18 绍兴元宝篆书折二钱

（十八）建炎通宝小平钱

18 号样币是建炎通宝小平钱（图 19），该钱钱径 2.3 厘米、穿径 0.6 厘米、厚 0.15 厘米、重 3.55 克。该钱锈蚀较重，两面有浮土，钱文较模糊，保存状态

---

① 赵匡华、王伟平、华觉明，等：《南宋铜钱化学成分分析及宋代胆铜质量研究》，《自然科学史研究》1986 年第 4 期，第 322 页。
② 彭信威：《中国货币史》，上海：上海人民出版社，2015 年版，第 299 页。
③ 白猫：《南宋铜钱》，桂林：广西师范大学出版社，2019 年版，第 181 页。
④ （宋）董逌：《钱谱》，（宋）洪遵等著，任仁仁整理校点：《泉志（外三种）》，上海：上海书店出版社，2018 年版，第 11 页。
⑤ [日]今井贞吉：《古泉大全·丙集》，天津：天津古籍出版社，1989 年版，第 269 页。
⑥ 钟旭洲：《南宋钱汇·铜钱编》，北京：文物出版社，2021 年版，第 98 页。

差。展目本品，铸造较不规整，外廓有多处平滑豁口，中穿不平整。该钱工艺水平一般，铸钱合金比例含铜量较高。据周卫荣先生整理，建炎通宝的含铜量多在 40.84%以上，主要含有铜、铅、锡等元素，个别含有铁、锌等元素[1]。看其钱文，真书直读，写法继承了北宋中后期一些钱文特点。彭信威先生提到建炎通宝铜钱有平钱、折二钱、折三钱三种，三种钱都是篆书和真书成对[2]。据《南宋铜钱》钱谱图版序号 1.13，该钱可能为"大字楷书"版建炎通宝平钱[3]。董遹《钱谱》记载此钱为宋高宗时所铸[4]。今井贞吉在《古泉大全·丙集》中将此版建炎通宝小平钱定为"大字"，评级为"宝"[5]。钟旭洲在《南宋钱汇·铜钱编》中记载有"俯建俯通"等多版建炎通宝小平钱[6]。

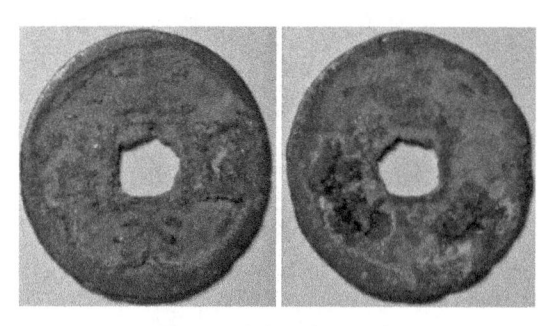

图 19　建炎通宝小平钱

（十九）建炎通宝私铸小平钱

19 号样币是建炎通宝私铸小平钱（图 20），该钱钱径 2.5 厘米、穿径 0.8 厘米、厚 0.09 厘米、重 2.53 克。该钱锈蚀较重，钱面钱文已经略模糊，保存状态一般。展目本品，铸造不甚规整，私铸建炎通宝较官铸建炎通宝薄近三分之一，其重量也比官铸钱轻不少，钱穿略不平整且质量差，铜质不如官铸钱好。该钱工艺水平低，铸钱合金比例含铜量一般比官铸钱要低。据周卫荣先生整理，官铸的建炎通宝含铜量多在 40.84%以上，主要含有铜、铅、锡等元素，个别含有铁、锌等元素[7]，私铸钱为了节约成本，赚取更大利润，一般情况下其含铜量比官铸钱要低些。

---

[1]　周卫荣：《中国古代钱币合金成分研究》，北京：中华书局，2004 年版，第 80 页。
[2]　彭信威：《中国货币史》，上海：上海人民出版社，2015 年版，第 299 页。
[3]　白猫：《南宋铜钱》，桂林：广西师范大学出版社，2019 年版，第 139 页。
[4]　（宋）董遹：《钱谱》，（宋）洪遵等著，任仁仁整理校点：《泉志（外三种）》，上海：上海书店出版社，2018 年版，第 11 页。
[5]　[日]今井贞吉：《古泉大全·丙集》，天津：天津古籍出版社，1989 年版，第 261 页。
[6]　钟旭洲：《南宋钱汇·铜钱编》，北京：文物出版社，2021 年版，第 13 页。
[7]　周卫荣：《中国古代钱币合金成分研究》，北京：中华书局，2004 年版，第 80 页。

图 20　建炎通宝私铸小平钱

(二十) 淳熙元宝小平钱

20 号样币是淳熙元宝小平钱 (图 21), 该钱钱径 2.4 厘米、穿径 0.7 厘米、厚 0.13 厘米、重 3.26 克。该钱锈蚀较重, 两面有浮土, 保存状态尚好。观其铸相, 铸造尚规整, 内外轮廓完整, 穿略不平整, 钱背纪年。该钱工艺水平较高, 铸钱合金比例含铜量较高。据赵匡华等专家整理, 淳熙元宝的含铜量多在 56.42% 以上, 主要含有铜、铅、锡等元素, 个别含有铁、锌等元素[1]。看其钱文, 真书旋读, 字体写法略粗糙。据《南宋铜钱》钱谱图版序号 5.2, 该钱可能为"大字光背"版淳熙元宝小平钱[2]。董逌《钱谱》记载此钱为宋孝宗时所铸[3]。今井贞吉在《古泉大全·丙集》中将此版淳熙元宝小平钱定为"正样", 评级为"凤"[4]。钟旭洲在《南宋钱汇·铜钱编》中记载有"中穿大字"等多版淳熙元宝小平钱[5]。

图 21　淳熙元宝小平钱

---

[1] 赵匡华、王伟平、华觉明, 等:《南宋铜钱化学成分剖析及宋代胆铜质量研究》,《自然科学史研究》1986 年第 4 期, 第 322 页。
[2] 白猫:《南宋铜钱》, 桂林: 广西师范大学出版社, 2019 年版, 第 248 页。
[3] (宋) 董逌:《钱谱》, (宋) 洪遵等著, 任仁仁整理校点:《泉志 (外三种)》, 上海: 上海书店出版社, 2018 年版, 第 11 页。
[4] [日] 今井贞吉:《古泉大全·丙集》, 天津: 天津古籍出版社, 1989 年版, 第 280 页。
[5] 钟旭洲:《南宋钱汇·铜钱编》, 北京: 文物出版社, 2021 年版, 第 213 页。

（二十一）嘉泰通宝背"三"小平钱

21号样币是嘉泰通宝背"三"小平钱（图22），该钱钱径2.45厘米、穿径0.7厘米、厚0.18厘米、重3.05克。该钱锈蚀较重，保存状态中等。展目本品，铸造较规整，内外轮廓完整，中穿较不平整，钱背纪年。该钱工艺水平中等，铸钱合金比例含铜量较高。据赵匡华等专家整理，嘉泰通宝的含铜量多在58.69%以上，主要含有铜、铅、锡等元素，个别含有铁、锌等元素[①]。看其钱文，真书直读，字体敦实厚重。据《南宋铜钱》钱谱图版序号8.5，该钱可能为"背三"版嘉泰通宝小平钱[②]。董逌《钱谱》记载此钱为宋宁宗时所铸[③]。今井贞吉在《古泉大全·丙集》中将此版嘉泰通宝小平钱定为"背纪年三"，评级为"掬"[④]。钟旭洲在《南宋钱汇·铜钱编》中记载有"仰通仰宝"等多版嘉泰通宝背"三"小平钱[⑤]。

图22　嘉泰通宝背"三"小平钱

（二十二）皇宋元宝背"六"小平钱

22号样币是皇宋元宝背"六"小平钱（图23），该钱钱径2.45厘米、穿径0.7厘米、厚0.11厘米、重3.05克。该钱锈蚀较重，呈现出比较严重的水浸锈蚀状态，保存状态较差。观其铸相，铸造较不规整，外轮左边已经磨损，穿略不平整，钱背纪年。该钱工艺水平一般，铸钱合金比例含铜量较高。看其钱文，真书旋读，笔画清晰。据《南宋铜钱》钱谱图版序号17.7，该钱可能为"背六"版皇宋元宝小平钱[⑥]。今井贞吉在《古泉大全·丙集》中将此版皇宋元

---

① 赵匡华、王伟平、华觉明，等：《南宋铜钱化学成分剖析及宋代胆铜质量研究》，《自然科学史研究》1986年第4期，第322页。
② 白猫：《南宋铜钱》，桂林：广西师范大学出版社，2019年版，第322页。
③ （宋）董逌：《钱谱》，（宋）洪遵等著，任仁仁整理校点：《泉志（外三种）》，上海：上海书店出版社，2018年版，第11页。
④ [日]今井贞吉：《古泉大全·丙集》，天津：天津古籍出版社，1989年版，第307页。
⑤ 钟旭洲：《南宋钱汇·铜钱编》，北京：文物出版社，2021年版，第360页。
⑥ 白猫：《南宋铜钱》，桂林：广西师范大学出版社，2019年版，第434页。

宝小平钱定为"背纪年六",评级为"星"①。钟旭洲在《南宋钱汇·铜钱编》中记载有"俯宋俯宝"等多版皇宋元宝背"六"小平钱②。

图 23　皇宋元宝背"六"小平钱

（二十三）绍熙元宝背"五"小平钱

23 号样币是绍熙元宝背"五"小平钱（图 24），该钱钱径 2.4 厘米、穿径 0.7 厘米、厚 0.13 厘米、重 2.73 克。该钱锈蚀较重，保存状态一般。展目本品，铸造不太规整，内外轮廓完整但外廓有多处内凹，穿略尚平整，钱背纪年。该钱工艺水平中等，铸钱合金比例含铜量较高。看其钱文，真书旋读，写法自然。据《南宋铜钱》钱谱图版序号 6.6，该钱可能为"背五"版绍熙元宝小平钱③。董逌《钱谱》记载此钱为宋光宗时所铸④。今井贞吉在《古泉大全·丙集》中将此版绍熙元宝小平钱定为"背纪年五"，评级为"甘"⑤。钟旭洲在《南宋钱汇·铜钱编》中记载有"粗字仰熙"等多版绍熙元宝背"五"小平钱⑥。

图 24　绍熙元宝背"五"小平钱

---

① ［日］今井贞吉：《古泉大全·丙集》，天津：天津古籍出版社，1989 年版，第 353 页。
② 钟旭洲：《南宋钱汇·铜钱编》，北京：文物出版社，2021 年版，第 654 页。
③ 白猫：《南宋铜钱》，桂林：广西师范大学出版社，2019 年版，第 291 页。
④ （宋）董逌：《钱谱》，（宋）洪遵等著，任仁仁整理校点：《泉志（外三种）》，上海：上海书店出版社，2018 年版，第 11 页。
⑤ ［日］今井贞吉：《古泉大全·丙集》，天津：天津古籍出版社，1989 年版，第 292 页。
⑥ 钟旭洲：《南宋钱汇·铜钱编》，北京：文物出版社，2021 年版，第 299 页。

（二十四）开禧通宝背"三"小平钱

24 号样币是开禧通宝背"三"小平钱（图 25），该钱钱径 2.45 厘米、穿径 0.7 厘米、厚 0.15 厘米、重 3.65 克。该钱锈蚀较重，保存状态较差。观其铸相，铸造水准一般，外廓右下有豁口，穿不平整，钱背纪年。该钱工艺水平一般，铸钱合金比例含铜量较高。据赵匡华等专家整理，开禧通宝的含铜量多在 57.54%以上，主要含有铜、铅、锡等元素，个别含有铁、锌等元素[①]。看其钱文，真书旋读，"禧"字书写稍潦草。据《南宋铜钱》钱谱图版序号 9.6，该钱可能为"背三"版开禧通宝小平钱[②]。董逌《钱谱》记载此钱为宋宁宗时所铸[③]。今井贞吉在《古泉大全·丙集》中将此版开禧通宝小平钱定为"背纪年三"，评级为"若"[④]。钟旭洲在《南宋钱汇·铜钱编》中记载有"仰禧"等多版开禧通宝背"三"小平钱[⑤]。

图 25 开禧通宝背"三"小平钱

（二十五）正隆元宝小平钱

25 号样币是正隆元宝小平钱（图 26），该钱钱径 2.5 厘米、穿径 0.6 厘米、厚 0.19 厘米、重 4.16 克。该钱锈蚀稍重，钱面呈黑色褶皱及团块状锈，并有较强的反光，比较少见。钱背有深绿色锈层及浅绿点状锈。展目本品，铸造规整，钱廓内外轮圆正，反映出金海陵王始铸金代钱币时的高标准和高品质。该钱工艺水平良好，铸钱合金比例含铜量较高。据周卫荣先生整理，正隆元宝小平钱的含铜量多在 76.24%以上，主要含有铜、铅、锡、铁、锌、银、镍、钴、金等元素[⑥]。看其钱文，真书旋读，字体板正。彭信威先生提到金海陵王正隆

[①] 赵匡华、王伟平、华觉明，等：《南宋铜钱化学成分剖析及宋代胆铜质量研究》，《自然科学史研究》1986 年第 4 期，第 322 页。
[②] 白猫：《南宋铜钱》，桂林：广西师范大学出版社，2019 年版，第 248 页。
[③] （宋）董逌：《钱谱》，（宋）洪遵等著，任仁仁整理校点：《泉志（外三种）》，上海：上海书店出版社，2018 年版，第 11 页。
[④] [日]今井贞吉：《古泉大全·丙集》，天津：天津古籍出版社，1989 年版，第 311 页。
[⑤] 钟旭洲：《南宋钱汇·铜钱编》，北京：文物出版社，2021 年版，第 385 页。
[⑥] 周卫荣：《中国古代钱币合金成分研究》，北京：中华书局，2004 年版，第 87 页。

二年（1157年），金代政府方才开始自铸仿宋平钱的正隆元宝[①]。李佐贤引用《西清古鉴》："金炀王贞元四年，改元正隆，则宋绍兴二十六年也"[②]。董逌《钱谱》北地钱条目记载此钱为金世宗在太原府所铸[③]。今井贞吉在《古泉大全·丙集》中将此版正隆元宝定为"阔正"，评级为"凤"[④]。

图26　正隆元宝小平钱

（二十六）大定通宝小平钱

26号样币是大定通宝小平钱（图27），该钱钱径2.52厘米、穿径0.6厘米、厚0.15厘米、重3.63克。该钱锈蚀较轻，两面有浮土，保存完整。观其铸相，仿瘦金体板式造型别致，形貌大气，堪比"大观通宝"平钱，钱币始铸的金世宗时期是金代国力的鼎盛时期，该钱洗练凝重，规格严谨，是金代铸钱美学艺术的一座高峰。该钱工艺水平高，铸钱合金比例含铜量高。据周卫荣先生整理，大定通宝小平钱的含铜量多在70.13%以上，主要含有铜、铅、锡、铁、锌、镍、钴、金等元素[⑤]。其钱文为仿瘦金体，真书直读，其字挺瘦秀润，具有观赏性。彭信威先生提到大定通宝是仿宋徽宗时期的大观钱所制作[⑥]。李佐贤言其是世宗钱，共有背星月、"申"和"酉"字共七种[⑦]。董逌《钱谱》北地钱条目记载此钱为金世宗所铸[⑧]。今井贞吉在《古泉大全·丙集》中将此版大定通宝定为"正样"，评级为"嘉"[⑨]。

[①] 彭信威：《中国货币史》，上海：上海人民出版社，2015年版，第404页。
[②] （清）李佐贤著，杜斌校注：《古泉汇》，济南：山东画报出版社，2017年版，第457页。
[③] （宋）董逌：《钱谱》，（宋）洪遵等著，任仁仁整理校点：《泉志（外三种）》，上海：上海书店出版社，2018年版，第8页。
[④] [日]今井贞吉：《古泉大全·丙集》，天津：天津古籍出版社，1989年版，第284页。
[⑤] 周卫荣：《中国古代钱币合金成分研究》，北京：中华书局，2004年版，第87页。
[⑥] 彭信威：《中国货币史》，上海：上海人民出版社，2015年版，第404页。
[⑦] （清）李佐贤著，杜斌校注：《古泉汇》，济南：山东画报出版社，2017年版，第457页。
[⑧] （宋）董逌：《钱谱》，（宋）洪遵等著，任仁仁整理校点：《泉志（外三种）》，上海：上海书店出版社，2018年版，第8页。
[⑨] [日]今井贞吉：《古泉大全·丙集》，天津：天津古籍出版社，1989年版，第284页。

图 27　大定通宝小平钱

三、铜钱锈蚀及附着物观察分析

铜钱锈蚀物即由青铜合金成分产生的一种矿物质，致密度高，质地硬而脆；一般由钱表至钱币金属结构内部沿树枝晶间进行，断面常呈现层叠状结构，层与层一般情况下平行于钱币金属基体，但通过显微观察也会发现其偶尔呈现层层侵入叠压等类地层构造的特点；金属团块状腐蚀又会打破层叠状结构，或形成垂直于基体的凹凸不平的腐蚀锈坑。腐蚀锈坑中时常填充有其他的混合物，如浮土、金属颗粒等；铜钱锈蚀物呈现金属矿物质的典型特征，具有不透明至半透明的矿石琉璃质感，偶有金属光泽，部分凸出部能反光，呈现多种颜色和色度；锈蚀层通常随着保存环境、埋藏区位和保存时间的变化，愈发厚重，与基体发生置换反应。生成的金属锈层会随着时间的增长，进一步加速老化程度，发生新的成分样态变化。在铜钱锈蚀自然变化过程中，锈蚀物具备了真实自然铜锈的一般性生成规律特点。经 26 枚实验样品显微观察统计，白色锈蚀和红色锈蚀时常叠压共生，红色锈多生长在钱廓处；蓝绿锈一般情况下呈现相伴生状态，蓝锈大多在外层，绿锈在内层；铜钱绿锈是最常见状况，经常叠压红锈或灰黑色锈，并与铜色相间（图 28），上述描述性观点反映了铜钱锈层简易叠压逻辑。

基体层	青铜金属基体层	铜色		氯化氢、氧气、氯离子易接触层
	氯化亚铜层	灰白色		水易进入层
锈蚀层	氧化亚铜层	红色		
	碱性碳酸铜层	蓝绿色		氧气、水、二氧化碳易接触层

图 28　铜钱锈蚀结构图

资料来源：商栋梁：《科技方法在青铜器真伪鉴定中的应用研究》，西北大学 2018 年硕士学位论文，第 21 页

（一）淳熙元宝背上月下星纹折二钱锈蚀及附着物

该样品钱面"淳"字周围浮土较厚，略有红绿锈（图29）。钱背上部可见向下弯曲的"月纹"，纹饰上有绿锈层，边缘有红锈，钱廓内有浮土。中穿较平整，有绿色锈蚀物。该样品锈蚀程度中等，锈层叠加浮土分布于两面、锈蚀物致密凝结、金属光泽弱、有矿物质感。

图29 淳熙元宝背上月下星纹折二钱

（二）景定元宝背上"元"折二钱锈蚀及附着物

该样品钱面"景"字呈现红绿蓝三色锈层，钱文周边有浮土（图30）。钱背"元"字尚清晰，伴有蓝绿锈。中穿平整，有绿色锈蚀物分布在边缘，几乎无反光。该样品锈蚀程度中等，两面锈层较厚、金属光泽弱、有矿物质感。

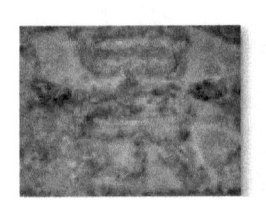

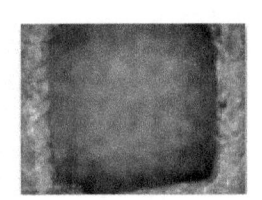

图30 景定元宝背上"元"折二钱

（三）庆元通宝背下"元"折二钱锈蚀及附着物

该样品钱面"庆"字呈现团块状绿色锈，大部分锈层已经脱落，并伴有浮土（图31）。钱背"元"字部分为浮土覆盖，锈层稍薄。中穿较平整，有小缺口和浮土，反光弱。该样品锈蚀程度较重，锈层与浮土间杂分布、金属光泽弱、有矿物质感。

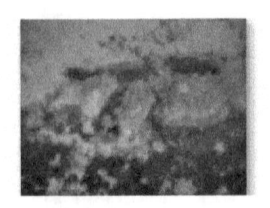

图31 庆元通宝背下"元"折二钱

（四）绍定通宝背上"元"折二钱锈蚀及附着物

该样品钱面"绍"字呈现斑驳状绿锈层间杂浮土，字体尚清晰（图32）。钱背"元"字绿锈层较完整，锈层致密分布。中穿较平整，边缘伴有绿锈，几乎无反光。该样品锈蚀程度较重，锈层叠加浮土分布于两面、锈蚀物致密凝结、金属光泽弱、有矿物质感。

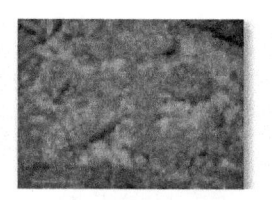

图32　绍定通宝背上"元"折二钱

（五）淳祐元宝背上"元"折二钱锈蚀及附着物

该样品钱面呈现蓝绿红白色锈层叠加不均匀分布，蓝色锈层在最上部。钱背"元"字及其附件有团块状绿色锈层，字的左边和下方有浮土层（图33）。中穿右边明显不平，有不少锈蚀物堆积于中穿右边缘。该样品锈蚀程度严重，锈层叠加分布，钱面尤甚，金属光泽弱、有矿物质感。

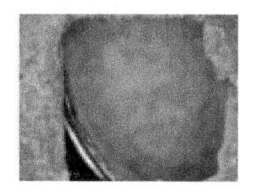

图33　淳祐元宝背上"元"折二钱

（六）隆兴元宝折二钱锈蚀及附着物

该样品钱面"隆"字已经锈结在一起，笔画模糊，绿锈层厚重（图34）。钱背布满绿锈，并有针眼漏洞。钱穿已锈蚀，尚平整，几乎无反光。该样品锈蚀程度严重，锈层叠加分布、锈蚀物致密凝结、金属光泽弱、有矿物质感。

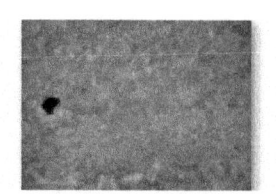

图34　隆兴元宝折二钱

（七）开禧通宝背上"元"折二钱锈蚀及附着物

该样品钱面"开"字可见点状绿锈分散分布，字体周边浮土厚重（图35）。钱背蓝绿红锈层依次覆盖于钱背表面，绿锈为主要锈层。钱穿相对平整，钱穿左缘有绿锈。该样品锈蚀程度较重，锈层与浮土间杂分布、金属光泽弱、有矿物质感。

图35 开禧通宝背上"元"折二钱

（八）咸淳元宝背上"元"折二钱锈蚀及附着物

该样品钱面"咸"字及周边略带红绿锈，字迹旁边伴有浮土（图36）。钱背有明显红锈伴浮土分布，红色锈层色彩艳丽。中穿平整，几乎没有反光。该样品锈蚀程度较重，锈层叠加分布、锈蚀物致密凝结、金属光泽弱、有矿物质感。

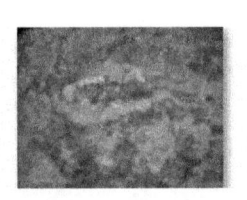

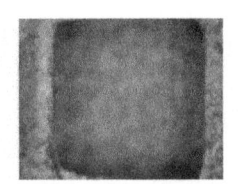

图36 咸淳元宝背上"元"折二钱

（九）大宋元宝背下"元"折二钱锈蚀及附着物

该样品钱面"大"字及其周边红锈显著，色彩较艳丽（图37）。钱背蓝绿红锈分层自上而下分布，层次感鲜明。中穿不甚平整，有红锈分布，呈现不规则形状。该样品锈蚀程度较重，锈层与浮土间杂分布、金属光泽弱、有矿物质感。

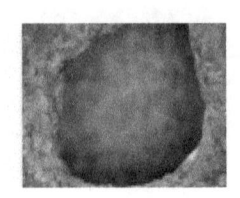

图37 大宋元宝背下"元"折二钱

（十）嘉泰通宝背上"元"折二钱锈蚀及附着物

该样品钱面"泰"字右上角绿锈明显，周边浮土较重（图38）。钱背"元"字附近浮土厚重，"元"字锈蚀不重。中穿较平整，稍有反光。该样品锈蚀程度较轻，锈层与浮土间杂分布、有金属光泽、有矿物质感。

图38 嘉泰通宝背上"元"折二钱

（十一）嘉熙通宝背下"元"折二钱锈蚀及附着物

该样品钱面"嘉"字可见蓝绿红三色锈层，以蓝锈为主体（图39）。钱背"元"字有蓝绿锈，外廓上有红锈，"元"字周围有浮土。中穿略不平，可见零星蓝绿锈分布在边缘，反光弱。该样品锈蚀程度较重，锈层叠加分布、锈蚀物致密凝结、金属光泽弱、有矿物质感。

图39 嘉熙通宝背下"元"折二钱

（十二）开庆通宝背上"元"折二钱锈蚀及附着物

该样品钱面"庆"字可见少许绿锈，字迹周围浮土较多（图40）。钱背"元"字周围有绿锈，"元"字呈现红色锈。中穿平整，可见零星红绿锈。该样品锈蚀程度较重，锈层与浮土间杂分布、金属光泽弱、有矿物质感。

图40 开庆通宝背上"元"折二钱

（十三）绍熙元宝背下"元"折二钱锈蚀及附着物

该样品钱面"熙"字及其周围可见鲜艳的绿锈（图41）。钱背"元"周围亦有绿锈，钱两面都有浮土。中穿较平直，可见绿色锈蚀物。该样品锈蚀程度中等，锈层与浮土错落分布、金属光泽稍强、有矿物质感。

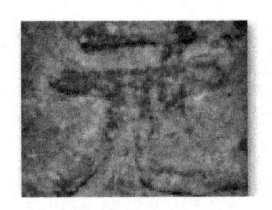

图 41　绍熙元宝背下"元"折二钱

（十四）嘉定通宝背上"元"折二钱锈蚀及附着物

该样品钱面"嘉"字及其周围有一层厚重绿锈层，字的左下角略有绿锈层剥离（图 42）。钱背可见明显蓝绿红锈分层分布，最上层为蓝锈，最下层为红锈。中穿较平整，边缘可见蓝绿锈，几乎无反光。该样品锈蚀程度较重，锈层叠加分布、锈蚀物致密凝结、金属光泽弱、有矿物质感。

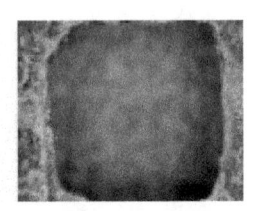

图 42　嘉定通宝背上"元"折二钱

（十五）皇宋元宝背上"二"折二钱锈蚀及附着物

该样品钱面"皇"字及其附近有绿锈分布，略有浮土（图 43）。钱背"二"字下部有绿锈，较鲜艳，钱外廓可见红锈。中穿平整，有少许点状绿锈分布。该样品锈蚀程度中等，锈层与浮土错落分布、金属光泽弱、有矿物质感。

图 43　皇宋元宝背上"二"折二钱

（十六）乾道元宝折二钱锈蚀及附着物

该样品钱面"乾"字及其附近可见红锈，字体因锈蚀略模糊（图 44）。钱背可见红绿锈，有圆形斑块状锈蚀物。中穿左边较不平整，可见锈蚀物和浮土，几乎无反光。该样品锈蚀程度较重，锈层叠加并伴有斑块状锈蚀物、锈蚀物致密凝结、金属光泽弱、有矿物质感。

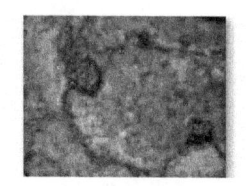

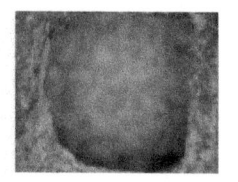

图 44　乾道元宝折二钱

（十七）绍兴元宝篆书折二钱锈蚀及附着物

该样品钱面"兴"字及其附近可见明显绿锈，钱文未锈蚀在一起（图45）。钱背右部可见鲜艳的蓝绿锈层，蓝色锈层在上，绿色锈层在下。中穿较平整，锈蚀程度低，反光弱。该样品锈蚀程度较轻，锈层叠加分布、金属光泽弱、有矿物质感。

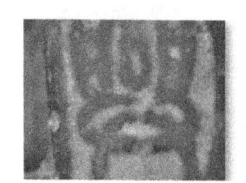

图 45　绍兴元宝篆书折二钱

（十八）建炎通宝小平钱锈蚀及附着物

该样品钱面"炎"字及其附近可见红锈，钱面部分锈蚀物脱落（图46）。钱背左部以红绿锈为主，绿锈层剥离后显示出红锈。中穿不平整，穿边缘锈蚀物致密凝结。该样品锈蚀程度严重，锈层叠加分布、金属光泽弱、有矿物质感。

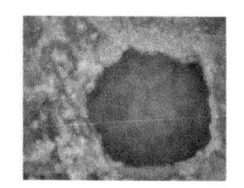

图 46　建炎通宝小平钱

（十九）建炎通宝私铸小平钱锈蚀及附着物

该样品为私铸钱，相较于官铸钱钱体更薄、钱重更轻。该样品钱面"炎"

字及其附近有浓重的绿锈层，锈层质地较均匀。钱背下部绿锈层剥离后可见红锈层，锈色自然。中穿略不平整，呈现锯齿状，中穿左边缘可见蓝绿锈。该样品锈蚀程度严重，锈层叠加分布、金属光泽弱、有矿物质感（图47）。

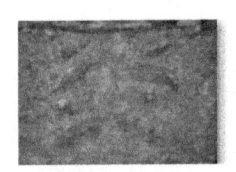

图47　建炎通宝私铸小平钱

（二十）淳熙元宝小平钱锈蚀及附着物

该样品钱面"淳"字有红色锈层，旁边分布一些点状绿锈（图48）。钱背上部表层剥离后有明显红锈层，并露出底锈。中穿不太平整，穿边缘可见明显的点块状红锈。该样品锈蚀程度严重，锈层剥离错落、锈蚀物致密凝结，金属光泽弱、有矿物质感。

图48　淳熙元宝小平钱

（二十一）嘉泰通宝背"三"小平钱锈蚀及附着物

该样品钱面"泰"字及其周边可见红绿锈及浮土层，钱文已经因锈蚀物凝结模糊（图49）。钱背上部"三"字及附近可见蓝绿锈，钱外廓可见红色锈。钱穿不太平整，边缘可见绿色锈，几乎无反光。该样品锈蚀程度严重，锈层叠加分布、锈蚀物致密凝结，金属光泽弱、有矿物质感。

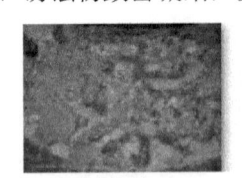

图49　嘉泰通宝背"三"小平钱

（二十二）皇宋元宝背"六"小平钱锈蚀及附着物

该样品钱面"皇"字及其周边可见灰黑色锈层，锈质细密，可能存在长时间水浸的情况（图50）。钱背"六"字及附近也显示灰黑锈层，中穿边缘不平整，无反光。该样品锈蚀程度严重，锈蚀物致密凝结，金属光泽弱、有矿物质感。

图 50　皇宋元宝背"六"小平钱

（二十三）绍熙元宝背"五"小平钱锈蚀及附着物

该样品钱面"绍"字可见蓝绿红三色锈，分层分布（图 51）。钱背以绿锈为主，有少许蓝锈。钱穿较平整，穿边缘略带绿锈。该样品锈蚀程度严重，锈层叠加分布，金属光泽弱、有矿物质感。

图 51　绍熙元宝背"五"小平钱

（二十四）开禧通宝背"三"小平钱锈蚀及附着物

该样品"禧"字及附近可见红绿锈，钱文字体因锈蚀已经模糊（图 52）。钱背以绿锈为主，有零星点状蓝锈，钱外廓有红色锈。该样品锈蚀程度严重，锈层致密，金属光泽弱、有矿物质感。

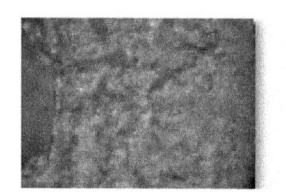

图 52　开禧通宝背"三"小平钱

（二十五）正隆元宝小平钱锈蚀及附着物

该样品钱面"正"字附近可见点状绿锈和点状红锈（图 53）。钱背右下角有大斑块绿色锈分布，显示出明显的折角，较少见，同时有零星红锈分布。中穿尚平整，边缘分布有红绿锈。该样品锈蚀程度较重，绿锈层占据锈层主体、锈蚀物致密凝结、金属光泽弱、有矿物质感。

图53 正隆元宝小平钱

（二十六）大定通宝小平钱锈蚀及附着物

该样品钱面"定"字附近存在锈蚀板结的情况，大大影响了钱文的美观（图54）。钱背有红橙色和零星绿色锈分布。中穿平整，反光弱。该样品锈蚀程度较重，金属光泽较弱、有矿物质感。

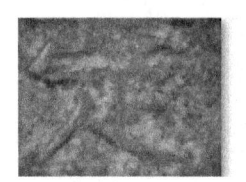

图54 大定通宝小平钱

四、结　语

笔者在《辽、北宋时期金属货币显微观察分析——以铜钱为例》一文中曾较详细地论述了对铜钱锈蚀及附着物进行显微观察分析的结果，不同锈色层代表了不同的钱币保存状态以及金属化合环境，各政权铸钱技术及钱币含铜量存在不平衡性和差异性。结合本文对南宋、金时期的铜钱显微观察分析，我们可以得出以下两点结论：第一，南宋、金时期的金属货币铸造技术，总体来看，较北宋时期的铸钱技术进步有限，金代大定通宝的铸造质量达到了北宋钱币铸造的较高水平，细节精美、板型规范，为历代藏家所推崇。而南宋部分官铸铜钱的镜下状态显示出粗制滥造、用料以次充好的现实状况，相较北宋铜钱整体的铸造水准来说，是一种国家财政和经济实力相对削弱的写照。第二，金朝的疆域主要在干燥的中国北方，而南宋的领土多是阴雨潮湿的南方地区，因而在显微镜下南方地区出土的南宋铜钱的保存状态相较北方地区出土的金代铜钱的保存状态，呈现出明显的差异性，锈蚀程度更高。

当今社会对古代铜钱的鉴定和仿制技术不断发展，涉及的学科领域和专业知识愈来愈多，像达尔文、郑樵那样精通多领域的百科全书式的学者越来越稀缺，这就要求我们考古历史研究学者以精实的专业操守、敢于开拓的进取精神，尊重客观规律和可靠的实验结果，结合史料来认识、钻研出土的金属货币文物。因此，我们在运用显微技术手段观察南宋、金时期铜钱的镜下状态时，既要认识到长期的军事对峙和财政压力对南宋铸币质量的影响，又要看到金代作为一个渔猎起家的新生政权在金属货币铸造上取得的不俗成绩。这些小小的铜钱成为南宋和金朝百姓生活中必不可少的交换媒介之一，沉寂多年又得以重见天日，成为我们今天研究货币的一个重要抓手。

科学教育与科学传播

试论科学技术史研究在科学传播中的作用与影响

闫星汝

(中国科学院自然科学史研究所)

提　要　作为基础科学研究的重要组成部分，科学技术史在科学研究、科学传播与科技创新中发挥了重要作用，不仅揭示了科学技术自身发展的历程、主要内容和重要成就，而且也为某一学科的发展演进提供了宝贵的历史素材和关键史实。科学传播对科技研究成果的推广、普及与应用起到了重要的推动作用，不仅有助于传播科学知识，弘扬科学精神，让公众认知科学技术与社会、政治、经济、文化等的复杂关系，而且也有助于认知科学技术发展的未来及其新方向和新趋势。研究表明，科学技术史研究在科学传播中发挥了重要作用，为实施国家创新驱动发展战略和建设世界科技强国提供了智力支持与历史资鉴。

关键词　科学技术史　科学传播　传播媒介

近现代以来世界科技史的发展告诉我们，基础研究是整个科学体系的源头，"只有重视基础研究，才能永远保持自主创新能力"[①]。科学技术史作为基础科学研究的重要组成部分，在科学研究、科学传播与科技创新中发挥了十分重要的作用。2022年9月，中共中央办公厅、国务院办公厅印发的《关于新时代进一步加强科学技术普及工作的意见》中明确规定："坚持把科学普及放在与科技创新同等重要的位置"[②]，强调科学传播与科技创新具有同等的重要性。在多年从事科普研究和科学传播的过程中，常常有老师和学生问我："科学传播与科学研究之间有着怎样的关系？我们做科普的老师是否需要了解一下科技史的相

[①] 中共中央文献研究室编：《习近平关于科技创新论述摘编》，北京：中央文献出版社，2016年版，第44页。

[②] 《中办国办印发〈关于新时代进一步加强科学技术普及工作的意见〉》，《人民日报》2022年9月5日，第1版。

关知识？科技史研究在科学传播中究竟发挥了哪些重要的作用，产生了何种影响？"笔者认为，这是一个非常好的问题。科技史研究如何在国家创新文化建设中把握自己的功能定位，如何在现阶段社会文化需求中传播科学知识、倡导科学方法、弘扬科学精神，进而扩大自己的学科竞争力和社会影响力，是当前科技史家和科普工作者尤为关注的问题。因此，探究科技史研究在基础科学研究中发挥的重要作用及其与科学传播的互动关系，具有重要的学术意义、现实意义和借鉴价值。

学术界关于科技史和科学传播的研究取得了丰硕的成果，但在探究科技史在科学传播中的作用与影响方面，除《新兴媒介与科学传播》《科学史与公众》等少部分著作有所简略涉及外[1]，尚无专文加以探讨。本文在学界已有研究基础上，从科技史研究在基础科学研究和科学传播中的重要作用，科学传播对科技研究成果的推广、普及与应用，科学传播中学习和掌握科技史知识的必要性，科技史研究传播科学知识的若干案例等方面，详细探究科学技术史研究在科学传播中发挥的重要作用及影响，并对两者的互动关系提出某些思考和看法。

一、科技史研究在基础科学研究和科学传播中的重要作用

科技史是研究人类历史上科学技术发展及其科技名词、科技术语、科技人物（包括来华外国人）、科技典籍、科技政策、科技社团、科技教育、科技事件、科技仪器、科技遗址等有关的一门学科，包括天文、历法、数学、农学、医学、化学化工、物理、生物、地学、气象、水利、交通、运输、建筑、纺织、造纸、印染、冶铸、机械、兵器等学科[2]。通过采用整体和个案等研究方法，科技史研究深刻地揭示了中外科技发展的历程及取得的重要成就，为加快建设创新型国家提供智力支持和历史资鉴。

（一）科技史研究揭示了中外科技发展的重要历程

什么是科技史？我们下意识地会说是科学技术发展的历史。是的，确实是这样的，今天的科学技术，正是由过去的科学技术发展而来的。当我们提到与"史"有关的意义和作用时，大家一定会说"以史为鉴"。这个确实不假，研究

---

[1] 王勤业：《新兴媒介与科学传播》，北京：中国科学技术出版社，2020年版，第18—28页；江洋：《科学史与公众》，北京：北京理工大学出版社，2020年版，第127—154页。

[2] 《中国历史大辞典·科技史卷》编纂委员会编：《中国历史大辞典·科技史卷》，上海：上海辞书出版社，2000年版，第3页。

和了解世界科学技术史尤其是"中国科学技术发展的历史,探讨它的发展规律,将可以起到借鉴历史、温故知新的作用"[①]。可见,科技史可以帮助我们认识和再现人类的过去,恢复和重建人类社会发展的历程,揭示人类社会发展的规律。同时,研究和认识科技史还可以为强化国家科技战略力量、提升国家创新体系提供历史资鉴,同时还可以丰富个人的科学知识、眼界和视野等。除此之外,科技史还有什么其他的意义呢?

"科学"一词本身就不是一个具体的形象。它的标准的定义如下:"反映自然、社会、思维等的客观规律的分科的知识体系。"[②]也就是说,科学其实是对自然界物体规律的阐释、对人类社会规律的阐释以及对人类思维认知的阐释的总和。如果是历史,那么它的题材就是人物、人类活动、事件等,这么看科学史并不单单是科学的历史了。英国科学史学会主席布鲁克(John Hedley Brooke)说:"科学史并不只是科学的历史,而是'科学+X'的历史。X可以是文学、艺术、宗教、政治、经济,甚至女性主义等。"[③]这样科学史就成了"科学+X"的组合,X可以是任意的一个领域,结合起来就是X领域的历史;这样科学就不再是单一的科学知识、学科片段了,而是形成了对科学内容的一个完整图像。大约从20世纪30年代开始,科技史就逐渐演变成一门独立的学科,"它既脱胎于一般的历史学而与之有着千丝万缕的联系,又因研究对象的特殊而具有许多独特的学科特征,进而对从业者的知识背景与专业训练有着不同于一般史家的严苛要求"[④],说明科技史的研究对象具有专门的学科特征,同时还与历史学有着密切的联系。这样看来,"科学史=科学+X的历史"的说法是成立的(X=专门的学科)。

(二)科技史研究是基础科学研究的重要组成部分

国内外学者对科技史的研究有非常悠久的历史。早在17世纪,英国、法国、丹麦、意大利等国家出版了大量科学史著作。如1600年,英国物理学家吉尔伯特(William Gilbert)出版《论磁、磁体和地球作为一个巨大磁体的新的自然哲学论》(简称《磁石论》),书中总结了前人有关磁的知识,详细论述了磁的吸引与排斥、南北指向性质和磁性强弱等内容,是近代物理学史上首部系统论述磁学的科学专著。1605年,英国哲学家弗朗西斯·培根(Francis Bacon)出版《学术的进展》(*The Advancement of Learning*),对人类所有的知识进行分

[①] 杜石然等编著:《中国科学技术史稿》修订版,北京:北京大学出版社,2012年版,第1页。
[②] 中国社会科学院语言研究所词典编辑室编:《现代汉语词典》第7版,北京:商务印书馆,2016年版,第735页。
[③] 袁江洋:《科学史:学科独立与学术自主》,《科学与社会》2011年第3期,第51页。
[④] 刘钝:《一部魅力经久不衰的科技史著作》,《中华读书报》2012年3月28日,第12版。

类、研究和科学化,"成为近代科学分类的先导"[1]。1632年,意大利科学家伽利略(Galileo Galilei)出版《关于托勒密和哥白尼两大世界体系的对话》(*Dialogue Concerning the Two Chief World Systems: Ptolemaic and Copernican*),利用一系列新的科学发现,批判了亚里士多德—托勒密以来的"地球中心说",为哥白尼"太阳中心说"提供了一系列论据[2]。1687年,英国科学家牛顿(Isaac Newton)出版《自然哲学的数学原理》(*Philosophiae Naturalis Principia Mathematica*),系统总结了近代天体力学和流体力学取得的重大成就,标志着经典力学成为一个完整的体系[3]。1669年,丹麦科学家尼古拉斯·斯坦诺(Nicolaus Steno)撰《导言:论固体内天然包含的固体》(*The Prodromus Introductory Work to a Dissertation on Sollids Naturally Contained Within Solids*)一书,用拉丁文出版,书中总结了15世纪以来的地质构造思想,提出了化石是古代生物的遗骸和岩石沉积的结果,创立了地质地层学[4]。同一时期的中国,也有大量的科技史著作问世。如1634年,徐光启、李之藻、李天经、汤若望等人奉诏编译《崇祯历书》137卷,它是一部全面地、系统地介绍欧洲天文历法知识的著作,清初传教士将其删减为100卷,以《西洋新法历书》之名上奏朝廷[5]。1637年,宋应星撰《天工开物》3卷刊行,"卷分前后,乃贵五谷而贱金玉之义"[6],是中国古代一部综合性的科技巨著,详细论述了农业和手工业两大领域的30多个生产部门的科学技术,包含粮食种植与加工技术、养蚕技术与丝织技术、植物染料与染色技术、盐的生产与制盐技术、甘蔗种植与制糖技术、砖瓦烧造技术、金属铸造技术、舟船制造技术、油料制作技术、造纸技术、采矿技术和制曲与酿酒技术等,被誉为"中国17世纪的工艺百科全书"。1639年,徐光启撰《农政全书》12卷刊行,详细介绍了汉代至明代农业生产技术、水利兴修技术以及新传入作物番薯的种植、贮藏和加工方法等,书中广泛征引了历代农学史著作中的内容,如《管子》《吕氏春秋》《氾胜之书》《齐民要术》《栽桑图说》《农桑辑要》《农书》《务农集》《月令广义》《农遗杂书》和《泰西水

---

[1] [英]弗朗西斯·培根:《学术的进展》中文版前言,刘运同译,上海:上海人民出版社,2015年版,第3页。

[2] [意]伽利略:《关于托勒密和哥白尼两大世界体系的对话》,上海外国自然科学哲学著作编译组译,上海:上海人民出版社,1974年版,第1—3页。

[3] [英]牛顿:《自然哲学的数学原理》,赵振江译,北京:商务印书馆,2006年版,第6—8页。

[4] 转引自[澳]戴维·R.奥尔德罗伊德:《地球探赜索隐录——地质学思想史》,杨静一译,上海:上海科技教育出版社,2006年版,第91页。

[5] (明)徐光启等修辑:《崇祯历书》,故宫博物院编:《故宫珍本丛刊》第382册《天文算法》,海口:海南出版社,2000年版,第1—11页。

[6] (明)宋应星撰,魏毅点校:《天工开物》卷首《〈天工开物〉卷序》,长沙:湖南科学技术出版社,2018年版,第14—15页。

法》等悉加采择，是 17 世纪中国农业科学技术集大成的一部著作[①]。1690 年，清康熙帝下令梅珏成等编纂《御定数理精蕴》53 卷，这是中国历史上首部由政府主持编纂的系统介绍中、西算学史的著作，书中包括"数理本源""河图""洛书""周髀经解""几何原本""算法原本"，以及算术、代数、几何、三角和八线表、对数表、八线对数表等内容，清四库馆臣称赞"实为从古未有之书，虽专门名家未能窥高深于万一也"[②]。从中外学者的研究中可知，科学技术史是基础科学研究的重要组成部分之一，既包括某一学科发生、发展的历史过程，又包括科学技术的辉煌成就及其不足，以及科学家、发明家的优秀品质及局限性，科学方法、科学技术政策、教育管理的优劣成败以及中外科学交流与融合等。

中国古代科学技术取得了辉煌的成就，先后经过"萌芽、积累、奠基、体系形成、提高、高峰、滞缓"[③]等若干阶段，许多学科和领域居于当时世界上的前列，很多科技发明对人类社会的进步做出了重大贡献。如造纸术、火药、指南针和印刷术的西传，对于欧洲的社会变革和科学的兴起以至整个人类社会的进步起到了巨大的推动作用。然而，近代以来，长期居于领先地位的中国传统科学技术，其发展日渐滞缓，与国外先进科学技术水平形成了鲜明的对比，这些变化应该引起我们深入的思考。20 世纪 50 年代以来，英国科技史家李约瑟（Joseph Needham）主编《中国科学技术史》（Science and Civilisation in China）系列著作由剑桥大学出版社出版，中国古代科学技术的辉煌成就及其灿烂文明，引起了世界科技史学界的关注与重视。

中国传统科技取得了哪些辉煌的成就？对人类社会的进步做出了哪些重大的贡献？为什么拥有如此发达科学技术水平的中国，却产生不出近代科学技术？中国学者对此问题的认识和看法如何？在 20 世纪 80 年代以前，中国还没有一部自己学者编写的科技史综合性著作。1987 年，中国科学院自然科学史研究所提出由中国学者编著《中国科学技术史》的宏大计划。经过国内众多著名科学家支持和推动，在 1991 年正式列入"八五"计划的重点课题。该项目于 2007 年基本完工，目前已出版 26 卷。《中国科学技术史》是一部综合性的学术论著，全面、系统地总结了中国科学技术的发生和发展历程、突出成就、重要特点和经验教训等。从内容来看，该丛书主要分为三大类：一是通史类（共 3 卷），包括杜石然主编《通史卷》、席泽宗主编《科学思想卷》、金秋鹏主编《人

---

① （明）徐光启著，陈焕良、罗文华校注：《农政全书》卷首《凡例》，长沙：岳麓书社，2002 年版，第 15—18 页。

② （清）永瑢等：《四库全书总目》卷 107《子部·天文算法类二》，北京：中华书局，1965 年版，第 908 页。

③ 杜石然等编著：《中国科学技术史稿》修订版，北京：北京大学出版社，2012 年版，第 1 页。

物卷》。二是分科专史类（共19卷），包括郭书春主编《数学卷》，戴念祖主编《物理学卷》，赵匡华、周嘉华著《化学卷》，陈美东著《天文学卷》，唐锡仁、杨文衡主编《地学卷》，罗桂环、汪子春主编《生物学卷》，董恺忱、范楚玉主编《农学卷》，廖育群、傅芳、郑金生著《医学卷》，周魁一著《水利卷》，陆敬严、华觉明主编《机械卷》，傅熹年著《建筑卷》，唐寰澄著《桥梁卷》，韩汝玢、柯俊主编《矿冶卷》，赵承泽主编《纺织卷》，李家治主编《陶瓷卷》，潘吉星著《造纸与印刷卷》，席龙飞、杨熺、唐锡仁主编《交通卷》，王兆春著《军事技术卷》，丘光明、邱隆、杨平著《度量衡卷》。三是工具书类（共4卷），包括郭书春、李家明主编《词典卷》，金秋鹏主编《图录卷》，艾素珍、宋正海主编《年表卷》，姜丽蓉主编《论著索引卷》。跟李约瑟主编《中国科学技术史》相比，中国科学院自然科学史研究所策划组织实施的《中国科学技术史》系列丛书，"在体系安排、文献搜集、研读阐释、实地调查研究、模拟实验等多方面都具有特色"①。该丛书的出版，完整地呈现了中国从古到近代各阶段的科学技术的发展，有助于学者"了解中国古代科学技术的辉煌成就及其对世界文明的重大贡献"②，为后来的科技史研究、科学传播等奠定了坚实的基础。

（三）科技史研究为建设创新型国家提供智力支持与历史资鉴

科技史研究有助于学者把握中国乃至世界科学技术发展的趋势，从科技战略角度提出历史资鉴，进而做出研判和采取应对之策。习近平总书记曾指出："历史是一面镜子，鉴古知今，学史明智。重视历史、研究历史、借鉴历史是中华民族5000多年文明史的一个优良传统。"③在论述17世纪以来中外科技史发展的历程时，习近平总书记提出的疑问，值得我们深思。他在《在中国科学院第十七次院士大会、中国工程院第十二次院士大会上的讲话》中深刻地指出：

> 我一直在思考，为什么从明末清初开始，我国科技渐渐落伍了。有的学者研究表明，康熙曾经对西方科学技术很有兴趣，请了西方传教士给他讲西学，内容包括天文学、数学、地理学、动物学、解剖学、音乐，甚至包括哲学，光听讲解天文学的书就有100多本。是什么时候呢？学了多长时间呢？早期大概是1670年至1682年间，曾经连续两年零5个月不间断

---

① Dai W, Epitome of Research on the History of Science and Technology in China: A Review of the Book Series History of Science and Technology in Pre-Modern China in Comparison with Needham's Science and Civilisation in China, *Chinese Annals of History of Science and Technology*, Volume 3, Issue 1, 2019, pp.87-99.
② 赵静荣：《〈中国科学技术史〉书写辉煌的中华文明》，《光明日报》2016年11月11日，第10版。
③ 习近平：《习近平致中国社会科学院中国历史研究院成立的贺信》，《历史研究》2019年第1期，第4页。

学习西学。时间不谓不早，学的不谓不多，但问题是当时虽然有人对西学感兴趣，也学了不少，却并没有让这些知识对我国经济社会发展起什么作用，大多是坐而论道、禁中清谈。1708年，清朝政府组织传教士们绘制中国地图，后用10年时间绘制了科学水平空前的《皇舆全览图》，走在了世界前列。但是，这样一个重要成果长期被作为密件收藏内府，社会上根本看不见，没有对经济社会发展起到什么作用。反倒是参加测绘的西方传教士把资料带回了西方整理发表，使西方在相当长一个时期内对我国地理的了解要超过中国人。这说明了一个什么问题呢？就是科学技术必须同社会发展相结合，学得再多，束之高阁，只是一种猎奇，只是一种雅兴，甚至当作奇技淫巧，那就不可能对现实社会产生作用。[①]

从习近平总书记的论述中可知，17—18世纪中国科技开始落后于西方。从"坐而论道、禁中清谈""收藏内府""束之高阁"等来看，尽管明清时期在科技的某些方面取得了重要成就，但整体上开始落后于西方，对当时的社会经济发展产生的作用有限。可见，科技史研究不仅能揭示中外科技发展的历程，而且能告诉我们"科技兴则民族兴，科技强则国家强"[②]的哲理，为建设创新型国家提供智力支持与历史资鉴。实际上，"传播中国科技史知识有助于爱国"[③]。

科技史研究还有一个重要作用是揭示科学本身和社会文化之间的关系。科学史家萨顿（George Sarton）说，"科学史是我们的历史中最高尚的一部分"[④]，"是唯一能够理解自古以来人类逐步前进的那一部分历史"[⑤]。科技史是科学和人文之间的重要桥梁，通过学习科技史让文科学生了解一些自然科学的道理，增加科学修养非常有必要；让理科学生学习一些科学的历史知识，有助于其了解科学的发展历程及其概貌，提高自身人文修养。

可见，科技史研究作为知识社会史的重要组成部分，"显然需要关注不同人群获取、加工、传播和使用知识的方式"[⑥]，通常包括知识收集（collection）、

[①] 习近平：《在中国科学院第十七次院士大会、中国工程院第十二次院士大会上的讲话》，北京：人民出版社，2014年版，第8—9页。

[②] 中共中央文献研究室编：《习近平关于科技创新论述摘编》，北京：中央文献出版社，2016年版，第23页。

[③] 金克木：《传播中国科技史知识有助于爱国》，《群言》1989年第12期，第6—7页。

[④] [美]萨顿：《科学史和新人文主义》，陈恒六、刘兵、仲伟光译，北京：华夏出版社，1989年版，第50—51页。

[⑤] [美]萨顿：《科学史和新人文主义》，陈恒六、刘兵、仲伟光译，北京：华夏出版社，1989年版，第90页。

[⑥] [英]彼得·伯克：《知识社会史（下卷）：从〈百科全书〉到维基百科》，汪一帆、赵博囡译，杭州：浙江大学出版社，2016年版，第11页。

知识分析（analysis）、知识传播（dissenmination）和知识应用（action）。这样看来，科技史研究自身就带着科学传播的因素，与科学传播有着紧密的联系。

二、科学传播对科技研究成果的推广、普及与应用

科学知识为什么要传播？美国学者布鲁斯·V. 莱文斯坦（Bruce V. Lewenstein）指出："将科学进行传播是建立可靠知识的基础。"[1]因此，欲理解什么是科学传播，就必须了解什么是"可靠的知识"，如何用确证、怀疑与证据来解决"知识与确证"[2]，进而采取"口头的、图像的、手写的、印刷的，以及电子的"[3]交流媒介进行广泛的知识传播，是科学研究中常常需要解决的问题，所以科技史研究在科学传播活动中具有十分重要的作用。

（一）科学传播在中国的兴起及其蓬勃发展

科学传播近些年来在国际、国内都受到高度的重视，科学传播这个词在当今社会并不陌生，几乎每天都会在公众的生活中出现。科学传播的概念十分宽广，涵盖了科学普及、科技传播等不同的表达方式，实际上其内容是一样的，那就是如何运用媒介进行广泛的知识传播。

科学传播主要是以公众理解科学的理念为核心，通过一定的组织形式、传播渠道和手段，向社会公众传播科学知识、科学方法、科学思想和科学精神，以提升公众的科学知识水平、技术技能和科学素养，促进公众对科学的理解、支持和参与。中国"科学传播"的概念也经过了几个阶段的演变，但是其本质都是做好与公众的交流，建立好公众与科学之间的联系，从而提高公众的科学素质。在中国，"科学"一词的概念出现得相对比较晚。在晚清时期，"科学"一词才开始被使用，中国科学传播的行为出现的时间也是比较靠后的。在1905年，《万国公报》首次开始使用"科学"一词，用"科学"——"以系统之学"的"大科学"正式取代"格致"——"传统自然科学"的"小科学"[4]。

1939 年，英国学者 J. D. 贝尔纳（J. D. Bernal）出版《科学的社会功能》（The Social Function of Science）一书，提出了"科学传播"一词。当时还是科

---

[1] ［美］布鲁斯·V. 莱文斯坦：《序》，李大光：《科学传播简史》，北京：中国科学技术出版社，2016 年版，第 2 页。

[2] 方环非：《知识之路：可靠主义的视野》，上海：上海人民出版社，2014 年版，第 14 页。

[3] ［英］彼得·伯克：《知识社会史（下卷）：从〈百科全书〉到维基百科》，汪一帆、赵博囡译，杭州：浙江大学出版社，2016 年版，第 97 页。

[4] 马来平：《探寻儒学与科学关系演变的历史轨迹——中国近现代科技思想史研究》，上海：上海古籍出版社，2015 年版，第 122 页。

学交流（scientific communication）的概念，当时原文中提到："这就需要极为认真地考虑解决科学交流的全盘问题，不仅包括科学家之间交流的问题，而且包括向公众交流的问题。"[①]强调科学交流的问题不仅是科学家之间的交流，还包括与公众的交流。在传播初期，传播信息的方式主要是通过书写和印刷，传播形式单一。中国科学社的《科学》杂志，中国科学化运动协会的《科学的中国》都是在当时创办的，主要内容是科学技术专业知识，但是当时公众整体受教育的程度都比较低，科学信息传播的效果不好。随后，广播、电影开始出现，为传播提供了新的媒介。1918年，科教电影开始出现，是当时中国最早的科学教育类的影片，在科普的方式上有了创新。1919年，新文化运动开始，这一阶段传播的语言发生了很大的变化。白话文运动是近代中国语言文字的转折点，用白话文来代替文言文进行科学文本的写作，科学话语通俗化，可以让一般民众更容易吸收科学知识，这也使科学传播的发展往前迈进一步。

1949年中华人民共和国成立后，我国的科学传播工作终于在政府管理下有组织、有计划地开始展开，有关科学普及的政策、法律也相继出台。如1994年12月，中共中央、国务院发布《关于加强科学技术普及工作的若干意见》，首次提出"科技素质"的概念。2002年，《中华人民共和国科学技术普及法》颁布。2006年，国务院印发《全民科学素质行动计划纲要（2006—2010—2020年）》。2021年6月，国务院印发《全民科学素质行动规划纲要（2021－2035年）》。2022年9月，中共中央办公厅、国务院办公厅印发《关于新时代进一步加强科学技术普及工作的意见》。随着一部部法律法规的制定与颁行，我国科学传播逐渐地发展起来。到2020年，我国公民科学素质的比例达到10.56%。习近平总书记指出："科技创新、科学普及是实现创新发展的两翼，要把科学普及放在与科技创新同等重要的位置。没有全民科学素质普遍提高，就难以建立起宏大的高素质创新大军，难以实现科技成果快速转化。"[②]《全民科学素质行动规划纲要（2021—2035年）》明确提出2035年远景目标：我国公民具备科学素质的比例达到25%。

（二）科学传播让科学研究收获丰硕的果实

科学传播不仅让深奥的科学知识变成大众易于接受的知识，而且让政府、社会、民众更易于理解科学，从科技政策、科研经费、科技成果出版与应用等方面予以更多支持，让科学家尝到了许多甜头。科技史作为沟通科学与人文的桥梁和纽带，在如何做好有效的科学传播工作中发挥了重要作用。实际上，大

---

① ［英］J. D. 贝尔纳：《科学的社会功能》，陈体芳译，北京：商务印书馆，1982年版，第398页。
② 习近平：《为建设世界科技强国而奋斗——在全国科技创新大会、两院院士大会、中国科协第九次全国代表大会上的讲话》，《人民日报》2016年6月1日，第2版。

部分人并不关心科学家如何获得某个成果。他们想知道的是，该成果对于他们而言意味着什么。所以，作者必须回答"那又怎么样"的问题。这需要关注科研，并发现对于人们的日常生活、对社会将带来怎样的影响。[1]因此，了解某一学科的历史并将其用通俗的语言表达出来，是科学知识传播的有效途径。

在传播科学研究成果的过程中，常常采用谈话（包括对话、辩论、演讲、口述）、展示（包括展览和博物馆展品）、书写（包括手稿、信件、实验记录、社会调查、报告请示、批文）、期刊书籍出版（包括报纸、期刊、书籍出版）、视觉辅助（包括插图、表格、图解）、旧媒体（包括广播、电视、图书馆、博物馆）、新媒体（包括微信、音频视频、动漫、互联网）等媒介，将知识存储、信息交换、信息互动、资源整合等连接在一起，使科学知识在更大范围内得到传播，得到社会各界的接受和应用。

（三）科学传播在新时代的发展变化及其特点

科学技术的迅猛发展，互联网技术和多媒体技术的兴起，给科学传播带来了深刻的变化，主要表现在以下几个方面。

（1）科学传播的内容更趋多元化。较之以往相对单一的科学传播活动，现代科学传播的内容更趋多元化。张会亮、高宏斌、唐叶主编的《国外科学传播动态（2019）》指出，科学传播内容包括科学传播奖项、科学年、科学节、科学日、国际会议、学术观点、科普活动、科技场馆、科技组织等，反映了当代科学传播内容的多样化和最新动态[2]。

（2）科学传播的渠道主要是网络。我国现在处于一个信息社会的时期，公众高度依赖从网络获取信息，传统的科学交流模式也在逐渐发生变化。公众获取信息的方式也发生了改变，从原来的精读、完整阅读逐渐向现在的泛读、碎片阅读的方式转变。新时代的科学传播方式也随之改变。在移动互联网的背景下，媒体融合、全媒体传播成为科学传播的新趋势。

（3）受众人群的学历偏低，初中学历水平占据大部分。中国互联网络信息中心（China Internet Network Information Center，CNNIC）发布的第47次《中国互联网络发展状况统计报告》显示，截至2020年12月，我国网民规模达9.89亿人。可以看出，互联网是非常重要的一个阵地，科学与公众交流的渠道

---

① [南非]Marina Joubert：《科学家如何撰写科研报道》，谭一泓译，《科学新闻》2011年第10期，第82—83页。

② 张会亮、高宏斌、唐叶主编：《国外科学传播动态（2019）》，上海：上海交通大学出版社，2019年版，第1页。

主要是互联网，传播的对象好像更具体了——网民[①]。2000—2020 年，我国网民的学历变化如图 1 所示。

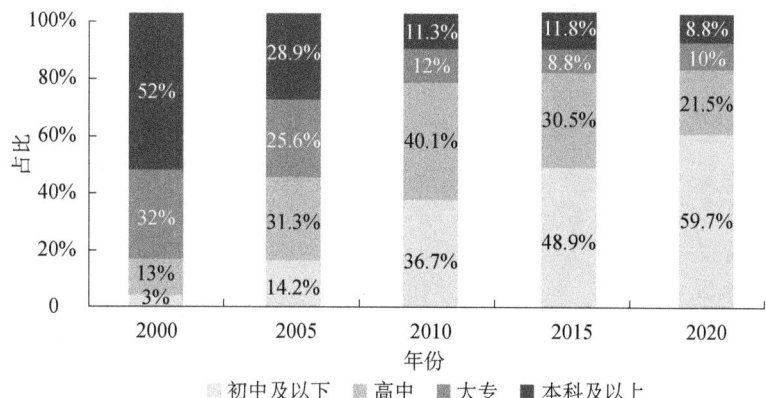

图 1 2000—2020 年中国互联网网民学历变化情况
资料来源：中国互联网络信息中心

从图 1 中可以看出，随着时代的发展，使用互联网的大部分受众不再是高知人群。现在互联网网民覆盖范围很大，下到小朋友上到老年人都会使用互联网。现在极大部分的网民学历是不高的，所以面对这部分的公众做科学传播的时候，要考虑公众的接收程度。

（4）我国现阶段的科学传播，已经逐渐发展成由公众参与的科学传播。现在互联网、新媒体平台相对开放，越来越多的公民借助这类平台自发地与大众互动，分享科学知识。互联网平台发布的内容相对简单且没有门槛，对科学内容也没有严谨的审核机制，这样会使一部分不准确的科普内容流出，误导公众。现在很多科普账号都是泛知识类的科学普及，大部分的运营者都是在对科学信息进行二度创作，将科学技术语、专业名词、专业符号等用简单的语言解释清楚。很多科普的人员并不是专业领域的专家。

三、科学传播中学习和掌握科技史知识的必要性

从科学传播的本质以及学习科技史能起到的作用来看，在从事科学传播的过程中学习、了解和掌握科技史知识是很有必要的。科技史具有其他学科无法替代的沟通人文与科学的桥梁作用，这是科技史应该承担也可以承担的历史责

---

① 中共中央网络安全和信息化委员会办公室、中华人民共和国国家互联网信息办公室、中国互联网络信息中心：《第 47 次中国互联网络发展状况统计报告》，内部资料，2021 年版，第 1 页。

任，是科技史应该发挥也可以发挥的社会功能，让科技史成为科学与公众交流的桥梁。那么，科技史的学习会给基础科学研究和科学传播带来哪些深刻的影响呢？笔者认为主要有以下几个方面。

（一）科技史为科学传播提供了翔实的内容和素材

习近平主席曾说："2000多年前丝绸之路开通以后，中国的造纸、冶铁、中医等经中亚传播至世界，中亚、西亚的天文、地理、数学等知识也相继传入中国，促进了双方社会发展。"[①] 对于习近平主席提到的这些中国古代重要科技成就，中国学者经过艰辛的探索取得了丰硕的成果。如潘吉星著《中国科学技术史·造纸与印刷卷》、杨宽著《中国古代冶铁技术发展史》、廖育群等著《中国科学技术史·医学卷》、王锋主编《中国回族科学技术史》、韩琦著《中国科学技术的西传及其影响（1582—1793）》、韩毅著《宋代医学方书的形成与传播应用研究》等[②]，不仅厘清了中国古代与东亚、中亚、西亚地区诸国科技交流的史实，而且也为科普著作的撰写提供了历史素材。

李大光在《科学传播简史》一书中指出："科学和技术从诞生之时就一直在传播。这是科学的本质决定的，而不是人为的制度规定。"[③] 笔者非常赞同这个观点，认为国内外杰出的科学家、科学思想、科技事件、科技著作及其取得的重要科技成就、科技发明等，均应是科学传播活动重点关注的重要内容之一。如人类的出现与工具的制造，希腊化时代的博物馆、图书馆、文化、科学与艺术，科学革命时代的科学先驱和科学团体，启蒙时代的科学教育与《百科全书》编撰，科学革命时代欧洲在天文学、物理学、生物学、医学、化学等领域引起的深刻变革，19世纪的科学、技术与工业文明以及"科学普及"的形成，达尔文的生物进化学说，科学博物馆的兴起，中国古代科学技术的辉煌成就及其外传，明清之际和晚清时期的西学东渐和科学普及，新中国的科学活动、科技成就与科技发明等，是科学传播活动关注的热点话题。王扬宗编校《近代科学在中国的传播——文献与史料选编》一书，是中国科学院自然科学史研究所策划的中国科学院知识创新工程项目"中国近现代科学技术发展综合研究"成

---

① 习近平：《携手共创丝绸之路新辉煌——在乌兹别克斯坦最高会议立法院的演讲》，《人民日报》2016年6月23日，第2版。

② 潘吉星：《中国科学技术史·造纸与印刷卷》，北京：科学出版社，1998年版，第1—654页；杨宽：《中国古代冶铁技术发展史》，上海：上海人民出版社，1982年版，第1—306页；廖育群等：《中国科学技术史·医学卷》，北京：科学出版社，1998年版，第1—515页；王锋主编：《中国回族科学技术史》，银川：宁夏人民出版社，2008年版，第1页；韩琦：《中国科学技术的西传及其影响（1582—1793）》，石家庄：河北人民出版社，1999年版，第64—169页；韩毅：《宋代医学方书的形成与传播应用研究》，广州：广东人民出版社，2019年版，第578—667页。

③ 李大光：《科学传播简史》前言，北京：中国科学技术出版社，2016年版，第1页。

果之一,书中选编了大量近代科学在清末民初传播的史料,如科学译著、科学译著的凡例与序跋、科学论说、人物传记、组织机构、书目提要、读书指南等史料,为笔者从事近代科学传播研究提供了宝贵资料[①]。

(二)科技史对科学家群体和科学传播者产生了积极作用

科学家、院士和科技史家是科学知识的重要生产者,同时也肩负着重要的科普责任。与此同时,科普学家和新型网民也成为目前重要的科普群体。在编撰与公众交流的语言时,掌握一定的科技史知识会为每一个群体带来很大的帮助,有助于增长知识、开阔视野。科学不是现在才有的东西,只有充分地了解它的昨天,才能更好地掌握它的今天。如果了解了科技史,那么在最开始选题、撰写科普文案等方面,你将会有一个全新的视角,不再单单局限于眼前所了解到的,你的眼界是开阔的,你还可以与以前历史上的事件作对比,甚至可以对比以往知未来。因此,在科学研究、科学传播与普及的全过程中,科学家始终发挥着极为重要的作用,"科学家有责任向公众介绍科研工作的情况和科研项目的社会价值,这也是面向社会开展科普(西方国家称为公众理解科学)的一部分"[②]。可以肯定地说,科学家的职业中就包含着与科普不可分割的内容,而科技史恰恰就成为沟通科学与人文的桥梁和纽带,历史上那些执着追求科学理想、信念和价值观及艰苦拼搏成功的科学家典型案例,正是科技史研究的重要内容之一。如路甬祥主编《院士科普书系》、张景中等著《中国科普名家名作·院士数学讲座专辑》、樊洪业主编《20世纪中国科学口述史》等,就是科学家在大量科学研究基础之上形成的科普著作或口述回忆,在社会上产生了积极的反响,深受广大民众的喜爱。这也是大多数科学家既从事前沿科学研究,又重视科技史研究的根本原因所在。

(三)科技史对社会公众理解科学产生了重要影响

了解了科技史,首先可以让做科学传播工作的人从源头上透彻理解科学知识的背景,对接下来要科普给公众的内容就会有一个更加深刻的认识。此时的"知识点"就不再是冷冰冰的一个公式、一个概念了。不仅可以让公众知道这个东西是什么,还可以明白这个东西从哪里来。目前文理科的概念在大家的观念中还是存在的,甚至个别学生还有很严重的偏科现象。想要做到打破界限,科技史是有一定优势的。科技史本身就是一个文理结合的交叉学科,通过给喜爱

[①] 王扬宗编校:《近代科学在中国的传播——文献与史料选编》,济南:山东教育出版社,2009年版,第1—7页。

[②] 徐善衍:《科学家的科普责任》,《科学传播的路径》编写组编著:《科学传播的路径》,北京:北京理工大学出版社,2012年版,第4页。

人文类的学生讲述科学的历史，以及给擅长理工类的学生讲述自然科学发展中的人文精神，达到普及科学知识，提高科学和人文素养的目的。

我最近在阅读中国科学院原院长路甬祥院士主编的《院士科普书系》，这是由中国科学院学部与中国工程院等单位策划编撰的一套大型丛书，分4辑100种，由众多院士和专家撰写及编著而成，对公众理解科学产生了积极影响。如李政道著《对称与不对称》，白春礼著《来自微观世界的新概念——单分子科学与技术》，石钟慈著《第三种科学方法——计算机时代的科学计算》，李衍达编著《信息世界漫谈》，袁渭康主编、田禾和陈孔常著《从绿叶到激光光盘——颜色与化学》，潘家铮著《千秋功罪话水坝》，张宗祜著《九曲黄河万里沙——黄河与黄土高原》，沈允钢著《地球上最重要的化学反应——光合作用》，汤钊猷著《征战癌王》，席泽宗主编《人类认识世界的五个里程碑》，乔登江、朱焕金编著《人类的灾难——核武器与核爆炸》，傅恒志、朱明、杨尚勤著《空天技术与材料科学》，马宗晋、康平、高庆华、苏桂武编著《面对大自然的报复——防灾与减灾》，宋鸿钊著《妇女保健》，程书钧、潘锋、徐宁志编著《话说基因》，张效祥、张夷人编著《现代科技与战争》等，对我产生了极深的影响。这些科普名著，既有前沿科学动态的介绍，也有科技发展史的梳理与总结，在"弘扬科学精神，传播科学思想，倡导科学方法，普及科学知识"[1]等方面发挥了积极的作用。

（四）科学传播中的人文关怀

科学传播活动在宣传科学知识时，应该体现人文关怀，弘扬科学精神和科学思想。科学传播的内容包括科学知识、科学方法、科学精神和科学思想四个方面。在当今信息爆炸的环境下，传播媒体在不同的社会制度中具有不同的社会功能，在掌握科技知识的条件下还需要具有科学思想和科学精神，这样才能向大众宣传正确的、科学的"公共知识"和"可靠的知识"[2]。

不论是科学知识的输出者还是科学知识普及的对象，都应该了解科学的过去，了解科学发展的历程，用一个全新的视角来看待科学研究与科学传播的问题。中国古代取得了辉煌的科技成就和世界领先的科学发现、技术发明和重大工程，对人类社会的发展和世界文明的进步做出了重要贡献，我们有责任把古代科技发明创造传播出去。只有了解了我们的过去，才能更好地理解我们的现在，让科学更好地服务生产生活。在新的时代，只要我们真正贯彻实施好"创

---

[1] 路甬祥：《人民交给的课题——写给〈院士科普书系〉出版之际》，席泽宗主编：《人类认识世界的五个里程碑》，广州、北京：暨南大学出版社、清华大学出版社，2000年版，第4页。

[2] [英]约翰·齐曼：《可靠的知识——对科学信仰中的原因的探索》，赵振江译，北京：商务印书馆，2003年版，第4页。

新驱动发展战略",走产、学、研相结合的道路,我们就一定能做好自己的科学研究和科学传播,为提振民族文化自信和创新自信做出应有贡献。我想这也是我们做科学传播的意义之一。

四、科技史研究传播科学知识的若干案例

科技史学科为公众理解科学、技术、医学、经济、社会与文化的发展提供了独特的视角。中国科学院自然科学史研究所是中国科学院内少数兼具科学与人文的综合性基础研究单元,致力于研究科学技术的历史、本质和发展规律,认知科学技术与社会、政治、经济、文化等的复杂关系,探索科技史研究的新方向与新方法;研究和传播科学思想,认识科技发展大势,为国家科学思想库与科技智库建设、文化建设和综合人才培养做出独特贡献[1]。自 1957 年建所以来,中国科学院自然科学史研究所在科技史研究方面取得了一系列重大的成果,主持编撰出版了《中国科学技术史稿》《中国科学技术史》《中国传统工艺全集》《中国古代工程技术史大系》《中国科学技术典籍通汇》《中国天文学史大系》《中国物理学史大系》《中国近现代科学技术史》《中国科技典籍选刊》等重大成果,开展《夏商周断代工程》的天文断代研究、关于重要发明的起源和传播研究等项目,有力地推动了中国科技史的深入研究,在国内外科技史学界产生了重要影响。

作为国家重要的科研机构,为了充分利用科学技术史传播科学知识,中国科学院自然科学史研究所极为重视科学传播研究,在科研成果的转化应用方面做出了重要贡献。如 2013 年,中国科学院自然科学史研究所组织国内外专家学者梳理科技史和考古学科的新研究成果,以全球史的视野审视中国古代科技史,推选出了"中国古代重要科技发明创造"88 项,形成 1 张挂图和 1 册专著。这部专著就是一部科普性质的图书,全面展现了研究所过去 60 余年在中国古代科技史研究方面取得的重大成果,力求在当今追求创新的时代,让公众了解中国古代独创的科技成就。时任中国科学院院长白春礼院士高度肯定了这一工作,指出这一阶段性的成果"正与我院新时期办院方针中的'三个面向'相合"[2]。2020 年 11 月,又出版了《中国古代重大科技创新》丛书(10 卷)。在此基础之上,2020 年又推出了"中国古代重要科技发明创造"短视频系列,使

---

[1] 自然科学史研究所编:《中国科学院自然科学史研究所简介》第 2 版修订版,北京:中国科学技术出版社,2017 年版,第 4 页。

[2] 白春礼:《序言》,中国科学院自然科学史研究所编著:《中国古代重要科技发明创造》,北京:中国科学技术出版社,2016 年版,第 1—2 页。

此项科研成果能被更多人看到，让此项科研成果能服务更多的公众。

2015年，中国科学院自然科学史研究所郭书春主编《大众科学技术史丛书》(12卷)，包括《大众天文学史》《大众数学史》《大众农学史》《大众医学史》《大众地学史》《大众生物学史》《大众物理史》《大众化学化工史》《大众建筑技术史》《大众纺织技术史》《大众机械技术史》《大众军事技术史》，注重展现历史上的科学技术知识和科学技术专家的生平、科学活动和科学思想，兼具科学性和人文性，反映科学技术发展与人文思想演进的关系，呈现出鲜明的"科学性、系统性和通俗可读性"[①]。此外，邹大海、韩毅主编《华夏文库•科技书系》，韩毅、史晓雷主编《写给孩子的中国古代科技简史丛书》等，内容涵盖了中国古代主要的科学技术领域，包括天文、地理、数学、物理、医学、生物、农学、印刷、建筑、纺织等学科，重点介绍在科技发展史中占有重要地位、对后世影响巨大的科技发明创造和工程成就。如韩毅撰写的《瘟疫来了：宋朝如何应对流行病》一书，作者在介绍该书的选题背景和写作意义时指出："为了更好地向社会和公众展现、传播宋代社会防治瘟疫的成就和历史脉络，阐明宋代社会防治瘟疫的机制，我萌发了将此科研成果'科普化'的意向，采用生活生动的叙述方式，向学界同仁介绍宋代不同社会阶级，如皇帝、政府官吏、医学家、地方乡绅、宗教人士和普通民众等对瘟疫的认识、态度及采取的防治措施，解析政府力量和社会力量在国家疫病防治体系中的地位、影响和作用，进而总结宋代在防治瘟疫方面取得的成就和创新。"[②]可见，科技史研究有效地推动了科学知识的传播和科普工作的开展。

在当下依靠新媒体传播的时代，为了讲好中国故事，中国科学院自然科学史研究所特制作了《邮票中的科学家》系列影片，生动地展现了中华人民共和国成立以来，党和政府重视科技工作的史实，以及广大科技工作者默默奉献的精神、坚定的爱国主义情怀和顽强的职业探索精神等。《邮票中的科学家》以科学家的某一项成就为出发点，结合其自身的科研生活，用讲故事的方法，把这位科学家全面地呈现了出来。在叙事方式上，不再单纯强调科学家的成就和伟大，而是将科学家与其所处的时代背景、求学经历、科学事件、重要成就、职业精神、爱国情怀等紧密地联系起来，揭示其为中华民族科技振兴做出的独特贡献。

五、结　语

综上所述，"科学传播与科学发现和发明从一开始就紧密相随，互为补

[①] 张柏春：《序》，史晓雷：《大众机械技术史》，济南：山东科学技术出版社，2015年版，第1页。

[②] 韩毅：《瘟疫来了：宋朝如何应对流行病》，郑州：中州古籍出版社，2017年版，第189页。

充"[1]。实际上，科学是一种实践活动，存在于日常生活的常规活动中，"科学知识能扩散，是因为它的真理性"[2]。科技史研究作为基础科学研究的重要组成部分，在建设国家创新体系中发挥着举足轻重的重要作用，"科学以其文化和智识上的巨大威望给我们提供了现代科学世界观"[3]；科学技术普及是"国家和社会普及科学技术知识、弘扬科学精神、传播科学思想、倡导科学方法的活动，是实现创新发展的重要基础性工作"[4]，而科学原理、科技成就、科技发明和科技历史正是科技史研究的主要内容。可以说，重视科技史在科学传播中的作用，普及科学技术知识，弘扬科学家精神，激发年轻人对科技创新的兴趣和爱好，是一个值得引起我们深思的问题。

---

[1] 洪耀明：《新感悟：科学传播的精彩》，上海：上海科学普及出版社，2009年版，第60页。
[2] [美]詹姆斯·A. 西科德：《知识在流传》，[德]薛凤、[美]柯安哲编：《科学史新论：范式更新与视角转换》，吴秀杰译，杭州：浙江大学出版社，2019年版，第349页。
[3] [美]詹姆斯·E. 麦克莱伦第三、哈罗德·多恩：《世界科学技术通史》第3版，王鸣阳、陈多雨译，上海：上海科技教育出版社，2020年版，第3页。
[4] 《中办国办印发〈关于新时代进一步加强科学技术普及工作的意见〉》，《人民日报》2022年9月5日，第1版。

蒋梦麟科学教育思想及其对当今基础科学教育的借鉴与启示

刘 钰 熊 岚

(江苏师范大学教育科学学院)

提 要 蒋梦麟是中国近现代著名教育家,在长期的教育探索和实践中形成了独特的科学教育思想,提出了"今日之教育,科学的教育"的重要观点,积极提倡追求个性解放、科学与人文相融合、高深学术与通俗知识并存、注重科学的教育方法,进而实现普及科学教育、提高国民素质和创建文明社会的目的。蒋梦麟的科学教育思想蕴藏着丰富的科学价值和时代价值,对于提高当前我国中小学基础科学教育发展水平,坚持"以人为本"的教育理念,树立学生的科学精神,加强学科之间的协同创新,培养学生的科学思维,倡导多元化的科学教学方法,拓展学生的科学知识,加强理论与实践的融合,帮助学生掌握科学方法等方面,具有重要的现实借鉴和启发意义。

关键词 蒋梦麟 科学教育 中小学 基础科学教育 借鉴

蒋梦麟(1886—1964年),字兆贤,号孟邻,今浙江省余姚市人,中国近现代著名教育家,曾任国民政府首任教育部部长、行政院秘书长、北京大学校长等职[1]。蒋梦麟长期从事教育工作,在"建构起一套全面的现代教育架构、制度"[2]方面功不可没。他在长期的教育研究和实践过程中形成了丰富的教育思想体系,其中科学教育是颇具特色的一部分。蒋梦麟提出了"今日之教育,科学的教育"[3]的重要观点,把科学教育视为中国救亡图存、富强进步的根本,强调以科学教育提升全体国民的素质,创造文明的进化的社会。如今,科

---

[1] 马勇:《蒋梦麟传》,北京:红旗出版社,2009年版,第1—4页。
[2] 马勇、黄令坦编:《蒋梦麟卷》导言,北京:中国人民大学出版社,2018年版,第1页。
[3] 蒋梦麟:《高等学术为教育学之基础》,《过渡时代之思想与教育》,上海:商务印书馆,1933年版,第93页。

学教育是建设科技强国的关键途径,关乎国家长远发展大计。

关于蒋梦麟的教育思想与科学思想,学术界取得了较为丰硕的成果,如马勇、李玉胜、张小丽、李松丽、张文鸯、张翼星等论著[①]详细探讨了蒋梦麟在近代高等教育与传播科学知识等方面的贡献。然而,关于蒋梦麟的科学教育思想对中小学科学教育的影响,目前尚无专文加以探讨。本文将系统地探究蒋梦麟的科学教育思想体系、内容及其价值,揭示其对于推进当前我国中小学基础科学教育改革和创新产生的重要借鉴与启示意义等。

一、蒋梦麟科学教育思想的体系与内容

蒋梦麟在长期的学术研究和教学实践中,发表了大量关于科学与教育的论著,撰述颇丰,其中著作有《西潮》《孟邻文存》《谈学问》《文化的交流与思想的演进》《新潮》,学术论文有《教育真谛》《高等学术为教育之基础》《个人之价值与教育之关系》《教育究竟做什么》《教育在质不在量》《教育思想的根本改革》《中国教育原则之研究》《过渡时代之思想与教育》《世界大战后吾国教育之注重点》等,在晚清民国时期产生了重要影响[②]。蒋梦麟的科学教育思想产生于19世纪的社会转型期,既受到西方文化的影响,又结合当时中国的实际需要,其内涵是非常丰富的。1918年1月,蒋梦麟在《高等学术为教育学之基础》一文中指出:"自19世纪科学发达以来,西洋学术莫不以科学方法为基础。即形而上之学,也以科学为利器。至今日一切学问,不能与科学脱离关系。教育学亦然。故今日之教育,科学的教育也。舍科学的方法而言教育,是凿空也,是幻想也。幻想凿空,不得谓20世纪之学术。"[③]可见,蒋梦麟对于科学与教育之间的关系有着极为深刻的理解,认为教育学的发展不能脱离科学而独立存在,于是提出了"今日之教育,科学的教育"的重要观点。

---

① 马勇:《蒋梦麟教育思想研究》,沈阳:辽宁教育出版社,1997年版,第1—284页;马勇:《蒋梦麟的教育思想与实践》,太原:山西人民出版社,2019年版,第1—208页;李玉胜:《蒋梦麟的科学教育思想及其当代启示》,《教育评论》2021年第11期,第157—162页;张小丽:《蒋梦麟与国立北京大学教育学系》,《当代教育与文化》2021年第3期,第27—39页;李松丽:《蒋梦麟的科学教育思想及其现代意义》,《教育与职业》2012年第24期,第174—175页;李松丽:《蒋梦麟科学教育思想述评》,《河北建筑科技学院学报(社科版)》2005年第2期,第98—99页;张文鸯:《蒋梦麟早期教育思想初探》,《宁波大学学报(教育科学版)》2007年第1期,第52—54页;张翼星:《蒋梦麟在中国现代教育史上的作用与贡献》,《现代大学教育》2011年第6期,第47—51页。

② 曲士培主编:《蒋梦麟教育论著选》,北京:人民教育出版社,1995年版,第404—407页。

③ 蒋梦麟:《高等学术为教育学之基础》,《过渡时代之思想与教育》,上海:商务印书馆,1933年版,第93页。

（一）科学教育思想的前提

蒋梦麟科学教育思想的前提是西方科学文化在中国的本土化。面对中西文化、新旧思想的激烈碰撞，蒋梦麟向来提倡接受和学习西方文化，但他并不是全盘西化论者，而是主张将西方文化中有用的东西融合到中国传统文化之中。因为他深知"时代之过渡，必不能于俄顷之间，与旧习惯骤相隔绝。无论思想如何新奇，宗旨如何激烈，新精神如何活泼，终不能与往时之思想，完全断绝关系"[①]。蒋梦麟曾经对"西学为体，中学为用"[②]表示赞同，他在《北京大学二十三周年纪念日演说辞》中提出中国将来要做的三件事：一是全力注意西方文化，二是整理国学，三是注重自然科学。他认为："我们的国学须经过一番整理的工夫才行；整理国学，非用西洋的科学方法不可。所以第一步还是先要研究西学。况且现在应用的学问，大半须从西洋得来。"[③]可见蒋梦麟对于西方科学文化非常看重，并试图将其融入中国文化之中。蒋梦麟认为20世纪是科学时代，一切政治、学术思想无不贯之以科学。科学化与工业化是近代西洋文化的基本特征，这种文化与现代资本主义的结合创造了巨大的社会生产力，推动了整个社会的快速发展。在这样的时代，必须把科学技术、科学精神与中国传统文化相结合，促进中国社会的转型和进化。

（二）科学教育思想的目标

面对贫穷落后、灾难深重的国家，蒋梦麟是当时"教育救国论"的主要倡导者之一，他的教育思想立足于促进中国社会之进化。在对西方思想文化进行深入了解和系统学习之后，蒋梦麟认为欧美国家之所以能够迅速发展壮大离不开两个重要因素，一是科学精神，造就了发达的工业文明；二是社会自觉，个人价值得到充分发挥，人人具有社会自觉心，凝聚起来促进整个社会的发展。西方文明如潮水般涌入中国，中国作为有着悠久历史的文明古国开始迅速与世界接轨，那就必然要顺应世界发展的潮流，向着科学化和社会化迈进。可是反观当时的中国，社会弊病太多。1918年4月，蒋梦麟在《建设新国家之教育观念》一文中犀利地分析了当时中国社会的缺点：一是人民知识浅薄，普通民众对国事、政治没有学习和了解，甚至连日常生活常识也非常缺乏；二是人的生命卑微轻贱，人们大多过着苟延残喘的日子；三是缺少建设国家的领袖人物，具备"识社会之心理""识群治之天然律""忠诚"这三项品质的领袖式人物可

---

① 蒋梦麟：《过渡时代之思想与教育》，上海：商务印书馆，1933年版，第13页。
② 蒋梦麟：《北京大学二十三周年纪念日演说辞》，《过渡时代之思想与教育》，上海：商务印书馆，1933年版，第413页。
③ 蒋梦麟：《北京大学二十三周年纪念日演说辞》，《过渡时代之思想与教育》，上海：商务印书馆，1933年版，第414页。

谓是凤毛麟角；四是没有积极的标准，旧标准已经不适用于中国社会的发展，而新标准还未诞生成形，所以造成人心惶惑、无所适从。在蒋梦麟看来，若想解决这些基本问题，促进国家和社会积极发展，教育是必由之路。然而中国传统旧教育的目的在于让人考取功名，读书人个个想通过科举考试入仕途，这样的教育只会将活泼泼的人变成"书呆子""枯落的秋草"①。在蒋梦麟看来，为了造就对国家有用的人才，教育所培养出的人必须具备以下三个条件：一是活泼泼的个人，体力、脑力、感官、感情得到自然健全发展的人；二是能改良社会的人，能够自主、自治，成为追求社会进化的有用分子；三是能生产的个人，要学会工作，要学习科学技能，要知道劳工神圣。这三个条件是创造进化社会所需要的"教育的出产品"②，也是蒋梦麟科学教育思想的最终目标。

（三）科学教育思想的主要内容

1. 追求个性解放

科学教育的主体是人，如果人的个性不解放、思想不自由，那么科学教育就无从谈起。蒋梦麟认为教育有种种问题，其中心问题是做人之道。何为做人之道？就是增进人类之价值，认识个人之价值。每个人生来都具有个人价值，人们要做的是去解放它、发展它、发挥它。对此，蒋梦麟倡导"发展个性以养成健全之人格"③，全力促进青年的个性解放与思想自由。他认为，健全人格主要体现在三个方面：独立不移之精神、精确明晰之思考力、改良社会和生产之能力。独立不移之精神包括两个层面的含义，一是独立思考的能力，二是坚决的行动力；精确明晰之思考力主要是指勤于思考、敢于思考、善于思考，始终具有怀疑精神；改良社会和生产之能力是指具备社会自觉心和劳动意识、劳动能力。中国青年需要具备这些特质，解放思想，努力追求个人自由平等的权利，只有这样才能成为活泼泼的人，才能"把中国萎靡不振的社会、糊糊涂涂的思想、畏畏缩缩的感情，都一一扫除"④。在《个性主义与个人主义》一文中，蒋梦麟强调教育"使个人享自由平等之机会，而不为政府、社会、家庭所抑制是也"⑤。

---

① 蒋梦麟：《建设新国家之教育观念》，《蒋梦麟讲学术文化》，南昌：百花洲文艺出版社，2020年版，第97—105页。

② 蒋梦麟：《什么是教育的出产品》，《过渡时代之思想与教育》，上海：商务印书馆，1933年版，第125—138页。

③ 蒋梦麟：《世界大战后吾国教育之注重点》，《蒋梦麟讲学术文化》，南昌：百花洲文艺出版社，2020年版，第88—96页。

④ 蒋梦麟：《改变人生的态度》，《蒋梦麟讲学术文化》，南昌：百花洲文艺出版社，2020年版，第51页。

⑤ 蒋梦麟：《过渡时代之思想与教育》，上海：商务印书馆，1933年版，第47页。

2. 科学与人文相融合

新文化运动之后，民主科学的种子广泛传播，"科学的方法""科学的精神"[1]已经深入人心。蒋梦麟认为科学是治疗中国社会弊病的一剂良药，思想学术的进步、物质文明的发展都离不开科学知识。尽管蒋梦麟强烈呼吁科学的重要性，但他并不认同科学能够解决人生从物质世界到精神世界的所有问题。他所倡导的科学教育，其独特之处在于强调科学与道德、美育并重，即科学与人文相交融。

蒋梦麟认为，一个和谐进步的社会既要有高度的物质文明，又要有高度的精神文明。西洋近数十年来的进步都归功于物质科学，但是曾经靠物质科学所建设的东西，现在也因它的力量被破坏；曾经借助物质科学可以培养人，现在也可以用它的力量杀人。物质科学是一把利器，如果被误用则会造成极大的灾祸。物质科学进行破坏和杀戮，并不是它本身的罪过，而是使用者也就是人类的罪过。对精神文明的忽视造成人们精神世界的不健全，由此催生恶念，引发冲突与灾难。因此，蒋梦麟提出教育除了关注物质科学以外，还应兼及精神科学。他在《欧战后世界之思想与教育》一文中认为："物质科学，不过为促进文明之一方法。文明之宗旨，在发达人类精神上之快乐也。德育也，美感也，皆所以发达人类精神上快乐之具也……则学校之课程，科学与道德及美感将并重也。"[2]蒋梦麟常以为意大利的文艺复兴有三个重要因素：一是思想，二是科学，三是美术。而彼时中国的新潮只有思想一方面，要想让人们过上丰富的生活，还得促进科学、美术的发展。蒋梦麟深知科学和艺术是幸福生活不可或缺的两方面，科学能从物质生活层面满足人们的各项需求，但只有丰富的物质而无丰富的精神，人生也并不完满。艺术是心灵对外界所感所触的表达，图画、音乐、建筑、雕刻、戏曲、字、金石等艺术活动能够"使人的感情融和，理想高尚，精神活泼"[3]。人生活在这世上，不仅需要物质、思想，也非常需要感情。一个人如果没有丰富的感情，便可以说是没有生活。因此，蒋梦麟希望中国的青年既能掌握创造物质文明的科学知识、科学技能，也能在艺术的熏陶中养成丰富健全的思想、情感，享受幸福而完满的人生。

3. 高深学术与通俗知识并存

蒋梦麟在美国哥伦比亚大学研究院进修期间，系统学习了如何将科学的方法应用到教育实践中，充分认识到了教育研究中的科学精神。回国以后，他积

---

[1] 陈独秀：《新文化运动是什么？》，《新青年》1920年第7卷第5号，第1页。
[2] 蒋梦麟：《欧战后世界之思想与教育》，明立志等编：《蒋梦麟学术文化随笔》，北京：中国青年出版社，2001年版，第95页。
[3] 蒋梦麟：《这是菌的生长呢还是笋的生长》，《过渡时代之思想与教育》，上海：商务印书馆，1933年版，第76页。

极投身于教育领域,发现当时的知识分子群体热衷于宣传各种主义、高呼各种口号,却很少考虑普及自然科学和解决民生问题。蒋梦麟对此提出了疑问和批评,他非常重视打好知识根基,提高国民的整体素质。蒋梦麟提倡大力发展高等教育,他认为高等学术是教育的基础。古往今来,无论西方学者还是中国大儒都因研究高深学术而博通学识,有了足够的学识然后才得以研究教育。如蒋梦麟所说:"有真学术,而后始有真教育;有真学问家,而后始有真教育家。"①如果不先讲高等学术,便没有大教育家诞生,便无法解决中国教育的根本问题。发展高等学术能够培养推动教育的领袖式人物,进而能够培养更多为社会进步做贡献的有用人才。在重视高等学术的同时,蒋梦麟强调知识分子不能仅仅埋头于高深学术的研究,应走出图书馆、实验室去看看民生疾苦和社会问题。要向国民普及和传授科学,必须重视通俗科学知识,"最好一面讲高深科学,一面用浅近的科学知识,来研究现在的社会问题"②。中国人的科学观念薄弱,讲科学原理、概念等晦涩难懂的东西他们难以接受,应该先从通俗知识、日常知识讲起,让民众听得懂、学得会,提起他们的兴趣,日后才能学会和掌握科学技能与科学方法。

蒋梦麟这种高深学术与通俗知识并存的科学教育思想蕴含着一种中国传统的"中庸"思维,在倡导发展高等教育的基础上,呼吁知识分子既要研究高深学术也要重视普通科学知识的学习和传授。在那个风雨飘摇的年代,蒋梦麟始终心系中国社会的实际需要,试图用教育唤醒国民意识、提高国民素质,他深知只有在全社会范围普及和传授科学知识,才能破除愚昧落后的社会风气、打好自然科学的根基。

4. 注重科学的教育方法

蒋梦麟认为要解决中国教育的根本问题,必须用科学的教育方法。他主张继承中国传统文化的精华,同时借鉴欧美国家教育的先进之处,以改革旧教育,发展新教育。通过比较中西文化的差异,蒋梦麟发现中国人最缺乏的就是思考力,他曾在《和平与教育》一文中发出"甚矣,吾国人不思耶!"的感慨。因此,他明确提出现代教育要着重培养受教育者的思考力。首先,要养成怀疑精神,"事事要问为什么、做什么、这个是什么、究竟怎么一回事"③。青年学会怀疑,才得以产生问题,产生了问题才会思考。其次,要使思想自由发展,

---

① 蒋梦麟:《高等学术为教育之基础》,《蒋梦麟讲学术文化》,南昌:百花洲文艺出版社,2020年版,第32页。

② 蒋梦麟:《这是菌的生长呢还是笋的生长》,《过渡时代之思想与教育》,上海:商务印书馆,1933年版,第73页。

③ 蒋梦麟:《学潮后青年心理的态度及利导方法》,《过渡时代之思想与教育》,上海:商务印书馆,1933年版,第59页。

学生敢于发言、敢于批评。思想自由了，头脑才会清晰，才能形成思考的习惯。教育者不可用"命令式的老话"阻碍学生的思想，更不可利用权威镇压阻碍学生的言论。最后，要具备逻辑思维和科学意识，学校应抛却机械死板的记忆背诵之法，注重伦理学和科学，以此为学生的思考力打好基础。

此外，蒋梦麟还特别强调要使学生拥有丰富的生活和实践。他希望中国青年都能成为"活泼泼的人"[①]，成为改良社会的有用人才。一方面，教育者应鼓励学生研究社会问题。让学生批评历史事件或书上的一段话，都不如让他们批评社会状况。在这个过程中，学生既能充分锻炼思考力，又能了解和研究社会实际问题。另一方面，蒋梦麟希望学生能够多多参与自然、美感相关的活动，培养对自然物质的兴趣，比如蜜蜂、蝴蝶的生活，花草树木的生长，矿石的结构等，这些天然而美丽的事物不仅能够陶冶学生的情操，而且能够为他们研究自然科学提供良好基础。此外，音乐、美术等爱好对学生来说也很重要，它们可以使青年抒发情感，增加人生的趣味，找寻属于自己的理想生活。

由上可见，蒋梦麟既关注学生的知识和能力，又关心他们的人格和个性发展；既认识学校课程的重要性，又强调社会实践的必要性。在那样特殊的年代，这种全面而均衡的教育方法具有一种难能可贵的科学精神，在借鉴西方教育学的基础上融入了蒋梦麟自己的独特见解，蕴含了他为中国科学进步和教育发展所付出的努力。

二、中小学基础科学教育对蒋梦麟科学教育思想的借鉴

（一）当前我国中小学科学教育存在的不足

百年之前，蒋梦麟认为要挽救民族危亡必须发展科学教育，提高国民素质。如今中国已然屹立于世界民族之林，但是要在竞争激烈的国际环境中立足还需要不断提高科学发展水平。21世纪的今天是科技飞速发展的信息时代，科学进步和创新成为各国经济的决定因素，同时也是社会发展的重要推动力。因此，科学教育是关系国家前途命运的大事。2021年6月，国务院印发《全民科学素质行动规划纲要（2021—2035年）》，其中明确提出要实施青少年科学素质提升行动[②]。这不仅引发了各地对中小学科学教育的进一步重视，也敦促了中小学继续完善其科学教育。总的来说，当前我国中小学科学教育的整体

---

① 蒋梦麟：《改变人生的态度》，《蒋梦麟讲学术文化》，南昌：百花洲文艺出版社，2020年版，第51页。
② 中国科学技术协会编：《全民科学素质行动规划纲要（2021—2035年）》，北京：人民出版社，2021年版，第3页。

发展态势较好，但是在实践过程中仍然存在一些不足，需要加以改善才能更上一层楼。

1. 科学教育的体系不够健全

近年来科学教育在国内受到了广泛重视，各地中小学基本上都已开展青少年科学教育，但是由于对科学教育理念的理解不足，在具体实践过程中产生了一些问题。当前我国的中小学科学教育具有分科和标准化的特点：一方面，分科教育对学科进行了严格划分，很多学校习惯于把科学教育也当作一个独立的学科来对待，强调知识的系统性和逻辑性，而不重视让学生体验知识的产生过程。这不利于学生用宏观视角从整体上理解科学，更谈不上培养学生的科学精神、科学思维。另一方面，标准化主要是指教学内容、教学评价都围绕固定的标准展开，教师在教学过程中只重视传授知识而忽视引导探究，以传统的评价体系考查学生的学业成绩，这不仅损耗学生对于学习科学的兴趣和热情，更割裂了学生将知识与客观世界联系起来的能力，使得他们难以投身于科学实践。除此之外，中小学在开展科学教育的过程中忽视了学科协同与融合。学校并未清楚地认识到，科学教育的主要任务并不是利用一门学科去传授科学知识，而是全方位、全过程地提升青少年的科学素质。学科之间缺乏交流与融合、其他学科完全不进行科学教育渗透，这些都会使得科学教育陷入贫瘠单薄的困境，难以实现其扩展知识范畴的功能。

2. 对学生的主体性不够重视

科学教育的主体是全体青少年，很多中小学却忽视了这至关重要的一点。青少年学习科学的热情很大部分来源于内驱力，但是系统化的知识内容和标准化的评价方式抑制了他们的好奇心和想象力。学生的主体性可以理解为两个方面，一是自主性，二是能动性。当前中小学的科学课程以传统讲授为主，教学方式缺乏双向互动，教师的"教"与学生的"学"有脱节现象[1]。教师按照标准化要求讲授教材知识，而学生对科学知识的需求远远超出教材内容，他们需要更多主动学习和发现的机会。在科学教育的实际教学中，教师往往很少开展让学生自我教育和自我评价的活动，还是以教师主导的传统模式为主，忽视了学生在学习中的自主性。此外，科学实践活动的缺失、形式化等问题阻碍了学生发挥自身的能动性。科学实践是科学教育不可缺少的一环，但是很多中小学的科学教育重课内、轻课外，甚至并未组织过科学实践活动。科学课上的实验以老师示范为主，很少让学生亲自动手操作，这些都体现了教育者对学生能动性的忽视。

---

[1] 陈昌芬、喻永华：《中小学科学课程教学的现状与发展分析》，《贵州民族报》2021年12月16日，第3版。

3. 理论与生活实际的联系不够紧密

中小学科学教育的目标不仅是传授基础科学知识、培养青少年的科学精神和科学思维，更是为了让青少年掌握科学方法、具备投身于科学实践的能力。科学是一个高深且复杂的系统，为了适应中小学阶段青少年的特征，基础科学教育必须要以通俗化、生活化的方式展开。当前中小学科学教育还是很难真正做到理论与实际相联系，由于专业科学教师的缺失或教师专业素养不足，科学课经常流于形式，缺少有创新的、贴近生活的科学实验。此外，出于对学生安全、秩序管理等因素的考虑，学校很少组织室外科学探究活动，这无疑是切断了科学课与真实生活的联系，学生只能坐在教室里听课、看实验，却不能亲自去观察、探索、触摸，他们需要真实的感官刺激去建立理论知识与生活实际的联系。

（二）当前中小学基础科学教育对蒋梦麟科学教育思想的借鉴

蒋梦麟撰写的《历史教授革新之研究》《学生自治——在北京高等师范演说》《教育思想的根本改革——在第二师范演讲》《儿童心理》《我们对于学生的希望》《学风与提高学术》《北大之精神》等论文，为我们开展基础科学教育提供了积极借鉴[1]。为了加强青少年科学教育，全面提高学生的科学素养，中小学作为科学教育的主阵地还需要做出进一步的努力。

1. 坚持"以人为本"的教育理念，树立学生的科学精神

蒋梦麟的科学教育思想呼吁个性解放，教育应该充分发展个人固有之特性。今日的科学教育同样需要强调"个人"，坚持"以人为本"，充分尊重学生的个性、兴趣，保护学生的好奇心、想象力，培养训练学生的科学精神。科学精神是科学教育的灵魂，学生只有具备了科学精神，才能拥有持续探究科学的兴趣和积极投身科学实践的热情。从目前的文化语境来看，科学精神包含三个重要的层面，一是求真精神，二是质疑精神，三是探索精神。求真精神是实事求是，相信实践出真知；质疑精神是敢于怀疑，能够独立思考和判断；探索精神是善于探究，能够大胆想象和创造。中小学科学教育要培养学生的科学精神，重在引导和激发。首先，找到合适的切入点，采用趣味性的授课方式。比如，给学生讲述科学理论的相关故事，在讲述过程中适当抛出问题让学生思考和判断；给学生呈现科学实验和发明创造的实例，让学生亲身观察并深入探究。儿童的身心发展规律决定了中小学生正处于好奇心和探索欲强的阶段，趣味性和情境性兼具的科学教育才能满足他们的需求，帮助他们认识科学的魅

---

[1] 蒋梦麟：《过渡时代之思想与教育》，上海：商务印书馆，1933年版，第1—473页；曲士培主编：《蒋梦麟教育论著选》，北京：人民教育出版社，1995年版，第1—259页。

力。其次，尊重学生的主体性，采用启发式教学。蒋梦麟在《和平与教育》一文中所提倡的"精确明晰之思考力"①，在今天仍然是科学教育需要重视的品质，新时代的青少年须成为独立思考、勇于质疑、敢于批评的个体。这就需要教师在教学过程中充分尊重每一个学生的主体性，保护他们的好奇心和求知欲。具体来说，科学教师不应束缚于教材内容和知识框架，而是要积极引导学生提出问题，进一步启发他们主动思考、解决问题。同时不能畏惧学生的提问和质疑，不要害怕学生问"为什么"，要以耐心和求实的态度回应学生，在潜移默化中促使学生养成乐于探究、合理怀疑、大胆创新的科学精神。

2. 加强学科之间的协同创新，培养学生的科学思维

科学与人文是互通互动、不可分割的，科学教育与人文教育应该相互交融、相辅相成。中小学实行分科教育，各学科之间存在壁垒。为了促进科学教育的发展，学校应该采取措施完善学科体系，发挥学科之间的协同效应，同时重视学科渗透，从全方位、多方面培养学生的科学思维。首先，当前中小学科学教育的最主要形式是科学课，学校必须紧抓课堂教学这一主渠道，给予科学课足够的重视。对科学课的安排做到不占课、不换课、不形式化，让教师和学生都认识到科学学习的重要性，逐步改变科学教育在实践过程中被边缘化的现象。其次，要加强学科之间的协同创新，追求科学与人文的融合。一方面，可以采用学科交叉、跨学科学习等方式促使其他课程与科学课程形成合力，充分发挥协同效应。在课程设置方面积极创新，开发科学与语文、数学、物理等学科相结合的综合课程，打破传统的学科知识框架，构建科学知识与其他学科知识相互联系的有机整体。另一方面，要重视科学在其他学科中的渗透，用潜移默化的方式培养学生的科学思维。这就需要各科教师不断提高自身的能力和素养，用科学的眼光分析教学内容，在教学过程中探寻本学科渗透科学教育的可行路径。无论是综合课程还是学科渗透，其旨归都在于打破学科壁垒、促使科学与人文的交融，将学生培养成为适应现代社会需要、具有科学精神和创新能力的全面发展人才。

3. 倡导多元化的科学教学方法，拓展学生的科学知识

中小学科学教学的基本任务是传授科学知识，培养学生的科学思维，传统的工具性教学手段难以起到良好的效果，需要以更加灵活、多元化的科学教学方法拓宽学生获取科学知识的渠道。一方面，科学课程应该以探究性学习为主，教师给学生呈现真实问题情境，引导学生根据以往知识和经验去探究问题、解决问题。教师应该站在学生的角度思考"怎么学"，设计综合性任务，以

---

① 蒋梦麟：《和平与教育》，《过渡时代之思想与教育》，上海：商务印书馆，1933年版，第114页。

学习任务为导向提出可供学生探究的科学问题。在探究过程中，教师应把握好自身的参与度，做好"引导者"的角色，既不过度提示和干涉，又能在必要时刻给予学生启示。探究性学习不同于传统的讲授式教学，它需要教师具备更灵活的思维方式和更丰富的知识储备，只有这样才能有效引导学生运用不同学科领域的知识和方法去解决问题。另一方面，科学课程应该有效利用生活素材，培养学生自主学习的习惯。中小学生对新鲜事物好奇心较强，在科学学习过程中，经常对一些科学现象产生疑问。科学教师应该利用学生的这种心理特征，多使用现实生活中的素材引导学生主动去探究一些科学现象和科学原理。比如教学课件用生活中常见的现象进行导入，经常带领学生做一些简单易操作的实验等，这些方法不仅能够让学生意识到科学就存在于自己身边，促使他们养成自主探究的习惯，还能鼓励他们多多动手，充分发挥想象力和创造力。多元化的科学教学方法有利于打破科学课的空间限制、拓宽学生获取科学知识的渠道，让学生不仅能够学到书本上的知识，更养成自主探究的习惯，在日常生活中获得更丰富的实践性科学知识。

4. 加强理论与实践的融合，帮助学生掌握科学方法

科学教育旨在为国家培养科技创新后备人才，最终要落脚在实践上。因此，中小学科学教育应该改变重课堂轻课外、重理论轻实践的现状，加强科学教学与现实生活的联系，驱动学生在学习和探究的过程中逐渐掌握科学方法。科学方法是人们揭示客观世界奥秘、获得新知识、探索真理的工具[①]。在实践层面，它包括观察、测量、实验、调查等方法；在理论层面，包括归纳、演绎、分析、类比等逻辑方法。中小学科学教育必须加强理论与实践的融合，才能使学生全面掌握科学方法。一方面，学校应开展服务于实际的科学教学活动，帮助学生巩固科学理论知识并学会应用到实践中。在课堂上，教师可以进行丰富多样的实践活动，比如摩擦起电、浮力、光的折射等，这些生活中常见的现象都可以用一些简单的小实验呈现给学生，让学生一边动手一边思考。除此之外，教师还应该将科学探究的场域延伸到课外，突破教室这一单调的教学空间，带领学生去接触、观察大自然。开展课外活动时，可以将学生分成多个学习小组，不同小组分别去完成教师布置的任务。任务可以是多种多样的，比如寻找课本上学习过的某种昆虫，或是辨认两株植物的不同等。通过开展课外实践活动，教师能够引导学生将课堂上学习的知识与现实生活联系起来，同时让学生感受科学的魅力和探索的乐趣。另一方面，为了打破教学时间和空间的束缚，进一步增强课堂知识与现实生活的联系，还可以适当地给学生

---

① 梁英豪：《科学素养初探》，《课程·教材·教法》2001年第12期，第59—63页。

布置一些作业。作业必须是贴近生活、富有乐趣的，让学生既能及时巩固课堂上所学的内容，又能亲自动手实践增强应用能力。总之，科学教学需要课堂内外形成合力，加强理论知识与实践的融合，这样才能让学生在不断探究的过程中逐步掌握科学方法。

三、蒋梦麟科学教育思想对中小学基础科学教育的启示

蒋梦麟的科学教育思想，涵盖了为什么要教育、个人价值与教育的关系、和平与教育、教育与社会、教育与职业、教育与思想、建设新国家之教育观念等内容，在近代社会产生了重要影响。

蒋梦麟在长达数十年的教育生涯中，发表了大量有关教育、科学思想等方面的论文，如《个人的价值与教育之关系》《进化社会的人格教育》《过渡时代之思想与教育之关系》《建设新国家之教育观念》《今后世界教育之趋势》《教育评论》《为什么要教育》《儿童心理》等[1]，详细地论述了科学精神、科学思想、科学方法等为代表的科学素质教育在基础教育发展中具有重要意义。他指出："教育有种种问题，究其极，则有一中心问题存焉。此中心问题惟何？曰做人之道而已。做人之道惟何？曰增进人类之价值而已。"[2]鉴于科学教育在基础教育中的重要性，我们只有在中小学教育中加大科学教育的内容，"崇尚科学精神，树立科学思想，掌握基本科学方法，了解必要科技知识，并具有应用其分析判断事物和解决实际问题的能力"[3]。

可知，科学教育是国民素质的重要组成部分，是社会文明进步的基础，而这正是蒋梦麟科学教育思想带给我们的启示。

---

[1] 蒋梦麟：《个人的价值与教育之关系》，教育杂志社编：《教育杂文》，上海：商务印书馆，1925年版，第1—4页；蒋梦麟：《进化社会的人格教育》，教育杂志社编：《教育杂文》，上海：商务印书馆，1925年版，第5—8页；蒋梦麟：《过渡时代之思想与教育之关系》，教育杂志社编：《教育杂文》，上海：商务印书馆，1925年版，第9—26页；蒋梦麟：《建设新国家之教育观念》，曲士培主编：《蒋梦麟教育论著选》，北京：人民教育出版社，1995年版，第45—50页；蒋梦麟：《今后世界教育之趋势》，曲士培主编：《蒋梦麟教育论著选》，北京：人民教育出版社，1995年版，第80—81页；蒋梦麟：《教育评论》，曲士培主编：《蒋梦麟教育论著选》，北京：人民教育出版社，1995年版，第97—107页；蒋梦麟：《为什么要教育》，曲士培主编：《蒋梦麟教育论著选》，北京：人民教育出版社，1995年版，第176—177页；蒋梦麟：《儿童心理》，曲士培主编：《蒋梦麟教育论著选》，北京：人民教育出版社，1995年版，第180—193页。

[2] 蒋梦麟：《个人的价值与教育之关系》，教育杂志社编：《教育杂文》，上海：商务印书馆，1925年版，第1页。

[3] 中国科学技术协会编：《全民科学素质行动规划纲要（2021—2035年）》，北京：人民出版社，2021年版，第3页。

国家政策导向下的地质中专教育
（1949—1976年）
——以武汉地质学校为中心的考察

卢子蒙[1] 朱 昊[2]

（1. 安徽大学历史学院；2. 成都大学马克思主义学院）

提 要 中华人民共和国地质中专教育来自中等技术学校的整顿，在地质部的人才需求之下，由各大区所属中专学校划归地质部，其后地质中专教育的规模出现多次扩张与收缩。武汉地质学校是地质部直属学校之一，经历过多所中专学校的合并，还曾试图升为大专或本科，最终在20世纪70年代并入武汉地质学院。武汉地质学校的经历折射出当时背景下中华人民共和国地质中等教育与技术教育的发展与变革，表明地质中专学校的增设、调整与合并撤销，是国家教育政策变化的体现，受到工业需求、苏联模式与政治环境三方面的影响。

关键词 地质教育 职业教育 计划经济 武汉地质学校 苏联模式

我国的地质教育起步于晚清民国，此时以北京大学、北洋大学等高校为主体。中华人民共和国成立后，国家借鉴苏联技术教育的经验，在建设地质专业高等院校之外，地质中等专业教育也开展起来[①]。不同于高等院校既有学科的"院系调整"，地质中专教育是1949年后全新开创的一种教育模式，其作为培养地质工作者的重要举措，对地调、找矿事业发挥过重要作用。关于中华人民共和国成立初期的技术教育，高等教育和院系调整等问题关注颇多，而技术教育

---

① 下文引用材料中会出现"中等技术教育"的说法，这是中华人民共和国成立初期对中等专业教育的称呼，为行文便利，本文除引用材料外均称"中等专业教育"或"中专教育"。中华人民共和国成立初期借鉴苏联模式，将民国时的"职业教育"完全抛弃，因此在本文讨论的时间范围内"职业教育"与"中专教育"是两个概念，现有的许多研究对此不作区分，以如今的概念去讨论过去的制度，需要注意。

的另一重要组成——中等技术教育的研究相对较少[1]，地质中专学校也尚未有深入研究。苏联模式对中国教育的影响，相关研究已取得较多成果，但对中等技术教育的专门探讨还很少[2]。

武汉地质学校（以下简称武汉地校）是当时地质部十所直属地质中专学校之一，前身是1951年创办的中南工业技术学校[3]，1974年底武汉地校并入武汉地质学院。以武汉地校为中心的考察，将借由观察该校建立、演变与撤销的过程，窥探国家对地质中专的办学思想与政策变化如何影响学校的发展，并分析国家导向变化背后的影响因素。这一视角能够审视改革开放前我国地质教育及中专教育的特征，亦可为当前的职业教育建设提供一定参考。

一、快速培养：创立地质中专教育的推动力

1950年，李四光回国任中国科学院副院长、中国地质工作计划指导委员会主任，此时李四光已关注到地质人才的培养问题，1951年5月他嘱咐尹赞勋"今后多考虑地质教育问题"[4]。1952年地质部成立，李四光任部长，发展地质教育成为地质部的首要工作之一，随后不久他提出必须要尽快培养大量地质人才，"最近经政务院财政经济委员会和教育部协商，已经决定成立地质学院和地质专修科。前者修业期限4年，后者2年"[5]。这一"专修科"即包括地质中专教育。

同年年底，陈云在全国地质工作计划会议上发言：

> 怎样增加力量呢？力量的来源有三：一、增加新的人力和工具。增加人力的主要办法是办新的学校和训练班。我们需要大学生或高中学生，但大学生和高中学生不够分配。因此我们也可以考虑招收初中学生，用简易的办法，训练一年二年，使他们能参加简易的工作。采取带徒弟的办法，大量培养干部，这样的作法是必需的。只有这样，才能迅速壮大地质工作

---

[1] 现有研究主要有李蔺田主编：《中国职业技术教育史》，北京：高等教育出版社，1993年版，第229—233页；闻友信、杨金梅：《职业教育史》，海口：海南出版社，2000年版，第18—49页。

[2] 李玉非：《建国初期学习苏联教育经验的回顾与反思》，《教育史研究》2000年第4期，第58—64页；唐芬芬：《1949—1966：我国职教课程的本土化发展》，《职教通讯》2011年第13期，第31—34页。

[3]《秘书人事方面51年工作总结》，1951年，中国地质大学（武汉）档案馆藏，1951-XZ32-1.0002。

[4] 尹赞勋（1902—1984年），河北平乡人，著名地质学家、地质教育家，1955年当选为中国科学院学部委员。时任中国地质工作计划指导委员会第一副主任，此后担任北京地质学院副院长兼教务长，中国科学院地学部主任等职务。参见马胜云、马越、马兰：《李四光年谱续编（1889—1971）》，北京：地质出版社，2011年版，第334页。

[5] 李四光：《跟着中国科学翻了身的地质学》，《李四光全集》第8卷，武汉：湖北人民出版社，1996年版，第284页。

的力量。①

这一讲话历来被视为此时地质工作的思想指导，被全文刊登在《人民日报》头版，其对地质中专教育的论述也得到广泛关注，以至于有许多人特地来信询问如何报考地质中专院校②。至此，地质中专教育因其快速培养人才的特征受到重视，国家层面已明确建设地质中等院校的意向。

地质部对中专教育的需要，产生于中华人民共和国中等教育发展变革的背景之下。中华人民共和国成立初期全国范围形成了许多大行政区，大区、省、市各级政府迫切需求人才，各地在接收现有学校的同时，也迅速建立了许多中专院校③。但建设过快带来很多问题，作为新出现的教育体制，培养任务、学制、课程安排、领导关系、经费等许多问题没有统一，亟待解决④。1951年6月，第一次全国中等技术教育会议提出目前的首要任务是对中等技术学校进行调整、整顿，并适当发展一些学校⑤。同年10月，政务院第一百零八次政务会议讨论通过《关于整顿和发展中等技术教育的指示》，1952年3月31日由周恩来签署命令正式发布⑥。该指示提出："大量地训练与培养中级和初级技术人材尤为当务之急……我国现有的中等技术学校，在数量与质量上，均远不能适应此种需要。"这充分表明中华人民共和国成立初期对专业技术人才的需求，推动国家寻求中专教育的快速发展路径。第一次全国中等技术教育会议标志着中等技术学校的调整改革拉开帷幕。

1952年10月，教育部又颁布《中等技术学校暂行实施办法》，各大区开始进行中等技术学校调整，华北区在该年12月底率先完成初步调整与整顿⑦。1953年4月，《人民日报》"读者来信摘要"中，编辑部按语说："中央人民政府政务院在去年三月底即发布了'关于整顿和发展中等技术教育的指示'；但从这些读者来信看，目前还有不少中等技术学校在办学方针和教学工作等方面没有认真贯彻中央指示的精神"⑧，此时全国范围内整顿效果不佳，推动较为缓慢，华

---

① 《在全国地质工作计划会议上　陈云副总理的讲话》，《人民日报》1952年12月19日，第1版。
② 《有关投考地质部所属中等技术学校的一些问题》，《人民日报》1953年3月28日，第2版。
③ 关于职业学校接收、新建、调整等问题及其背景，学界已有概括性研究，参见闻友信、杨金梅：《职业教育史》，海口：海南出版社，2000年版，第18—30页。
④ 《全国中等技术教育会议开幕》，《人民日报》1951年6月13日，第1版。
⑤ 《有计划地大量培养国家生产建设干部　全国中等技术教育实施方针确定》，《人民日报》1951年7月5日，第2版。
⑥ 《政务院举行第一零八次会议》，《人民日报》1951年10月27日，第1版；《政务院关于整顿和发展中等技术教育的指示》，《人民日报》1952年4月8日，第1版。
⑦ 《华北区工业性质中等技术学校已初步调整》，《人民日报》1952年12月29日，第3版。
⑧ 《读者来信摘要》，《人民日报》1953年4月5日，第2版。

北区虽初步整顿，但"仍不能适应国家建设工作的要求"[1]。《人民日报》对中等技术学校相关的读者来信进行较大规模的刊登，在此推动之下，仅过二十多天中央相关部门就提出在该年暑假对中等技术学校进行较大规模的整顿[2]，很快华东、西北和西南大区全面调整，教育部还特地要求下半年推迟开学，以使整顿工作彻底完成[3]。

领导关系是改革中的重要内容，"各类各级中等技术学校以改归业务部门直接领导为原则"[4]，明确提出有关业务部门管理中等技术学校日常的各项工作，"原有中等技术学校（包括私立者在内）中现归教育部门领导者，则应遵照上述原则有步骤和有准备地调整其领导关系"。这也是各地质学校的主要来源，1952年和1953年地质部在全国范围内建设了六所中等技术学校，分别在南京、长春、重庆、武汉、西安、宣化（今张家口市宣化区），这些学校都直属于地质部。这些学校大多是在原有中专学校的基础上设立的，其设置标准也是"每个大区都有一所中等地质学校"[5]，显然这些学校与各大区的中等技术学校整顿有直接的关系。武汉地校也是"于一九五三年由于中等技术学校的调整而改成地质学校的"[6]。

至此，中国的地质中专教育初步建立起来，在这一过程中，既有全国层面中等学校调整的背景，又有地质部对人才需求的推动，这种"快速培养地质人才"的教育模式开始为地质事业贡献力量。

二、改属地质部：地质中专学校的组建过程

武汉地校的建立是中南大区中等技术学校整顿的结果，1950—1952年湖北省的中专院校数量增长迅速[7]，这些新学校的出现是中南大区重视中专院校的

---

[1] 《全国工业性质的中等技术学校　今年暑假将大力调整整顿并重点发展》，《人民日报》1953年4月28日，第3版。
[2] 《全国工业性质的中等技术学校　今年暑假将大力调整整顿并重点发展》，《人民日报》1953年4月28日，第3版。
[3] 《华东开始调整全区工业性质中等技术学校》，《人民日报》1953年5月18日，第3版；《西南西北区中等技术学校进行全面调整工作》，《人民日报》1953年8月29日，第3版；《为作好今年秋季开学前的准备工作　中央高等教育部通知中等技术学校延期开学》，《人民日报》1953年8月27日，第3版。
[4] 《有计划地大量培养国家生产建设干部　全国中等技术教育实施方针确定》，《人民日报》1951年7月5日，第2版。
[5] 何长工：《何长工回忆录》，北京：解放军出版社，1987年版，第458页。
[6] 《武汉地质学院关于宣传部一九五四年至一九五七年武汉地质学校校刊》，1954年，中国地质大学（武汉）档案馆藏，1957-DQ14-1.0001。
[7] 湖北省高等教育厅：《湖北省高等中等专业教育统计资料汇编》，内部资料，1964年版，第220—227页。

举措之一。从中南工业技术学校到武汉地校，涉及中央与地方的机构调整、办学思想变化等问题，这一过程中地质部与中南大区两者的行动是相互交织的。

武汉地校是地质部最初建立的六所中专学校之一，何长工部长和地质部教育司司长孙云铸参与了这六所学校的组建。何长工直接领导这项工作，还到长春选址建校[①]。孙云铸具体负责各校的筹办过程，多次奔走各大区指导工作[②]。孙殿卿回忆："孙老师是在大力组建地质院校的紧张时刻出任教育司长的。我常见他在何部长的领导下，会同学校的领导为选定校址、确定建设规模、调配师资力量、制定教育计划而奔忙。"[③]当时地质高等院校主要由高等教育部负责业务领导，地质部教育司司长孙云铸更多地重视中等学校的建设，还担任了全国中等技术教育委员会委员[④]。

1953年2月，中南军政委员会委员兼财政经济委员会副主任李一清指出："中南财政经济委员会已与中南教育部拟定中等技术学校调整方案。"[⑤]中南大区行动十分迅速，当年3月已开始调整，"中南区工业性质的中等技术学校这次调整就是根据集中统一的原则进行的。全区工业性质学校除个别学校仍属大区领导外，其他都改由中央有关业务部门领导，各省市没有保留学校"[⑥]，明确指出大多数学校都改由中央有关业务部门领导，武汉地校正是在此次调整中改属地质部的[⑦]。李一清还谈到"办好武汉地质中等技术学校（该校现已招收学生一千七百人）"，这表明虽然全面整顿还未开始，但此时中南大区已与地质部达成共识，将原中南工业技术学校改属地质部。同年3月底，地质部对地质中等技术学校的问题进行回应并指出："地质部在汉口、南京、重庆、长春、西安、宣化六个城市都筹设中等技术学校，如南京的南京地质学校，汉口的武汉工业学校等。"[⑧]由此可见地质部与中南大区都明确表达了建设武汉地校的意向。

[①] 何长工：《何长工回忆录》，北京：解放军出版社，1987年版，第458页。

[②] 郝诒纯：《缅怀孙云铸教授的杰出贡献》，中国地质学会地质学史研究会、中国地质大学地质学史研究室：《地质学史论丛》第3卷，武汉：中国地质大学出版社，1995年版，第51页。

[③] 孙殿卿：《回忆孙云铸老师的几件往事》，《一代宗师》，内部资料，1995年版，第18页。孙殿卿（1910—2007年），黑龙江哈尔滨人，地质力学和第四纪冰川地质学家、中国第四纪冰川学的奠基人之一，1980年当选为中国科学院学部委员。孙殿卿于1930—1935年就读于北京大学，此时孙云铸为北京大学地质系教授，故称"孙老师"。引文中"何部长"即何长工。

[④] 地矿部教育司：《孙云铸教授对中国地质教育的贡献》，《一代宗师》，内部资料，1995年版，第11页。

[⑤] 《努力完成基本建设的光荣任务》，《人民日报》1953年2月4日，第1版。

[⑥] 《全国工业性质的中等技术学校 今年暑假将大力调整整顿并重点发展》，《人民日报》1953年4月28日，第3版。

[⑦] 1952年中南大区有三所学校：中南建筑工程学校、中南纺织工程学校、中南邮电学校，到1953年时，校名中"中南"二字均改为"武汉"，佐证中南大区确实将大多数中等技术学校改为中央部属。见湖北省高等教育厅：《湖北省高等中等专业教育统计资料汇编》，内部资料，1964年版，第224—228页。

[⑧] 《有关投考地质部所属中等技术学校的一些问题》，《人民日报》1953年3月28日，第2版。

需要注意，前文李一清已称其为"武汉地质中等技术学校"，地质部却称"武汉工业学校"。在武汉地校正式成立之前曾有多个名称，档案材料显示，1951年初创时学校为"中南工业技术学校"[①]，1952年2月称为"中南汉口工业学校"[②]，8月时已是"中南第一工业学校"[③]，10月时出现"武汉工业学校"名称[④]，校名的不断变化，实质是建校工作受到各种因素影响，规划设计并不稳定。

新成立的地质部各级领导干部尤为缺乏，何长工曾谈及此事："中央组织部从各方面给我们调来有经验的老干部作为骨干。"[⑤]1952年10月，武汉地校首任校长彭山从江西赣州调任中央地质部地质室副主任[⑥]。次年7月，他被任命为武汉地校校长。地质部对武汉地校的正式管理从此时才算开始，此前李一清已谈到"该校现已招收学生一千七百人"，《人民日报》报道武汉地校开学时则是"现有学生四百多人"，尽管这一差值明显存在问题，但可以明确彭山到任之前，学校已经以"地质学校"的名义开始招生办学，各项工作已启动。根据湖北省的统计，中南第一工业学校在1951年未见招生，1952年时已更名为"武汉地质学校"，招生454人[⑦]。而现存武汉地校的档案材料，仍有1952级矿山地质和地质勘探两个专业的学籍表。

武汉地校前后共两任校长，首任校长彭山于1956年底调到长春地质学院，从1956年起纪言就一直担任校长（后为革委会主任），直至武汉地校合并到武汉地质学院[⑧]。关于武汉地校的建校时间，纪言谈到是1952年[⑨]，但上文已指出，1953年3月中南大区才开始中等技术学校的调整工作，7月校长彭山上任，因此武汉地校的正式成立时间应该是1953年，纪言将初次招生的时间当作建校时间。武汉地校采用"先招生，后成立"的模式，在正式成立之前就招收学生。事实上，在新生政权对人才和加快建设的强烈渴望下，这是各类学校的普遍特点。

---

① 《秘书人事方面51年工作总结》，1951年，中国地质大学（武汉）档案馆藏，1951-XZ32-1.0002。
② 《中南工业部各工业学校设科及课程计划草案》，1952年2月2日，中国地质大学（武汉）档案馆藏，1952-XZ32-2.0005。
③ 《1951年第四季十一月份行政经费支出决算表》，1952年8月18日，中国地质大学（武汉）档案馆藏，1951-XZ32-1.0013。
④ 《武汉工业学校教职员工名册》，1952年10月30日，中国地质大学（武汉）档案馆藏，1952-XZ32-2.0004。
⑤ 何长工：《何长工回忆录》，北京：解放军出版社，1987年版，第455页。
⑥ 《彭山人事档案》，中国地质大学（武汉）档案馆藏，S0564。
⑦ 湖北省高等教育厅：《湖北省高等中等专业教育统计资料汇编》，内部资料，1964年版，第224页。
⑧ 《纪言人事档案》，中国地质大学（武汉）档案馆藏，S0404。
⑨ 纪言：《武汉地质学校始末》，中国地质学会地质学史研究会、中国地质大学地质学史研究室：《地质学史论丛》第3卷，武汉：中国地质大学出版社，1995年版，第109—112页。

1952年武汉地校只招收了矿山地质和地质勘探两个专业[①]，随后逐渐设立化学分析、探矿机械、钻探工程等专业[②]。学校也陆续设立四个科——化学分析科、探矿机械科、钻探科、矿山地质科。这些科的招生在不同年份有所变化，有时只有其中三科招生，有时四科都招生。此后地质部对全国各中专院校的专业设置进行统筹规划，武汉地校的化学分析专业，长期以来是地质部在全国范围内培养地质化验干部的唯一单位[③]，而采煤专业被划归焦作矿业学院[④]。这显示部分地质专业人才改由高等院校培养，各中专地质学校在培养专业技术人才时亦有一定分工。专业科系的设置以教学力量的充实为前提，地质部重视各中专学校的师资力量，这也是孙云铸重点关注的工作之一[⑤]。地质部一方面从各处调派人员，许多人从其他单位调来，将一些其他院校的现有专业调整到武汉地校，如湖南新化高级工业学校和广西柳州高级工业学校的矿冶科并入[⑥]。另一方面分配了许多应届大学毕业生来校任教，"一九五二年又从全国大学毕业生中分配来一百来名应届毕业生。有地质、采矿、物理、化学、财经、测量、土木等专业"[⑦]。武汉地校在创建时师资招募主要采用上述两个做法，建校后仍注重提高师资水平，主要举措是开展各类进修、实习和"师傅带徒弟"[⑧]。

三、时势推动：地质中专学校的发展变革

国家关于建设地质院校的规划设计，会受到当时国家政治经济形势的制约，环境一旦发生变化，各个地质学校将受到较大影响，武汉地校也参与了多次地质中专教育的变革。

1956年，全国处在"一五"计划建设之中，此时提出了"又多、又快、又

[①] 《武汉地校1952、1953年入校学生名单》，中国地质大学（武汉）档案馆藏，1953-JX14-3.0001。
[②] 《武汉地质学校1953级化学分析专业1班学生学籍表》，1956年7月，中国地质大学（武汉）档案馆藏，1956-JX14-28.0001；《武汉地质学校1953级探矿机械专业2班学生学籍表》，1956年7月，中国地质大学（武汉）档案馆藏，1956-JX14-27.0001；《武汉地质学校1954级钻探工程专业1班学生学籍表》，1957年7月，中国地质大学（武汉）档案馆藏，1957-JX14-27.0001。
[③] 《武汉地质学院关于宣传部一九五四年至一九五七年武汉地质学校校刊》，中国地质大学（武汉）档案馆藏，1957-DQ14-1.0001。
[④] 纪言：《武汉地质学校始末》，中国地质学会地质学史研究会、中国地质大学地质学史研究室：《地质学史论丛》第3卷，武汉：中国地质大学出版社，1995年版，第109—112页。
[⑤] 于洸：《缅怀著名地质学家和地质教育家孙云铸教授》，《一代宗师》，内部资料，1995年版，第119页。
[⑥] 中国人民政协会议广西壮族自治区柳州市委员会文史资料研究委员会：《柳州文史资料》第3辑，内部资料，1984年版，第250页。
[⑦] 何长工：《何长工回忆录》，北京：解放军出版社，1987年版，第456页。
[⑧] 《地质部关于中等地质学校一九五七年至一九五八年工作的指示》，中华人民共和国地质部办公厅编：《地质部重要文件汇编（1952—1958）》，内部资料，1959年版，第831—832页。

好、又省"口号，实际工作中许多部门却出现了急于求成①。地质部受到其他工业部门在该年的迅速扩张的影响，其本身也难免受到冒进风气的干扰。全国地质工作明显加快速度，"安排的工作总规模超过了以往三年工作的总和"，并且"今后除了继续满足国家建设的当前的主要需要而外，就必须更多地考虑国家建设的全面需要和将来的需要"②。突然提高的工作量，自然对地质院校毕业生提出了更高的需求，何长工提出"地质部还办了六个中等技术学校，在校学生也有9000多人，每届毕业生在实际工作中起了很大的作用。不过大中地质学校的招生计划，是保守了一些，毕业生与实际需要脱节，供需差数很大"③，"从1956年至1959年，增设新的地质学院，以保证计划期内对技术力量的需要，行政干部学校最近期间即应设立两个"④。这一年地质部的计划是扩大现有高等、中等院校规模，并增设两个地质学院，1956年增办5个中专学校，次年再增办4个⑤。不过随着这种趋势遭到中央遏制，地质部提出的院校建设目标便不再执行，在实际操作中仅增设了4所地质中专学校，新建成了成都地质学院。

1956年建立的学校中后有两所并入武汉地校。1956年，地质部正定干部学校在正定城东门里路南地质部水文地质工程研究所（原正定卫治所暨镇台衙门旧址）建立。当年招生4000人，全部为初中生。由于招生人数过多，这批学生学习半年后很多人都没有找到合适岗位，最后大多数学生考上其他中专学校，剩下的部分学生前往北大荒，正定干部学校也在仓促招了一届学生之后终止⑥。其中部分教职工辗转调到武汉地校，全部文书和人事方面的档案也转到武汉地校。另一所是广州地质学校，地质部于1956年增设了郑州、昆明、北京、广州4所中等地质学校⑦，到此时部属地质中专院校共有10所。1965年，地质部对中专教育进行调整，所属中专院校减为6所，撤销北京、郑州、广州、重庆四校。1964年开始广州地质学校就不再招生，该校的部分干部、教师和全部在校学生调往武汉地校。

另有一所学校并非1956年建立的，但在广州地质学校撤销的同时也在调

---

① 丛进：《曲折发展的岁月》，北京：人民出版社，2009年版，第14—15页。
② 何长工：《挖掘潜力，大踏步前进，为胜利完成一九五六年地质勘探计划而斗争》，《地质知识》1956年第1期，第1—2页。
③ 何长工：《开展社会主义竞赛，为提前和超额完成第一个五年计划而奋斗——地质部何长工副部长在地质部先进生产者代表会议上的报告》，《地质知识》1956年第6期，第4页。
④ 何长工：《发展地质事业，满足国家建设需要》，《基本建设文选（一）》，北京：基本建设出版社，1956年版，第183页。按：该书未注明写作时间，《何长工传》书末附录"何长工主要著述目录"中也没有收入该文，但据文中内容推测当写于1956年。
⑤ 许杰：《为适应地质工作的大发展，必须迅速发展地质教育》，中华人民共和国地质部办公厅编：《地质部重要文件汇编（1952—1958）》，内部资料，1959年版，第817页。
⑥ 张炬、张素钊主编：《正定古今》，石家庄：河北人民出版社，2017年版，第114页。
⑦ 何长工：《何长工回忆录》，北京：解放军出版社，1987年版，第463—464页。

整。探矿技工学校1952年7月创建于正定城内崇因寺旧址，设钻探和汽车两个专业，学制三年。创办初期招收学生800人，1961年后学校规模压缩，到1964年学校有学生365人，教师48人。1965年停办，该校部分干部、教师和全体学生也调往武汉地校①。至此，先后有3所学校以不同的形式并入武汉地校，充实了其教育实力。

1959年，经湖北省人民政府批准武汉地校增设大专部，改名为"武汉地质专科学校"。次年，地质部党组决定以此为基础开办"武汉地质学院"，还曾以"武汉地质学院"的名称招过一批高中毕业生按本科培养，但后来并未办成学院②。随着此后国民经济逐渐调整，原有的许多问题得到纠正，武汉地质学院办学层次先改回大专，后又改回中专，名称改回"武汉地质学校"③。同时学校大力精简教职工，减少在校学生，1961年停止招生。由于前几年扩大招生规模，1962年之后几年毕业生规模较大，而全国地质系统也在调整精简，毕业生需求量减少，导致武汉地校毕业生的工作分配出现困难，1962年近200名毕业生只得全部分配给湖北省的商业系统，从事财贸工作④。这一过度扩张影响久远，直到20世纪80年代，仍有许多当年的学生要求解决遗留的历史问题。

这次学校先改为高等专科，进而改设为普通高等院校，是受到了"大跃进"的严重影响，但上文已谈到，地质部关于增设地质学院的设想在之前就已开始，尽管在"大跃进"的政治环境下，地质学院的扩张却与之前扩大地质教育的主张一脉相承。从1956年来的这些曲折也提示地质部对地质中专教育的布局仍处于探索阶段，在政治形势影响下难免出现不合理的举措。

四、偶然与趋势：并入高校的武汉地质学校

随着"文化大革命"的开始，武汉地校也步入尾声。1966年，学校停止招生。1968年，成立武汉地质学校革命委员会。次年，工（军）宣队进驻学校，

---

① 正定县教育委员会：《正定教育志》，石家庄：河北教育出版社，1996年版，第231页；纪言：《武汉地质学校始末》，中国地质学会地质学史研究会、中国地质大学地质学史研究室：《地质学史论丛》第3卷，武汉：中国地质大学出版社，1995年版，第109—112页。

② 《关于停办武汉地质学院问题》，1960年8月20日，湖北省档案馆藏，SZ001-002-0679-0036。按：需要注意，此后1974年北京地质学院迁到武汉后也更名为"武汉地质学院"，还将武汉地校并入了该校，但两校在1959年时并无关系。

③ 《关于原武汉地质专科学校一九六〇年以"武汉地质学院"名义招收本科学生学历问题的报告》，1984年12月30日，中国地质大学（武汉）档案馆藏，1984-JX11-3.0002。

④ 纪言：《武汉地质学校始末》，中国地质学会地质学史研究会、中国地质大学地质学史研究室：《地质学史论丛》第3卷，武汉：中国地质大学出版社，1995年版，第109—112页。

大批教职工被下放到湖北郧县洪门公社插队落户。①

　　武汉地校的上述经历与这一时期的各类学校并无太大差别，但影响武汉地校命运的另一个重要因素突然出现。1970 年，北京地质学院迁往湖北荆州，改名为湖北地质学院。同年，周恩来提出高、中等院校不要集中设在一个地方，由于湖北地质学院已成立，湖北省与江西省便协商将武汉地校迁往江西赣州②。湖北地质学院招收地质力学和英语两个班，荆州办学条件不够，便借用武汉地校校址办学。8 月 9 日，湖北省批准将湖北地质学院在武汉地校的教学点改为"湖北地质学院武汉分院"③，这是武汉地校融入武汉地质学院的第一步。9 月，国家计委地质局决定武汉地校明年暂不招生④，现有校舍尽量借给湖北地质学院使用⑤。湖北地质学院 1972 级学生管新平曾回忆借住在武汉地校上学的经历⑥。

　　湖北地质学院原本设想武汉地校尽快迁往江西，之后利用原有校址办学，但此时双方出现了很大矛盾，武汉地校迟迟不肯迁往江西赣州，同时湖北省地质局在武汉地校搬迁问题上亦不积极。湖北省革委会进而请示国务院——"我们建议若地校仍迁，立即办；若不迁，并入地院"⑦。此时湖北省革委会正式提出了将武汉地校并入湖北地质学院的主张，应当是考虑到刚刚从北京迁来的地质学院需要办学点，但武汉地校又难以搬离，只得采用这种办法调和双方矛盾，但此前已产生的矛盾将影响到合并之后的人员安排。1973 年 5 月，国务院正式批复武汉地校仍归湖北省领导，具体事务由湖北省与国家计委地质局商定，文中有一句"鉴于已商定武汉地质学校不迁江西"，大概在该文件批复之前湖北省已确定地校不迁，但目前在档案中未看到相关文件，此外，该文件也未直接批复是否并入湖北地质学院⑧。

---

① 纪言：《武汉地质学校始末》，中国地质学会地质学史研究会、中国地质大学地质学史研究室：《地质学史论丛》第 3 卷，武汉：中国地质大学出版社，1995 年版，第 109—112 页。
② 《关于武汉地质学校搬迁工作的协商意见》，1971 年 9 月 14 日，该文附在《关于湖北地院领导班子、落实政策等问题的报告》，湖北省档案馆藏，SZ118-004-0121-0025。
③ 中国地质大学编：《中国地质大学大事记（1952—1987）》，武汉：中国地质大学出版社，1989 年版，第 168 页。
④ 1970 年 6 月地质部被撤销，改设国家计划委员会革命委员会地质局，1973 年国家计划委员会革命委员会地质局更名为国家计划委员会地质局，1975 年 9 月国家计划委员会地质局升格为地质总局，成为国务院直属机构，1979 年国家地质总局改为地质部。为行文方便，下文涉及 1970—1975 年时均称"国家计委地质局"。
⑤ 中国地质大学编：《中国地质大学大事记（1952—1987）》，武汉：中国地质大学出版社，1989 年版，第 169 页。
⑥ 管新平：《路在脚下》，广州：华南理工大学出版社，2016 年版，第 141 页。
⑦ 《关于湖北地质学院建校地址和武汉地质学校迁往江西问题的请示报告》，1972 年 10 月 23 日，湖北省档案馆藏，SZ139-006-0342-0010。
⑧ 《国务院关于湖北地质学校建校地址问题请示报告的批复》，1973 年 5 月 28 日，湖北省档案馆藏，SZ139-006-0494-0008。按：此文在省档馆电子系统录入有误，文件标题中"湖北地质学校"应为"湖北地质学院"。

1974年，武汉地校恢复招生，开始招收"工农兵学员"①。1974年底，湖北省地质局批准湖北地质学院迁到武汉办学，更名为武汉地质学院②。次年，要求武汉地校不再招生，名额划归武汉地质学院招生，接着将武汉地校正式并入武汉地质学院③。随着武汉地校并入武汉地质学院，原有的"湖北地质学院武汉分院"紧接着也被撤销④。

1975年，湖北省革委会的批复文件题名为"关于将湖北省地质学校合并到武汉地质学院的批复"。这里将"湖北省地质学校"并入，而非"武汉地质学校"，需要指出，"湖北省地质学校"就是"武汉地质学校"。武汉地校原属地质部领导，"文化大革命"使得地质部对其中断了领导关系，导致武汉地校在相当长的一段时期处于实际上没有上级领导的状态。1970年，地质部军代表向国家计委发出《关于中等地质学校下放情况的报告》，将前文提到的地质部所属六所中专学校划归各省领导，武汉地校划归湖北省地质局。1970年10月，湖北省地质局将其改为湖北省地质学校⑤。在更名过程中，国家计委地质局可能参与很少，以至于对更名情况并不够清楚，这就使在之后各类文件、书籍和亲历者回忆里，出现了两个校名混用的情况。到1974年两校合并前夕，仍有文件中称其为"武汉地质学校"⑥。武汉地校沿革图如图1所示。

1978年，湖北省地质局在湖北沙市建立一所新的"湖北省地质学校"⑦，该校已经与昔日的湖北省地质学校无关，利用湖北地质学院搬往武汉后在荆州留下的房屋办学。1981年，以湖北省原地质学校为基础，建立了湖北省地质职工大学，但两块牌子同时并存⑧。此时地质工作依然需要中专毕业生，地质中专教育仍有存在的必要，但此时改为湖北省地质局所属，在办学规模和水平上不如当初的武汉地校。

---

① 《关于湖北地质学院建校地址和武汉地质学校迁往江西问题的请示报告》，1972年10月23日，湖北省档案馆藏，SZ139-006-0342-0010。

② 《关于〈湖北地质学院〉改名为〈武汉地质学院〉的批复》，1974年12月28日，中国地质大学（武汉）档案馆藏，1977-XZ11-1.0009。

③ 《关于撤销武汉地质学校招生名额分配武汉地质学院招生指标的通知》，1975年9月3日，湖北省档案馆藏，SZ118-004-0456-0014；《关于将湖北省地质学校合并到武汉地质学院的批复》，1975年11月24日，中国地质大学（武汉）档案馆藏，1975-XZ11-1.0023。

④ 《关于撤销原湖北地质学院武汉分院的报告》，1975年6月19日，中国地质大学（武汉）档案馆藏，1975-XZ11-1.0022。

⑤ 《对湖北省地质局"关于申请建立湖北省地质专业学校的请示报告"及湖北省地质学校"关于领导关系问题的请示报告"的批复》，1974年3月4日，湖北省档案馆藏，SZ139-006-0561-0004。

⑥ 《关于武汉地质学校从我省地质职工子女中招收学生的请示报告》，1974年5月20日，湖北省档案馆藏，SZ118-004-0364-0021。

⑦ 龚璞、柳红文：《十年拼搏 铸就辉煌——湖北省地质学校改革成效显著》，《政策》2000年第5期，第51—53页。

⑧ 湖北省教育志编纂委员会办公室：《湖北地区高等学校简介》，内部资料，1987年版，第328页。

图 1 武汉地校沿革图

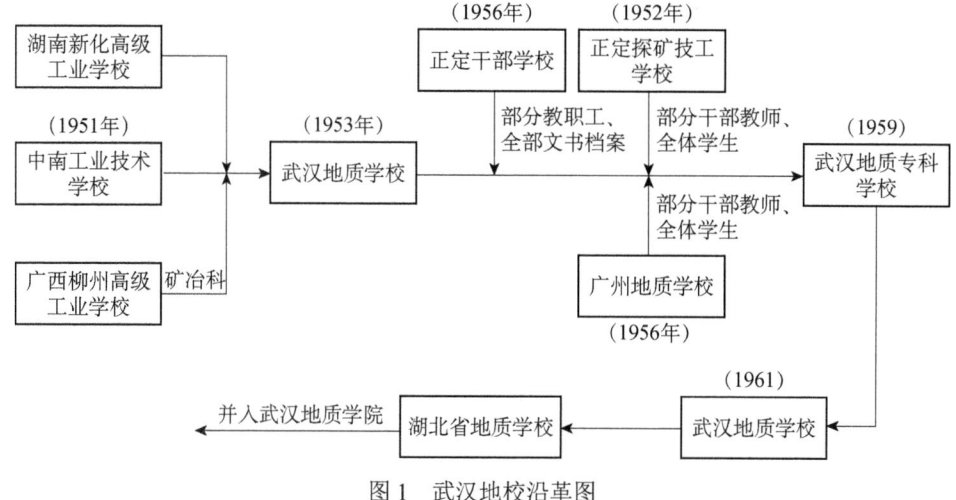

括号内为建立时间，各校按并入武汉地校的时间排序

武汉地校被撤销，其人员、校址、资产均被并入刚刚迁到武汉的武汉地质学院，这所地校最终消失在地质中专教育之中。它的撤销并非自身的问题，而是北京地质学院突然迁到湖北的结果，湖北地质学院（武汉地质学院）主观上也并未想吸收这所学校，只是在迁校初期需要该校校址。之后湖北省地质学校的再度成立表明，武汉地校并入武汉地质学院并非"高、中等院校不要集中设在一个地方"的教育格局平衡，也不是解决地院与地校短期矛盾的无奈举措，地质学校校园对于地质学院的价值亦很有限。应当说武汉地校的并入是动荡年代政治不稳定造成的，但其背后亦有地质中专教育衰落的大趋势。

回顾中华人民共和国成立以来地质中专教育的发展，尽管存在一些问题，但在当时的社会经济条件下，这是建立起一切发展基础的必要手段。在地质中专学校存在的时间内，其对地质事业做出的贡献应当充分肯定，符合了时代发展的大潮流。武汉地校为国家培养过许多人才，"共向国家输送了 6000 名地质科技干部。其中包括近 200 名中专师资班和 200 多名大专部的毕业生……他们中任高级工程师的人为数甚多，负责局队两级技术或行政领导工作的人也为数不少"[1]。1957 年，新华社报道了祁连山的铁矿勘探队，对武汉地校的女毕业生着墨很多，她们并不输于男队员[2]。许多地质中专学校的毕业生在祖国的地质事业中奉献着青春，为我国的工业建设做出了重要贡献。武汉地校的化学分析专业因其在地矿系统长期以来的优势，在学校并入武汉地质学院后直接设立

---

[1] 纪言：《武汉地质学校始末》，中国地质学会地质学史研究会、中国地质大学地质学史研究室：《地质学史论丛》第 3 卷，武汉：中国地质大学出版社，1995 年版，第 109—112 页。

[2] 《祁连山区的铁矿勘探队》，《人民日报》1957 年 7 月 9 日，第 6 版。

为一个系①。

五、政策如何影响：工业需求、苏联模式与政治环境

上文通过观察中央政策如何推动武汉地校的实际变革，窥探国家发展地质中专教育指导思想的演变，但办学思想演变的内在推动力及其发挥的作用还需深入分析。

中华人民共和国成立初期，工业建设需要大量技术人才，但彼时的中国各类人才严重缺乏，"我们还要在文化教育上投资。开一个工厂，就需要工程师、技师、工人、职员；各要多少，应有一定的比例。现在需要很多的熟练工人、职员，更需要技师。……解放前全国地质系毕业的只有二百多人，可是现在需要很多。中国没有勘察的地方多得很"②。陈云的话反映了工业建设对技术人员的迫切需求，也提到了地质领域人才的缺乏情况。这一时期中央政府要求优先发展重工业，教育要为国家建设服务，即培养专业技术人才，区别于此前教育脱离经济发展的做法③。

地质部即完全按照这一指导思想部署地质事业发展。应当指出，地质建设与其他工业部门的重要不同，在于地质学必须要有"前瞻性"，相关工作要早于工业建设，这也决定了地质中专教育具有一定独特性。时任地质部副部长许杰曾经从农业合作化与工业建设的关系、重工业的重要性、地质工作和重工业的关系三个方面循序渐进，论述地质学尤其是地质教育，对于国家工业建设的重大意义，尤其突出了地质工作要"先行"，这可视为地质部对工业化与教育关系的主要认知④。何长工也认为：

> 培养地质干部的工作，也必需要求我们大量地培养德才兼备的，真正合乎生产建设要求的地质干部，这样一个繁重任务是不可能由过去分散的，规模狭小的和理科性质的地质系去完成的……地质人材是按三方面培养的：第一方面是地质调查，主要研究区域的地质构造。第二方面是普查与勘探相结合，而普查又必需为了便于勘探（即寻找矿源）即给工业发展

---

① 《关于办好化分系的意见》，1980 年，中国地质大学（武汉）档案馆藏，1980-DQ11-12.0005。
② 陈云：《一九五一年财经工作要点》，中共中央文献研究室编：《建国以来重要文献选编》第 2 册，北京：中央文献出版社，2011 年版，第 182 页。
③ 韩晋芳：《中国高等技术教育的"苏化"——以北京地区为中心（1949—1961）》，济南：山东教育出版社，2015 年版，第 14—20 页。
④ 许杰：《为适应地质工作的大发展，必须迅速发展地质教育》，中华人民共和国地质部办公厅编：《地质部重要文件汇编（1952—1958）》，内部资料，1959 年版，第 811—816 页。

准备矿物原料的埋藏量。第三方面是科学研究。目前中国应以培养第二类人材为主……①

地质部的高等与中等院校均以培养"应用型地质人才"为目标，充分强调普查和勘探的重要性。地质中专学校的创办也是围绕这个目标，以快速培养能够投入普查与勘探工作的技术人才。

无论是专门化的高等教育，还是中等技术教育，均受到了苏联教育模式的影响②。关于地质教育领域如何"向苏联学习"，何长工曾有一段论述：

> 苏联关于技术干部的培养是两级制（大学培养工程师，技术学校培养技术员），而我们似乎是三级（大学培养工程师，专科培养高级技术员，而中等技术学校培养中级技术员）……将来技术干部恐慌的现象缓和了，中等技术学校的水平提高了，就可以逐渐缩减专科，以中等技术学校去代替。③

这段话明确揭示了地质部的办学思想，也是地质教育借鉴苏联模式的直接体现。苏联教育体制中高等院校与技术学校的设置直接被借鉴过来，正是在全国"向苏联学习"的氛围下，中国建立起了自己的中等技术教育体系。此外，中国地质教育也接受了苏联以普查与勘探为重点的指导思想，其突出表现即重视实践教学、强调与生产结合等④。

正是在国家对工业建设需求与"向苏联学习"两个主要因素的影响之下，地质教育体系中的中专教育受到重视，并因其快速培养人才的特征被寄予厚望。两个因素也关系密切，对于快速建设工业的需求与当时的国际关系推动国家在教育体制中选择苏联模式。地质工作的"前瞻性"增强了对技术人才的需求，使得地质在那个时期得到各级领导人的空前重视。

事实上，当时的地质学界对此并非没有异议，一些老地质学家坚持认为1952年之后我国已不再培养从事科学研究的地质人才，这是严重的问题，要重新发挥综合性大学地质系的作用⑤。李四光也曾指出，北京大学应有地质系⑥。这是两种办学思想的冲突，部分学者从学术进展的角度思考，这种认知并不完

---

① 何长工：《何长工副部长一九五三年九月在第一届全国地质教育会议上的开幕词》，中华人民共和国地质部办公厅编：《地质部重要文件汇编（1952—1958）》，内部资料，1959年版，第788—791页。
② 王坤：《新中国中等职业教育课程政策研究》，西南大学2014年博士学位论文，第37—39页。
③ 何长工：《何长工副部长一九五三年九月在第一届全国地质教育会议上的总结纲要》，中华人民共和国地质部办公厅编：《地质部重要文件汇编（1952—1958）》，内部资料，1959年版，第802—803页。
④ 《地质部关于加强一九五四年各高等、中等地质院校学生生产实习领导的指示》，中华人民共和国地质部办公厅编：《地质部重要文件汇编（1952—1958）》，内部资料，1959年版，第806—808页。
⑤ 尹赞勋：《往事漫忆》，北京：海洋出版社，1988年版，第86—91页。
⑥ 尹赞勋：《往事漫忆》，北京：海洋出版社，1988年版，第75页。

全正确，在当时各地质学院同样有广泛的科学研究，并非不能培养地质学家，保留的综合大学地质系也有发展。但当时以培养"地质工程师"为主要目标的地质教育体制确实存在不足，地质学本身是一门科学，科学自身想要发展就不能只重视其应用价值，因而这一问题影响到了此后地质事业的发展，并在地质学的科学研究快速发展之后，最终导致地质中专学校的消亡。

地质工作以应用性为目标的特点，使其工作性质变成为其他行业的建设服务，这决定了地质事业一定会受到其他行业因素的影响，地质教育亦不能幸免。这一问题的本质，则是计划经济下政策导向对经济发展的影响。上文已揭示，地质工作受到国家工业建设影响的特点尤其明显，因为此时的地质工作完全是以寻找矿产资源、地形地貌勘查为中心。故而，在1953年由于"一五"计划的开展，地质工作快速增长[①]，1956年受到"冒进"风的影响，地质工作出现了过度建设，1958年在"大跃进"的影响下更出现了严重冒进。一旦工业建设的需求过度扩张，地质工作会不得不"跟上潮流"，地质中专教育也将随之变化，在这三个重要时期内都受到了较大影响。在较长的时间内，工业建设的"快速发展"有时是由于政策的适当产生的强大推力；有时是由于政治运动引起的畸形发展，违背了经济规律，其结果必然是包括地质中专教育在内的各行各业共同遭受损失。

六、结　　语

地质中专教育的产生与发展，一直受到工业需求、苏联模式与政治环境的影响。在中华人民共和国成立初期的百废待兴之下，快速培养专业技术人才成为教育事业的首要大事，在"向苏联学习"的氛围之下，苏联教育体制中两年制的中专教育受到广泛关注，成为新执政者教育体制布局的重要取向，地质事业必须要走在工业建设之前，地质教育又必须走在地质工作之前，因而对人才的渴望更加迫切。在全国中专教育广泛建立之后，由于计划指导下的经济发展会受到各种因素的影响，地质事业也必然跟随经济建设的脚步而发生变化，反映在地质院校上则是多次机构的变革和办学规模的浮动。

地质中专教育因其快速和有针对性地培养人才被移植到中国教育体系中，但这种突出的"应用性"又使其自身发展必然受到其他诸多因素的影响，这一特点也适用于许多其他行业的中专院校，但由于地质工作属于资源开发和工业建设的"前提"，受到的影响会更加明显且典型，故而观察地质中专教育的历程

---

① 何长工：《何长工回忆录》，北京：解放军出版社，1987年版，第455页。按：1956年与1958年情况前文已述，不再出注。

是窥探改革开放前技术教育的一个重要角度。当时的各级各类技术教育院校，在其发展过程中，无不在苏联模式的影响下，因工业需求而生，伴随着国家对工业发展的政策改变而产生大的变动，而选择苏联模式和多次经济政策的改变，无不受到政治环境的推动。

在这之后，随着地质工作对人才要求的提高，地质中专"应用"的空间愈发狭窄，最终走向消亡。武汉地校在"文革"中并入武汉地质学院，虽然并未走到地质中专教育最后的尴尬阶段，但并入高等院校的结局，更像是地质人才的要求更高这一大趋势的象征。地质中专教育与"时代呼唤"的关系，也将为当前职业教育的发展提供若干思考。

【致谢】本文写作过程中，中国科学院自然科学史研究所张九辰研究员提出了许多宝贵意见；中国地质大学（武汉）档案馆朱丹、杜鹤以及编研展览室的五位老师为作者查阅资料、开展研究提供了许多帮助。特此向各位老师致谢！

史实考补与文献整理

《水经注》载记"汉中山王故宫"相关史实考补*

崔玉谦[1] 耿燕辉[2]

(1.保定学院文物与博物馆学院/京津保联动发展研究院；2.保定理工学院学科与学位建设办公室)

提 要 《水经注》滱水部分记载有"汉中山王故宫"相关内容，《水经注疏》对于《水经注》的记载有不同的解释。通过对相关注解的对照分析，可对"汉中山王故宫"相关史实做出补充考证：东汉时期中山王的王国宫殿在后赵时期增筑为一座小城，后燕时期定都中山府与此次增筑有关联，随着十六国时期佛教的逐渐传入，在北魏时期，这座宫殿在此发展成了一座佛教设施。

关键词 《水经注》 《水经注疏》 汉代中山国 北朝 河北佛教

《水经注》成书于北魏后期孝明帝孝昌年间，四十卷，是郦道元为注解《水经》述说河道或简略或讹误而撰。《水经注》注解水道共1252条，比《水经》著述的水道数目多将近十倍。《水经》述说河道经脉较为简略，郦道元为对其做详细注释，注引大量文献史料，这些文献史料有征引自典籍记载的史料，亦有来自野外考察观瞻之见闻史料。遗迹遗址在《水经注》中大量出现，关于这一部分资料，已有的研究成果对其有部分引用[1]，汉代的中山国系汉景帝刘启于前元三年（前154年）封庶子刘胜为中山王而立，汉代中山国是汉代诸侯王封国中比较大的一个王国，在长达329年的汉代中山国历史中，中山国王世系不断更替，并几经废除和建立。对于汉代中山国的研究，多集中于相关考古材料的整理利用以及文化元素提取方面[2]。《水经注》中记载了一条涉及"汉中山王

---

* 本文为河北省高等学校青年拔尖人才计划项目"中古时期蒲阴陉沿革变迁及遗迹资料整理研究"（BJS2022038）、保定学院科研创新团队"京雄保特色文化"（KYTD2023008）阶段性研究成果。

[1] 可参见杨倩描：《北魏王朝与涿鹿黄帝庙祭》，《三祖文化论坛汇编》，北京：中国社会科学出版社，2016年版，第64页。

[2] 可参见石永士、王素芳、裴淑兰：《河北金石辑录》，石家庄：河北人民出版社，1993年版，第44页；赵槿檀：《燕赵地域文化视阈下的河北博览类建筑设计研究——以定州博物馆为例》，长春工程学院2019年硕士学位论文，第28页。

故宫"的史料，材料中的相关史实有必要进行补充考订，在此本文结合其他相关材料对此进行补考。《水经注》滱水部分有一则记载：

> 余按卢奴城内西北隅有水，渊而不流，南北百步，东西百余步，水色正黑，俗名曰黑水池。或云水黑曰卢，不流曰奴，故此城借水以取名矣。池水东北际水，有汉中山王故宫处，台殿观榭，皆上国之制。简王尊贵，壮丽有加，始筑两宫，开四门，穿北城，累石为窦，通池流于城中，造鱼池、钓台、戏马之观。岁久颓毁，遗基尚存。今悉加土，为利刹灵图。池之四周，居民骈比，填遍秽陋，而泉源不绝。暨赵石建武七年，遣北中郎将始筑小城，兴起北榭，立宫造殿。后燕因其故宫，建都中山小城之南，更筑隔城，兴复宫观。今府榭犹传故制。①

这则材料透露了若干信息，首先是关于卢奴城的解释，这一点与本文没有直接关系不在此展开。其次是卢奴城的西北方向有一水池名为"黑水池"，黑水池的东北方向即"汉中山王故宫"所在地，《水经注》成书于北魏后期，郦道元实地考察所见反映的也是这一时期的景观，从文字记载来看，"汉中山王故宫"在北魏后期依旧存在，尤其形制上基本完整。关于这处王宫的遗址，材料中有简要介绍，下文有详述。郦道元看到的这处"汉中山王故宫"，已经不是单纯的宫殿，而是同时具备了宗教建筑的若干元素，这一点下文亦有详述。关于后赵、后燕时期基于这一处宫殿遗存的增修加固，后赵时期值得注意。关于郦道元的注解，可与杨守敬、熊会贞的注解进行对照，详见表1。

表1 《水经注》与《水经注疏》注解对照表

《水经注》	《水经注疏》
余按卢奴城内西北隅有水，渊而不流②	（杨）守敬按：《元和志》安喜县下，黑水故池在定州城西北，去县四里，周围百余步，深而不流③
池水东北际水，有汉中山王故宫处④	朱脱中山二字，赵据《初学记》八引增⑤
台殿观榭，皆上国之制。简王尊贵，壮丽有加。始筑两宫，开四门，穿北城⑥	朱作城北，《笺》曰：一作北城。戴改。守敬按：明抄本作北城⑦

---

① （北魏）郦道元著，陈桥驿校证：《水经注校证》卷11《滱水》，北京：中华书局，2007年版，第288页。
② （北魏）郦道元著，陈桥驿校证：《水经注校证》卷11《滱水》，北京：中华书局，2007年版，第288页。
③ （后魏）郦道元注，（清）杨守敬、熊会贞校证：《水经注疏》卷11《滱水》，南京：江苏古籍出版社，1989年版，第1066页。
④ （北魏）郦道元著，陈桥驿校证：《水经注校证》卷11《滱水》，北京：中华书局，2007年版，第288页。
⑤ （后魏）郦道元注，（清）杨守敬、熊会贞：《水经注疏》卷11《滱水》，南京：江苏古籍出版社，1989年版，第1066页。
⑥ （北魏）郦道元著，陈桥驿校证：《水经注校证》卷11《滱水》，北京：中华书局，2007年版，第288页。
⑦ （后魏）郦道元注，（清）杨守敬、熊会贞校证：《水经注疏》卷11《滱水》，南京：江苏古籍出版社，2014年版，第1066页。

续表

《水经注》	《水经注疏》
造鱼池、钓台、戏马之观。岁久颓毁，遗基尚存。今悉加土为利刹灵图①。	赵据孙潜乙刹利作利刹，戴同。守敬按：《梦溪笔谈》，天竺以刹利、婆罗门二姓为贵种。刘言史《送婆罗门归本国诗》，刹利王孙字迦摄，竹锥横写叱罗叶。则刹利字不误。又《滱水注》，东岩西谷，又是刹灵之图。刹利形近，疑此利字衍②
暨赵石建武七年，遣北中郎将始筑小城，兴起北榭，立宫造殿③	守敬按：《十六国春秋》，赵建武七年，作卢奴小城。《晋书·石季龙载记》不载筑小城事④

对照情况来看，《水经注疏》的解释涉及内容部分不多，关于"汉中山王故宫"的基本情况没有否定，明显与《水经注》记载不一致的存在于佛教内容部分以及后赵时期的增筑。《太平寰宇记》中的一则记载，对于相关内容的记载顺序有所调整：

> 中山故城，《水经注》："黑水东北有汉中山王故宫，有钓台、戏马观，尚存遗址。中山者，城内有小山，侧而锐上，若委粟焉，城因号曰中山。"⑤

按乐史的理解，不是一座宫殿而是一座故城，但其记载是在"安喜县"条目下，鉴于此，笔者认为宫殿的理解更稳妥，但宫殿的规模形制应有较大的范围空间，乐史虽然直接引用郦道元的注文，但其认为的故城的时间并没有说明。关于"汉中山王故宫"的时间问题，《水经注》有解释"简王尊贵，壮丽有加"，关于"简王"，《水经注疏》没有做进一步解释，汉代的材料可做参考：

> 中山简王焉，建武十五年封左（冯）翊公，十七年进爵为王。焉以郭太后少子故，独留京师。三十年，徙封中山王。……立五十二年，永元二年薨。⑥

东汉时期的中山简王刘焉为光武帝时期的十王之一，十七岁时进爵为王，至五十二岁逝世。三十六年的时间加之刘焉自身的身份，营造一座宏伟的宫殿是没有问题的。从时间连续性来看，东汉初期至北魏后期，中间几经战乱，人口的变化即可说明⑦，这座宫殿发生变化亦是必然。关于东汉中山简王，其为

---

① （北魏）郦道元著，陈桥驿校证：《水经注校证》卷11《滱水》，北京：中华书局，2007年版，第288页。
② （后魏）郦道元注，（清）杨守敬、熊会贞校证：《水经注疏》卷11《滱水》，南京：江苏古籍出版社，2014年版，第1066页。
③ （北魏）郦道元著，陈桥驿校证：《水经注校证》卷11《滱水》，北京：中华书局，2007年版，第288页。
④ （后魏）郦道元注，（清）杨守敬、熊会贞校证：《水经注疏》卷11《滱水》，南京：江苏古籍出版社，2014年版，第1067页。
⑤ （宋）乐史撰，王文楚等点校：《太平寰宇记》卷62《河北道》，北京：中华书局，2007年版，第1270页。
⑥ 《后汉书》卷42《光武十王列传》，北京：中华书局，1965年版，第1449—1450页。
⑦ 陶文牛：《东汉人口南北分布的演变——续汉书·郡国志》户口资料研究之二》，《山西大学学报（哲学社会科学版）》1994年第3期，第61—65页。

郭皇后（圣通）之子，地位尊贵。关于后赵建武七年（341年）扩建一事，可根据相关史料记载对照，《水经注》注明的"赵石建武七年"为后赵政权第四个年号，对照《中国历史纪年表》[①]，时间为公元341年。关于后赵政权的若干情况，相关研究成果已有论述[②]，杨守敬的注疏指出"《晋书·石季龙载记》不载筑小城事"，关于后赵建武七年的情况，史料如下：

（石）季龙畋猎无度，晨出夜归，又多微行，躬察役作之所。……自古圣王之营建宫室，未始不于三农之隙，所以不夺农时也。……季龙省而善之，赐以谷帛，而兴缮滋繁，游察自若。[③]

盛兴宫室于邺，起台观四十余所，营长安、洛阳二宫，作者四十余万人。[④]

后赵建武年间大兴土木广造宫殿，虽然在具体区域上材料没有说明，但广泛性是存在的（对照《中国历史地图集》，后赵版图部分[⑤]虽然没有表明时间，但中山郡在建武年间在其控制范围之内）。对照《水经注》与《水经注疏》，后赵建武七年（341年）一事，有一共同点即"筑小城"，这座"小城"杨守敬认为系"卢奴小城"。"小城"与宫殿显然有区别，尤其在功能上，但在具体的名称上，二者的混用并不罕见。乐史认为这座宫殿遗存为中山故城，虽然这已是唐宋之际。本文认为更合理的解释为后赵建武七年（341年）这座东汉的宫殿遗存经过了一次修缮，且规模不小，但此时宫殿遗存的所在地已不是王城，在遗存的基础上形成了一座小城。关于卢奴城，相关的材料也有记载：

后魏中山郡及恒州皆治此。《舆地志》："卢奴城北临滱水，南面派河，杜预谓之管仲城。又有中山宫，慕容垂所置宫也。自后魏至高齐，皆因而为别宫。"[⑥]

《方舆纪要》在安喜县条目下有解释，卢奴城在北朝时期具备一定的规模，"别宫"即是凸显了重要性。从东汉初年的王国宫殿到后赵建武七年（341年）的新筑小城，可以说这是一次重要的变化，在此之后及郦道元考察时所见的北魏后期，在小城的基础上再次发生变化，《水经注》与《水经注疏》均提到了"刹利灵图"，关于"刹利"一词，《水经注疏》先后引用《梦溪笔谈》与唐代刘

---

① 方诗铭：《中国历史纪年表》新修订本，上海：上海书店出版社，2013年版。
② 宋祖雄：《后赵汉官群体政治地位研究——以官爵为中心》，江苏师范大学2018年硕士学位论文。
③ 《晋书》卷106《石季龙载记》，北京：中华书局，1974年版，第2772页。
④ 《晋书》卷106《石季龙载记》，北京：中华书局，1974年版，第2772页。
⑤ 谭其骧主编：《中国历史地图集》第4册，北京：中国地图出版社，1982年版。
⑥ （清）顾祖禹撰，贺次君、施和金点校：《读史方舆纪要》卷14《北直五》，北京：中华书局，2005年版，第617页。

言史的诗歌作解释，尤其是《送婆罗门归本国诗》，显然与佛教有密切关系，《水经注疏》引用仅是两句诗，该诗全文如下：

> 刹利王孙字迦摄，竹锥横写叱萝叶。
> 遥知汉地未有经，手牵白马绕天行。
> 龟兹碛西胡雪黑，大师冻死来不得。
> 地尽年深始到船，海里更行三十国。
> 行多耳断金环落，冉冉悠悠不停脚。
> 马死经留却去时，往来应尽一生期。
> 出漠独行人绝处，碛西天漏雨丝丝。①

这首诗的内容涉及佛教的内容有多处，在此由于论述主题不进行展开分析，该诗中提到的多处地名及物名，基本反映了印度佛教经西域传播至中原区域的过程，对这一过程佛教史的研究成果有相关分析，"从魏晋开始，西域的中介地位逐渐突显，许多高僧来内地传教译经"②，"由于北方长期战乱，五胡十六国许多统治者利用佛教来稳定自己的政权地位"③。关于刘言史其人，作为中唐时期的河北诗人，在三教融合④的大背景下，不论其对佛教是何种态度，文学作品中有佛教的痕迹是符合当时的文化背景的。北魏时期是佛教在中国发展的黄金时期，僧尼人数大增伴随的是佛教设施的兴建，"岁久颓毁，遗基尚存，今悉加土为刹利灵图"发生于郦道元考察之时（"刹利"一词，清代赵一清在《水经注笺刊误》中认为"一清按：刹利二字当倒互"⑤，按此解释，"刹利"应为"利刹"，明显是指寺院佛教），"今悉加土"显然是指北魏时期在后赵建武七年（341年）的基础上再次进行了增筑，这座宫殿遗存在佛教传播的背景下，具备了佛教场所的特点。从东汉到北魏，一座王国宫殿就地位而言先后发生了三次改变。

---

① 李红霞、贾建钢校注：《唐代司空曙、刘言史诗歌注释与研究》，石家庄：河北教育出版社，2012年版。
② 崔峰：《入传、对话与突破——从鸠摩罗什入华传教看印度佛教向中国的输入》中文摘要，西北大学2013年博士学位论文，第1页。
③ 李利安、崔峰：《南北朝佛教编年》，西安：三秦出版社，2018年版；崔峰：《〈金刚经〉与禅宗》，明生主编：《禅和之声——2011—2012广东禅宗六祖文化节学术研讨会论文集》，广州：羊城晚报出版社，2013年版。
④ 戴长江、刘金柱："前世为僧"与唐宋佛教因果观的变迁——以苏轼为中心，《河北师范大学学报（哲学社会科学版）》2006年第3期，第132—137页。
⑤ （清）赵一清：《水经注笺刊误》卷5，台北：新文丰出版公司，1982年版，第41页。

《检尸考要》介绍与整理

王茂华[1]　王语婷[2]　贾玉灿[3]
（1. 河北大学宋史研究中心；2. 河北大学法学院；3. 河北科技学院护理与健康学院）

提　要　《检尸考要》现藏于美国国会图书馆，是清朝朱纲和俞元士辑录的法医学文献，计一册，是对《洗冤录》《无冤录》《读律佩觿》《未信编》等著作中有关人类尸体检验的辑要。故此有校正其他法医学文献的价值，而其对部分辑录内容所作判断尤有参考价值，是古代法医学领域又一文献。

关键词　《检尸考要》　法医学史　朱纲　俞元士

《检尸考要》，又名《检验集要》，由清朝朱纲及俞元士共同选校。该书现仅见藏于美国国会图书馆，版匡高20.3厘米，宽14.1厘米，线装，9行21字，不分卷。

朱纲，字子骢，别号忞斋，浙闽总督朱弘祚之子。世居高唐，后徙历城。自幼随父宦游四方，曾与其兄绅、绛一起学诗于王士禛，曾受经于武林沈名荪（字涧芳，王士禛门人）。王士禛称："其尊人司马公，与予少为同学。"[①]张贞称"济南朱氏昆仲，固所称少年才俊也""季公子骢，温然如玉"[②]。朱纲十三岁时补高唐诸生，后以荫授兵部主事，迁职方员外、刑部郎中。历任监督富新仓、天津道副使、河南按察使、湖北按察使、湖南按察使、云南巡抚、福建巡抚。雍正六年（1728年），卒于福建任上，享年五十五岁，加兵部尚书衔，谥"勤恪"。主要政治作为有：任刑部郎中时曾智断妇女被杀悬案；在河南多次平反冤案；在湖南曾"剖滞狱以百数""清欺隐之弊，又颁六条示属吏"；在云南以"徇隐废弛，纵属吏亏仓谷，剥民无忌"之名，弹劾前巡抚杨名时，使其被革职

---

①（清）王士禛：《王士禛全集·蚕尾续文集》卷2《云根清壑集序》，济南：齐鲁书社，2007年版，第2006页。

②（清）张贞：《杞田集》卷1《苍雪山房诗序》，清康熙春岑阁刻本。

"勒限清厘"；在福建"洋盗横虐，县获其党而遗其魁，遣弁兵立擒之"①。子四，其中崇谦早卒，崇豫三品，荫生，崇厚、崇诰俱太学生。女七人，皆适名门。

除《检尸考要》外，朱纲尚有《济南草》《苍雪山房稿》各一卷。在朱绅、朱绛、朱纲兄弟合集《棣华书屋近刻》收录其《济南草》一卷，《四库全书总目》称："此集凡绅《岭南草》一卷、《端江集》一卷，乃其省亲粤东时作。绛《岭南草》一卷，盖与绅同行所作。纲《济南草》一卷，中有《闻二兄自粤北归诗》，盖与绅、绛岭南诗同时所作。"②按：据（道光）《济南府志》卷五十三记载，朱弘祚有子绅、绛、纲、缵、缙。朱绅（1670—1707年），卒年三十八，故《济南草》等当著于朱弘祚在广东巡抚任上。具体而言，朱弘祚于康熙二十六年（1687年）八月越级擢升广东巡抚。而其离任时间说法不一，据（道光）《济南府志》，朱弘祚于康熙三十一年（1692年）由广东巡抚迁浙闽总督，据雍正《浙江通志》，其于康熙三十三年（1694年）任总督。据《清实录》载，康熙三十二年（1693年）朱弘祚已在浙闽总督任上，恐《浙江通志》非确。朱纲还著有《苍雪山房稿》一卷，王士禛不但作序称，"其斋曰'苍雪'而并以名其吟卷，殆有取于坡公之诗云尔。间以其诗质予，希声清越，有风篁之韵；古色沈澹，有琅玕之操；抑扬抗坠，有伶伦嶰谷之音。其于竹，盖有类焉者"，并对个别诗篇予以评点③。张贞序称其诗"寄托遥深，师法高古，推其存心，不欲一字寄今人篱下，即于古人亦未尝苟且以求同也"④。《四库全书总目》则称："是集亦士禛所评定，诗颇清浅，盖少作也"⑤。诚如《四库全书总目》所言，该集著于年少之时。王士禛序也可见端倪，"朱子子骢，性独好之，手种数百竿于读书之斋，与其兄子青，日夕坐卧其下，兴至则发而为诗"⑥。张贞称，康熙三十六年（1697年）始与朱绅见面，旋即认识朱纲，不久便为之撰序，"不意长公子青亦知世间有余，修音问通介绍，以道其殷勤。丁丑秋，始会晤于会城，志气交乎，若平生欢。既又见季公子骢，温然如玉，复与定交，一日出其

---

① 《检尸考要》布兰泰序。参见（清）李元度：《国朝先正事略》之《杨文定公事略》，四部丛刊本；乾隆《历城县志》卷38，清乾隆三十六年（1771年）刻本；道光《济南府志》卷53，清道光二十年（1840年）刻本。

② （清）永瑢等：《四库全书总目》卷194《棣华书屋近刻四卷》，北京：中华书局，1965年版，第1775页。

③ （清）王士禛：《王士禛全集·蚕尾续文集》卷2《苍雪轩诗集序》，济南：齐鲁书社，2007年版，第2008页。

④ （清）张贞：《杞田集》卷1《苍雪山房诗序》，清康熙春岑阁刻本。

⑤ （清）永瑢等：《四库全书总目》卷184《苍雪山房稿一卷》，北京：中华书局，1965年版，第1675页。

⑥ （清）王士禛：《王士禛全集·蚕尾续文集》卷2《苍雪轩诗集序》，济南：齐鲁书社，2007年版，第2007—2008页。

近诗一编请序"①。

另一位选校者俞元士，文献鲜见记载。据与朱纲序所言，"于豫省臬司任内，同俞子周宿翻阅诸书，留心考核"，则其当为朱纲河南按察使任内同僚或属下。据序末署名，知其为浙江山阴人。民国《杭州府志》载："俞元士妻金氏，名宗湘，以画名。辛酉，元士被掠，氏坠楼昏绝，邻妇救之，投父山阴，后归籍丹青，自给者二十年。高鹏年为报局请旌。"②两处所载姓名、籍贯一致，然非同一人。《杭州府志》所记俞元士为咸丰十一年（1861年，辛酉年）太平军攻破杭州时人，且此对夫妇遭际甚可叹。

《检尸考要》著于康熙六十年（1721年）十二月丁丑至雍正元年（1723年）五月己亥朱纲"豫省臬司任内"，刊于雍正四年（1726年）③。朱纲序述此书缘起云："旧有《洗冤录》《无冤录》《读律佩觿》《未信编》等书，皆讲论检验之法。康熙间，浙江仁和陈潄六者，取诸本彚校，集为八卷，名曰《洗冤集说》。今系就《洗冤集说》中所载之《洗冤》《无冤》《读律佩觿》等书，选其与验尸关键之处，彚为一帙。至其中尸伤、尸图、致命不致命处所，系照刑部现行新例核定。故为其原本内有因事涉疑似，存二说以备考订，与字义讹误可疑，旁注小字以备斟酌者，亦照旧并存焉。"④《检尸考要》所据的《洗冤集说》，今仅见藏于哥伦比亚大学东亚图书馆。图书馆网站检索该图书信息为，"框18.6×11.3公分，9行20字，白口，四周单边，单黑鱼尾，版心上镌书名，中镌卷次"。作者陈芳生（1642—？年），字潄六，仁和人，另著有《先忧集》《社仓》《捕蝗考》《疑狱笺》《训蒙条例》等。就《洗冤录》在元明清时期承继情况，以及《洗冤集说》等书的成就与不足，《洗冤汇编》篇首《纪述本末》曾如此评价：

> 其书创于宋，详于元，集约数十余卷。迨今代移世远，贤士大夫究心经史风雅，此书久未考定颁行。残篇乱简，难免后先失次，伪缺无章。由元及明，《平冤》《无冤》《理冤》《明冤》诸书虽相继竟处，或存或佚，舛错想仍，至王肯堂始为一正。惜乎仅存文之什一，全卷终莫可得。国朝藉《读律佩觿》《未信编》，续为发明。仁和陈氏芳生，旁搜广构，精心集说，计为成书，功用复备。惟检验之法，仍诸分说见各条，先后重复，未尽归一。阅者非彼此互绎，莫悉绪端。⑤

---

① （清）张贞：《杞田集》卷1《苍雪山房诗序》，清康熙春岑阁刻本。
② 民国《杭州府志》卷153，民国十一年（1922年）铅印本。
③ 《清实录》之《大清圣祖仁皇帝实录》，中华书局影印本：康熙六十年（1721年）十二月丁丑，"升直隶巡道朱纲为河南按察使司按察使"。《清实录》之《大清世宗宪皇帝实录》，中华书局影印本：雍正元年（1723年）五月己亥，"湖北布政使张圣弼缘事革职，朱纲为湖北布政使司布政使"。
④ 民国《山东通志》卷136，民国七年（1918年）年铅印本。
⑤ （清）郎廷栋：《洗冤汇编》篇首《纪述本末》，国家图书馆馆藏本。

朱纲也认为《洗冤集说》存在不足："但因汇集诸本，未免枝言蔓语，难于观览，且多有与验尸之义无涉者。"故此，《洗冤汇编》《检尸考要》均对《洗冤集说》进行凝练精简。《洗冤集说》远在大洋彼岸且未网络公开，此《检尸考要》藏本也绝世独存，实是难得的珍贵。

《检尸考要》包含以下内容：卷首有两序，均作于雍正四年（1726年），分别是布兰泰《序》和朱纲《序》。前者记朱纲简历及朱氏辑《检尸考要》由来，后者则述此书缘起。《检尸考要》正文主要有：验尸官吏及其程序要求、人体正面与背面致命不致命处及附图、验尸注意事项与细节。其后依次为：《妇人》《四时变动》《洗罨》《验坏烂尸》《验骨》《论沿身骨脉及要害去处》《滴骨》《检骨法》《自缢》《被打勒死假作自缢》《溺水死》《验他物及手足伤死》《自刑》《杀伤》《火死》《汤泼死》《服毒》《病死》《受杖死》《跌死》《塌压死》《外物压塞口鼻死》《硬物瘾垫死》《牛马踏死》《车轮拶死》《雷震死》《癫狗伤死》《蛇虫伤死》《酒食饱醉死》《醉饱后筑踏内损死》《男子作过死》。除两序外，《检尸考要》内容多辑录自《洗冤录》，兼引《无冤录》《平冤录》《读律佩觿》《未信编》以及清朝刑部新例；也有十余处，共计近千字，不详其所自何书；另《检尸考要》自有注释25处。故参校《洗冤录》《无冤录》《平冤录》《读律佩觿》《未信编》等，对《检尸考要》予以整理，以期有裨益于《洗冤录》乃至整个中国古代法医学文献和古代生理学的整理与研究。需要说明的是，为便于阅读，整理时为各部分标题添加了序号，且文首两序标题也为我们所加。

一、布兰泰序

明刑之任难矣，《书》之称皋陶曰："惟明克允。" 其在《易》曰："君子以明慎用刑，而不留狱。"盖明则无冤，可以察幽晰微，可以探奇测诡，极生人情伪之状，变态百出，总莫能逃吾耳目，而后爰书所定咸称平允。况人命一端，生死关头，尤为吃紧，稍一不明且慎，而死者衔恨夜台，生者落魂囹圄，诚有非寻常揆律比例之俦所可了厥事者。此《洗冤录》《无冤录》诸刻，所以佐济世之苦心，而为司刑者所必备也。方伯朱公，昔任比部郎，职司刑宪，久著贤声，继奉命观察畿省、中州，两操臬政，所到之处，皆春满园扉，光销贯索。今旬宣楚南，复以右司缺员，烦公摄篆。匝月之间，剖滞狱以百数。湖湘半壁，颂神君焉。兹出其所辑《检尸考要》一集质于余，将谋剞劂以公世。余阅之，文简而义赅，虑周而法备，较前人所刻《洗冤》诸书，更为扼要，因叹公之存心仁而泽物溥也。尝考王制有曰："凡制五刑，必即天论，邮罚丽于事。"夫悖天理以邮罚，稍有人心者不为，特恐毫厘疑似之间，辨之不明，遂至迳遮千里。冤不白则罚不当，罚不当则于天理未协。此检验之法，所以不可不精且密。然则斯集也，其牛渚之犀，而暗室之灯乎？世之司刑者，人持一编，以研求而考质之。于以慰死，于以服生。肺石不必设，而覆盆皆朗照，则公之造福大矣。爰弁数言而付之梓。时雍正四年岁次丙午清和月，巡抚湖南都御史长白弟布兰泰序。

二、朱　纲　序

余任刑曹二载，恭承圣祖仁皇帝简命，观察津门，既而直隶、河南两操臬政。每念民命所厥为重，若不于平日细心讲究，临时加意推详，但凭仵作草率完事，恐或有匹夫、匹妇含冤，既非臣子仰体皇上天地为怀，明刑弼教之职心也。是以于豫省臬司任内，同俞子周宿翻阅诸书，留心考核。如旧有《洗冤录》《无冤录》《读律佩觿》《未信编》等书，皆讲论检验之法，然坊本多有讹误不全。康熙丁卯年间，浙江仁和陈潚六者，取诸本会校，集为八卷，名曰《洗冤集说》，句属详备。但因汇集诸本，未免枝言蔓语，难于观览，且多有与验尸之义无涉者。今系就《洗冤集说》中所载之《洗冤》《无冤》《读律佩觿》等书，选其与验尸关键之处，汇为一帙，期于一目了然，便于查阅。至其中尸伤、尸图、致命、不致命处，系照刑部现行新例核定。间有删去衍文以就简明者，亦有酌增一二语使俗人易晓者，总皆仍系原文本意，并非敢变乱成法另加议论。其原本内有因事涉疑似，存二说以备考订，与字义讹误可疑旁注小字以备斟酌者，亦俱照旧并存焉。余与俞子周宿实大费苦心，彼时即欲付之梨枣以问当世，缘放赈河北，碌碌未遑。旋荷蒙皇上特简，楚藩为钱量总汇，案牍中无非国帑，朝稽夕核，更不暇商及次书矣。兹值抚台，下车之始，留心刑狱，精明详慎，力剔湖南积弊。檄委兼摄臬篆，因又起观感之心，勉慕咸中之庆。敬将旧书辑《洗冤》一书，再为检阅，录请抚宪裁定以付梓人，庶可广为传布。将来各州县皆知有《洗冤》之说，不致贸贸从事，而谳狱诸君更可为详刑平反之一助云尔。雍正四年四月上浣之吉，湖广湖南布政使司布政使、兼湖南按察使司事、前河南按察使司按察使山东高唐朱纲，浙江山阴俞元士同选校。

三、检 尸 考 要

检验官吏须要亲临已死人尸侧，监督仵作人，对众如法检验。检尸官吏与仵作人等眼同仔细看视伤痕，定验端的致命根因，依式填注格，取具结状。若奉另委官员覆检，覆检官吏人等回避初检官吏，仵作行人如上检验。其检尸官吏不许逗留，不即前去，以致已死人身尸溃烂，不堪检验。亦不许覆检官，仍用初检官、仵作行人，及通同回报。①

（一）仰面

顶心。致命。偏左。致命。偏右。致命。囟门。致命。额颅。致命。额角。致命。两太阳穴。致命。两眉。不致命。眉丛。不致命。两眼胞。不致命。两眼双睛。不致命。两腮颊。不致命。两耳。不致命。两耳轮。不致命。两耳垂。不致命。两耳窍。致命。鼻梁。不致命。鼻准。不致命。两窍。不致命。人中。不致命。上下唇吻。不致命。上下牙齿。不致命。舌。不致命。颔颏。不致命。咽喉。致命。食气嗓。不致命。两血盆骨。不致命。两肩甲。不致命。两腋肕。不致命。两胳膊。不致命。两肐胑。不致命。两手腕。不致命。两手心。不致命。十指。不致命。十指肚。不致命。十指甲缝。不致命。胸膛。致命。两乳。致命。心坎。致命。肚腹。致命。两肋。不致命。两胁。致命。脐肚。此"肚"子即小腹。致命。两胯。不致命。男子肾囊、肾子，致命；茎物，不致命。妇人产门、处女阴户，俱不致命。两腿。不致命。两膝。不致命。两臁胁。不致命。两脚腕。不致命。两脚面。不致命。十趾。不致命。十趾甲。不致命。

人体仰面穴位图见图1。

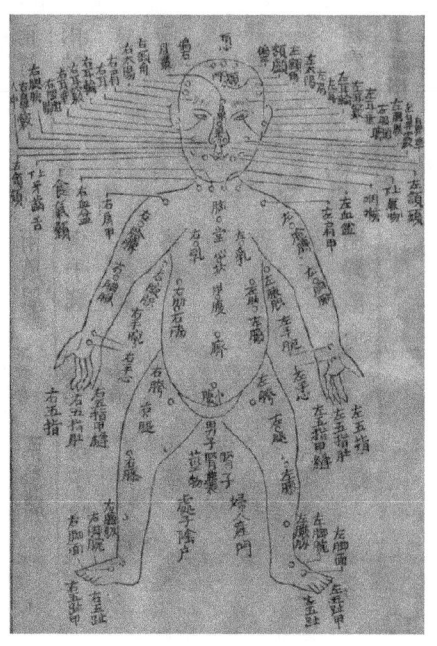

图1 人体仰面穴位图

① （清）孙星衍辑：《洗冤集录·圣朝颁降新例》，《岱南阁丛书》本。

（二）合面

脑后。致命。发际。不致命。两耳根。致命。项颈。不致命。两臂膊。不致命。两胳肘。不致命。两手腕。不致命。两手背。不致命。十指。不致命。十指甲。不致命。脊背。致命。脊膂。致命。两后肋。不致命。两后肋。致命。腰眼。致命。两臀。不致命。谷道。不致命。两腿。不致命。两（曲）〔胭〕瞅。不致命。两腿肚。不致命。两脚踝。不致命。两脚跟。不致命。两脚心。不致命。十趾。不致命。十趾肚。不致命。十趾甲缝。不致命。

人体合面穴位图见图2。

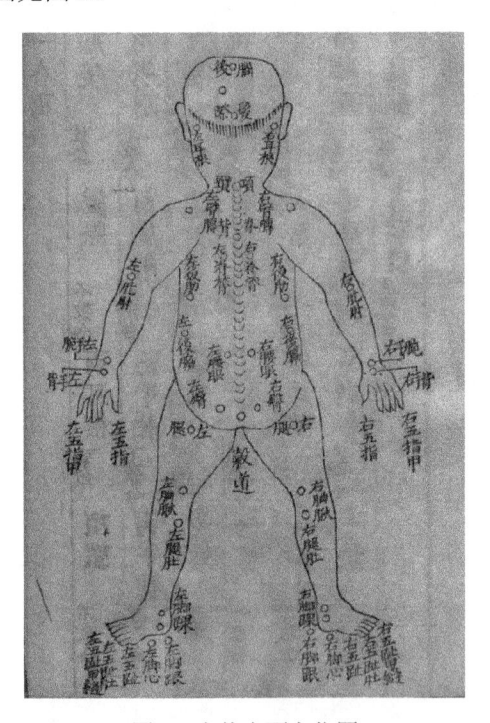

图2　人体合面穴位图

一、对众定验得某人致命伤痕几处，不致命伤痕几处，方圆斜长若干，系用某物或手足伤，于图格内逐一注明。

一、行凶器仗若干件，某物见存某处，或已丢弃无存，于报文内逐一声明。

一、检尸人等：正犯人某，干犯人某；干证人某，地邻人某；房主某，方①里正某，尸亲某；仵作行人某，于图格内逐一注明。

一、将尸仰面，验得某人年约若干年，量得身长若干尺寸，面体肉色如何，脂肉陷与不陷，如系男子须验，如系妇女须看。头发紧慢，用手分开验得。顶心囟门有无他故。如顶上有炙疮疤痕几个，围圆分寸，或发稀秃之，各

---

① "方"，（元）王与：《无冤录》卷上《格例》，清嘉庆十七年（1812年）宋元检验三录本，作"坊"。

备细声说。或有伤痕,即指定顶心,或偏左或偏右,有伤一处,皮破血流出尽,或青紫色,或肿或浮皮破,或骨损与不损,量得长阔深浅围圆,肿高分寸,或系手足或他物或磕擦瘾垫所致,其余去处,各各声说。检得头额,两额角、两太阳穴、两眉丛,两眼微合,用手分开,验得双睛有无他故。两颊腮、鼻梁、两窍里外,唇上须长若干,口角上相连唇须各长若干,唇上下口微开,舌出与不出,或舌出若干分寸,有无涎沫,用手掰开口,揣捏得舌齿有无他故。遂用银针探入咽喉内,良久取出,看有无变色。须上髯长若干,如无须髯,亦须声说。颔上下连项至咽喉,揣捏食气嗓塌与不塌,两缺盆有无他故。两肩里、两腋里、两膊里、两臑里、两臂里、两手腕、两手掌、十手指并肚有无他故。两肋里、两胁里、胸膛、两乳至前心,肚脐上下至阴囊,用手揣捏,得两外肾子并茎物;妇人看产门,处子看阴户①。有无他故。两胯里、两大腿、两膝盖、两臁胁、两脚腕里、两踝、两脚面、十趾甲有伤,依上声说,如无,即云"各无他故"。②

一、将尸合面,验得脑后,男子云"发辫",女子云"发髻"。散与不散。如不散,用手解开,量得发长若干,并用手分开揣捏,得有无他故。两耳后发际至项,两肩外,两腋外,两膊外,两手腕外,两手背,十指连甲有无他故。至脊、两胛、两肋外至腰,两臀片至谷道,有无他故。两胯外、两腿外、两臑瞅、两腿肚、两脚腕外、两踝外、两脚跟、两脚板、十趾并肚,各有无他故,并须声说。如吊缢者,验至项后,云其痕匝与不匝。如不匝,声说"不匝"、分寸(缘由)③。检至谷道有无粪出,肠凸也不凸。

一、检验沿身脱下衣服、物件,如有血污或刺扎破者,即云:"某衣服上有血污,及扎破某处长阔分寸,系某物所破。"比对在身痕迹有无相同,将衣物收管封记。④

一、凡检尸,须先令血属及邻保识认是与不是。本身或尸首经久胖胀腐烂,识认不真。须先责问原着甚衣服色样,有甚记号,及身上有甚疤认处,勒取分明,责状讫,方可检验。⑤

一、凡检尸到地头,虽有血属,恳乞免检,亦须察其有无尸首在原地所,

---

① (明)王士翘:《慎刑录》卷2《初覆检验说》,明嘉靖二十九年(1550年)刻本,作"妇人云阴门"。
② 《慎刑录》卷2《初覆检验说》和《平冤录》,清嘉庆十七年(1812年)宋元检验三录本,相关段落均与此段文意同。
③ "缘由",据《慎刑录》加。
④ 与《无冤录》卷下"检验沿尸脱下衣物"条,清嘉庆十七年(1812年)宋元检验三录本,文意同。
⑤ 与《平冤录》之"凡验尸,须先责血属及邻保识认"条,清嘉庆十七年(1812年)宋元检验三录本,文意同。

方可受状斟酌。①

一、凡系狱之因，身被桎梏，心忧苦，与常人不同，故得病多为难治。大抵死于久病痼疾，则形体瘦弱，肚腹低陷。或卒死暴亡，则尸形不类。验病之轻重分数，看死之迟速何因，不可以不留心也。②

一、凡烧死者③，口内有灰。溺死者，腹胀内有水。以衣物或湿纸搭口鼻上死者，其腹干胀。若被人勒死者，项下绳索交过，八字交匝④，手指甲或抓损。若自缢者，即脑后分八字，索子不交。绳在喉下，舌出；喉上，舌不出。切须⑤详细。

一、凡聚众打人，最难定致命痕。如死人身上有两痕，皆系致命。此两痕若是一人下手，则无害；若是两人下手，则一人偿命，一人不偿命，须是虚衷讯明⑥，两痕内何人系最后⑦下手，殴伤致命。

一、凡死人项后、背上、两肋、后腰、腿内、两臂上、两腿后、两㬿、两脚肚子上下有微赤色，要留心细细验看，如⑧验是本人身死后，一向仰卧停泊，血胍坠下，到有此微赤色，便⑨不是别致他故身死。

一、凡检验人命报文，多有混开磕撞伤痕，以致事无明决。夫将身就物谓之磕，与物相遇谓之撞，其伤止在仰面头额等处。自损决无甚重，虽伤未必致死，原无向后磕撞伤损背肋之理。今之斗殴打跌，致伤脑后、背肋者，盖为凶犯用强推跌伤重因而致死。问官俱不推详，劫乃听凭仵作混报磕撞伤痕，为之出脱。要知检验尸伤，务要辨验仰面、仆面，看视重伤、轻伤。如系斗殴，因而推跌重伤背肋要害致命身死者，俱追问如律。⑩

一、凡检验疑难尸首，如刃物所伤透过者，须看内外疮口，大处为行刃处，小处为透⑪过处。尸或覆卧，其右手有短刃物及竹头之类，自喉至脐下者，恐是酒醉撑倒，自压自伤。如近有登高处或泥，须看身上有无他故⑫钱物，有无损动处，恐因取物失脚自伤之类。

---

① 与《平冤录》之"凡检验到地头"条文意同。
② 与《无冤录》卷上《病死罪囚》"特系狱之囚身被桎梏心怀忧苦"条文意同。
③ "者"，（宋）宋慈：《洗冤录》卷1《三检覆总说下》，清嘉庆十二年（1807年）兰陵孙星衍覆元椠本，无之。
④ "八字交匝"，《洗冤录》无之。
⑤ "须"，《洗冤录》作"在"。
⑥ "虚衷讯明"，《洗冤录》卷1《三检覆总说下》无之。
⑦ "后"，《洗冤录》作"重"。
⑧ "要留心细细验看，如"，《洗冤录》卷5《四十七死后仰卧停泊有微赤色》无之。
⑨ "便"，《洗冤录》卷1《四疑难杂说上》作"即"。
⑩ 此段与《慎刑录》卷2《混报磕撞尸伤》大体相同，有所节略。
⑪ "透"，《洗冤录》卷1《四疑难杂说上》作"通"。
⑫ "他故"，《洗冤录》无之。

一、凡验妇人，无伤损处，须看阴门，恐自此入刃于腹内。离皮浅，则脐上下微有血沁，深则无。①

一、凡验男子，如无伤损处，须看粪门，恐有钉刃硬物自此入。②

一、凡尸在身无痕损，唯面色有青③，或一边似肿，多是被人以物搭口鼻及罨捂杀。或是用手巾、布袋之类绞杀，不见痕，更看项④上肉硬即是。切须要验者，看手足有无系缚痕⑤，舌上有无嚼破痕，大小便二处恐有踏肿痕。若无此类，可看口内有无涎唾，喉间肿与不肿，如有涎及肿，恐是⑥缠喉风死，宜详。

一、凡被残害死者，须检齿、舌、耳、鼻内，或手足指甲中，看有无签刺算害之类。

被残害死者，须检齿、舌、耳、鼻内，或手足、指甲中，有签刺算害之类⑦。

一、凡检验尸首，指定作被打后服毒身死，及被打后自缢身死、被打后投水身死之类，最须见得亲切，方可如此申上。中⑧间多有打死人后，以药灌入口中，诬以自服毒药⑨；亦有死后用绳吊起，假作生前自缢者；亦有死后推在水中，假作自投水者。一或差误⑩，利害不小。务须仔细点检死人在身痕伤，如果不是要害致命去处，其自缢、投水及自服毒，皆有可凭实迹，方可照上申报⑪。

辟秽丹　能辟秽气

麝香少许　细辛半两　甘松一两　川芎二两

右⑫为细末，蜜圆⑬如弹子大，久熏⑭更妙，每用一丸烧之。

一、凡复⑮检，如尸经多日，头面胖胀，皮发脱落，唇口翻张，两眼迭

---

① 此段与《洗冤录》卷1《四疑难杂说上》相关词条文意同，字多不同。
② 此段与《洗冤录》卷1《四疑难杂说上》相关词条文意同，字多不同。
③ "唯面色有青"，《洗冤录》卷1《四疑难杂说上》作"唯面色有青黯"。
④ "项"，原作"顶"，据文意改。
⑤ "切须要验者，看手足有无系缚痕"，《洗冤录》作"切要手足有无击缚痕"。
⑥ "是"，《洗冤录》作"患"。
⑦ "有签刺算害之类"，《洗冤录》卷2《五疑难杂说下》作"看有无签刺算害之类"。
⑧ "中"，《洗冤录》卷2《五疑难杂说下》作"世"。
⑨ "自服毒药"，《洗冤录》作"自服毒（药）〔者〕"。
⑩ "误"，《洗冤录》作"互"。
⑪ "方可照上申报"，《洗冤录》作"方可保明"。
⑫ "右"，《洗冤录》卷5《五十一辟秽丹》作"上"。
⑬ "圆"，《洗冤录》作"丸"。
⑭ "熏"，《洗冤录》作"窨"。
⑮ "复"，《洗冤录》卷2《七覆检》作"覆"。

出，蛆虫咂食，委实坏烂，不堪①措手。若伤痕在虚处②，方可作无凭复检状申。如是他物及刃伤骨损，宜冲洗仔细验之，即须于状内声说致命根因，不可率以无凭检验申上③。

一、奸徒或④仵作行人受嘱，多以茜草投醋内，涂伤损处，痕皆不见。以甘草水解之，则见。茜草，一作芮草，未知孰是。

一、凡疑似伤痕⑤，若尸上有数处青黑，将水滴放青黑处，是痕则硬，水住不流；不是痕处软，水滴便流去。

一、凡验尸并骨⑥，众证明白，实系打死，而伤损处痕迹未见，用糟、醋泼罨尸首，于露天以新油绢或油明雨伞覆欲见处，迎日隔伞看，痕即见，此良法也。或更隐而不见，以白梅捣烂，摊在欲见处，更拥罨看。如犹未全见，再以白梅取肉，加椒、葱、盐、糟一处研，拍作饼子，火上煨，令极热，烙损⑦处，下先用纸衬之，即见其损。

昔有二人斗殴，俄顷，一人仆地气绝，见证分明。及验时⑧，其死尸乃无痕损，检官甚疑⑨。时方寒，忽思得计，遂令掘一坑，深二尺余⑩。依尸长短，以柴烧热，将所检尸置坑内⑪，以衣物覆之。良久，觉尸温，出尸，以酒、醋泼纸贴，则致命痕伤遂出。

四、妇　　人

一、凡室女身死，两造或以有无奸情争控者，应扎四至讫，掯出光明平稳处。先令收生婆或官媒婆剪去中指甲，用棉扎住。勒死人母亲及血属并邻妇二三人同看，验是与不是处女。令其以所剪甲指头入阴门内，有暗血出即是处女，无即非。⑫

---

① "堪"，《洗冤录》作"通"。
② "若伤痕在虚处"，《洗冤录》作"若系刃伤他物拳手足踢痕虚处"。
③ "即须于状内声说致命根因，不可率以无凭检验申上"，《洗冤录》作"即须于状内声说致命，岂可作无凭检验申上"。
④ 《洗冤录》卷2《八验尸》无"奸徒或"。
⑤ 《洗冤录》卷2《八验尸》无"凡疑似伤痕"。
⑥ "凡验尸并骨"，《洗冤录》卷2《八验尸》作"验尸并骨伤损处"。
⑦ "损"，原作"所"，据《洗冤录》改。
⑧ "时"，《洗冤录》作"出"。
⑨ "其死尸乃无痕损，检官甚疑"，《洗冤录》作"尸乃无痕损检官甚挠"。
⑩ "深二尺余"，《洗冤录》作"深约有二尺余"。
⑪ "将所检尸置坑内"，《洗冤录》作"置尸坑内"。
⑫ 《洗冤录》卷2《九妇人》。

一、凡妇人有胎孕不明致死者，令收生婆验腹内委实有无胎孕。如有孕，心下至肚脐以手拍之，坚如铁石，无即软。①

一、凡孕妇人被杀，或因产子不下身死，尸经埋地窖，至检时，却有死孩儿。推详其故，盖尸埋顿地窖，因地水火风吹死人，尸首胀满，骨节缝开，故逐出腹内胎孕。孩子亦有脐带之类，皆在尸脚下。产门有血水、恶物出。②

一、凡产门血水、恶物流出，验是产子不下，致命身死；或是有妊，用毒药堕胎，致命身死。当用银钗入产门试看，如验中毒、服毒法。③

此法虽存，未可尽以为凭。盖堕胎之毒，与砒、鸩、野葛之毒不同。此因堕胎气血伤败而死，非中其药之毒而死也。如使银针可验，则或有毒药堕胎身死，而验尸验骨者，亦将如中毒、服毒法乎？且使银钗试之而色不变，将遂定其非以毒药堕胎身死乎？更宜详之。④

一、凡验堕胎，若验得未成形像，只验所堕胎作血肉一片或一块。若经日坏烂，多化为水。若所堕胎已成形像者，谓头脑、口、眼、耳、鼻、手脚、指甲等全者，亦有脐带之类。令收生婆定验月数，定成人形或未成形，责状在案。

堕胎儿在母腹内被惊后死，胎下者，衣包紫黑色，血荫软。若生下腹外死者，其尸淡红赤，无紫黑色及包衣白。⑤

一、凡一十四五岁儿，被诬奸情，自缢身死，验是童身与否。死时五月初至七月中，开棺相验，尸完好未坏，阴茎皮里尖挺不痿，量一寸三分。仵作人曰："是真童体。"若已破者，死必痿也。问官不信，逾月再检仍然。然使尸烂，竟难辨矣。此可见天理。或曰："童体未毁者，囟骨不合；已毁者，囟骨合。"或曰："童子自缢者，如真元未毁，则阴茎尖树上耸而不痿；已毁者，阴茎下垂，有血液精沥流出。"二说闻诸与人，未决其果否。然亦抵可以验其童体之真伪，未足以定其奸情之真伪也。且世之狂童，至十三四五，多有以手出精者，如有被诬自杀之情，岂遂可以非童体为断乎？姑存此条，善折狱者慎之。

一、寡妇、处女，或有腹作症瘕。后因婚配，阴阳气和，向时结块自下，多以胎孕负疑，不能自明。须知胎孕必有衣膜，症瘕止是血块。其或成形如鳖、如蛇等，则受孕天地异气所致，亦有结成鬼胎者。医书每言之，不可不辨。

---

① 《洗冤录》卷2《九妇人》。
② 《洗冤录》卷2《九妇人》。
③ 《平冤录》之《三妇人》。
④ 此段不详所自，或为《检尸考要》所注。
⑤ 《洗冤录》卷2《附小儿尸并胞胎》。文意同，字多不同。

五、四时变动

春三月：尸经两三月，口、鼻、肚皮、两胁、胸前肉色微青；经十日，则鼻、耳内有恶汁流出，胖；肥人如此，久患瘦劣人，半月后方有此症①。

夏三月：尸经一两日，先从面上、肚皮、两胁、胸前肉色变动；经三日，口、鼻内汁流蛆出，遍身胖胀，口唇翻，皮肤脱烂，疱疹起，经四、五日发落。

暑月罨尸，损处浮皮多白，不损处却青黑，不见的实痕。设若避臭秽，草率②检过，往往误事。稍或疑虑③，浮皮须要④剥去，如有伤损，底下血荫分明。

更有暑月九窍内未有蛆虫，却于太阳穴、发际内、两胁、腹内先有蛆出，必此处有损。

秋三月：尸经二、三日，亦先从面上、肚皮、两胁、胸前肉色变动，经四、五日，口鼻内汁流蛆出，遍身胖胀，口唇翻，疱疹起；经六、七日，发脱⑤。

冬三月：尸经四、五日，身体肉色黄紫，微变；经半月以后，先从面上、口、鼻、两胁、胸前变动。或安在湿地，用荐席裹着埋瘗，其尸卒难变动。一本"安埋温地"，变动反迟于平常，大误。更详月头、月尾，按春秋节气定之。

盛热：尸首经一日，即皮肉变动，作青黯色，有气息；经三、四日，皮肉渐坏，尸胀，蛆出，口、鼻汁流，头发渐落。

盛寒五日，如盛热一日时；半月，如盛热三、四日时。

春秋气候和平，两、三日可比夏一日；八、九日可比夏三、四日。

然人有肥瘦、老少，肥少者易坏，老瘦者难坏。

南北气候不同，山内寒暄不常，更在临时通变审察。

六、洗　　罨

衬尸纸惟有藤连纸、白抄纸可用；若竹纸，见盐、醋多烂，恐侵损尸体。拼尸于平稳、光明地上，先干检一遍，用水冲洗。次捏皂角洗涤尸垢腻，又以

---

① "症"，《洗冤录》卷2《十四时变动》作"证"。
② "草率"，《洗冤录》作"据见在"。
③ "虑"，《洗冤录》作"处"。
④ "要"，《洗冤录》作"令"。
⑤ "脱"，《洗冤录》作"落"。

水冲荡干净。洗时下用门扇、簟席衬，恐惹尘土。洗了，如法用糟醋拥罨尸首，仍以死人衣物尽盖，用煮醋淋，又以荐席罨一时久。候尸体透软，即去盖物，以水冲去糟醋，方验。不得信行人说，只将酒醋泼过，痕损不出。

初春与冬月，宜热煮醋及炒糟令热。仲春与残秋，宜微热。夏秋之内，糟醋微热，以天气炎热，恐伤皮肉。秋将深，则用热。尸左右手、肋相去三、四尺，加火烧，以气候差凉。冬雪寒凛，尸首僵冻，糟醋虽极热，被衣重叠，拥罨亦不得尸体透软。当掘坑，长阔于尸，深三尺，取炭及木柴遍铺坑内，以火烧令通红，多以醋泼①之，气勃勃然，方连拥罨法物衬簟，捊尸置于坑内。仍用衣、被覆盖，再用热醋淋遍。坑两旁相去二、三尺，复以火烘。约透，去火，移尸出验。冬残春出，不必掘坑，只用火烘两旁，看节侯详度。然此法亦事处不得已而用之，若无甚不明，不可轻用也②。

七、验坏烂尸

尸首坏烂，被打或刃伤处痕损，皮肉作赤色，深重作青黑色，贴骨不坏，虫不能食。

验法量札四至讫，用水冲去虫、秽，皮肉干净方可验，不可骤用糟醋。③

八、验　　骨

人有三百六十五节。男子骨白，妇人骨黑。妇人生前出血如河水，故骨黑。如服毒药，骨黑，须仔细详定。

骷髅骨：男子自顶及耳并脑后共八片，蔡州人有九片。脑后横一缝，当正直下至发际，别有一直缝。妇人只六片，脑后横一缝，当正直下无缝。

牙有二十四，或二十八，或三十二，或三十六。

胸前骨三条。

心骨一片，状④如钱大。

项与脊骨各十二节。

---

① "泼"，《洗冤录》卷2《十一洗罨》作"沃"。
② "然此法亦事处不得已而用之，若无甚不明，不可轻用也"，《洗冤录》等无此句，似当为《检尸考要》注。
③ 《洗冤录》卷2《十四验坏烂尸》。
④ "状"，《洗冤录》卷3《十七验骨》作"嫩"。

自项至腰，共二十四椎骨，上有一大椎骨。此恐有误①。

按《类经图翼》：背骨除大椎外，二十一椎下有尾骶，是自项之大椎，以至尾骶，共二十三骨也。此云"项与脊骨各十二"，又云"自项至腰，共二十四椎，上有大椎"，是以恐误。②

肩并及左右饭匙骨各一片。

左右肋骨：男子各十二条，八条长，四条短。妇人各十四条。

男女腰间各有一骨，大如掌，有八孔。

手、脚骨各二段，男子左、右手腕及左、右臁胁骨边，皆有押骨。妇人无。两脚膝头各有顿骨隐在其间，如大指大。手掌、脚板各五缝。手、脚大拇指并脚第五指各二节，余十四指并三节。

尾蛆骨若猪腰子，仰在骨节下。男子者，其缀脊处凹，两旁皆有尖瓣，如（棱）〔菱〕角，周布九窍。妇人者，其缀脊处平直，周布六窍。

大、小便处各一窍。

骸骨，各用麻草小索，或细篾串讫，各以纸签标号某骨，检验时不致③差误。

九、论沿身骨脉及要害去处

夫人两手指甲相连者小节，小节之后中节，中节之后本节。本节之后、肢骨之前生掌骨，掌骨上生掌肉，掌肉后可屈曲者腕。腕左起高骨者手外踝，右起高骨者右手踝，二踝相连生者臂骨，辅臂者臑骨，三骨相继者肘骨，前可屈曲者曲肘。曲肘上生者臑骨，臑骨上生者肩髆，肩髆之前者横髆骨，横髆骨之前者髀骨，髀骨之中陷者缺盆，缺盆之上者颈，颈之前者颡喉，颡喉之上者结喉，结喉之上者胲④，胲两旁者曲颔，曲颔两旁者颐，颐两旁者颊车，颊车上者耳，耳上者曲鬓，曲鬓上行者顶。顶前者囟门，囟门之下者发际，发际正下者额，额下者眉际。眉际之末者太阳穴。太阳穴前者目，目两旁者两小眦，两小眦上者上睑，下者下睑，正位能瞻视者目瞳子，瞳子近鼻者两大眦。近两大眦者鼻山根。鼻山根上印堂，印堂上者脑角，脑角下者承枕骨。脊骨下横生者髋骨，体两腋间。髋骨两旁者钗骨，钗骨正中者腰门骨。钗骨上（下）连生者腿骨，腿骨下可屈曲者曲䐐，曲䐐上生者膝盖骨，膝盖骨下生者胫骨，胫骨旁

---

① "此恐有误"，为《检尸考要》断语。
② 此段当为《检尸考要》断语。
③ "致"，《洗冤录》作"至"。
④ "胲"，《洗冤录》卷3《十八论沿身骨脉及要害去处》作"颏"。下同。

生者胻骨，胻骨下左（外）起高大①者两足外踝，右（内）起高大②者两足右踝。胫骨前垂者两足肢骨，肢骨前者足本节，本节前者小节，小节相连者足指甲，指甲后生者足前趺③，趺后凹陷者足心，下生者足掌骨，掌骨后生者踵肉，踵肉后生者脚跟也。

《洗冤录》指示周身骨脉，令听讼者便于检阅尸单。若录内所开，如髀骨中陷之血盆，颡喉上之结喉，曲鬓上行之顶心，眉际末之太阳，以及眉、鼻山根、印堂、脑角，并钗骨下中者之腰门，皆系致命最要之地。如其伤重，则皆立以致人于死。凡此数处，检时最为吃紧，宜留心亲验。至所漏而未载者，则耳根、软肋、小腹、肾囊、阴门等处，更为致命要地。未之载者，缘录之所载，乃周身骨脉实处。盖尸化而伤不化，骨朽而伤不朽，有骨可检，方为有伤可验。若软肋、肾囊等处，日久即为消镕，无骨可检，故未载入。此系照原本，刊入其所言致命处，与现行例不符，应以卷首尸图下所载仰面、合面、穴道为准。④

十、滴　骨

检滴骨亲法，谓如：某甲是父或母，有骸骨在。某乙来认亲生男或女，何以验之？试令某乙就身刺一两点血，滴骸骨上，是的亲生，则血沁入骨内，否则不入。俗云"滴骨亲"，盖谓此也。⑤

又有滴血之法，不独子于父母，即妻于夫亦然。或又云：父母于子，夫于妻，则或未然。静思其理，盖出乎尔仍以反乎尔，故其滴也必入；若父母于子，夫于妻，则倒行逆施矣，此其所以不验欤？更闻有合血之法，两人各刺血滴一水内，如系子母、父子、夫妻，其血即合，否则不相属。此于背生子女、夫妇失散，年久不相识，待理于官者，似宜试之。⑥

亲子兄弟，俱系生人，离间阻隔，欲相识认，难辨真伪。令各刺出血，滴一器之内，真则共凝为一，否则不凝也。但生血见盐醋，则无不凝者。故有以盐醋先擦器皿，作奸朦胧，混乱亲疏之弊。凡听验之时，欲用滴血法，则将所

---

① "大"，《洗冤录》作"硕"。
② "大"，《洗冤录》作"硕"。
③ "趺"，《洗冤录》为异体字"跗"。
④ 此段与《读律佩觿》卷 8 上《辨周身骨脉》，清康熙王氏冷然阁重刻本，所附部分按语文意同，个别字句多有不同。
⑤ 此段见《洗冤录》卷 3《十八论沿身骨脉及要害去处》。
⑥ 此段与《读律佩觿》卷 8 上《辨检滴骨亲》所附部分按文意同，个别字句多有不同。

用之器当面洗净，或于店铺持取新器，则其奸自破。①

又滴血入水，若器大水多，两血相去远，即不能合。或滴入略有前后，则血有冷热之别，亦不能合也。守官者宜知之。②

十一、检 骨 法

检骨须是晴明。先以水净洗骨，用麻穿定形骸次第，以簟子盛定。却锄开地窖一穴，长五尺，阔三尺，深二尺。多以柴炭烧煅，以地红为度。除去火，却以好酒二升，酸醋五升，泼地窖内。乘热气扛骨入穴内，以藁荐遮定，蒸骨一两时。候地冷，取去荐，扛出骨殖。向平明处，将红油伞遮尸骨验。

若骨上有被打处，即有红色路，微癊；骨断处，其接续两头，各有血晕色；再以有痕骨照日看，红活，乃是生前被打分明。

骨上若无血癊，纵有损折，乃死后痕。切不可以酒醋煮骨，恐有不便处。此项须是晴明方可，阴雨难见也。

如阴雨不得已，则用煮法。以瓮一口，如锅煮物，以炭火煮醋，多入盐、白梅，同骨煎。须着亲临监视。候千百滚，取出，水洗，向明③照，其痕即见。血皆浸骨损处，赤色、青黑色，仍细验有无破裂。

煮骨不得见锡，用则骨多黯。

若有人作弊，将药物置锅内，其骨有伤处，反白不见。用甘草水解之，则见④。

骨经两三次洗腌，色白，与无损同⑤。当将合验损处骨以油灌之。其骨大者有缝，小者有窍，候油溢出，揩干。向明照损处，油到停住不行，明亮处则无损。或用好墨浓磨涂骨上，候干，将墨洗去。如有损处⑥，墨必浸入；不损，墨不浸。或用新丝绵于骨上拂拭，遇损处，必牵惹丝绵起，否则无损⑦。骷髅骨有他故处，骨青；骨折处滞淤血。

---

① 此段与（清）潘杓灿：《未信编》卷4《附滴血》，《明清法制史料辑刊》本和（清）黄六鸿：《福惠全书》卷16《检枯骨》，清康熙三十八年（1699年）金陵濂溪书屋刊本，附文文意同。
② 此段与（清）刘衡：《州县须知》卷4下《滴血》，清乾隆刻本，附注大意同。
③ "明"，《洗冤录》卷3《十八论沿身骨脉及要害去处》作"日"。
④ "用甘草水解之，则见"，《洗冤录》无之。
⑤ "骨经两三次洗腌，色白，与无损同"，《洗冤录》作"若骨或经三两次洗罨，其色白，与无损同何以辨之"。
⑥ "或用好墨浓磨涂骨上，候干，将墨洗去。如有损处"，《洗冤录》作"一法浓磨好墨涂骨上，候干，即洗去墨。若有损处"。
⑦ "或用新丝绵于骨上拂拭，遇损处，必牵惹丝绵起，否则无损"，《洗冤录》作"又法用新绵于骨上拂拭，遇损处，必牵惹绵丝起"。

仔细看骨上有青晕或紫黑晕：长是他物，圆是拳，大是头撞，小是脚尖。四缝骸骨内一处有损折，系致命所在，或非要害，即令仵作行人指定喝起。

拥罨检讫，仵作行人，领四缝骸骨，谓：尸仰卧，自髑髅领：顶心至囟门骨、鼻梁骨、胲①颔骨、口骨并全②；两眼眶、两额角、两太阳、两耳、两腮颊骨并全；两肩井，两臆骨全；胸前龟子骨、心坎骨全。

左臂、腕、手及髀骨全；左肋骨全；左胯、左腿、左臁胁并髀骨及左脚踝骨、脚掌骨并全。右亦如之。

翻转领：脑后、乘枕骨、脊下至尾蛆骨并全。

凡验原被杀伤死人，经日尸首坏，蛆虫咂食，只存骸骨者，元③被伤痕血粘骨上，有干黑血为证。若无伤骨损，其骨上有破损，如头发露痕，又如瓦器龟裂，沉淹损路为验。

殴死者，死伤处不至骨损，则肉紧贴在骨上，用水冲激，亦不去；指甲蹩之方脱，肉贴处其痕损即可见。④

伤以荫晕为主，荫之为形，要皆自近而远，由深渐浅，自浓及淡，而将尽之处，又皆如云霞、如雨脚、如晴云之若有若无，要皆自然之气所致，其色鲜润淡宕，即录之所谓"活"。"活"字，最为检伤纲领。如其红自红，紫自紫，板积于一处，荫脚全无，则伪造也。⑤

造作尸骨伪伤，其法不一，乃用真红花及苏木加乌梅熬作膏子，加以白矾点入骨上，以煮滚之醋泼之，则红赤深浅，一如真伤之色，紫用苏木及茜草，法如前青与黑，或用皂，或五倍子，醋熬浓汁，以倍之多寡为青黑之浅深，其法较易数者，粗可乱真，然色终板堆积，绝无荫脚，全在临检时特为加意，不可稍忽耳。⑥

十二、自　缢

自缢身死者，两眼合，唇口黑，皮开露齿。一本截已上十五字作"自缢"，

---

① "胲"，《洗冤录》作"颏"。
② "口骨并全"，《洗冤录》作"并口骨并全"。
③ "元"，《洗冤录》作"原"。
④ 以上均见于《洗冤录》卷3《十八论沿身骨脉及要害去处》。
⑤ 此段与（清）王明德：《读律佩觿》卷8上《检验骨伤补》，清康熙十五年（1676年）王氏冷然重刻本，文意同，个别字句多有不同。
⑥ 与《律例馆校正洗冤录》卷1《辨伤真伪》，清康熙王氏冷然阁重刻本，文意同。

将下文作"被勒者",大误。若缢①喉上,则②口闭、牙关紧、舌抵齿不出。又云"齿微咬舌"。若缢喉下,则口开,舌尖出齿门二分至三分。面带紫赤色,口吻、两甲及胸前有吐涎沫,两手须握大拇指,两脚尖直垂下。腿上有血癊,如火灸斑痕,及肚下至小腹并坠下青黑色。大小便自出,大肠头或有一两点血。喉下痕紫赤色或黑淤色,直至左、右耳后发际,横长九寸以上至一尺以来。一云"丈夫合一尺",一云"妇人合一尺"。脚虚则喉下痕③深,实则浅。人肥则痕④深,瘦则浅;用细紧麻绳、草索,在高处自缢,悬头顿身致死,则痕迹深;若用全幅勒帛及白练、项帕等物,又在低处,则痕迹浅。低处自缢,身多卧于下,或侧或覆。侧卧,其痕斜起,横喉下;覆卧,其痕正起,在喉下,起于耳边,多不至脑后发际下。

自缢处须高八尺以上,两脚悬空,所踏物须倍高,如悬虚处。或在床、椅、火炉、船舱内,但高二三尺以来,亦可自缢而死。

若经泥雨,须看死人赤脚或着鞋,其踏上处有无印下脚迹。

自缢有活套头、死套头、单系十字、缠绕系。须看死人踏甚物入头,在绳套内,须垂得绳套宽入头方是。

活套头、脚到地,并膝跪地,亦可死。

死套头、脚到地,并膝跪地,亦可死。

单系十字,悬空方可死,脚尖稍到地,即⑤不死。

单系十字,是死人先自用绳带自系项上后,自以手系高处,须是先看上头系处尘土,及死人踏甚处物,自以手攀系得上向绳头着,方是。上面系绳头处,或高,或人⑥手不能攀,及不能上,则是别人吊起。更看所系处物伸缩,须是头坠下去上头系处一尺以上,方是。若是头系抵上头,定是别人吊起。

缠绕系,是死人先将绳带缠绕项上两遭,自踏高系在上面,垂身致死。或是⑦先系绳带在梁栋,或树枝上,双襻垂下,踏高入头在襻内,更缠过一两遭。其痕成两路:上一路,缠过耳后,斜入发际;下一路,平绕项行。吏畏避驳杂,必告检官,乞只申一痕,切不可信。若除了上一痕,不成自缢;若除下一痕,正是致命要害去处。或覆检官不肯相同书填格目,血属有词,再差官覆检出,为之奈何?须是据实,不可只作一条痕检。其相叠与分开处,作两截量

---

① "缢",《洗冤录》卷3《十九自缢》作"勒"。
② "则",《洗冤录》作"即"。
③ "痕",《洗冤录》作"勒"。
④ "痕",《洗冤录》作"勒"。
⑤ "即",《洗冤录》作"亦"。
⑥ "人",《洗冤录》作"大"。
⑦ "是",《洗冤录》作"者"。

尽取头了，画作①样子，更重将所系处绳带缠过，比并阔狭并同，任从覆检，可无后患。

凡因患在床，仰卧将绳带等物自缢者，则其尸两眼合，两唇皮开，露齿咬舌，出一分至二分。肉色黄，形体瘦，两手拳握，臀后有粪出。左右手内多是把自缢物色至系紧，死后只在手内。须量两手拳相去几寸以来。喉下痕迹紫赤，周围长一尺余，结缔在喉下，前面分数较深。曾被救解，则其尸肚胀，多口不咬舌，臀后无粪。因患自缢者，多是不堪苦楚，自愤而缢，手必不离系而且拳、喉下分数深，自用力也。若被救解，则气积肚胀，别人必擎，齿舌不咬，未经久坠，粪不出。

若真自缢，开掘所缢脚下穴三尺以来，究得火炭，方是。或在屋下自缢，先看所缢处楣梁、枋桁之类，尘土滚乱至多，方是。如只有一路无尘，不是自缢。地下有炭，乃死地也。以死地而感死人，其迹如此，无足为异。自缢者，初则寻思搭绳，继则既系争命，尘土滚乱。若别人移尸，或先勒死，假作自缢。其人已死不动，只有一路无尘。②

先以杖子于所系绳索上轻轻敲，如系直，乃是；或宽慢，即是移尸。大凡移尸别处吊挂，旧痕那③动，必④有两痕。绳系紧，则气拥可死；宽慢，则气可运不足死。一痕青赤且深者，乃自缢痕。又有痕虽深而无青赤惟白者，乃移尸痕。

凡检⑤自缢之尸，先要见得在甚地方⑥，甚街巷，甚人家，何人见，本人自用甚物，于甚处搭过？或作十字死襟系定，或于项下作活襟套。即验所着衣新旧。打量身四至，东南西北至甚物，面觑甚处，背向甚处，其死人用甚物踏上？上量头悬处，所吊处相去若干尺寸。下量脚至地，相去若干尺寸。或所缢处虽低，亦看头上悬挂索处，下至所离处，并量相去若干尺寸。对众解下，移⑦尸于露明处，方解脱自缢套绳，通量长若干尺寸，量周围喉下套头绳围长若干，项下交围量到耳后发际起处阔狭、横斜、长短，然后依⑧法检验。

尸首日久坏烂，头吊在上，尸侧在地，肉溃见骨。但验所吊头，其绳若入槽，谓两耳连颔，下深向骨本者。及验两手腕骨、头脑骨皆赤色皆是。一云"齿赤色及十指尖骨赤色者是"。

---

① "作"，《洗冤录》作"取"。
② 与《洗冤录集证》附《宝鉴编》文意同。
③ "那"，《洗冤录》作"挪"。
④ "必"，《洗冤录》作"便"。
⑤ "检"，《洗冤录》作"验"。
⑥ "方"，《洗冤录》作"分"。
⑦ "移"，《洗冤录》作"扛"。
⑧ "依"，《洗冤录》作"根据"。

量得梁高几尺以上,其尸两脚悬空,舌出,项痕不匝,验是生前自缢身死。此与勒死者形证各殊。结状式①。

自缢伤痕,八字不交固矣。但八字不交之处,其中有淡痕在于颔之左右及耳后之两旁,向乎其上而渐微,即或单系绳吊为之者,其着扣之两旁,亦必各有微痕、血瘾,斜贯而上,非平平向后者也。②

十三、被打勒死假作自缢

被人勒杀,或致杀,假作自缢,甚易辨。真自缢者,用绳索、帛之类,系缚处,交至左右耳后,深紫色。眼合,唇开,手握,齿露。缢在喉上,则舌抵齿;喉下,则舌多出。胸前有涎滴沫,臀后有粪出。若被人打勒杀,假作自缢,则口眼开,手散,发漫。喉下血胍不行,痕迹浅淡。舌不出,亦不抵齿。项上肉有指爪痕,身上别有致命伤损去处。惟有生勒未死间,即③时吊起,诈作自缢,此稍难辨。然必有可疑之状,此在于留心讯供矣④。

凡被人隔物,或窗棂,或树⑤木之类勒死,伪作自缢,则绳不交。喉下痕多平过,却极深,黑黯色,亦不起于耳后发际。绞勒喉下死者,结缔在死人项后。两手不垂下,纵垂下亦不直。项后结交,背倚柱等处⑥,或把衫襟搊着,则⑦喉下有衣衫领黑迹,是要害处气闷身死。为别人勒死者,项围周痕俱深。或勒死于树者,痕虽不周,亦无斜绕八字形。又当详验。

又有死后被人用绳索系扎手脚及项下等处,其人已死,血气不行,虽被系缚,其痕不紫赤,有白痕可验。死后系缚者,无血瘾,系缚痕虽深入皮,无青紫赤色,但只是白痕。

有用火筤烙成痕,但红色或焦赤带湿不干。此亦假作自缢痕也,久则有炮瘾,阔狭不齐,足证非真自缢。

被人勒伤,有从背后背杀者,其八字伤痕平平向后,其末向乎其下而渐微。所勒之痕,多在喉下,不在颔际。盖背而勒之,非背令其足离地而起,则不能使之立毙也。⑧

本尸口开,眼瞪,项上勒痕黑色,围圆长若干寸,深阔若干分,食气嗓

---

① 见《平冤录》之《六自缢死与勒死通》。"结状式",《平冤录》作"结案式"。下同,不再注明。
② 与《律例馆校正洗冤录》卷8上《缢伤勒伤补》文意同。
③ "即",《洗冤录》卷3《二十被打勒死假作自缢》作"实"。
④ "然必有可疑之状,此在于留心讯供矣",《洗冤录》作"如迹状可疑,莫若检作勒杀,立限捉贼也"。
⑤ "树",《洗冤录》作"林"。
⑥ "背倚柱等处",《洗冤录》作"却有背倚柱等处"。
⑦ "则",《洗冤录》作"即"。
⑧ 与《读律佩觿》卷8上《缢伤勒伤补》勒伤部分文意同,个别字句多有不同。

塌，项痕交匝，委是被人勒死。结状式①。

十四、溺 水 死

若生前溺水尸首，男仆卧，女仰卧。头面仰，两手、两脚俱向前。口合，眼开闭不定，两手拳握。腹肚胀，拍着响。落水则手开，眼微开，肚皮微胀。投水则手握，眼合，腹内急胀。两脚底皱白，不胀。头髻紧。头与发际、手脚爪缝，或脚着鞋，各有沙泥②。口、鼻内有水沫，及有些小淡色血污，或有磕擦损处，此是生前溺水之验。盖其人未死，必须争命。气脉往来，搐水入肠内。两手自然拳曲，十指甲、脚罅缝，各有沙泥③。口、鼻有水沫流出，腹内有水胀也。

若检覆迟，即尸首经风日吹晒，遍身上皮起，或生白泡。若身上无痕，面紫赤，此是被人倒提水搵死。生前被人倒提，虽无伤痕，而血气逆行，面作赤色。按：既被倒提，手足必挣动，当有血瘀痕色。

若尸面色微赤，口、鼻内有泥水沫，肚内有水，腹肚微胀，真是淹水身死。

若因病患溺死，则不计水之深浅，可以致死，身上别无他故。他故，谓倒提或伤损之类。有此，又当追究情由。

若疾病身死，被人抛掉在水内，即口、鼻无水沫，肚内无水，不胀，面色微黄，肌肉微瘦。病死后血脉不行，故其迹如此。又当细验病尸，有无生前伤痕。

若因患倒落泥渠内身死者，其尸口、眼开，两手微握，身上衣裳并口、鼻、耳、发际并有污泥④。须脱下衣裳，用水淋洗，洒喷其尸。被泥水淹浸处，即肉色微白，肚皮微胀，指甲有泥。本人原无自死之心，但无力以脱其溺，挣命之迹如此。

若被人殴打杀死，推在水内，入深则胀，浅则不甚胀。其尸肉色带黄不白，口、眼开，两手散，头发宽慢。肚皮不胀，口、眼、耳、鼻无水沥流出，指爪罅缝并无沙泥，两手不拳缩，两脚底不皱白却虚胀。身上必⑤有要害致命伤损处，其痕黑色⑥。若检得身上有伤损处，须察其痕迹致命不致命，是否擦

---

① 见《平冤录》之《五勒死》。
② "各有沙泥"，《洗冤录》卷3《廿一溺死》作"则鞋内各有沙泥"。
③ "两手自然拳曲，十指甲、脚罅缝，各有沙泥"，《洗冤录》作"故两手自然拳曲，脚罅缝各有沙泥"。
④ "发际并有污泥"，《洗冤录》作"发际并有青泥污者"。
⑤ "必"，《洗冤录》无之。
⑥ "其痕黑色"，《洗冤录》作"其痕黑色尸有微瘦"。

磕所致，现在有无尸亲控告，无轻信驾词，无草率从事，细心推究①。

自投河、被人推入河，若水稍深阔，则无磕擦沙泥等事。大抵水深三、四尺，即②能淹杀人。若身有绳索痕及伤损可疑，则宜留心细究，讯供推详矣。讯供者，或尸亲，或地邻甲长，必有可讯之地也，总以细心为主。③

初春雪寒，经数日方浮，与春、夏、秋末不侔。

凡溺死之人，若是人家奴婢或妻女，于④未落水时，先已曾被打，在身有伤⑤。今次又的然验得是落水，或投井身死，则虽有皮肤之伤，不系致命，应定作被打后复溺水身死。是在验尸者照上所开留心确验也，无为件作所隐瞒，亦无任件作张大其词。慎之，慎之。恐有意在借端讹诈之人也。⑥

本尸肉色溃白，口开，眼合，肚皮胖胀，指甲内有泥沙，水深几尺以上，委是生前落井投河致命身死。死后弃水中者，指甲内无泥沙。结状式。⑦

或问溺死人，男仆女仰，何与？按南齐褚彦道书曰："男子阳气聚面，故面重，溺死者必仆；女子阴气聚背，故背重，溺死者必仰。走兽溺死，伏仰皆然。"⑧

诸自报井，被人推入井，自失脚落井，尸首大同小异。皆头目有被砖石磕擦痕，指甲、毛发有泥沙，腹胀。侧覆卧之，则口内水出，别无他故。只作落井身死，即投井、推入在其间矣。

大凡有故入井，须脚直下；若头在下，恐被人赶逼，或他⑨人推送入井。若是失脚，须看失脚处十痕。

诸溺井之人，检验之时，亦先问元⑩申人：如何知得井内有人？初见有人时，其人死未？既知未死，因何不与救应？其尸未浮，如何知得井内有人？若是屋下之井，即问身死人自从早晚不见？却如何知在井内？凡井内有人，其井面⑪自然先有水沫，以此为验。

投井死人，如不曾与人交争，验尸时，面目、头额有利刃痕，又依旧带血似生前痕，此须看井内有无⑫破磁器之属，以致伤着。人初入井时，气尚未

---

① "若检得身上有伤损处"至段末，《洗冤录》等无之。
② "即"，《洗冤录》作"皆"。
③ 此段节录《洗冤录》部分语句，且自"则宜留心细究"后多有不同。
④ "于"，《洗冤录》无之。
⑤ 除已标注者外，以上均见《洗冤录》卷3《廿一溺死》。
⑥ "今次又的然验得是落水"至段末不详所自，或为《检尸考要》注。
⑦ 此段与《平冤录》之《七落水投河死附落渠死》第1段第2段，文意同，个别文字不同。
⑧ 《无冤录》卷上《溺死尸首男仆女仰》。为节略。
⑨ "他"，《洗冤录》作"它"。
⑩ "元"，《洗冤录》作"原"。
⑪ "面"，《洗冤录》作"内"。
⑫ "无"，《洗冤录》无之。

绝，其痕依旧带血，若验作生前刃伤，岂非悖谬冤狱乎，宜知之①。

十五、验他物及手足伤死

若被打死者，其尸口眼开，妇女发髻乱②，衣服不齐整，两手不拳，或有溺污内衣。方被打未死时，其人有言，口开目怒，眼开遮蔽，展转发髻乱，衣服不齐整，格争两手不拳，惶惧小便自下，溺污内衣。

诸用他物及头额、拳手、脚足、坚硬之物撞打痕损颜色，其至重者紫黯微肿，次重者紫赤微肿，又其次紫赤，又其次青色。其出限外痕损者，其色微青。

凡他物打着，其痕即斜长或横长；如拳手打着，即方圆；如脚足踢，此如拳手，分寸较大。凡伤痕大小，定作拳、足、他物，当以物件比定，方可言分寸。凡打着两日身死，分寸稍大，毒气③蓄积向里，可约得一两日后身④死；若是打着当下身死，则分寸深重，毒气紫黑，即时⑤向里，可以当下身死。凡伤痕深浅而一两日身死者，或是苦主将此人别以他故谋死，不可不细察。

诸以身去就物谓之磕，虽着，无破处，其痕方圆；虽破，亦不至深。其被他物及手足伤，皮虽伤而带血不出者，其伤痕处有紫赤晕。

凡他物伤，若在头脑者，其皮不破，即须骨肉损也。若在其他虚处，即临时看验，若是尸首左边损，即是凶身行右物致打顺故也；若是右边损，即损处在近后，若在右前，即非也；若在后，即又虑凶身自后行他物致打。贵审之无失。此条存之而已，难以拘泥论，盖人尽有用左为便者。

打伤处皮膜相离，以手按之即响，以热醋罨罨，则有痕可见⑥。

凡验他物及拳、踢痕，细认斜长、方圆，皮有微损。未洗尸前，用水洒湿，先将葱白捣烂涂，后以醋糟罨，候一时，除，以水洗，痕即出。

若将棒木皮罨成痕，假作他物痕，其痕内烂损黑色，四围青色，聚成一片而无虚肿，捺不坚硬。⑦

本尸眼开手散，肚皮不胀，某某处有伤共几处，各长阔若干分寸，何处致

---

① "岂非悖谬冤狱乎，宜知之"，《洗冤录》作"岂不利害"。
② "妇女发髻乱"，《洗冤录》卷4《廿二验他物及手足伤死》作"发髻乱"。
③ "气"，《洗冤录》作"瓦斯"。下一处同。
④ "身"，《洗冤录》作"体"。下两处同。
⑤ "即时"，《洗冤录》作"实时"。
⑥ "以热醋罨罨，则有痕可见"，《洗冤录》作"以热醋罨（罨）〔之〕则有痕"。
⑦ 除已标注者外，以上均见《洗冤录》卷4《廿二验他物及手足伤死》。

命，何处不致命，委是生前被殴身死。结状式。①

踢伤肾囊、阴门而死者，尸未腐时，皆可检验。若尸已腐烂，则应检骨。但此等伤所，不但无骨可检，抑且实有骨而伤亦不着。若惟执其在下之骨而检之，则凶人漏网多矣。孰知下部之伤，不分男女，其痕皆现于上而不在下乎。男子之伤，现于上下牙根里骨，伤左则居右，伤右则居左，伤正则居中。女子之伤，则又见于上颚，其左右中亦然。此原《读律佩觿》集内所称，一高年行人，卒善而为僧，偶因其议伤痕真假，而备言及之。且云妇人隐处，其骨切不可检，更不可验。有青色，执以为伤，盖女子从一而终则骨白，如再醮一次，即有一点青痕。倘不自闲，阅一人则加青一点。若系娼妓，则青黑殆遍也。苟执以为伤，冤无可洗矣。为民上者慎之。②

十六、自　　刑

凡自割喉下死者，其尸口眼合，两手拳握，臂曲而缩。死人用手把定刃物以作力③，其手自然拳握。肉色黄。

若用小刀子自割，只可长一寸五分至二寸；用食刀即长三寸至四寸以来；若用磁器，分数不大。凡系器刃自割，俱下刃一头尖小④，但伤着气喉即死。

若将刃物自斡⑤着喉下、心前、腹上、两胁肋、太阳、顶门要害处，但伤着膜，分数虽小即便死；如割斡不深，及不系要害，虽三两处，未得致死。若用左手，刃必起自右耳后，过喉一二寸；用右手，必起自左耳后。若⑥伤在喉骨上难死，盖喉骨坚也；在喉骨下易死，盖喉骨下虚而易断也。其痕起手重，收手轻。假如用左手把刃而伤，则喉右边下手处深，左边收刃处浅，其中间不如右边。盖下刃太重，渐渐负痛缩手，因而轻浅，其左手须似握物是也，右手亦然。

凡自割喉下，只是一出刀痕。若当下身死时，痕深一寸七分，食颡⑦、气颡并断；如伤一日以下身死，深一寸五分，食颡断，气颡微破；如伤三五日以

---

① 不详此段所自。
② 与《读律佩觿》卷8上《踢伤补》第2段文意同，个别字句多有不同。
③ "死人用手把定刃物以作力"，《洗冤录》卷4《廿三自刑》作"死人用手把定刃物似作力势"。
④ "凡系器刃自割，俱下刃一头尖小"，《洗冤录》作"逐件器刃自割并下刃一头尖小"。
⑤ "斡"，原作"幹"，据《洗冤录》改。本段下一处同改。"斡"，有瓢柄，运转、旋转，主管等释义。东汉如淳解释"斡官长"时称："'斡'，音管，或作'幹'。'幹'，主也。"[（唐）杜佑：《通典》卷26《职官八》，北京：中华书局，1988年版，第729页]则古代时"斡"，也作"幹"。
⑥ "若"，《洗冤录》无之。
⑦ "颡"，《洗冤录》作"系"，本段下同。

后死者，深一寸三分，食颡断①。更看其人面愁而眉皱，即是自割之状。

若自用刀剁下手并指节者，其皮头皆齐，必用药物封扎。虽是刃物自伤，必不能当下身死，必是将养不较致死。其痕肉皮头卷向里，如死后伤者，即皮不卷向里，以此为验。生前伤者，血流肉缩，卷向里，死后血胍不行，不卷亦不向里。

又有人因自用口齿咬下手指者，齿内有风着于疮②口，多致身死，少有生者。其咬破处，疮口一道，周回骨折，必有脓水淹浸，皮肉损烂，因此将养不较，致命身死。其痕有口齿迹，及有皮肉不齐去处。

本尸口眼俱合，两手拳握，肉黄，项上有伤一处，长若干寸，深若干分，食气嗓断，验是生前以刀自割身死。结状式。③

自刎及杀伤，皆当细验。刀口或左或右，人当自割时，如系右手，持刀者虽已晕绝，仍可急救，医人以药煮之，线缝接在内之食嗓，再将药线杂以鸡身绒毛，缝其外之刀口，敷以止痛药，十救其八九，此惟习用右手者为然。若平日习用左手，则百难一救。盖男子食嗓在左，气嗓在右，食嗓系肉，可以接而缝之。若气嗓，则属骨类，破即气出不可掩，别无可补可接之法，故不可救。且人之右手最活，稍一疼痛，即知而力软，非若左手刚猛，其力最劲。若夫杀伤刀痕，亦必须细辨其左右，方可折凶人之心。④

自刎之情各殊，口眼亦当微别。如系愤恨而刎者，牙必咬紧，眼必微张而上视。盖上视者，傲其胸大有不甘故也。如系气郁而刎者，眼虽闭而不紧，口则微张，而牙闭多不合，缘其气懑，终于不舒故也。若畏罪及被逼至无可奈何而刎者，则口眼俱合，乃其视死如归，急欲以死卸责也。此揆乎情理事势云然。又当详审其人生前，或强项，或柔懦，与夫年之少壮老而分别之。⑤

十七、杀　　伤

凡被人杀伤死者，其尸口眼开，两手微握，所被伤处要害分数较大，皮肉多卷凸。若透膜，肠脏必出。其被伤人，见行凶人用刀物来伤之时，必须争竞，用手来遮截，手上必有伤损。或有来护者，亦必背上有伤着处。若行凶人于虚怯要害处，一刃直致命者，死人手上无伤，其创必重。若行凶人用刃物斫

---

① "食颡断"，《洗冤录》作"食系断须髻角子散慢"。
② "疮"，《洗冤录》作"痕"。
③ 此段见《平冤录》之《十五自割死》。
④ 此段与《读律佩觿》卷8上《辨自残及被杀伤》附注第2段文意同，个别字句多有不同。
⑤ 此段与《读律佩觿》卷8上《刎杀二伤补》第1段文意同，个别字句多有不同。

着脑上、顶门、脑角、后发际，必须斫断头发①。若头顶骨折，即是尖物刺着，须用手捏验②其骨损与不损。

若斧痕上阔长，内必狭。大刃痕，浅必狭，深必阔。刀伤处，其痕两头尖小，无起手、并收手轻重之分③。枪刺痕，浅则狭，深必透辥，其痕带圆。或只用竹枪、尖竹担斡④着要害处，疮口多不齐整，其痕方圆不等。

凡验被利物伤死者，须看元着衣衫有无破伤处，隐对痕，血点可验。

如生前刀伤，即有血污，及所伤痕疮口皮肉血多花鲜色，所损透膜即死。若死后用刀刃割伤处，肉色即干白，更无血花也。盖人死后血脉不行，是以肉色白肉也。

活人被刀杀伤死者，其被刃处皮肉紧缩，有血瘀四畔。若生前被人支解者，筋骨皮，肉稠粘，受刃处皮缩骨露。其身首异处者，两肩并耸皱，项下皮肉卷凸⑤。死人被割截尸首者，皮肉如旧，血不瘀，被割处皮不紧缩，不耸皱，不卷凸⑥，刃尽处无血流，其色白。纵⑦痕下有血，洗检挤捺，肉内无清血出，即非生前被刃。

更有截下头者，活时斩下筋缩入，死后截下项长，并不伸缩。

验得本尸某处被伤长阔分寸若干，其伤皮肉如何形状，确是被人刃伤致命身死。咽喉上伤云"食气嗓断"，脑上伤云"脑破，见有血出凝流。"结状式。⑧

十八、火　　死

凡生前被火烧死者，其尸口、鼻内有烟灰，两手脚皆拳缩。缘其人未死前，被火逼奔争，口开气脉往来，故呼吸烟灰入口、鼻内。若死后烧者，其人虽手脚拳缩，口内即无烟灰。一本删去以上十八字，误。若不烧着两肘骨及膝骨，手脚亦不拳缩。

若因老病失火烧死，其尸肉色焦黑，或卷两手拳曲，臂曲在胸前，两膝亦曲，口眼开，或咬齿及唇，或有脂膏黄色，突出皮肉。

---

① "必须斫断头发"，《洗冤录》卷4《廿四杀伤》作"必须斫断头发如用刀剪者"。
② "验"，《洗冤录》作"着"。
③ "无起手、并收手轻重之分"，《洗冤录》作"无起手收手轻重"。
④ "斡"，原作"幹"，据《洗冤录》改。
⑤ "其身首异处者，两肩并耸皱，项下皮肉卷凸"，《洗冤录》卷4《廿四杀伤》无之，同卷《廿五身首异处》有句相类。
⑥ "被割处皮不紧缩，不耸皱，不卷凸"，《洗冤录》作"被割处皮不紧缩"。
⑦ "纵"，《洗冤录》作"踪"。
⑧ 此段与《平冤录》之《十刃伤死》第1段文意同，文字多有不同。

若被人勒死，抛掉在火内，头发焦黄，头面浑身烧得焦黑，皮肉搐皱，并无揎浆鼍皮去处，项下有被勒着处痕迹。

又若被刃杀死，却作火烧死者，勒仵作拾起白骨，扇去地上灰尘，于尸首下净地上，用酽米醋酒泼，若是杀死，即有血入地，鲜红色。须先问尸首生前宿卧所在，却恐杀死后移尸往他处，即难验尸下血色。

大凡人屋，或瓦，或茅盖。若被火烧，其死尸在茅瓦之下。或因与人有仇，趁势推入烧死者，其死尸则在茅瓦之上。兼验头足，亦有向至。①

本尸皮焦肉烂，手脚连缩，口、鼻、耳内皆有灰烬，委是生前被火烧死。已死弃火中者，口、鼻、耳内无灰烬。结状式。②

世有极恶之人，将人打死，烧毁弃掷，竟无骨可检。何以验之？必为详究其打死何时，烧毁何地。但得其焚尸之地，众证分明，则尸伤便可立检。法当于烧死处设立尸场，令凶首见证，亲为指明。将草芟净，多用柴薪烧令极热。取胡麻数斗撒上，用帚扫之。如果系在彼烧化，则麻内之油，沁入土中，即成人形。其被伤之处，麻即聚结于上，大小方圆，长短斜正，一如其状。凡所未伤之处，毫不沾恋。既已得其伤形，然无可见之痕。又将所恋之麻尽行除去，将系人形所在，猛火再烧，和糟水泼上，再猛烧极热，烹之以醋，急用明亮新金漆棹覆上。少顷，取验，则棹面之上，全一人形。凡系伤痕，纤毫异见。此原《读律佩觿》所称。其先文通公莅任武林时，有凶徒城内打死人，于贡院前焚毁，及得凶首于所焚地，亲检而得之者。一时共称神奇，亦未知何由而得此法也。③

检地之法，故可凭矣。若荒郊旷野，相沿日久，即本犯亦忘其定处，将焉辨之。惟严究系某庄之何方，某庙之何侧，相去约若干里，众口如同，则烧尸之地易得矣。须亲临其地，令人遍择草之高大肥泽处所，与两旁之草有异者，则标以志之。然后亲为体察，无一不得。盖焚尸之地，其草必深黑油润，高大异于众草，历久不易。因人之脂膏，深入草根，为日虽久，草终畅茂。如系山野草泽之旁，素产蒿莱之所，则更突然兀然，竟同人形。若于有山石处焚烧，则以石之碎裂为凭，更复显而易见矣。④

十九、汤泼死

凡被热汤泼伤者，其尸皮肉皆拆，皮脱，白色，肉多烂赤⑤。

---

① 本节除已标注者外，均见《洗冤录》卷4《廿六火死》。
② 此段见《平冤录》之《十七火烧死》。
③ 此段与《读律佩觿》卷8上《火烧伤补》第1段文意同，个别字句多有不同。
④ 此段与《读律佩觿》卷8上《火烧伤补》第2段文意同，个别字句多有不同。
⑤ "肉多烂赤"，《洗冤录》卷4《廿七汤泼死》作"着肉者亦白肉多烂赤"。

汤泼非伤及前后心，不能致人于死。以汤相泼，多在头面、两肋以及手足，又皆止于半面重，半面轻。若自伤则多在手足及胸之前后，皆不能即为伤人。倘医不如法，误以冷水激止，则直逼火毒攻心，便难救。①

二十、服　　毒

凡服毒死者，尸口眼多开，面紫黯或青色，唇紫黑，手足指甲俱青黯，口、眼、耳、鼻间有血出。

甚者遍身黑肿，面作青黑色，唇卷发疱，舌缩或裂拆，烂肿微出，唇亦烂肿，或裂拆，指②甲尖黑，喉腹胀作黑色生疱。身或青斑，眼突，耳、鼻、口内出紫黑血，须发浮不堪洗，未死前须吐出恶物或泻下黑血，谷道肿突，或大肠突出。服毒多而速死者，形状始有此。

有空腹服毒，惟腹肚青胀，而唇、指甲不青者；有食饱后服毒③，惟唇、指甲青而腹肚不青者；又有腹脏虚弱老病之人，略服毒而便死，腹肚、口唇、指甲并不青者，却须以他证。验虚弱老病人，先以银钗探喉中。如果色变，还作服毒论。其后方以他证参之。须详审此人未死前，有何病症虚损等情。

生前中毒而遍身作青黑，多日，皮肉尚有，亦作黑色。若经久，皮肉腐烂见骨，其骨黯黑色。

死后将毒药在口内假作中毒，皮肉与骨只作白黄色。凡服毒死，或时即发作，或当日早晚。若其药慢，即有一日或二日发。或有翻吐，或吐不绝，仍须于衣服上寻余药，及死者坐处寻药物器皿之类。

若验服毒，用银钗、皂角水揩洗过，探入死人喉内，以纸密封，良久取出，作青黑色。再用皂角水揩洗，其色不去；如无，其色鲜白。人既死，虽非服毒，未免有秽，故银钗亦作黑色，但洗之即去也。惟实中毒，虽洗数次，其色青黑，不能鲜白。

如服毒中毒死人，生前吃物压下入肠脏内，试验无证，即自谷道内试其色即见。

凡检验毒死尸，间有服毒已久，蕴积在内，试验不出者，须先以银钗探入死人喉，讫，却用热糟醋自下罨洗，渐渐向上，须令气透，其毒气熏蒸，黑色

---

① 此段与《读律佩觿》卷8上《辨汤泼伤》按语第2段文意同，个别字句多有不同，当为《检尸考要》所节略。
② "甚者遍身黑肿，面作青黑色，唇卷发疱，舌缩或裂拆，烂肿微出，唇亦烂肿，或裂折，指"，《洗冤录》卷4《廿八服毒》无之。此地实补《洗冤录》所遗失之字，颇有价值。
③ "有食饱后服毒"，《洗冤录》作"亦有食饱后服毒"。

始见。如将热糟醋自上而下，则其热气逼毒气向下，不复可见。诸本俱作"毒气逼热气向下"，大误，今校《三台明律正宗》附刻《无冤录》本改正。或就粪门内试探，则用糟醋当反是，自上而渐渐洗向下矣①。

本尸唇破舌烂，口内紫黑，手指甲青。以银钗探入喉中，少时取出，其针黑色证，是生前中毒致命身死②。结状式。

中蛊毒，遍身上下、头面、胸心，并深青黑色，肚胀，或口内吐血，或粪门泻血③。

金蚕蛊毒，死尸瘦劣，遍身黄白色，眼睛塌，口齿露出，上下唇缩，腹肚塌，将银针验作黄浪色，用皂角水洗不去。金蚕蛊毒之巧者，服之而死，与病死者无异。但银针上黄浪色，洗之不去。此金蚕本色也，定作服毒无疑虑。

一云身体胀④，皮肉似汤火疱起，渐次为脓，舌头、唇、鼻皆破裂，乃是中金蚕蛊毒之状。上言瘦人，此言肥人。

鼠莽草毒，江（西）〔南〕有之，亦类中蛊毒，加之唇裂，齿龈青黑色，此毒经一宿一日，方见九窍有血出。

食果实、金石药毒者，其尸上下或有一二处赤肿，有类拳手伤痕，或成大片，青黑色，爪甲黑，身体肉缝微有血，或腹胀，或泻血。酒毒腹胀，或吐、泻血。

砒霜、野葛得一伏时，遍身发小疱，作青黑色，眼睛耸出，舌上生小刺，疱绽出，口唇破裂，两目胀大，腹肚膨胀，粪门胀绽，十指甲青黑。

中砒霜毒，吐逆，肠腹绞痛不可忍，发狂，七窍迸血。⑤

手脚指甲及身上青黑色，口、鼻内多出血，皮肉多裂，舌与粪门皆露出，乃是中药毒、菌蕈毒之状。⑥

脯肉亦有毒，故《唐律》云："曾经病人，有余者速焚之。"更有草毒、蚕毒、酒毒、果实毒、菌蕈毒、金石毒。如《食经》禁忌"干脯不得入黍米⑦，苋菜不得和鳖肉之类"，未易枚举。又其毒自外入者，如虫蛇所伤，则微有啮损，可以致死。狂犬所伤，或至疮干而后死。大凡中毒，率皆暧昧。至若尸首发变，亦类中毒。检复之际，不可不仔⑧细辨明。又有本是中毒辄称服毒者，

---

① "自上而渐渐洗向下矣"，《无冤录》无之。
② 见《平冤录》之《十六毒药死》，有个别字不同。
③ "或粪门泻血"，《洗冤录》作"或粪门内泻血"。
④ "一云身体胀"，《洗冤录》作"一云如是只身体胀"。
⑤ 见《福惠全书》卷16《验各种死伤下》。
⑥ 本节除已标注者外，均见《洗冤录》卷4《廿八服毒》。
⑦ "干脯不得入黍米"，《唐律疏议笺解》之《造御膳有误》（北京：中华书局，1996年版，第744页）作"干脯不得入黍米中"。
⑧ "仔"，《无冤录》卷上《六中毒》作"子"。"尤宜仔细"之"仔"同此。

尤宜仔细。

西北诸省有苦杏仁，生熟服之，都不为害，略用火炒，仍令半生，服数十粒，即能死人。①

二一、病　　死

凡因病死者，形体羸瘦，肉色萎黄，口眼多合，腹肚低陷，两眼通黄，两拳微握，身上或有新旧针灸瘢痕，余无他故，即是因病死。

或疾病死，值春、夏、秋初，申得迟，经隔两三日，肚上、脐下、两胁肋骨缝，有微青色。此是病人死后，经日变动，腹内秽物发作，攻注皮肤，致有此色，不是生前有他故。切宜仔细。

本尸形体瘦弱，肉色萎黄，口眼俱合，两手微握，沿身或有灸瘢，验是生前因病身死②。结状式。

邪魔中风卒死，尸多肥，肉色微黄，口眼合③，口内有涎沫，遍身无他故。

卒死，肌肉不陷，口、鼻内有涎沫，面色紫赤。盖其人未死时，涎壅于上，气不宣通，故面色及口、鼻如此。

卒中死，眼开睛白，口齿开，牙闭紧，间有口眼㖞斜，并口两角、鼻内涎沫流出，手脚拳曲。

中暗风，尸必肥，肉多㴷白色，口眼皆闭，涎唾流溢。卒死于邪祟，其尸不在于肥瘦，两手皆握，手足爪牙多青。或暗风如发惊搐死者，口眼多㖞斜，手足必拳缩，臂、腿、手、足细小，涎沫亦流出。以上三项大略相似，更需检验时仔细分别。

中恶客忤卒死，凡卒死或先病及睡卧间忽然而绝者④，皆是中恶也。

伤寒死，遍身紫赤色，口眼开有紫汗流，唇亦微绽，手不握拳。

张仲景《伤寒论》云："阳气前绝，阴气后竭者，其人死，身色必青。阴气前绝，阳气后竭者，其人死，身色必赤。"⑤

时气死者，眼开，口开，遍身黄色，有薄皮起，手足俱伸。

中暑死，多在五、六、七月，眼合，舌与粪门俱不出，面黄白色。

---

① 此段与《福惠全书》卷16《验各种死伤下》当条内容大意同，个别字有不同。
② 见《平冤录》之《十九病患死》。
③ "口眼合"，《洗冤录》作"口眼合头髽紧"。
④ "者"，《洗冤录》卷5《五二救死方》无之。
⑤ 当为《检尸考要》所引《伤寒论》之《辩脉法》。

按：中暑死，亦有鼻孔及粪门有血者。①

冻死者，面色萎黄，口内有涎沫，牙齿硬，身直，两手紧抱胸前。多在十一、十二月，正月②，兼衣服单薄。检时，用酒醋洗，得少热气，则两腮红，面如芙蓉色，口有涎沫出，其涎不粘，此则冻死证。

本尸项缩，脚拳，两手抱胸，遍身寒肃，肉色黄紧，委是冻死③。冻死者大都面带笑容，缘其寒入心、肾二经故也。

饥饿死者，浑身黑瘦硬直，眼闭，口开，牙闭紧禁，手足④俱伸。⑤

本尸脐肚贴腔⑥，身体黄瘦，委因饿身死。结状式。

二二、受杖死

定所受杖处疮痕阔狭，看阴囊及妇人阴门并两胁肋、腰、小腹等处有无血瘀痕。⑦

本尸两大腿外破伤，长阔深浅各若干分寸，围圆、赤肿多少，认是生前因被拷勘，痛气攻心，致命身死⑧。结状式。

二三、跌　　死

凡从树及屋临高跌死者，看枝柯挂绊所在，并屋高低，失脚处踪迹，或土痕高下，及要害处须有低⑨隐或物磕擦痕瘢。若内损致命者，口、眼、耳、鼻内定有血出；若伤重分明，更当仔细验之。仍量扑落处高低丈尺。

跌者从高而下，或失足，或自绊，其力在下，则所伤多在腿足及臂膊。然其或左或右，又皆止伤半边。如系人推而跌者，则其力在上，所伤多在头面及两手腕。盖推之力大，而人之一身其最重莫如首，推而下之，其⑩势必自顾，或两手先为至地，或出于不知，则头面必先倒垂而下，虽亦未必全伤，而所伤

---

① 当为《检尸考要》按。
② "多在十一、十二月，正月"，《洗冤录》无之。
③ 见《平冤录》之《二十冻死》。
④ "足"，《洗冤录》作"脚"。
⑤ 本节除已标注者外，均见《洗冤录》卷4《廿九病死》。
⑥ "腔"，原作"空"，据《平冤录》之《二十一饿死》改。
⑦ 见《洗冤录》卷5《三十三受杖死》。
⑧ 见《平冤录》之《二十三罪囚被勘死》。
⑨ "低"，《洗冤录》卷5《三十四跌死》作"抵"。
⑩ "其"，《读律佩觿》卷8下《辨跌压伤》无之。

定与自跌者不同。

本尸某处皮破骨损，深浅长阔各若干，委是生前坠落崖下，或坠坑中，因伤致命身死①。结状式。

二四、塌压死

凡被塌压死者，两眼皮出，舌亦出，两手微握，遍身死血淤紫黯色，或鼻有血或清水出。伤处有血癮赤肿，皮破处四畔赤肿，或骨并筋皮断折。须压着要害，致命；如不压着要害，不致死。死后压即无此状。②

凡检舍屋及墙倒石头脱落压着身死人，其尸沿身虚怯要害去处若有痕损，须说长阔分寸，坚硬物压痕③，仍看骨损与不损。若树木压死，要验所倒树木斜伤痕损分寸④。

两人共抬一物，一人力大，骤为抬起，一人力小，被物所压。则所压之肩窝及相对手足，必俱有伤。如误触而压伤者，又当辨其前后左右。如被压于后，则前有跌磕微伤。被压于前，则后有跌磕微伤。左右亦然⑤。

本尸舌出睛凸，耳、鼻、口内皆有血出，认是生前墙倒屋塌压伤致命死⑥。结状式。

二五、外物压塞口鼻死

凡被人以衣服或湿纸搭口、鼻死，则腹内干胀。

凡被人以外物压塞口、鼻，出气不得后命绝死者，眼开，睛突，口、鼻内流出清血水，满面血癮赤黑色，粪门突出，及便溺污坏衣服等件⑦。血附气行，气雍则血雍，故形状如此。

被他物压塞而死者，其两手外膊，不拘上下，两足后骨并心胸之前，必俱各有微伤方是。盖闷至睛突，压之必重，身虽不能展动，未有并手足有无束缚伤

---

① 见《平冤录》之《二十五擷死又跌死》。
② 见《洗冤录》卷5《三十五塌压死》。
③ "坚硬物压痕"，《洗冤录》作"作坚硬物压痕"。
④ "要验所倒树木斜伤痕损分寸"，《洗冤录》作"要见得所倒树木斜伤着痕损分寸"。
⑤ 见《读律佩觿》卷8下《辨跌压伤》。"左右亦然"，原作"被压于右须并验其左被压于左须并验其右"。
⑥ 见《平冤录》之《二十六压死》。
⑦ "及便溺污坏衣服等件"，《洗冤录》卷5《三十六外物压塞口鼻死》作"及便溺污坏衣服"。

痕。盖凡人一身皆以血气为主，一经凝滞，即于其处深入不解，理固然也。①

或有将人饮醉，厚其毡褥，挟令横卧，俟其睡熟，然后将毡褥卷而束之，倒立片时即死者②，据云并无口眼血出诸迹，即或微有，净洗即无，而酒气倍为熏蒸，第云被酒受伤而已。曾以问之行人，云："遇此等，须验其大腹、小腹，如皆平弱而无胀形，固无议矣。凡胀在两肋及心胸之前，按之坚实，击之无声者，即此是也。若检骨，则伤在项心及两足心骨。"然彼亦未亲历也③。

又或以高桶二只，叠而合之，约如人身之高下，以下桶贮水令满，入石灰数升搅混，将人倒入水中，再以所合之桶盖上，片时即死，名曰"游湖"。其人死后，用水洗干净，毫无伤迹，面色微黄而白，一如病死。虽云有血倒出，然见灰气即回，而血之应为凝滞于面者，得灰尽解，此最不易洗之冤，非细为检骨则不得其真。检骨之法，止在脑壳之内，盖灰滓从口、鼻而入，口、鼻虽可净洗，而从鼻灌者直入于脑，灰最沉滞，脑内必多灰滓，以此验自无所逃。

二六、硬物瘾垫死

凡被外物瘾垫死者，肋后有瘾垫痕紫赤肿，方圆三寸、四寸以来，皮不破。用手揣捏，得筋骨伤损，此最为虚怯要害致命去处。④

二七、牛马踏死

凡被马踏死者，尸色微黄，两手散，妇女头发不慢⑤。口鼻中多有血出，痕黑色。被踏要害处便死，骨折，肠脏出。若只筑倒或踏不着要害处，即有皮破、瘾赤黑痕，不致死。驴足痕小。

牛角触着，若皮不破，伤亦赤肿。触着处，多在心头、胸前，或在小腹、胁肋⑥。牛角伤痕小而深者，方是。

---

① 此段与《读律佩觿》卷8下《辨闷死伤》按语第1段文意同，个别字有不同。
② "即死者"，《读律佩觿》卷8下《闷死伤补》作"即为立毙者"。
③ "然彼亦未亲历也"，《读律佩觿》卷8下《闷死伤补》作"然彼亦系传而知之非其所亲历"。
④ 见《洗冤录》卷5《三十七硬物瘾垫死》。
⑤ "妇女头发不慢"，《洗冤录》卷5《三十六牛马踏死》作"头发不慢"。
⑥ "或在小腹、胁肋"，《洗冤录》作"或在小腹胁肋亦不可拘"。

本尸肉色微黄，两手舒展①，某处有伤一处，长阔深浅各若干，口、鼻、耳内或有血出，验是马踏身死。结状式。

人马驴骡踏伤，有缓急丛乱之分，总以伤之多寡轻重为辨。马驰力大，所伤处少，伤必骨折，或肠脏出。拥挤仆地，而踏伤必多，但不似驰骤者之力重而折甚。人踏伤成片而长，一头重一头轻。丛踏不起者，则轻重长短不一。驴、骡踏伤，不独较小于马，其伤之晕，凝聚成形。牛触，系不知而骤攫者，伤多在前两肋之半、小腹及心胸。若牛佚而奔，方避之而受触，则多伤在脊背及肋之左右。②

二八、车轮拶死

凡被车轮拶死者，其尸肉色微黄，口眼开，两手微握③。速死者形状如此，经数日死者异是。车有横撵、直撵之分。横撵者十字路口，人为横过，车行急骤，不及挽回，其人跌仆被撵而死，则或项，或首，或心胸、脊背、肋腹，或手、膊、腿、足，各有径过伤。如系对面迎撵者，其伤或手足，或肋胁，却皆或左或右，俱在半边直而经过，其伤必长，却多在仰面。若人在前行，车从后至伤，亦如之，但属在背居多。④

本尸肉色微黄，口眼皆开，手握，某处，有伤一处，长阔、深浅各若干，验是生前被车碾伤身死。结状式。⑤

二九、雷震死

凡被雷震死者，其尸肉色焦黄，浑身软黑，两手拳散，口开眼皱，耳后发际焦黄，烧着处皮肉紧硬而拳缩。身上衣服被天火烧烂。或不烧，伤损痕迹多在脑上及脑后。脑缝多开，鬓发如焰火烧⑥。从上至下，时有手掌大片浮皮，紫赤，肉不损。胸、项、背、膊上或有似篆文痕。

---

① "两手舒展"，《平冤录》之《二十七马踏死附牛角触》作"两手舒展头发宽慢"。
② 此段与《读律佩觿》卷8下《辨踏死伤》按语文意同，个别字句多有不同。
③ "两手微握"，《洗冤录》卷5《三十九车轮拶死》作"两手微握头髻紧"。
④ 此段与《读律佩觿》卷8下《辨辇压伤》按语文意同，个别字句多有不同。
⑤ 此段与《平冤录》之《二十八车碾死》文意同，个别字句多有不同。
⑥ "烧"，《洗冤录》卷5《四十雷震死》作"烧着"。

三十、癫狗伤死

人为癫狗所伤死者,伤处必有痕迹,腹胀硬,阴茎挺出。其毒发之时,如感冒风寒之状,畏风特甚,时作狗声,每欲啮人及衣物,小腹坠胀,小便难。

癫狗毒最厉,人受其咬,毒气入腹,顿孕小狗,攻胀而死,初咬犹可救,药毒已发,则狗形已成不治,虽咬而未破,但现青紫,即已中毒,宜急救之。①

三一、蛇虫伤死

凡被蛇虫伤致死者,其被伤处微有啮损黑痕,四畔青肿,有青黄水流,毒气②灌注,四肢身体光肿,面黑。如检此状,即须验明毒气灌着甚处致死。

三二、酒食醉饱死

凡验酒食醉饱致死者,先集会首等,对众勒仵作行人用醋汤洗检。在身如无痕损,以手拍死人肚皮膨胀而响者,如此即是酒食醉饱、过度腹胀心肺致死。仍取本家的亲骨肉供状,述死人生前尝吃酒多少致醉;及取会首等状,今来吃酒多少数目,以验致死因依③。

三三、醉饱后筑踏内损死

凡人吃酒食至饱,被筑踏内损,亦可致死。其状甚难明,其尸外别无他故,惟口、鼻、粪门有饮食并粪带血流出。遇此形状,须仔细体究,鲁与人交争,因而筑踏。见人照证分明,方可定死状。④

---

① 此段与《福惠全书》卷16《蛇犬伤死蚖蝮伤死者》文意同,个别字句多有不同。
② "气",《洗冤录》卷5《四十二蛇虫伤死》作"瓦斯"。
③ "以验致死因依",《洗冤录》卷5《四十三酒食饱醉死》作"以验致死因根据"。
④ 见《洗冤录》卷5《四十四醉饱后筑踏内损死》。

三四、男子作过死

凡男子作过太多，精气耗尽，脱死于妇人身上者，真伪不可不察，真则阳不衰，伪者则痿。①

妇人亦有脱者，作笑容，玉门不闭，有粉红精外溢。②

---

① 见《洗冤录》卷 5《四十五男子作过死》。
② 此段所引诸书均无之，不详所自。

《北洋海军来远兵船管驾日记》介绍与整理

贾玉彪[1]　贾玉晓[2]　王茂华[3]

（1. 浙江大学动物科学学院；2. 河北农业大学动物科技学院；
3. 河北大学宋史研究中心）

提　要　《北洋海军来远兵船管驾日记》现藏于哈佛大学燕京图书馆，佚名所撰，不分卷。该书记载来远舰的船舰结构和各项机械数据、人员配备和武器装备情况，光绪二十年（1894年）北洋海军来远兵船五月驻扎于威海每日的例行情况，附录则有来远舰简单介绍及照片、《黄海海战北洋舰队主要参战舰只阵容》和《船政成船表》等，是研究北洋海军军备和甲午战争等罕见而珍贵的第一手文献。

关键词　光绪二十年五月　北洋海军　威海　来远舰　管驾日记

晚清海军初创，清朝政府先后多次从英国和德国订购巡洋舰，来远舰便是其中之一。它和经远舰均系钢板铁甲快船，由北洋大臣李鸿章从德国伏尔铿造船厂订购，两舰船价、炮位以及各项配备共计用银1739761两有余。光绪十一年（1885年），派曾宗瀛、裘国安、黄戴等前往监造。十三年（1887年）八月，两舰竣工，派北洋舰队顾问兼副提督英国人琅威理前往验视，并派管带官参将邓世昌、守备邱宝仁等同往接收驾驶回华，当年冬抵厦门。十四年（1888年）正月，到天津大沽。回华后，常驻天津、旅顺和威海，曾巡防南京、福州、厦门、台湾、香港等地，到访或游历日本、朝鲜、安南、吕宋、槟榔屿、暹罗、新加坡等国。此外，光绪二十年（1894年）四月初三至初八，参加北洋海军海防大阅。当年七月，还曾与致远舰一道护送李鸿章夫人灵柩回芜湖，返程时访问南京，并向在地军地官员做炮弹和驾驶等汇报演习。甲午战争期间，来远舰参加过黄海大东沟海战和威海卫保卫战，其中在大东沟海战时中弹二百二十余发，焚毁严重，伤亡惨烈；来远舰在修复不完善的情况下参加光绪二十一年（1895年）正月的威海卫保卫战。初四日，其炮弹击毙日军第十一旅团长大寺安纯。十日，日军第一鱼雷艇队偷袭威海卫港，十二日凌晨，来远舰身中两枚鱼雷不久倾覆。有证据显示，沉没之后的来远舰曾遭到日军破坏性打捞。

近年来，国家文物局和山东省有关部门对参加威海卫保卫战的定远舰、靖远舰和来远舰进行水下考古调查。2017年，山东水下考古队在威海湾发现定远舰残骸。2022年1月20日，"威海湾一号沉舰"遗址被列为山东省第六批省级文物保护单位第一批水下文物保护区。该遗址确认年代为1895年，以N37°29′36.87″、E122°11′32.285″为基准点，向北70米之东西线，向南70米之东西线，向西150米之南北线，向东120米之南北线，上述四线相交合围范围为核心保护区，外扩100米则为监控水域。2022年8月27日，山东威海靖远舰遗址第一期水下考古调查工作启动，至10月下旬结束，基本摸清了"靖远"舰遗址的保存现状和埋藏深度，并确定了遗址的分布范围。8月25日，为期近60天的来远舰遗址水下考古调查工作启动。此项目以2022年物探工作为基础，对来远舰遗址周围的海域进行磁法探测。9月23日至25日，北京金浩林勘探技术有限公司受邀派遣2位专家参加现场工作并提供技术服务，物探团队使用磁法、多波束和浅剖等物探方法，先后对合庆湾、日岛附近海域和麻子港湾内三个区块进行磁法勘查，目标是确定可能存在的鱼雷艇和相关沉件的具体坐标。10月19日，国家文物局在北京召开新闻发布会，其通报中称，自2017年以来，在威海湾陆续发现定远、靖远和来远三舰，出水錾刻有"来远"舰名的银勺和写有"来远"水手姓名的身份木牌（图1），以及大量武器弹药、生活用品等。

图1　来远舰水手身份木牌图

《北洋海军来远兵船管驾日记》现藏于哈佛大学燕京图书馆，撰著者不详，稿本，一册，红格，共计30页，不分卷。除部分文字模糊外，全书保存基本完整。该管驾日记当是在按照标准格式印备的册子上逐日填报的，内容主要包括来远舰基本装备情况、光绪二十年（1894年）五月每日例行情况、附录三部分。具体而言，第一页表格介绍来远舰的建造和下水日期、船舰结构和各项机械数据、武器装备、船上人员组织系统等。之后29页以列表的方式记录光绪二十年（1894年）五月初一至五月二十九日来远舰在威海卫停泊期间的例行情况，每日表格均依次列有以下名目，即值更官员姓名、点钟、船程、船向、罗经针差、风向、风力、下风差、天色、寒暑针、风雨表、经度、纬度、直路方向、直路程、潮流方向、潮流程、共行程、罗经气差、直方向、直距离、记事。其中值更官员姓名、风向、风力、天色、寒暑针、风雨表、记事为每日必填项，其他名目下则空出不填。值更官员由驾驶二副调署守备唐春桂（44次）、枪炮二副调署守备谢葆璋（44次）、船械三副千总邱文勋（43次）、舢板三副署理千总蔡馨书（43次）担任。每日分为6班，每班4个小时，由此4人轮流值更，通月如此。风向、风力、天色、寒暑针、风雨表5项每日观测记录6次，分别为上午和下午的4点、8点、12点。记事部分除分上午、下午简单列出该军舰主要工作事项外，兼录其他军舰进出港等内容。记录的该军舰主要工作事项有照章工作，磨洗全船，上煤，点演电灯、分试电光，操练救火，操练洋枪、操练手枪、操练刀法、操练御敌、洋枪队上岸打靶、操炮、操江开等，而初五、十四日全天停工。其中，照章工作27次，工作27次。磨洗全船共计4次，分别在初六、十三、二十、二十七这4天。上煤1次，在初七日。点演电灯、分试电光共计9次。操练救火4次。操江开、操江到共计3次。洋枪队上岸打靶1次。这是《北洋海军章程》"海军各船大副、二副等，应逐日轮派一人，将天气、风色、水势及行泊时刻、操演次数，凡有关操防巨细事务，概行登记日册"等规定的具体执行①。日记附录有来远舰简单介绍及照片、《黄海海战北洋舰队主要参战舰只阵容》和《船政成船表》等，疑为哈佛大学燕京图书馆相关人员所为，后面两个表格包含定远、镇远、来远等40艘战舰的武器、人员及船体等重要数据。

《北洋海军来远兵船管驾日记》是涉及北洋海军及其建制、甲午战争等的重要文献，特别是文中的军舰舰内编制与日常管理等是《北洋海军章程》的重要印证，特别是表格中人员姓名及其官职为章程中所无，装备和人员定额等多

---

① 《北洋海军章程》之《简阅》，清光绪天津石印本。

项数据则是对后者相关记载的佐证和补充，对具体研究中国近代海军军备、黄海和威海气象史等具有不可替代且极其珍贵的价值。兹将其整理如下，以益于相关研究。需要说明的问题有三：第一，为方便阅读，给所有表格统一编号。第二，表 31 后有空白表格一页，即无船舰人员填报的手写黑色文字部分，整理时不再录入，这也证明此日记每日表格是制式的。第三，每日的寒暑针、风雨表两项数据原作苏州码标示，整理时统一改为阿拉伯数字标示（表 1—表 31）。

表 1　北洋海军来远兵船基本情况

武器	船的结构和机械数据	
镶配枪炮 克虏伯二十一生特三十五倍身长后膛钢炮二尊 克虏伯十五生特三十五倍身长后膛钢炮二尊 哈乞开司四十七密里五管炮二尊 哈乞开司三十七密里五管炮五尊 后膛快放炮四十七密里一尊 毛瑟后膛兵枪五十杆 威布烈六响手枪四十杆 刀十把	德国卧机双暗轮	全船载重二千九百吨
^	铁胁	装煤三百三十六吨，供三日半
^	马力虚八百实五千匹	每小时行十五海里半
^	船身长二百七十英尺，舱宽三十九英尺四寸五分	每小时用煤三吨多
^	船头高十五英尺四寸，尾高十四英尺九寸	留火每小时用煤量
^	吃水头十五英尺 船尾十六英尺七寸	锅炉四座
^	船中深二十五英尺四寸	大二中二小二汽鼓　大中小个　三十四十五六十七中径　英寸零四分寸之三
^	桅杆一枝	受火面积九千六百八十七平方英尺
^	鱼雷艇□号	炉承面积三百四十三平方英尺
^	小轮船二号	额设各项人等共二百二名
^	舢舨五号	月支俸薪口粮
^	风帆面积	月支公费京平银五百五十两

表2　北洋海军来远号兵船人员配备情况表

船员编制	副管驾	三管轮	三等医官从九品陈崇基	二等管舱一名
船员编制	帮带大副都司林文彬	舱面管轮	管病房司事	一二等管旗一三名
船员编制	鱼雷大副守备张哲溁	舱面管轮	鱼雷匠二名	一等管油六名
船员编制	大副	舱面管轮	电灯匠一名	二等管油□名
船员编制	大副	鱼雷管轮	洋枪匠一名	三等管油六名
船员编制	驾驶二副调署守备唐春桂	鱼雷管轮	锅炉匠一名	一等管汽六名
船员编制	枪炮二副调署守备谢徐璋	正炮弁把总李山	油漆匠一名	二等管汽□名
船员编制	船械三副千总邱文勋	副炮弁外委刘锡廷	二等木匠二名	三等管汽□名
船员编制	舢板三副署理千总蔡馨书	副炮弁外委张华春	铜匠□名	一等水手二十名
船员编制	总管轮都司任廷山	副炮弁外委徐广贞	铁匠□名	二等水手三十名
船员编制	大管轮守备陈景祺	炮弁	帆匠□名	三等水手三十名
船员编制	大管轮署理守备梅萼	正巡查	鱼雷头目二名	一等升火十六名
船员编制	二管轮署理千总陈嘉寿	巡查外委丁长华	木匠头目一名	二等升火十六名
船员编制	二管轮千总陆国珍	水手总头目把总任世桢	水手正头目八名	三等升火六名
船员编制	三管轮署理把总杨春燕	二等文案	水手副头目八名	管家具□名
船员编制	三管轮署理把总张赋元	三等文案附生沈驷①	等升火头目□名	夫役十二名

---

① 《北洋海军章程》作"三等文案兼支应委官一员"。

表3 光绪二十年（1894年）五月初一日威海北洋海军值更表

值更官员姓名	谢葆璋				唐春桂				蔡馨书					邱文勋				谢葆璋				唐春桂			
点钟	一	二	三	四	五	六	七	八	九	十	十一	十二		一	二	三	四	五	六	七	八	九	十	十一	十二
船程 分/里																									
船向																									
罗经针差											下午														
风向		北				南				西北					东				西北				同		
风力		一				一				一					一				一				一		
下风差																									
天色		晴				同				同					同				同				同		
寒暑针		22				22				23					25				23				22		
风雨表		757				758				同					757				同				同		

经度	实测		上午
	推测		照章工作
纬度	实测		九点，操洋枪御敌
	推测		
直路方向			
直路程		记事	
潮流方向			下午
潮流程			工作
共行程			二点十分，济远、扬威开
罗经气差			
直方向			
直距离			

表4　光绪二十年（1894年）五月初二日威海北洋海军值更表

值更官员姓名		邱文勋				谢葆璋				唐春桂				蔡馨书				邱文勋				谢葆璋			
点钟		一	二	三	四	五	六	七	八	九	十	十一	十二	一	二	三	四	五	六	七	八	九	十	十一	十二
船程	分																								
	里																								
船向																									
罗经针差																									
风向				平				同				东北				东				南				同	
风力												一				一				一				一	
下风差																									
天色				晴				同				同				同				同				同	
寒暑针				22				23				同				同				22				同	
风雨表				758				同				同				同				同				同	

经度	实测		上午
	推测		照章工作
纬度	实测		
	推测		
直路方向		记事	
直路程			
潮流方向			下午
潮流程			工作
共行程			七点十五分，敏捷开
罗经气差			
直方向			
直距离			

下午

表5 光绪二十年（1894年）五月初三日威海北洋海军值更表

值更官员姓名	蔡馨书				邱文勋				谢葆璋					唐春桂				蔡馨书				邱文勋			
点钟	一	二	三	四	五	六	七	八	九	十	十一	十二		一	二	三	四	五	六	七	八	九	十	十一	十二
船程 分/里													下午												
船向																									
罗经针差																									
风向			南			同					东南			南				同					同		
风力			二								一			一				一					一		
下风差																									
天色			晴			同					同			同				同					同		
寒暑针			22			23					同			24				24					22		
风雨表			758			同					同			756				同					同		

经度	实测		上午
	推测		照章工作
纬度	实测		七点十五分，镇中开
	推测		
直路方向		记事	
直路程			
潮流方向			下午
潮流程			工作
共行程			
罗经气差			
直方向			
直距离			

表6　光绪二十年（1894年）五月初四日威海北洋海军值更表

值更官员姓名	唐春桂				蔡馨书				邱文勋					谢葆璋				唐春桂				蔡馨书			
点钟	一	二	三	四	五	六	七	八	九	十	十一	十二		一	二	三	四	五	六	七	八	九	十	十一	十二
船程 分/里																									
船向																									
罗经针差													下午												
风向		南			同				北						同					东南			南		
风力		一			一				一						一					一			一		
下风差																									
天色		晴			同				同						同					阴			晴		
寒暑针		23			24				25						25					25			24		
风雨表		756			同				757						758					同			同		

经度	实测		上午
	推测		照章工作
纬度	实测		五点，洋枪队上岸合操
	推测		
直路方向			
直路程		记事	
潮流方向			下午
潮流程			工作
共行程			一点十五分，镇中到
罗经气差			七点十五分，超勇开
直方向			七点四十五分，操江到
直距离			

表7　光绪二十年（1894年）五月初五日威海北洋海军值更表

值更官员姓名	谢葆璋				唐春桂				蔡馨书					邱文勋				谢葆璋				唐春桂		
点钟	一	二	三	四	五	六	七	八	九	十	十一	十二		一	二	三	四	五	六	七	八	九	十	十一	十二
船程 分里																									
船向																									
罗经针差													下午												
风向		南					东南			南					同				同					同	
风力		二					二			二					二				一					一	
下风差																									
天色		晴					同			同					同				同					同	
寒暑针		23					23			24					24				23					23	
风雨表		758					同			同					同				759					同	

经度	实测		上午
	推测		停工
纬度	实测		
	推测		
直路方向		记事	
直路程			
潮流方向			下午
潮流程			停工
共行程			
罗经气差			
直方向			
直距离			

表8 光绪二十年（1894年）五月初六日威海北洋海军值更表

值更官员姓名	邱文勋				谢葆璋				唐春桂					蔡馨书				邱文勋				谢葆璋		
点钟	一	二	三	四	五	六	七	八	九	十	十一	十二		一	二	三	四	五	六	七	八	九	十	十一	十二
船程 分里																									
船向																									
罗经针差													下午												
风向		南			同				同					平				北				东北			
风力		一			一				一									一				一			
下风差																									
天色		晴			同				同					同				同				同			
寒暑针		21			22				22					21				21				21			
风雨表		758			同				757					756				同				同			

经度	实测		上午
	推测		照章工作
纬度	实测		磨洗全船
	推测		八点，操练救火
直路方向		记事	
直路程			
潮流方向			下午
潮流程			工作
共行程			
罗经气差			
直方向			
直距离			

表9 光绪二十年（1894年）五月初七日威海北洋海军值更表

值更官员姓名	蔡馨书				邱文勋				谢葆璋					唐春桂				蔡馨书				邱文勋		
点钟	一	二	三	四	五	六	七	八	九	十	十一	十二		一	二	三	四	五	六	七	八	九	十	十一	十二
船程 分里																									
船向																									
罗经针差													下午												
风向			北				西北				同					南				同					西
风力			一				一				三					一				一					二
下风差																									
天色			晴				同				同					同				同					同
寒暑针			22				24				23					23				21					21
风雨表			765				同				同					同				766					同

经度	实测		上午
	推测		照章工作
纬度	实测		七点，上煤
	推测		八点，镇边开
直路方向			
直路程		记事	下午
潮流方向			
潮流程			工作
共行程			八点四十分，利运到
罗经气差			十点，利运开
直方向			
直距离			

表10　光绪二十年（1894年）五月初八日威海北洋海军值更表

值更官员姓名		唐春桂				蔡馨书				邱文勋					谢葆璋				唐春桂				蔡馨书		
点钟		一	二	三	四	五	六	七	八	九	十	十一	十二		一	二	三	四	五	六	七	八	九	十	十一	十二
船程	分里																									
船向																										
罗经针差														下午												
风向			南				平				北					东南				南				同		
风力			一								一					一				一				二		
下风差																										
天色			晴				同				同					同				同				同		
寒暑针			22				22				23					24				24				23		
风雨表			756				同				同					同				同				同		

经度	实测		上午
	推测		照章工作
纬度	实测	记事	
	推测		
直路方向			
直路程			
潮流方向			下午
潮流程			工作
共行程			
罗经气差			
直方向			
直距离			

表 11 光绪二十年（1894年）五月初九日威海北洋海军值更表

值更官员姓名		谢葆璋				唐春桂				蔡馨书					邱文勋				谢葆璋				唐春桂			
点钟		一	二	三	四	五	六	七	八	九	十	十一	十二		一	二	三	四	五	六	七	八	九	十	十一	十二
船程	分里																									
船向																										
罗经针差														下午												
风向			南				西南				南						同				同				同	
风力			二				二				一						一				二				三	
下风差																										
天色			晴				同				同						同				阴				雨	
寒暑针			23				23				24						23				同				同	
风雨表			756				同				755						757				同				同	

经度	实测		上午
	推测		照章工作
纬度	实测		九点，操练洋枪
	推测		
直路方向		记事	
直路程			下午
潮流方向			
潮流程			工作
共行程			五点，镇边到
罗经气差			
直方向			
直距离			

表12 光绪二十年（1894年）五月初十日威海北洋海军值更表

值更官员姓名	邱文勋				谢葆璋				唐春桂					蔡馨书				邱文勋				谢葆璋		
点钟	一	二	三	四	五	六	七	八	九	十	十一	十二		一	二	三	四	五	六	七	八	九	十	十一	十二
船程 分里																									
船向																									
罗经针差													下午												
风向					南				同									北				平			同
风力					一				一									一							
下风差																									
天色					雨				同									阴				雾			同
寒暑针					22				22									22				23			22
风雨表					755			752				751										同			752

经度	实测		上午
	推测		照章工作
纬度	实测		九点，操练手枪
	推测		
直路方向		记事	
直路程			下午
潮流方向			工作
潮流程			十二点半，镇中开
共行程			
罗经气差			
直方向			
直距离			

表 13　光绪二十年（1894 年）五月十一日威海北洋海军值更表

值更官员姓名	蔡馨书				邱文勋				谢葆璋					唐春桂				蔡馨书				邱文勋		
点钟	一	二	三	四	五	六	七	八	九	十	十一	十二	一	二	三	四	五	六	七	八	九	十	十一	十二
船程 分里																								
船向																								
罗经针差																								
风向		平			同				北					平			东				同			
风力											一										一		一	
下风差																								
天色		雾			同				阴					雨			同				同			
寒暑针		22			23				23					23			23				22			
风雨表		752			同				753					754			同				同			

经度	实测			上午
	推测			照章工作
纬度	实测			九点，操练刀法
	推测			
直路方向			记事	
直路程				
潮流方向				下午
潮流程				工作
共行程				五点四十分，镇中开
罗经气差				
直方向				
直距离				

表14 光绪二十年（1894年）五月十二日威海北洋海军值更表

值更官员姓名	唐春桂					蔡馨书					邱文勋					谢葆璋					唐春桂					蔡馨书		
点钟	一	二	三	四	五	六	七	八	九	十	十一	十二		一	二	三	四	五	六	七	八	九	十	十一	十二
船程 分／里																									
船向																									
罗经针差													下午												
风向		南			同				西北					西				西北				南			
风力		一			一				三					二				一				一			
下风差																									
天色		雨			阴				雾					晴				同				同			
寒暑针		23			23				23					23				22				22			
风雨表		754			同				755					同				756				同			

经度	实测		上午
	推测		照章工作
纬度	实测		九点半，大操
	推测		
直路方向		记事	
直路程			
潮流方向			下午
潮流程			工作
共行程			八点四十五分，分试电光
罗经气差			
直方向			
直距离			

表 15 光绪二十年（1894年）五月十三日威海北洋海军值更表

值更官员姓名		谢葆璋			唐春桂				蔡馨书					邱文勋				谢葆璋				唐春桂		
点钟		一	二	三	四	五	六	七	八	九	十	十一	十二	一	二	三	四	五	六	七	八	九	十	十一	十二
船程	分里																								
船向																									
罗经针差																									
风向				西南		南					同					西南				同				南	
风力				二		一					二					四				二				一	
下风差																									
天色				晴		同					同					同				同				同	
寒暑针				24		25					25					25				25				24	
风雨表				757		同					758					同				759				同	

经度	实测		上午
	推测		照章工作
纬度	实测		三点四十五分，镇中开
	推测		磨洗全船
直路方向		记事	八点，操练救火
直路程			
潮流方向			下午
潮流程			工作
共行程			
罗经气差			
直方向			
直距离			

表16 光绪二十年（1894年）五月十四日威海北洋海军值更表

值更官员姓名	邱文勋				谢葆璋				唐春桂					蔡馨书				邱文勋				谢葆璋		
点钟	一	二	三	四	五	六	七	八	九	十	十一	十二		一	二	三	四	五	六	七	八	九	十	十一	十二
船程 分里																									
船向																									
罗经针差													下午												
风向		南			平				同						北			西南				南			
风力		一																一				三			
下风差																									
天色		晴			同				同						同			同				同			
寒暑针		25			26				同						同			24				同			
风雨表		760			同				同						同			同				同			

经度	实测	上午
	推测	停工
纬度	实测	
	推测	
直路方向		记事
直路程		
潮流方向		下午
潮流程		停工
共行程		
罗经气差		
直方向		
直距离		

表 17　光绪二十年（1894 年）五月十五日威海北洋海军值更表

值更官员姓名	蔡馨书				邱文勋				谢葆璋					唐春桂				蔡馨书				邱文勋		
点钟	一	二	三	四	五	六	七	八	九	十	十一	十二		一	二	三	四	五	六	七	八	九	十	十一	十二
船程　分里																									
船向																									
罗经针差													下午												
风向		南			东北				东南					东北				同				同			
风力		二			一				一					一				三				三			
下风差																									
天色		雾			同				雨					雾				雨				同			
寒暑针		23			23				23					22				22				22			
风雨表		760			同				同					759				同				同			

经度	实测		上午
	推测		照章工作
纬度	实测		九点，操练御敌
	推测		
直路方向		记事	
直路程			下午
潮流方向			工作
潮流程			一点二十分，超勇到
共行程			四点二十分，康济到
罗经气差			七点五十分，超勇开
直方向			
直距离			

表 18　光绪二十年（1894年）五月十六日威海北洋海军值更表

值更官员姓名	唐春桂				蔡馨书				邱文勋					谢葆璋				唐春桂				蔡馨书			
点钟	一	二	三	四	五	六	七	八	九	十	十一	十二	下午	一	二	三	四	五	六	七	八	九	十	十一	十二
船程　分里																									
船向																									
罗经针差																									
风向				东北				西北				西					东北				东				平
风力				一				二				一					一				一				
下风差																									
天色				雨				晴				同					同				同				同
寒暑针				23				同				24					24				24				23
风雨表				760				同				759					同				同				同

经度	实测		上午
	推测		照章工作
纬度	实测	记事	五点，威远开
	推测		九点，操练洋枪
直路方向			十一点，镇中到
直路程			下午
潮流方向			工作
潮流程			
共行程			
罗经气差			
直方向			
直距离			

表 19　光绪二十年（1894 年）五月十七日威海北洋海军值更表

值更官员姓名	谢葆璋				唐春桂				蔡馨书					邱文勋				谢葆璋				唐春桂		
点钟	一	二	三	四	五	六	七	八	九	十	十一	十二		一	二	三	四	五	六	七	八	九	十	十一	十二
船程 分里																									
船向																									
罗经针差													下午												
风向		南				同				东					南				同					同	
风力		一				一				一					二				一					一	
下风差																									
天色		晴				同				同					同				同					同	
寒暑针		24				25				26					26				25					24	
风雨表		760				同				761					同				同					同	

经度	实测	上午
	推测	照章工作
纬度	实测	九点，洋枪队上岸打靶
	推测	
直路方向		记事
直路程		
潮流方向		下午
潮流程		工作
共行程		三点四十五分，镇远、超勇、广丙开
罗经气差		
直方向		
直距离		

表20　光绪二十年（1894年）五月十八日威海北洋海军值更表

值更官员姓名	邱文勋				谢葆璋				唐春桂					蔡馨书				邱文勋				谢葆璋		
点钟	一	二	三	四	五	六	七	八	九	十	十一	十二		一	二	三	四	五	六	七	八	九	十	十一	十二
船程 分																									
船程 里																									
船向																									
罗经针差													下午												
风向		南					东南			南					同				同					西	
风力		三					三			二					四				同					同	
下风差																									
天色		晴					同			同					同				雨					同	
寒暑针		24					同			同					23				同					同	
风雨表		760					同			759					758				同					757	

经度	实测		上午
	推测		照章工作
纬度	实测		八点半，威远到
	推测		九点，操炮
直路方向			
直路程		记事	下午
潮流方向			
潮流程			工作
共行程			八点，点演电灯
罗经气差			
直方向			
直距离			

表 21　光绪二十年（1894 年）五月十九日威海北洋海军值更表

值更官员姓名	蔡馨书						邱文勋						谢葆璋						唐春桂						蔡馨书						邱文勋				
点钟	一	二	三	四	五	六	七	八	九	十	十一	十二	一	二	三	四	五	六	七	八	九	十	十一	十二
船程 分里																								
船向																								
罗经针差																								
风向			西北			同				西					同			平					东南	
风力			四			一				一					一								一	
下风差																								
天色			阴			同				晴					同			同					同	
寒暑针			23			23				同					同			同						
风雨表			757			同				同					756			755					同	

经度	实测		上午
	推测		照章工作
纬度	实测		九点半，大操
	推测		
直路方向		记事	
直路程			下午
潮流方向			工作
潮流程			
共行程			八点，操练御敌
罗经气差			
直方向			
直距离			

表22　光绪二十年（1894年）五月二十日威海北洋海军值更表

值更官员姓名	唐春桂					蔡馨书					邱文勋			谢葆璋					唐春桂			蔡馨书		
点钟	一	二	三	四 || 五	六	七	八 || 九	十	十一	十二	一	二	三	四	五	六	七	八	九	十	十一	十二
船程　分里																							
船向																							
罗经针差												下午												
风向		西南			东北			同							同			南			同	
风力		一			一			一							一			二			二	
下风差																							
天色		晴			同			同							同			同			同	
寒暑针		23			同			同							同			同			22	
风雨表		756			767			757							758			同			759	

经度	实测	
	推测	上午
纬度	实测	照章工作
	推测	七点十分，操江到
直路方向		磨洗全船
直路程		八点，操练救火；五十分，操江开
潮流方向	记事	下午
潮流程		工作
共行程		八点，点演电灯
罗经气差		
直方向		
直距离		

表23　光绪二十年（1894年）五月二十一日威海北洋海军值更表

值更官员姓名		谢葆璋				唐春桂				蔡馨书					邱文勋				谢葆璋				唐春桂			
点钟		一	二	三	四	五	六	七	八	九	十	十一	十二		一	二	三	四	五	六	七	八	九	十	十一	十二
船程	分里																									
船向																										
罗经针差														下午												
风向			南			同				同					西南				同				南			
风力			三			三				二					二				二				一			
下风差																										
天色			晴			同				同					同				同				同			
寒暑针			23			24				25					24				24				23			
风雨表			762			同				同					同				同				同			

经度	实测		上午
	推测		照章工作
纬度	实测		七点半，康济开
	推测		八点五十分，镇中开
直路方向			
直路程		记事	
潮流方向			下午
潮流程			工作
共行程			三点二十分，平远到
罗经气差			五点，平远开
直方向			八点，点演电灯
直距离			

表24　光绪二十年（1894年）五月二十二日威海北洋海军值更表

值更官员姓名	邱文勋				谢葆璋				唐春桂					蔡馨书				邱文勋				谢葆璋		
点钟	一	二	三	四	五	六	七	八	九	十	十一	十二		一	二	三	四	五	六	七	八	九	十	十一	十二
船程 分里																									
船向																									
罗经针差													下午												
风向		南							东南						南				同				同		
风力		一							一						一				一				二		二
下风差																									
天色		晴							同						同				阴				晴		阴
寒暑针		25							26						26				同				同		27
风雨表		764							同						同				同				同		同

经度	实测		上午
	推测		照章工作
纬度	实测		五点半，威远开
	推测		九点，操练御敌
直路方向			九点三十分，敷鱼雷二尾
直路程		记事	
潮流方向			下午
潮流程			工作
共行程			十二点半，平远到
罗经气差			
直方向			
直距离			

表25 光绪二十年（1894年）五月二十三日威海北洋海军值更表

值更官员姓名	蔡馨书				邱文勋				谢葆璋					唐春桂				蔡馨书				邱文勋		
点钟	一	二	三	四	五	六	七	八	九	十	十一	十二	一	二	三	四	五	六	七	八	九	十	十一	十二
船程 分																								
里																								
船向																								
罗经针差																								
风向			南				同				同				同				同				同	
风力			一				三				三				二				一				二	
下风差																								
天色			晴				同				同				同				同				同	
寒暑针			24				同				同				25				同				同	
风雨表			762				同				同				同				同				同	

经度	实测		下午	上午
	推测			照章工作
纬度	实测			三点四十分，镇边开
	推测			九点，操练大炮
直路方向				
直路程			记事	
潮流方向				下午
潮流程				工作
共行程				一点半，平远开
罗经气差				七点一刻，镇边到
直方向				八点，分试电光
直距离				

表26 光绪二十年（1894年）五月二十四日威海北洋海军值更表

值更官员姓名	唐春桂				蔡馨书				邱文勋					谢葆璋				唐春桂				蔡馨书		
点钟	一	二	三	四	五	六	七	八	九	十	十一	十二		一	二	三	四	五	六	七	八	九	十	十一	十二
船程 分																									
船程 里																									
船向																									
罗经针差													下午												
风向			南				东南				西南					同				同					同
风力			二				二				三					四				同					五
下风差																									
天色			晴				阴				同					同				同					同
寒暑针			24				同				25					25				25					25
风雨表			758				759				760					759				同					同

经度	实测		上午
	推测		照章工作
纬度	实测		九点，操练手枪
	推测		
直路方向		记事	
直路程			
潮流方向			下午
潮流程			工作
共行程			七点五十分，普济到
罗经气差			八点，点演电灯
直方向			
直距离			

表27 光绪二十年（1894年）五月二十五日威海北洋海军值更表

值更官员姓名	谢葆璋				唐春桂				蔡馨书					邱文勋				谢葆璋				唐春桂		
点钟	一	二	三	四	五	六	七	八	九	十	十一	十二	一	二	三	四	五	六	七	八	九	十	十一	十二
船程 分里																								
船向																								
罗经针差																								
风向			西南				同				南				西南				南				同	
风力			五				四				同				五				三				五	
下风差																								
天色			阴				同				同				同				同				同	
寒暑针			24				同				同				同				同				同	
风雨表			758				同				同				757				同				758	

经度	实测	记事	上午
	推测		照章工作
纬度	实测		四点一刻，普济开
	推测		
直路方向			
直路程			下午
潮流方向			工作
潮流程			十二点，点演电灯
共行程			
罗经气差			
直方向			
直距离			

表28 光绪二十年（1894年）五月二十六日威海北洋海军值更表

值更官员姓名		邱文勋				谢葆璋				唐春桂					蔡馨书				邱文勋				谢葆璋		
点钟		一	二	三	四	五	六	七	八	九	十	十一	十二		一	二	三	四	五	六	七	八	九	十	十一	十二
船程	分																									
	里																									
船向																										
罗经针差														下午												
风向		南				同				同					同				东南				南			
风力		四				二				二					二				一				一			
下风差																										
天色		阴				同				同					晴				同				同			
寒暑针		24				25				26					同				25				同			
风雨表		758				759				同					同				760				同			
经度	实测														上午											
	推测														照章工作											
纬度	实测														七点半，威远到											
	推测														九点半，大操											
直路方向														记事												
直路程																										
潮流方向															下午											
潮流程															工作											
共行程															五点五十分，新裕到											
罗经气差															八点半，点演电灯											
直方向																										
直距离																										

表29　光绪二十年（1894年）五月二十七日威海北洋海军值更表

值更官员姓名	蔡馨书				邱文勋				谢葆璋				唐春桂				蔡馨书				邱文勋		
点钟	一	二	三	四	五	六	七	八	九	十	十一	十二	一	二	三	四	五	六	七	八	九	十	十一	十二
船程 分里																								
船向																								
罗经针差																								
风向			南				东南			同			同				同						东北	
风力			一				一			一			二				二						一	
下风差																								
天色			阴				晴			雨			阴				同						雨	
寒暑针			23				同			同			同				同						同	
风雨表			760				同			同			759				同						同	

经度	实测		记事	上午
	推测			照章工作
纬度	实测			磨洗全船
	推测			八点，操练救火
直路方向				十点五十分，镇中到
直路程				十二点，镇中开
潮流方向				下午
潮流程				工作
共行程				三十分，康济到
罗经气差				一点，镇边开
直方向				
直距离				

表30　光绪二十年（1894年）五月二十八日威海北洋海军值更表

值更官员姓名	唐春桂				蔡馨书				邱文勋					谢葆璋				唐春桂				蔡馨书			
点钟	一	二	三	四	五	六	七	八	九	十	十一	十二		一	二	三	四	五	六	七	八	九	十	十一	十二
船程 分																									
船程 里																									
船向																									
罗经针差													下午												
风向		东南				南				同					东				同				东		
风力		一				一				一					二				五				三		
下风差																									
天色		晴				阴				同					雨				同				同		
寒暑针		23				24				同					同				23				同		
风雨表		759				同				758					同				757				756		
经度	实测												上午												
经度	推测												照章工作												
纬度	实测												九点半，康济开												
纬度	推测												十点三刻，镇中到												
直路方向													记事												
直路程																									
潮流方向													下午												
潮流程													工作												
共行程													八点，点演电灯												
罗经气差																									
直方向																									
直距离																									

表 31　光绪二十年（1894 年）五月二十九日威海北洋海军值更表

值更官员姓名		谢葆璋				唐春桂				蔡馨书					邱文勋				谢葆璋				唐春桂		
点钟		一	二	三	四	五	六	七	八	九	十	十一	十二		一	二	三	四	五	六	七	八	九	十	十一	十二
船程	分里																									
船向																										
罗经针差														下午												
风向			西南				同				西北					西南				东				南		
风力			三				四				同					一				一				一		
下风差																										
天色			雨				雾				晴					同				同				同		
寒暑针			23				同				同					同				同				同		
风雨表			755				754				753					754				755				756		
经度		实测													上午											
		推测													照章工作										
纬度		实测													九点半，利运到										
		推测																							
直路方向																										
直路程														记事												
潮流方向															下午										
潮流程															工作										
共行程																										
罗经气差																										
直方向																										
直距离																										

附　　录

光绪十一年（1885年）造，十三年（1887年）下水。

光绪元年（1875年）李鸿章督办北洋海军，向英、法订购定远、镇远（装甲舰）、经远、来远、济远、超勇、扬威号（巡洋舰）（附图1）。

附图1　来远舰简单介绍及照片

黄海海战北洋舰队主要参战舰只阵容见附表1。

附表 1　黄海海战北洋舰队主要参战舰只阵容

舰名	舰种	舰质	排水量/吨	长度/英尺	螺旋桨	实马力/匹	炮/门	鱼雷管/具	速力/节	乘员/人	进水年代	管带
定远	装甲炮塔	钢	7335	298.6	2	6000	22	3	14.5	331	1880	右翼总兵刘步蟾
镇远	装甲炮塔	钢	7335	298.6	2	6000	22	3	14.5	331	1880	左翼总兵林泰曾
来远	装甲炮塔	钢	2900	270.4	2	5000	14	4	15.5	202	1887	副将邱宝仁
经远	装甲炮塔	钢	2900	270.4	2	5000	14	4	15.5	202	1887	副将林永升
致远	巡洋	钢	2300	267	2	5500	23	4	18	202	1886	副将邓世昌
靖远	巡洋	钢	2300	267	2	5500	22	4	18	202	1886	副将叶祖珪
济远	巡洋	钢	2300	233.2	2	5500	18	4	15	204	1883	副将方伯谦
广甲	巡洋	铁骨木皮	1296	221		1600	10	4	15	145	1887	副将吴敬荣
超勇	巡洋	钢	1350	220		2400	18	无	15	135	1881	参将黄建勋
扬威	巡洋	钢	1350	220		2400	18	无	15	135	1881	参将林履中
平远	巡洋	钢	2100	200		2300	11	1	14.5	145	1889	都司李和
广丙	巡洋	钢	1000	226		1200	11	无	17	110	1891	都司程璧光

船政成船表见附表 2。

附表 2　船政成船表

号数	船名	船式	料质	长	宽	深	吃水	排水量	速力	马力	樯	试洋年月	船价	武力	监造姓名	现在存失驻处
一	万年清	商	木	二十三丈八尺	二丈七尺六寸	一丈六寸	四尺二寸	一千三百七十吨	十海里	五百八十匹	一枝半	同治八年（1869年）八月	十六万三千两		总监工法员 达士博	失
二	湄云	兵	木	十六丈二尺一寸	二丈三尺四寸	一丈六寸	十尺六寸	五百五十吨	九海里	三百二十匹	一枝半	同治九年（1870年）九月	十万六千两	七十磅子前膛炮二尊	达士博	存，驻牛庄
三	福星	兵	木	十六丈二尺一寸	二丈三尺四寸	一丈四尺三寸	十尺六寸	五百五十吨	九海里	三百二十匹	一枝半	同治九年（1870年）九月	十万六千两	七十磅子前膛炮二尊	代理总监工法员 安乐陶	失
四	伏波	兵	木	二十一丈七尺八寸	三丈六尺	一丈六尺三寸	十三尺	一千二百五十八吨	十海里	五百八十匹	二枝	同治十年（1871年）二月	十六万一千两	十六磅子前膛小炮四尊	安乐陶	存，驻广东

续表

号数	船名	船式	料质	长	宽	深	吃水	排水量	速力	马力	樯	试洋年月	船价	武力	监造姓名	现在存失驻处
五	安澜	兵	木	二十一丈七尺八寸	三丈五尺	一丈六尺五寸	一十三尺	一千二百五十八吨	十海里	五百八十匹	二枝	同治十一年（1872年）十一月	十六万五千两	六十二磅子后膛炮二尊四十	安乐陶	失
六	镇海	兵	木	十六丈六尺	二丈六尺	一丈四尺	十一尺八寸	五百七十二吨	九海里	三百五十匹	一枝半	同治十一年（1872年）六月	十万九千两	六十二磅子后膛炮二尊	安乐陶	失
七	扬武	兵	木	一十九丈	三丈六尺	二丈一尺	十七尺九寸	一千五百六十吨	十二海里	一千一百三十匹	三枝	同治十一年（1872年）十一月	二十五万四千两	一百五十磅子前膛炮八尊，七十六磅子后膛炮二尊	安乐陶	失
八	飞云	兵	木	二十丈八尺	三丈二尺	一丈六尺五寸	十三尺	一千二百五十八吨	十海里	五百八十匹	二枝	同治十一年（1872年）九月	十六万三千两	六百二十一磅子前膛炮二尊，四十磅子后膛炮二尊	安乐陶	失
九	靖远	兵	木	十六丈六尺	二丈六尺	一丈四尺	十一尺八寸	五百七十二吨	九海里	三百五十匹	一枝半	同治十一年（1872年）十一月	十一万两	六十二磅子前膛炮二尊	安乐陶	存，驻福建
十	振威	兵	木	十六丈六尺	二丈六尺	一丈四尺	十一尺八寸	五百七十二吨	九海里	三百五十匹	一枝半	同治十二年（1873年）二月	十一万两	七十四磅子前后膛炮二尊	安乐陶	失
十一	济安	兵	木	二十丈八尺	三丈二尺	一丈六尺五寸	十三尺	一千二百五十八吨	十海里	五百八十匹	二枝	同治十三年（1874年）三月	十六万三千两	七十磅子前膛炮二尊，四十磅子后膛炮四尊	安乐陶	失

续表

号数	船名	船式	料质	长	宽	深	吃水	排水量	速力	马力	樯	试洋年月	船价	武力	监造姓名	现在存失驻处
十二	永保	商	木	二十丈八尺	三丈二尺	一丈六尺五寸	十三尺九寸	一千三百五十三吨	十海里	五百八十匹	二枝	同治十二年（1873年）九月	十六万七千两	七十磅子前膛炮一尊	安乐陶	失
十三	海镜	商	木	二十丈八尺	三丈二尺	一丈六尺五寸	十三尺九寸	一千三百五十八吨	十海里	五百八十匹	二枝	同治十二年（1873年）十二月	十六万五千两		安乐陶	失
十四	琛航	商	木	二十丈八尺	三丈二尺	一丈六尺五寸	十三尺九寸	一千三百五十八吨	十海里	五百八十匹	二枝	同治十三年（1874年）二月	十六万四千两		安乐陶	存，驻广东
十五	大雅	商	木	二十丈八尺	三丈二尺	一丈六尺五寸	十三尺九寸	一千三百五十八吨	十海里	五百八十匹	二枝	同治十三年（1874年）七月	十六万二千两		安乐陶	失
十六	元凯	兵	木	二十丈八尺	三丈二尺	一丈六尺五寸	十三尺	一千二百五十八吨	十海里	五百八十匹	二枝	光绪元年（1875年）八月	十六万二千两	七十磅子前膛炮一尊，小八磅	安乐陶	存，驻福建
十七	艺新	兵	木	十八丈八尺八寸	一丈七尺一寸	一丈三尺	八尺	二百四十五吨	九海里	二百匹	一枝半	光绪二年（1876年）闰五月	五万一千两	三十九磅子前膛炮二尊，六磅子后膛炮二尊	前学堂制造学生汪乔年、罗臻禄、游学诗	失
十八	登瀛洲	兵	木	二十丈四尺四寸	三丈三尺五寸	一丈六尺五寸	十三尺	一千二百五十八吨	十海里	五百八十匹	二枝	光绪二年（1876年）七月	十六万二千两	七十四磅子前膛炮一尊，小六	华员自督	存，驻南洋
十九	泰安	兵	木	二十丈四尺四寸	三丈三尺五寸	一丈六尺五寸	十三尺	一千二百五十八吨	十海里	五百八十匹	二枝	光绪三年（1877年）三月	十六万二千两	八十四磅子前膛炮二尊，小二十八	华员自督	失

续表

号数	船名	船式	料质	长	宽	深	吃水	排水量	速力	马力	樯	试洋年月	船价	武力	监造姓名	现在存失驻处
二十	威远	兵	铁胁木壳	二十一丈七尺一寸	三丈一尺七寸	一丈七尺八寸	十四尺	一千二百六十八吨	十二海里	七百五十四	一枝半半	光绪三年（1877年）八月	十九万五千两	一百二十磅子前膛炮一尊	总监工法员 舒斐	失
二十一	超武	兵	铁胁木壳	二十一丈七尺一寸	三丈一尺七寸	一丈七尺八寸	十四尺	一千二百六十八吨	十二海里	七百五十四	一枝半半	光绪四年（1878年）八月	二十万两	八十磅子前膛炮一尊	舒斐	失
二十二	康济	商	铁胁木壳	二十一丈七尺一寸	三丈一尺七寸	一丈七尺八寸	十三尺八寸	一千三百十吨	十二海里	七百五十四	一枝半半	光绪五年（1879年）十月	二十万一千两		舒斐	失
二十三	澄庆	兵	铁胁木壳	二十一丈七尺一寸	三丈一尺七寸	一丈七尺八寸	十四尺	一千二百六十八吨	十二海里	七百五十四	二枝半	光绪六年（1880年）十一月	二十万两	七十六生后膛炮一尊，四十磅子后膛炮四尊	舒斐	失
二十四	开济	快碰	铁胁双重木壳	二十六丈五尺八寸	三丈六尺	一丈五尺三寸	十八尺三寸	二千二百吨	十五海里	二千四百四	二枝半	光绪九年（1883年）八月	三十八万六千两	二十一生后膛炮二尊，连珠炮六尊	前学堂制造毕业生 吴德章、李寿田、杨廉臣	失
二十五	横海	兵	铁胁木壳	二十一丈七尺一寸	三丈一尺七寸	一丈七尺八寸	十四尺	一千二百三十吨	十二海里	七百五十四	二枝半	光绪十年（1884年）二月	二十万两	十九生后膛炮二尊	吴德章、李寿田、杨廉臣	失
二十六	镜清	快碰	铁胁双重木壳	二十六丈五尺八寸	三丈六尺	一丈五尺三寸	十八尺三寸	二千二百吨	十五海里	二千四百四	二枝半	光绪十年（1884年）七月	三十六万六千两	十九生后膛炮七尊	吴德章、李寿田、杨廉臣	存，驻南洋
二十七	寰泰	快碰	铁胁双重木壳	二十六丈五尺八寸	三丈六尺	一丈五尺三寸	十八尺三寸	二千二百吨	十五海里	二千四百四	二枝半	光绪十三年（1887年）七月	三十六万六千两	十九生后膛炮七尊	吴德章、李寿田、杨廉臣	失
二十八	广甲	兵	铁胁木壳	二十一丈七尺一寸	三丈三尺七寸	一丈七尺八寸	十四尺	一千三百吨	十四海里	一千六百四	二枝半	光绪十三年（1887年）十月	二十万二千两	十五生后膛炮三尊	前学堂制造毕业生 魏翰、陈兆翱、郑清濂、杨廉臣	失

续表

号数	船名	船式	料质	长	宽	深	吃水	排水量	速力	马力	樯	试洋年月	船价	武力	监造姓名	现在存失驻处
二十九	平远	钢甲	钢甲壳	十九丈五尺二寸	三丈九尺五寸	二丈一尺六寸	十三尺二寸	二千一百吨	二千四百海里	二千四百匹	一枝	光绪十五年（1889年）四月	五十二万四千两	二十六生、十二生后膛炮二尊；连珠炮四尊	魏翰、陈兆翱、郑清濂、杨廉臣	失
三十	广乙	鱼雷快	钢胁壳	二十二丈九尺三寸	二丈六尺四寸	一丈八尺六寸	十二尺二寸	一千三十吨	十四海里	二千四百匹	一枝半	光绪十六年（1890年）十月	二十万两	十五生、十二生后膛炮三尊，六磅子后膛炮四尊，连珠炮四尊	魏翰、陈兆翱、郑清濂、杨廉臣	失
三十一	广庚	兵	铁胁木壳	十四丈四尺八寸	一丈九尺二寸	一丈四尺四寸	九尺四寸	三百十六吨	十四海里	四百四十匹	一枝半	光绪十五年（1889年）十月	六万两	十二生后膛炮三尊	魏翰、陈兆翱、郑清濂、杨廉臣	失
三十二	广丙	鱼雷快	钢胁壳	二十二丈九尺三寸	二丈六尺四寸	一丈八尺六寸	十二尺二寸	一千零三十吨	十三海里	二千四百匹	一枝半	光绪十七年（1891年）十月	二十万两	十二生快炮三尊，六磅子快炮四尊，连珠炮四尊	魏翰、陈兆翱、郑清濂、杨廉臣	失
三十三	福靖	鱼雷快	钢胁壳	二十二丈九尺三寸	二丈六尺四寸	一丈八尺六寸	十二尺二寸	一千零三十吨	十三海里	二千四百匹	一枝半	光绪十九年（1893年）十一月	二十万两	十二生快炮三尊，六磅子快炮四尊，连珠炮四尊	魏翰、陈兆翱、郑清濂、杨廉臣、李寿田	失
三十四	通济	练船	钢胁壳	二十五丈二尺七寸	三丈四尺一寸	二丈五尺一寸	十六尺	一千九百吨	十三海里	一千六百匹	二枝半	光绪二十年（1894年）八月	二十二万六千两	十二生快炮三尊，六磅子快炮四尊	魏翰、陈兆翱、郑清濂、杨廉臣、李寿田	存，驻北洋
三十五	福安	商	钢胁壳	二十三丈八尺	三丈二尺二寸	二丈二尺	十六尺	一千七百吨	十二海里	七百五十匹	一枝半	光绪二十三年（1897年）七月	二十万两		魏翰、陈兆翱、郑清濂、杨廉臣、李寿田	存，驻福建
三十六	吉云	拖船	钢胁壳	一十丈零四寸	一丈八尺五寸	八尺四寸	七尺	一百三十五吨	十一海里	三百匹	一枝	光绪二十四年（1898年）八月	五万六千两	四排连珠炮二尊	正监督、法员 杜业尔	存，驻福建

续表

号数	船名	船式	料质	长	宽	深	吃水	排水量	速力	马力	樯	试洋年月	船价	武力	监造姓名	现在存失驻处
三十七	建威	鱼雷快	钢胁壳	二十五丈八尺	二丈六尺五寸	一丈三尺五寸	十一尺五寸	八百五十吨	二十三海里	六千五百匹	一枝半半	光绪二十八年（1902年）十一月	六十三万七千两	十六生￥快炮二尊，七密里连珠炮六尊	杜业尔	存，驻南洋
三十八	建安	鱼雷快	钢胁壳	二十五丈八尺	二丈六尺五寸	一丈三尺五寸	十一尺五寸	八百五十吨	二十三海里	六千五百匹	一枝半半	光绪二十八年（1902年）十一月	六十三万七千两	十六生￥快炮二尊，七密里连珠炮六尊	杜业尔	存，驻南洋
三十九	建翼	鱼雷艇	钢胁壳	八丈六尺	一丈	七尺五寸	六尺	五十吨	二十一海里	五百五十匹		光绪二十八年（1902年）五月	二万四千两	六生快炮二尊；鱼雷炮一尊	杜业尔	存，驻福建
四十	江船	浅水商	钢胁壳	二十七丈二尺	四丈二尺	二丈六尺	十三尺四寸	二千一百六十吨	十五海里	五千匹		光绪三十三年（1907年）八月	三十七万两		总监工、法员 柏奥锃	存，宁绍公司

《工程纪略》介绍与整理

梁锦雪[1]　姚建根[2]

（1. 河北大学宋史研究中心；2. 浙江师范大学人文学院）

提　要　《工程纪略》现藏于哈佛大学燕京图书馆，为齐耀琳兄弟藏钞本。它成书于清光绪十八年（1892年），佚名所撰，是一部军事工程书。其内容主要包括估建造工程各项、开河见方法、立竿见影术、核算木瓦工报销、挖井法、勾股零锦、核算木料法、估石闸各工、估炮台工程、平磅斤尺华英化合法等十个方面，对研究中国军事工程史和战争史有一定文献和应用价值。

关键词　《工程纪略》　核算工料　报销工程

《工程纪略》现藏于哈佛大学燕京图书馆，齐耀琳兄弟藏钞本。全书一共有105页，其中有一张夹页。除夹页外，每页九行，字数不等。书的内封题为"工程记略壬辰夏"，因此成书当为清朝的光绪十八年，即1892年，不著撰人。该书结构清晰，内容完备，但也存在一些瑕疵，比如行文中存在错别字，部分文字字迹较为模糊[①]。全书一共有两个钤印，第一个出现在第三页，内容为"哈佛燕京图书馆藏"；第二个出现在夹页内，内容为"平津"。该书夹页部分为草书，共计87个字，内容为"陈任，经征卅一年分正集各款，日收红簿，著捡同送核。再折开陈任延解，未制库收，正集各项，皆系卅年分延历奉以销三款，何以库收送未奉到，是何缘故？著李涣，并捡该年正集奉销丹稿同送。九月十八日发一口代书即缴"。此外，原书封底写有"各工程账目均备，甲辰年新立阅之"十四个字。

《工程纪略》正文内容包括估建造工程各项、开河见方法、立竿见影术、核算木瓦工报销、挖井法、勾股零锦、核算木料法、估石闸各工、估炮台工程、平磅斤尺华英化合法十个方面。具体而言，第一部分是估建造工程各项。主要介绍建造石块墙、料半砖墙、土坯墙、围墙、河口泊岸墙、洋灰式板条墙、拍

---

①　整理过程中原文难以辨识字迹用"口"代替。

塘墙，砌墙脚、墙缝，挖墙脚槽，夯筑槽底，夯墙脚桩，筑墙脚地基，桩顶灌浆；盖房顶瓦坡，砌盖院墙顶，砌封檐砖，漫房顶，做房顶瓦脊，上柁梁扎房架；铺筑素土地身，铺砌砖子路，夯筑三合灰土地身；砌砖炉台，开打石山等各项工程所需工料情况。第二部分是开河见方法，主要介绍根据河的上阔、下阔、深、长的尺寸求方，以及所用人工情况。第三部分是立竿见影术，主要介绍通过竿子求塔高的方法。第四部分是核算木瓦工报销。主要介绍两方面内容，一方面介绍牌楼架大柁，大挑角梁，房檩，望板，椽子；铺地板，装隔间板、山尖板；安装玻璃窗、洋式雨淋板百页窗、七尺高玻璃窗；安装起线洋式房门、镶边单房门、双合大门、大小过木、桶子门窗框等各项工程所需木工情况。另一方面介绍砌各洋式灰条墙、石墙、水沟、销地、花台、砌砖，砌土坯墙、石泊岸，砌围墙，盖料瓦，做瓦脊，砌土炕，砌砖炕，漫灰泥，镶封檐砖等各项工程所需瓦工情况。第五部分是挖井法，主要介绍挖一口井，根据井的上口、下口、深以及边厚尺寸，求用出槽土和石块数量，以及内口净空大小。第六部分是勾股零锦，主要总结勾股算法、挖井法、园墙合方、料瓦合方、算瓦坡等方法，以及核算所用工料数量。第七部分是核算木料法，主要介绍算料板法。第八部分是估石闸各工，主要介绍盛军估造天津新城盐水河上面的地方木桥石闸一座，所用工料情况。第九部分是估炮台工程，主要介绍大连湾和尚岛建造西炮台一座，全台建造大子药库、小子药库、官房、工具房、弁兵、厨房、杂所、巡台卡房等所需工料以及所用银两情况。第十部分是平磅斤尺华英化合法，主要介绍两方面内容，一是介绍湘、京、规、库平申折之间的换算情况；二是介绍中国计量单位与外国计量单位之间的换算方法。

《工程纪略》是一部军事工程书，对研究中国军事工程史、建筑史及战争史均有文献和应用价值，兹将其整理如下以裨益于今后相关研究。

《工程纪略》　壬辰夏即光绪二十八年也[①]

估建造工程各项，开河见方法，立竿见影术，核算木瓦工报销，挖井法，勾股零锦，核算木料法，估石闸各工，估炮台工程，平磅斤尺华英化合法。

一、估建造工程各项

问：土方石方若干，厚若干，阔若干，长为一方。答：一尺厚，一丈见方是也。

估册内估砌砖墙，每方用工料数目。

---

① 此注"光绪二十八年"为误，当是"光绪十八年"。

尺厚、丈方石块墙一方，石灰一百四十斤，麻刀五斤；即线斤也，有用麻伏线斤者。① 瓦匠工十二工。灌浆每方加石灰一百六十斤；运石和灰泥小工二名。

尺厚、丈方料半砖墙一方，二五十每方照，扣缝砌一千一百七十四。二四八料半砖一千四百四十块，内扣灰缝，净照九二扣算。石灰三百六十斤，每砖一块用石灰四两，麻刀八斤，每百斤石灰和用三斤；瓦匠十二名，每砌一百二十块用一名，小工二名半，每五百块用运砖和灰泥一名。

盖房顶瓦坡，每方单层料瓦九百三十块；瓦匠工三名，小工一名。双层料瓦一千六百块；瓦匠工六名，小工三名，每运瓦五百块用小工一工。

挖墙脚槽出土，每方用小工。出土挖槽用小工一工五分，夯筑槽底用小工二名。

夯筑槽底用小工，每方尺厚用小工二工。

砌墙脚石块墙用工料，每方石灰一百四十斤，灌浆加一百二十斤；瓦工六名，小工一名，灌浆加一名。

砌镶檐口封檐砖，每丈用单层料半砖二十四块，石灰六斤，麻刀四两；瓦工二分，小工每四丈一工。

石块墙缝，每平方用石灰三十斤，麻刀二斤；瓦工一工。

砌土坯墙，每尺厚丈方用土坯一千四百四十块，石灰二百斤，麻刀三斤；瓦匠工八工，小工一工。

砌石条，每丈长用三面粗糙，石匠工二工。石灰三十斤，麻刀一斤；瓦匠工一工，抬运每三丈一工。

夯墙脚桩，每桩长六尺，用小工一工，每十根用木匠工一工。长一丈二尺，每二根用小工一工。

桩顶灌浆，用每尺厚丈方塞门土五桶，碎石子四十抬，按八十抬一方，小工三工，用土二桶半，碎石六十抬。

砌河口治泊岸墙，每方用石灰二百四十斤；瓦匠工六名，小工一名。塞门土二十二桶，按十方用；瓦匠七工，每方小工二名。

漫房顶，每平方用石灰八十斤，稔草四十斤；瓦匠工一工，小工半工。

做房顶瓦脊，每丈用料半砖二十三块，附大砖二十块，料瓦一百块，石灰一百六十斤，麻刀六斤；瓦匠工三工，小工一工。

铺筑素土地身，每尺厚方，筑实七寸为一步。小工二工，连运用二工半，不运只夯砸用小工一工。

夯筑三合灰土地身，每尺厚方，筑实六寸为一步。石灰六百斤，砂子四角；小工四工。

---

① 可能是书封底"新立阅之"中名为"新立"的人所注，下同。

砌水沟，每尺厚丈方，用石灰八十斤，麻刀三斤；瓦匠工六名，小工一工。

上柁梁扎房架，每间进深二丈，用瓦木匠工四工；麻绳十斤。油饰用桐油十斤；油匠工四工。

铺石板地身，每方用石灰八十斤，麻刀三斤；瓦匠工六工，小工一工。

砌盖院墙顶，每丈用料半砖四十八块，披水双瓦三百块连做脊，石灰二百斤，麻刀五斤，松烟三斤；瓦匠工四工，小工一工。又三进封顶砖八十块，二九十六十块，不用瓦盖顶，石灰二十斤，麻刀半斤；瓦匠二工，小工半工。又二进砖五十块，附四十块，料瓦一百五十块，做脊瓦五十块。

漫两面洋式灰板条墙，每方用石灰五百斤，麻刀七斤；瓦匠四工，小工一工。

铺砌砖子路，每方用石灰四十斤；小工四工，连拾石子。

筑墙脚地基，每方用砖、石子一方，砂子七角；筑实小工八工，运水小工一工半。

砌砖炉台，每方除炉门定按九三扣实，合方仍照砌墙方算。缸砖五百二十块，料半砖九百二十块。

开打石山，每方用石匠工五工，小工二工。开土工用小工二工。

砌围墙，用灰泥砌者，每方用瓦匠工十工，小工一工。缝用石灰三十斤，麻刀二斤，_{鱼雷局大围墙照此报}。砌二五十砖百块；瓦匠工一工。

砌石块墙，每方用：缝用塞门土一桶，计三方；瓦工三工，小工五工。

筑拍塘墙，每十方用塞门德土十九桶，砂子二方五角，碎石子七方；小工七工半，瓦匠工二工。

二、开河见方法

今有河，上阔二丈四尺，下阔二丈一尺，深九尺，长三百八十四丈。问：方若干？答曰：七百七十七万七千六百尺。法：以并①上下阔四丈五尺折半，得二丈二尺五寸，以深九尺乘之，得二百二十五尺，再以长三百八十四丈乘之，即得七十七万七千六百尺。每积六百尺为一工，用人夫十二名。答曰：一万二千三百三工七分。

其法即以上项所积，三方，七十七万七千六百尺为实，以六三二分即得。

---

① 原文中作"研"，据上下文当作"并"。

三、立竿见影术

假如有塔不知其高，视日影在地，从塔址心量至影末，得三丈。乃同将立一竿，长五尺者，量其影得一尺。问：塔高若干尺？

答曰：高一十五丈。

以一尺为一率，五尺为二率，三丈为三率，得四率为塔高。

高式如下：

一率竿影一尺，二率竿长五尺。

三率塔影三丈，四率塔高十五丈。

四、核算木瓦工报销

（一）核算木工项下

牌楼架大柁，一丈五尺、二丈二尺，计五工半、七工半。连上柱在内，人字柁加一工。

大挑角梁每根一工。

房檩每根半工。

望板每方二工半。

椽子长三丈以内，用半工。

铺地板，二寸厚连楞木每方六工，一寸厚连楞木每方四工。

装隔间板，五分厚每方五工。

山尖板一丈五尺、二丈三尺，进深每道二、三工。

五尺高、四尺宽玻璃窗，每副三工。

洋式雨淋板百页窗，每副七工。

七尺高玻璃窗，每副五工。

起线洋式房门，每副连钉洋锁合扇五工半。

镶边单房门，每扇二工半。

八尺高、四尺宽双合大门，每副四工。

大小过木，每块或一工半工。

桶子门窗框，每副二工。

门头槁盘放。

弓字梁。_{即明柱子横梁也。}

又柁。

枋木。

铺地板下地龙楞木，每间①宽约一丈用五根，进深一丈四尺用七根，余类推。

铺钉房内顶仰尘板，上用三寸见方直栏栅木。

双合大门用押带拴闩，即门闩也。

（二）核算瓦工项下

各洋式灰条墙两面，每方五工。

二尺厚石墙，每方十九工，朝缝在内。

一尺五寸厚石墙，每方十七工。

水沟、销地、花台各项零工，每尺厚丈方八工。

砌砖一百五十块一工。

砌砖连灌浆一百二十块一工。

砌一尺厚土坯，每百二十块一工。

土坯墙，每方一进四工。

石泊岸，每人厚丈方六工。_{四尺厚在以内。}

一尺五寸厚围墙，每方十五工。

盖单层料瓦，每方三工半。

盖双层料瓦，每方四工半。

做瓦脊，每间四工。_{每丈长计三工，小工一工。}

上梁抬架二丈二尺，进深以内，每间五工。

漫洋式灰条板墙两面，每方三工。

土炕每座四工。

砖炕每座五工。

漫灰泥，每方一工。

镶封檐砖每丈。

报销每块砖，加灰缝二分，每进只用五百六十块。二四八块平砌，每块砖厚二寸，宽四寸，长八寸。

一进丈方计六百二十五块，一丈见方，一层厚为一进。每丈长用十二块半，每丈高五十块，二尺宽。每丈方计一千四百四十块，内扣灰缝了。

合平方法：以长为实，以宽因之，即成方法也。

---

① 原文中作"问"，据上下文当作"间"。

又合尺厚丈方方法：以长为实，以高因之，再以厚因之，即成方法也。
若按二尺厚合丈方：以长为实，高厚因若干为实，即以五因之可也。
合尺厚丈方素土法：以长为实，以实因之，再以深因之，即成方法也。
合檐出水法：以进深净空为实，用三因该若干，脊即高若干。假如进深长一丈七尺，墙皮厚一尺五寸，净空即一丈四也。法：以净空为实，用三因，得四尺二寸，脊高即四尺二寸。
估册起首书丈尺，做法：以净空为实。
若合顶板铺芦席，连墙皮合漫灰泥，瓦坡盖瓦，即连封檐砖合也。
合顶板、估墙皮、钉芦席，即照此方。
合瓦坡沾，以进深连墙皮为实，以三因之该若干，又六因之，再加进深若干，两坡即共宽若干。
假如进深净空一丈四尺，墙厚一尺五寸，两山共该一丈七尺。脊高五尺一寸，又六因之，得三零六。又加入进深一丈七尺，得二丈有奇，两坡共长二丈也。
加砌封檐砖，每丈长十二块，若三进即三块。平砌一层该三十七块半，每丈长三层，三进该一百十二块半。
砌瓦脊，每丈长计砖十二块半，瓦一百块，麻刀四斤，石灰一百五十斤，黑烟一斤；瓦工三工，小工一工。估墙出檐，估如檐高一丈，墙即一丈高算，封檐砖不计算。
山墙与檐墙匀高，法：如进深净空一丈四尺，墙厚一尺五寸，即一丈七尺，开间净空一丈二尺。法：以进深一丈七尺为实，用三因，得五尺一寸，两山折半，各匀高二尺五寸五分，共五尺一寸。另以开间三间一丈二尺，前后檐共长七丈六尺，加入两山共三丈四尺，四围通长合共十丈六尺。以五尺一寸为实，以十丈六尺用一〇六除之，得四寸六分三厘。又加以檐高一丈，即匀高一丈〇四寸六分三厘。
合围墙法。如有围墙几十几丈长，匀高若干。法：以先量长若干，后即量起首高若干，又约丈远高若干，依之量完后，共积若干。另有数量几处，即用几归分之。若量十余处，即用一归几除，以长为实，以归除分之，又以厚因之，即尺厚丈方也。每方该用工料若干，即道晓也。
以上系因地之凸凹，用此量法。如平地，即以长为实，高因之，又以厚因之，即求方法。

五、挖　井　法

假如挖井一口，上口往四尺，下口往六尺，深一丈二尺，砌二尺五寸厚右帮。问：出槽内素土若干，用石块若干？

法：以上口四尺，下口六尺，并得十尺折半，得五尺。加以边厚二尺五寸，上下并①得五尺，中径口即得一丈，以平方乘之十二方。以方求元，法：用七八五四求入，得素土九方四尺二寸四厘六②毫。

另以砌边，内口上下各五尺，外口空二尺五寸，共一丈五尺，求半匀七尺五寸。每尺径合围用三 1417③ 为实，以内外口匀七尺五寸乘之，合长 2 356 275 为实，用边厚二尺五寸乘之该若干。又以深一丈二尺乘之，合砌石块七方〇六八八。以土方九方四尺二寸四厘八毫，除去石块七〇六八八，得内口净空二方三角三④分六厘。

假如挖井一口，上口径净七尺，下口径净八尺，深一丈八尺，石边厚三尺。问：出槽土若干，石边得石块若干，内口净空若干？

法：以上下径口净均一丈五尺折半，得七尺五寸。加边厚三尺，上下得六尺，并加入七尺五寸，内只得一丈三尺五寸，以自乘之，得一八二二五为实。以方求元，法：以七八五四又乘之，得一四三一三九一五为实。又以深一丈八尺乘之，得土方二十五方七角六分五厘。

又以内口上下一丈五尺，加以外口六尺，共二丈一尺折半，得一丈〇五寸。以径求围，法：31 417 为实，以一丈〇五寸乘之，得 3 298 8⑤85 为实。又以深一丈八尺乘之，得 5 937 813 为实。又以厚因之，该石块十七方八角一分三厘。又以内口上下匀七尺五寸，径自乘之，得 525⑥ 为实。以七八五四乘之，得 4 417 875 为实。又以深一丈八尺乘之，得内口净空 7952。

六、勾股零锦

勾股算法，即以元算成方也。方折元七 8 五 4⑦，径求围 37476，乘之元折方 2146。

素土以一尺高浮土求实，七寸为一步。以素土申浮土，以求实之数因，以

---

① 原文中作"研"，据上下文当作"并"。
② "六"，据计算当误，应作"八"。列式为：$1^2 \times 12 \times 0.7854 = 9.4248$。
③ "三 1417"，原文即用此汉字和阿拉伯数字混用方式。
④ "三"，据计算当误，应作"五"。列式为：9.4248−7.0688=2.356。
⑤ "8"，据计算当误，应作"7"。列式为：31417×105=3 298 785。
⑥ "525"，据计算当误，应作"5625"。列式为：75×75=5625。
⑦ "七 8 五 4"，原文即用此汉字和阿拉伯数字混用方式。

七归之，即得浮土之数。

挖井以上下均径自相乘之，再以深数乘之，再七八五四乘之，即得挖素土方数。又法：以上下匀径自相乘之，再以七五乘之，以九五除之，亦可得素土。

方数此系以园合方法。

砌井以深数为实，上下匀径乘之，再以 31 417 乘之，墙厚素乘之，即得石墙方数。

园墙合方，以对径乘之，以七五乘之，即得方数。一尺厚、一丈方，即尺厚丈方也。料半砖墙单进，每方五百七十六块，若合尺厚丈方，即是两进半砖。其法：以二五乘之，得一千四百四十块，即料半砖数也。

料瓦合方，每丈方单瓦收工是七百二十，报销是九百三十块。双瓦是了每丈进深加三分水，即三尺脊。

算瓦坡，法：以进深数，加脊高三分之二两坡合长数，人字木亦与此类。每方石墙即一方石块。若墙收工不用灰麻，只用瓦工，收工按墙方，报销按尺厚丈方。

报销则：用石灰一百四十斤，麻刀五斤。墙身收工，连轧漫用石灰二百四十斤，麻刀六斤。

又报：用石灰二百四十斤，麻刀八斤。若灌浆，加灰二百斤或一百六十斤，一百八十斤砖墙。

七、核算木料法

以径自乘，用六归之，再以截数因之，即成料数。每料长七尺五寸，宽六尺，如连二即二因之，连三即三因，余类推。惟有连一料，以径自乘须扣去一寸。

假如五寸径单截松木杆一根，该料若干。以径自乘，得二五为实，即以六归归之，该料四分一厘六毫六丝四①微。

假如连二松杆，八寸径，该料若干。法：以八寸径为实，以径八寸扣去一寸，即用七因之，得五六为实，以六归归之，得 93 332 为实，以二因之，该料一料八分六厘六毫六丝四微。

以上买料系此合法。每料银若干，然用即用杆子。

---

① "四"，据计算当误，应作"六"。列式为：25÷6≈4.1667。

(一)算料板法

七尺五寸长、六尺宽买料,即作此合法。作用七尺五寸长、四十二寸宽为一料。

法:以长为实,以宽因之,再以厚因之,即成寸厚之宽长。再以七归五除,又以四归二除,即成料数也。

假如有板三尺五寸厚,一丈三尺长,二尺五寸宽,该合料若干。法:以长一丈三尺为实,以二寸五分宽因之,得三二五。再以三寸五分厚因之,得一尺一寸二①分七厘五毫。系一丈长,一寸厚,再七归五除分,得一五一六二②六。又四归二除,计合料三分六厘一毫二丝。

假如有板长四尺,宽三寸,厚二寸五分。法:以长为实,以宽三寸因之,得一二。再以二寸五分厚因之,得三寸。以七归五除分之,得四。又以四归二除分之,计料九厘五毫二丝。

每方寸厚板,计用三料一分七厘五毫。

假如五分厚板,每方用一料五分八厘五毫。

假如一寸五分厚,每方用四料七分五厘五毫,余类推。

若以方合料,即以三 175③乘之。

假如有大梁一根,长一丈六尺,角梁长二丈一尺,共凑长五丈八尺,径均八寸。以五丈八尺作法,以七五分之,再以八寸合之,再以六十寸分之,便是。

假有撑木三根,合长一丈六尺五寸,见方五寸,合方料一料三分。此法:先以一丈六尺五寸作法,后以七尺五寸分之。再以五寸合之,又以五寸合之,又以四十二寸分之,便是。

假有画板,横宽六丈零五寸。每坡长一丈七尺,计四坡,合丈方四十二方一角四分。每方按板料七尺五寸长,四十二寸为一料,共一百三十四料。每方合三料一分七厘五毫。

此法:先以六丈〇五寸作法,以一丈七尺合之,再以四坡之四合之,得4114。再以一方作法,以七尺五寸分之,以四十一寸分,得3175,再以4114合之,便是。

假如房内填素土一步半,横宽三丈,长一丈一尺七寸,合丈方五方二角六分五厘。此法:先以三丈作法,以一丈一尺七寸,合之三丈五尺一寸,再以一

---

① "二",据计算当误,应作"三"。列式为:325×35=11 375。
② "二",据计算当误,应作"六"。列式为:11375÷0.075≈151 667。
③ "三 175",原文即用此汉字和阿拉伯数字混用方式。

丈五尺合之，即是。余皆仿此。

假如漫房顶灰泥一层，横宽三丈三尺，两坡合长一丈六尺五寸，合平方五方七角七分五厘。先以三丈三尺作法，后以一丈七尺五寸合之，便是。

假如有柁梁，上装山尖板四道。每长一丈五尺，拟高三尺五寸，合方料三料三分三厘。先以一丈五尺作法，再以四道之四合之，再以三尺五寸合之，再以七五分之，再以四二分之，便是。

园木合料，以径自乘，再以长数乘之，再以二料二分二厘二毫二丝乘之，即得料数。此得即每方料数，按园料六十寸，七尺五寸长为一料。

方木，以宽厚乘之长，如再以3175乘之，即得料数。按七尺五寸长，四十二寸为一料。又按一丈见方，一寸厚寸板丈方，即三料一分七厘五毫。

（二）蒙古式房顶有大挑角梁

大梁挑[①]以开间于数，再以脊高三分之一，外加墙皮插笋。

角梁以开间于数加造深一半，再以五乘之，即求半。再以一四乘之，外加脊高三分之一，又加墙皮插笋。又以墙身厚数以一九乘之，即得墙角厚。

顶板芦席，漫灰泥，盖瓦坡，连墙皮盖檐砖合算。

某处○○○[②]添造某房，并某等房，已估工程报销目录。

一、造○○房五[③]十间，共用工料湘平银若干。

一、造○○房五十间，共用工料湘平银若干。

计造已估工程若干项，合共实用工料湘平银若干。查原，估计领湘平银若干，内除宽用，外计节省、不敷湘平银若干两○○。

谨将某处○○等工共造成，已估大小房屋○○间丈尺。做法以及实在动用工料，各款银两数目，理合分晰。造具清册恭呈。

虑鉴须至册者。

计开：

建造某某房一座丈尺。做法并动用工料银两项下：

一、造某某房一座，计五间○○，油饰成造。

报销每块砖加灰缝二分，每进只用五百六十块。二四八砖平砌，计每块厚二寸，宽四寸，长八寸。一进丈方计六百二十五块，一丈见方一层砖为一进。每丈长十二块半，每丈高五十块，二尺厚。每丈方计一千四百四十块，扣灰缝了。

---

① 原文中作"桃"，据上下文当作"挑"。
② 原文中作"〇"，故此用"○"表示。下同，不再注释。
③ 原文此数字在苏州码及其他标识码中没有找到，故先用"五"表示。下同，不再注释。

《工程纪略》局部图见图1。

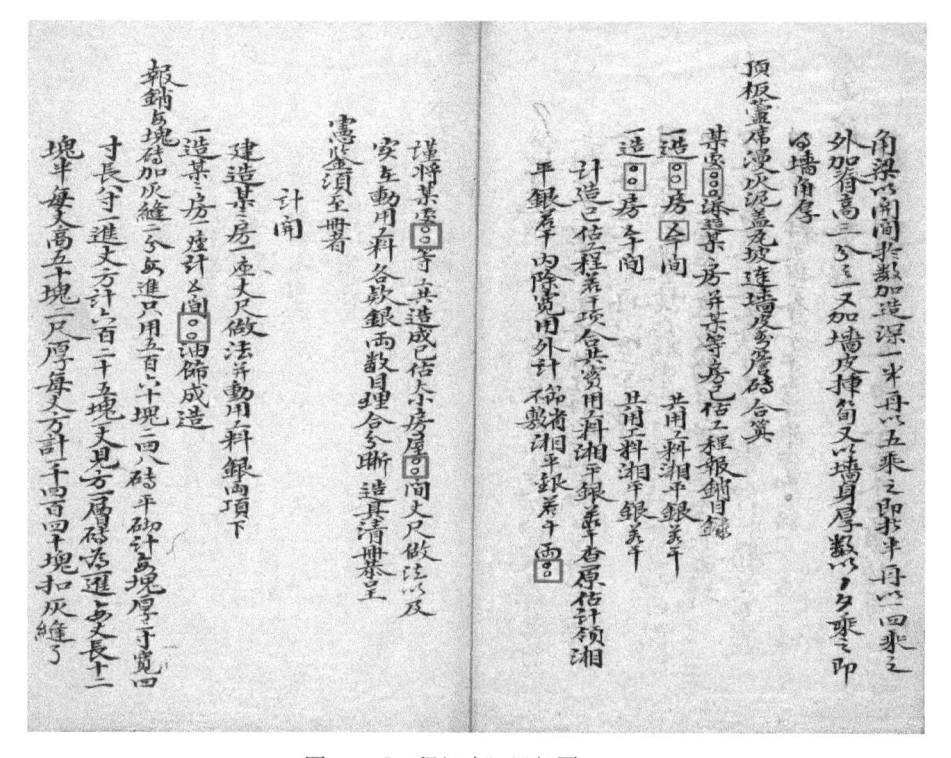

图1 《工程纪略》局部图（一）

八、估石闸各工

盛军估造天津新城盐水河地方木桥石闸一座，工料项下：
挖槽、运土用小工一名二分。闸门、码头两岸，金门洞空迎水，出水唇口海塘。
夯钉桩工，每三桩用工一名。
砍截木桩用木匠工，计三十桩一名。
烧桩头，每桩用柴五斤。
打三合灰上捣灌稀浆，每尺厚丈方。用石闸两岸码头，左右雁翅，金门洞空迎水，出水唇口海塘，根脚灰槽。石灰三十二石，浆米一斗，明矾十两，熬浆柴一百二十斤，秫秸；夯硪、运土、拌灰小工六名。
填筑三合灰土，海塘两岸码头及金门洞空迎水，由水唇口海漫。每方用石灰二十石，明矾六两，浆米六升，熬浆柴七十斤，秫秸、夯硪、运土、拌灰十石。
砌两岸码头外皮石左右雁翅，二尺宽、一尺厚大料石眠砌。每砌石一层，问：一丈二尺许砌丁字咬口石一道，二尺宽、一尺厚大料石。一尺二寸宽、一尺厚小料石顺砌。每石一层，一丈二尺许砌丁字咬口石一道，一尺二寸宽、一尺厚小料石。

金门口安置缴关石柱，两岸计四根。每根长七尺五寸，宽二尺，厚一尺。又压缴关石，计六块，每长八尺五寸，宽一尺二寸，厚一尺。中间砌左右卡档石六块，每长二尺，宽一尺二寸，厚一尺。

卡梁头石八块，每长一尺八寸，宽二尺，厚一尺。

安装水兽石四个，每长一尺五寸，宽一尺二寸，厚一尺，两岸码头及左右雁翅。

油灰锭扣条石，每丈石灰二十四斤，桐油三斤，搥灰压缝。麻筋一斤，搥油灰。锅铁片衬垫一斤五两，生铁锭扣均用二个，每个长五寸二分，两头各宽三寸三分，中宽一寸二分，厚一寸二分，重七斤十两。又每个中长五寸五分，两头各宽二寸五分，中宽一寸二分，厚一寸，重三斤二两。凿石五面仿糙，每丈石匠工六名，扛抬、造石、扎架小工二名。每丈扎架、抬石、麻绳，共用线八十七斤，砌石衬垫用熟铁一百三十斤。

金门洞内铺海漫料石，长三丈，宽一丈八尺，厚一尺。五面糙石匠工，每丈六名，扛抬、运各小工二工。

闸口安装门口槛石二块，每长四尺八寸，宽二尺，厚一尺。每丈用石灰二十四斤，桐油三百，麻筋一斤，熟铁带地钉银锭扣六十四根，每长中长四寸五分，两头各宽二寸五分，中宽一寸二分，厚一寸。钉头长一尺八寸，宽一尺五寸，厚四分，重七斤二两。

海漫砌石衬压稀浆，每尺厚丈方，石灰四十石，浆米一斗二升，明矾十三两，熬浆用秫秸一百四十斤；压灰捣浆小工六工。

两岸码头，每里砌丁字咬口八道，计七格。每格相间帮砌青砖龙骨六道，每方用行砖，除石缝，外宽砌青砖一千八百八十二块。砌砖三百块用瓦匠工一名，每块用灰四两，小工一名。

两岸码头里面砌丁字咬口砖，砌龙骨空格，内捣灌稀浆，填筑碎石、砖头、灰土。每尺厚丈方用石灰、浆米、明矾熬浆柴，填筑、灌浆小工，均照上数。填筑碎石、砖头，每方十二名。

咬口砖砌龙骨背，后帮筑灰土。两岸码头左右雁翅尾关码头，封项抱岸护墩，均筑三合灰土，用工料亦照上数。

码头灰土上面漫铺哈唎沙，每方哈唎沙五十石；夯硪①、拌土工四工五分。

金门洞空内安装闸板，高一丈五尺，宽一丈九尺，厚七寸。以七尺五寸长，五十寸为一料。闸门二扇，每长一丈六尺，宽四尺五寸，厚四寸于木。铁梨木门砖见方五寸，榆木穿带宽三寸，厚一寸。

金门洞空上造木桥一道：

桥梁五根，每长二丈二尺，径一尺二寸，七尺五寸长，四十寸为一料。

---

① 原文中作"哦"，据上下文当作"硪"。

桥面板一层，宽一丈四尺，长一丈二尺五寸，厚四寸，五十寸为一料。

两旁栏杆安二道，每立柱四根，计八根。长五尺，见方五方。

栏杆上下榻板十二块内，上六块，长七尺五寸，宽六寸，厚三寸。

栏楗木二十四根，每长三尺八寸，见方三寸。

栏杆下用挡土板六块，每长七尺五寸，宽一尺，厚一寸。

桥两边下用拌檐板二块，宽一尺五寸，厚一寸五分，长七尺五寸。

桥面板上筑三合灰土一层，厚一尺。每方用石灰、浆米、明矾熬浆柴，夯硪小工上面加铺哈唎沙，约照上用数目。

两岸码头左右雁翅安置栏杆一道，两岸计四道。计熟铁栏杆条八根，每长三丈六尺，径八分，重六十四斤十二两。生铁柱十一根，每长五尺，径一寸二分，重四十二斤三两。熟铁柱十一根，每长五尺，径一寸五分，重二十一斤十两。

铁鼻四个，挂柱八根，共用熟铁四十一斤半。

桥面漫板，用铁耙子五十八根，每长六寸，宽五分，厚二分，重三两六钱。

栏干大立柱，用铁箍拉拟八根，长四尺，径五分，重二斤十三两。

螺丝钉八个，重四两三钱，长六寸，径四分。

栏干榻板，用云尖铁钯十二个，长二尺五寸，宽二寸，厚二分，重三斤十二两。

鱼暇钉二百八十根，钉云尖铁钯并挂檐板。

闸板钉月牙环四个，每长一尺二寸，径八分，重二斤二两。

钉月牙环，用螺丝二十四个，每长七寸，径八分，重一斤四两。

缴关缴闸麻绳二根：

每根长二丈八尺，径一寸四分，重三十一斤。缴关绳头安铁钩四个，每重一斤十二两。

两岸码头，安置洋缴关大小铁纶、铁轴二副，作价银三百五十两。洋缴关如安木罩棚一个，用松木四料八分，铁钉一斤十二两。抬石扣料，用白麻绳一百四十二斤。

盖石灰，用苇席四十八张。

盖看灰棚，用苇子八百斤。

盖看棚，用灰草五十斤。

桥梁栏干油色颜料，并做桥石金字，各项连工价大钱十二斤。

总数项下：

石灰一万二千九百二十三石四十二斤，每石价钱三万四。

浆米四十二石三升八合五勺，每石价银二万五。

明矾二百六十二斤十四两，每斤价银二十二分五。

杉木干四十根，径五寸，长三丈八九尺，每根十四两五。

杉木百四十根，径六寸，长三丈八九尺，每根十七两四，截做三桩。
豆渣石三百九十二丈四尺，每丈五千四。
小料石二百四十一丈十七尺六分，每丈五千四。
桐油一千五百七斤四两，每百斤六十四两。
麻筋五百二斤六两，每斤钱三十五。
锅铁五百三十六斤，每斤一十二。
生铁三千八百七十二斤七两，每斤三十八。
熟铁一千一百一十斤，每斤八十五。
松木一百三十四五分三厘七毫，每料八钱。
铁梨木九尺，每尺一三六两五。
榆木六根，每长九尺，径五寸，每根五百。
秫秸五万五千六百一十五斤，每百斤钱二百八。
青砖七万九千六百七十六块，每块钱四文二。
杉木板十块，八寸宽，四寸厚，一丈六尺长，每块钱十五两。
麻绳二百九十二斤，每斤钱七十五。
石匠工三千八一钱五分，每石钱二百五。
锯木匠工一百八十九名七分七厘，每名钱一百八。
碎砖石一方八千六百二斤，每名六钱四十文。
哈唎沙七百五十六名，每石五十文。
苇席四十八，每张钱一百二。
芦苇八百斤，每斤钱三十五文。
湘草五十斤，每斤钱二文，以上盖石灰用。
油饰栏干，颜料并金字，大钱二千一十。
瓦匠工二百六十五工六分，每工钱一百六。
洋缴关二副，只银三百五十两，大钱一千六百二合银。
夯碱、运土、拌灰，各工八千八百八名二分。此款由营勇自行夯筑，不计工价，合并陈收。
统计一册银钱，两项合共用湘平银七千二百四十九两四钱二厘七毫。
外共素土方一千二百七十方八分，共灰土，土五百六十六方五角七分三厘。共钉木桩，一千四百三根。
汇流闸闸房项下：
建盖闸房一座，计四间，二明二暗。前后檐墙各高九尺，脊高四尺，进身一丈二尺，开间空宽一丈一尺。前檐出廊四尺五寸，周围墙根脚刨槽深，宽五尺，深三尺。上砌青砖碱墙，高一尺二寸。墙身坯砌明间开门，暗间开窗，隔间砌土坯半墙。房顶铺盖苇，把灰泥压顶，七檩，排山成造。

总计闸房一所，四间，银钱两收。合用工料湘平银六十六两四工五分二厘四毫。

外夯基砌砖坯，以及扣泥、扎把等工升二百五十五工，营勇工作。

填筑墙脚，用灰渣一百三十三石八十斤，不计价收。

九、估炮台工程

大连湾和尚岛，建造西炮台一座，合台如工丈尺。做法并工石方数，除营工不请给价外，所需工料，购买民地以及酌给器具津贴、赏稿等项银两项下：

一、和尚岛两路选择山势，建筑西炮台一座，台上拟设二十四生特炮位两等、十五生特炮位两等。该处山顶测量，得高海面六十四蜜达零十二生特。蜜达合二十二丈二尺。合拟开凿石山，深三丈二尺为台基。前墙外坡脚至后墙外坡脚宽三十一丈，左墙外坡脚至右墙外坡脚长三十八丈五尺，周围一百十五丈五尺。前墙内口至后墙内口宽十七丈，作两层。做法：第一层为海漫平台，设置①炮位之基；第二层为大子药库、兵房，各院基笠筑土墙，前面护绝正墙顶宽四丈，均口高二丈三尺五寸，外口较内口低五尺。一倍四五收坡，左右后墙顶宽四丈，内口高二丈三尺五寸，外口较内口低五尺。一倍四五收坡，左右后墙顶宽三丈三尺，高一丈四尺。一倍三收坡，上筑子墙高四尺，底面扯厚八尺。一倍三收坡，均以素土虚土一尺，筑实七寸为其护炮。前墙里岂砌石块墙一道，上压条石两层，高四尺五寸，厚三尺。设炮位海漫，通漫塞门德土一层，台上笠筑护炮隔堆五座。前段压在大墙顶，后段在海漫上正中一座，均长四丈八尺，均宽二丈八尺八寸。左右两座均长四丈四尺，均宽二丈六尺八寸。台边两座均长五丈八尺，均宽一丈八尺三寸。校护墙均高五尺，下截砌挽土石脚，高三尺，此外用素土笠筑。其正中三座隔堆内，各造子药耳库一间，每间进深八尺，开间七尺。其左右两隔堆内，各造起吊大子药库、药弹房一间，进深一丈，开间七尺。竖砌石墙，用松木梁柱上架松棌，满铺顶板工漫塞门德土。再海漫后面贴台砌石墙一道，左右砌筑上台马道两座，边砌石帮，中筑素土而台之。左右马道以内，隔堆以下，大墙之内，各藏造大子药库一座，计四间，两座共八间。每间进深净空一丈四尺，开间空窗一丈。四面竖砌石墙。顶覆素土压力太重，须用大松木梁柱，七钉密挑私棌铺五寸厚顶板。贴板漫塞门德土，底面两层中筑素土，共厚六尺。库顶绞海漫低三尺，由海漫下凿门，上通隔堆，内吊起子药，下销地板，旁装站板，两头开斜风窗。库外筑灰土院墙

---

① 原文中作"去"，据上下文当作"置"。

一道，周开水沟，由大墙脚涵洞出水。又于左、右、后三面墙身之内藏造守台兵房十六开，每间进深一丈三尺，开间一丈一尺。四面石墙松木梁柱上松㯳铺顶板，贴板加筑素土，面漫塞门德土三寸，连素土共厚三尺。又建造官弁平顶灰房十间，每间进深一丈三尺，开间一丈一尺，出檐三尺五寸。后墙正中开营门一座，进深三丈三尺，高一丈二尺，宽一丈。前面砌二尺五寸厚砖券门一道，门口券高九尺，宽六尺。左右砌二尺厚石墙，各长三丈五尺。上架梁板。又台内周设水沟，均用石块铺砌。后墙两角根脚下，为开石涵洞一座，面盖石条一层。又将台门之外，离二丈三尺远，圈筑土墙一道，高一丈四尺，顶宽二丈四尺，底宽五丈二尺。上筑子墙一道，底面拟厚六尺五寸。墙上置设营门一座。墙内隙地造石墙灰顶守台弁兵、厨房、储煤等平房二十间，每间进深一丈二尺，开间一丈。又拖砌满水石池一个，深四尺，由平地砌高一尺，共五尺；长一丈四尺，宽五尺。用塞门德土条石为底，边砌块石。台墙外四角，造四角巡台卡房四间。此全台各工丈尺，做法理合登明。

计开：

全台开山石方项下：

一、估开头层山顶，深一丈五尺，得平面左右宽二十七丈一尺五弦，长十五丈，均矢高一丈五尺。用弧矢求积算法，合开尺厚丈方，山石三千三百五十九方，公用一分。

又开前项，所开得平面弦长十五丈，内留台前护墙四丈，并留海漫七丈。地弦外尚多四丈，再开深一丈七尺为第二层台址，用底面扣完三十四丈二寸。合开尺原丈方，山石二千六十八方五角六分。

接开第二层台址，深一丈七尺。前后再开匀宽十三丈一尺，左右拟宽三十二丈，合开尺厚丈方，山石三千五百六十三方二角。

台前护墙内口后，外口高五尺，匀宽四丈。内外口拟长五十五丈，合开尺厚丈方，山石五百五十方。

台前护墙，外口六尺以下嫌坡土太薄，开去山石更筑素土，以御敌弹。固台墙除一丈五尺，匀宽二丈五尺，拟长六十丈。合开尺厚丈方，山石一千一百二十五方。

台前护墙，外坡开深一丈八尺五寸，匀宽二丈四尺八寸，拟长六十丈。合开尺原丈方，山石一千四百八十七方四角。

台上大子药库，基址开深三尺，计两座，共八间。连檐墙地位，通长九丈一尺，进深二丈。合开尺原丈方，山石五十五方二角。又开隔堆内小子药一库，基址开深三尺，计五间。连檐墙地位，通长五丈五尺，进深拟宽一丈二尺八寸，合开丈方二十一方一角二分。又左右隔堆内起连小子药房，下通大子药库，开石洞各一个，为起吊药弹之便，间深一丈三尺五寸。连砌块石帮墙地位，宽一丈一尺，长九尺，计两个。合开丈方二十六方七角三分。以上三共合开尺原丈方，山石一百三方五分。

开平台后建造弁兵、厨房，并储煤等平房基址，以及水池地位。约开尺厚丈方，山石三百六十方。

总计全台开山石方，共一万二千六百十七方二分。

计开：

全台建筑土方项下：

一、估筑护台墙前大墙一道，面上筑素土，实高六尺五寸。中线通长五十五丈，宽四丈，合筑尺厚丈方，实土一千四百三十方。内除炮口，砌三尺厚石墙地，估计二十一丈，高四尺五寸，折扣丈方二十八方三角五分。外实筑尺厚丈方，实土一千四百一方六角五分。

估筑护台前大墙，六尺五寸以下坡土太薄，移石换筑素土，股高一丈五尺，中线通长六十丈，匀宽二丈五尺。合筑尺厚丈方，素土实一千一百二十五方。

估筑护台前大墙，外坡素土股高一丈八尺五寸，中线七十一丈，宽二丈六尺八寸。合筑尺厚丈方，实土一千七百六十方九分。

估筑台身后面及左右两旁土墙一道，实高一丈四尺五寸，中线通长三十八丈，须宽三丈三尺，底宽五丈二尺，拟宽四丈二尺五寸。合筑尺厚丈方，实土二千三百四十一方七角五分。内除藏兵房十六间，地位连檐墙身，只长二十丈九尺，进深一丈八尺，高一丈。又除左右藏造大子药库八间，除两明间不扣，外计六间。共长七丈二尺，进深二丈，高一丈一尺，扣丈方五百三十四方六角。又除门洞一座，深三尺三寸。外实筑丈方，实土一千八百一角五分。

估筑前墙海漫相接处上筑护炮身隔堆土墙五座，内中一座，共长四丈八尺。前段压在大墙顶上长①二丈二尺，均宽三丈二尺，后大墙高五尺。后段在海漫上，长二丈六尺，宽二丈三尺，后海漫高一丈一尺五寸。合筑丈方，素土一百三方九角七分。中间左右两隔堆，每长四丈四尺。前段压在一丈墙顶上，长二丈，均宽三丈二尺，高五尺。后段在海漫上，长二丈四尺，宽二丈二尺五寸，高一尺五寸，计两座合筑丈方，素土一百八十六方二角。又两边隔堆，每座长五丈八尺。前段压在大墙顶上，长二丈六尺，宽二丈六尺；后段在海漫上三丈二尺，宽一丈二尺，高一丈一尺五寸。计两座合筑丈方，素土二百十二方。计筑隔堆五座，共筑素土五百二方一角七分。内除小子药库，并起运子药房共五间。除海漫下凿深三尺不扣，外连房顶高四尺，通长五丈五尺，进深拟长一丈二尺八寸，折扣丈方二十八方一角六分。又除隔堆，下截墙身长三十一丈四尺，高三尺，厚三尺，折扣丈方二十八方二角六分。

---

① 原文中作"兵"，据上下文当作"长"。

以上二共折扣丈方五十八方四角二分，外实筑实土尺原丈方四高十五六四角五分。

估筑上台马道两座，每长五丈。中填素土，面筑灰土二步，外股高一丈五尺八寸，底宽一丈四尺，面宽九尺，匀宽一丈一尺五寸，计两座。合筑尺厚丈方，实土九十方八分。

估筑台后营门外，离台三丈三尺远，圈筑素土外围墙一道，通长三十七丈二尺，实高一丈四尺，顶宽二丈四尺，底宽五丈二尺，匀宽三丈八尺。合筑尺厚丈方，实土一千九百七十九方四分。

估筑外围墙顶上子墙一道，计长三十八丈二尺，高四尺，顶宽四尺，底宽九尺，拟宽六尺五寸。合筑尺厚丈方，实土九十九方三角二分。

前顶计筑前后台墙，并护炮隔堆马道，并台后外围墙等九款，统共估筑尺厚丈方，实土八千八百二十九方四角八分。此系实土，以一尺高浮土，筑实七寸为一步，申合尺厚丈方，浮土一万二千六百九方二角五分。

再巡房俟台上办竣，酌度地势，将台墙周围由勇力开拖濠沟，挑筑濠墙。因现在土方丈尺未能定数，故未估计，合并声明。

一、估砌护台前护炮土墙，内面贴炮口处砌石墙一道，通长二十一丈。根脚开石槽深尺，连墙顶上铺砌六尺厚石条，压边封并顶各一层，共高四尺五寸，均厚三尺。每座护炮身隔堆后段下截三面，均脚三尺厚挽土石墙一道，计隔堆五座。砌石墙通长三十一丈四尺，根脚开槽深一尺，连顶砌压边石条一层，共高三尺。再于海漫后一面贴平台，砌三尺厚石墙一道，通长六丈四尺，砌高一丈七尺。以上所砌各墙，内用灰砂灌浆，外一面用塞门德土。孔缝前护墙以内海漫台上……均通长十四丈二尺，匀宽三丈八尺。平台后面砌筑上台马道两座，每长五丈，底宽二丈，面宽一丈五尺，股高一丈七尺。两边各砌三尺厚石帮，墙中填素土，面加筑灰土两步。以上各工应用工料，逐款估计，理合声明。

估开护墙，内面石墙槽深一尺，均宽三尺五寸，每丈估用开槽石匠工六名。

又砌墙身，连墙脚并压边，封顶石条。每方估用石灰百八十斤，又灌浆二百斤，麻刀三斤；瓦匠连孔缝十名，运石和灰小工二名。

砌石条，每丈用石灰二十四斤，麻刀一斤，生铁锭扣两个；五面做糙石匠工三工，瓦匠工一名，抬运石条小工一名。

孔缝用每平丈方，三方计一桶。

估砌护炮身隔堆五座，后段里一面均加挽土石墙，工料各工。

又砌海漫后面贴平台，立砌石墙。每方用石灰连灌浆四百斤，麻刀五斤，松烟一斤八两；瓦工十名，小工二名。

估平台后面砌上台马道，砌两帮石墙，工料各工。

估马道中素土，上面加筑灰土。每方用石灰一千二百斤，浆米四升，熬浆柴四十斤，明矾六两；运土和灰小工八名，又夯筑八名。

海漫台上面，漫塞门德土和灰砂一层。除安设炮盘址法外，每方估用塞门德土半桶；瓦匠工四分，小工三分。

一、估台墙内左右藏造大子药库两座，共八间。内三间为子弹库，三间为储首库，两间为另件库。丈尺进深，每间净空一丈四尺，开间空窗一丈。库内基址凿深三尺，由地板至顶共堂高八尺。周围墙脚开槽深一尺，槽内填砌石块。接砌三尺厚石墙，高九尺五寸，均用灰砂层砌，内灌稀浆。两面孔缝房架用一尺六寸径拖梁，一尺一寸径立柱，顶用一尺径密挑担椽。

铺五寸厚画板一层，顶上筑塞门德土和灰砂，并菱角石块，底面两层中筑素土。库内满铺六寸厚地板，底垫一尺宽、三寸厚楞木，下衬一尺见方。石墩四面满筑寸厚贴压板墙。每座各装一寸五分厚隔间板墙。下道前面各安六尺高、三尺宽库门一通，装二尺高、四尺宽斜洞透风窗两个。以上各工，除开基石六八由开山顶下并估外，所用工料，逐款估计，理合登明。

每座库估开墙槽，石匠如前工数。砌墙脚，每方用石灰百八十斤，灌浆二百斤，麻刀三斤；瓦工八名，运石和灰小工二名。

估砌檐墙身，工料如上数目。

估每座房架，用一尺六寸径大拖五根，直梁八根，_{每长二丈。}合园料土料四分；木匠工五名。

每座库用直柱松椽，每用松杆，木匠工每做三根一名。

每间画板用松木板料，锯木匠工十六名。

估库顶漫塞门土和砂子、菱角石，底面两层合厚一尺五寸。每间估用塞门土八桶；瓦匠工六名，运砂石和土小工三名。

估每座库前面，安二寸厚双合库门一副，高六尺，宽三尺，面钉洋毡一层。外做闸盖门一合，连过木榴框拴带等料，计两副。估合共松木十六料，洋毡三十六方尺，五尺长门槛石条八块；木匠三十六工，石匠二十二工，瓦匠工四工。

估每座库做斜洞风窗两个，每高二尺，宽四尺。连过木边框，外做两搭板等料，计窗四副，松木二十料；木匠工二十四工。

估每座库内，周围装寸厚贴墙板，计两座，八间。通长二十一丈六尺，高七尺五寸。又上下榴框二根，中带一根，每长二十一丈六尺，见方三寸。按七尺五寸长，四十二寸为一料，共估用松木七十料；木工八十工。

估每座库内，装一寸五分厚隔间板墙一道，计长一丈四尺，计两道共长二丈八尺，高七尺五寸。又用三寸见方于框八根，立柱四根，中带二根，共长十四丈四尺。连随墙做房门二合，共估用松木十四料一分；木匠工二十八工。

估每座库内，满铺二十厚地板，计两座，八间。横宽八丈，进深长一丈四尺。底垫一尺宽、三寸厚楞木共三十四道，每长一丈四尺。共估用松木百十六料四分；锯木工九十六工。

估每座库地板下，每道地龙楞木下垫一尺见方石墩六个，计楞木三十四道。共估用一尺见方石墩二百四个。

估每间库，估上梁繁架开瓦工十名；粗细麻绳十斤。又钉房架门窗、墙板、地板等估用熟铁各钉六十斤。油饰房架门窗，桐油六斤；油匠工四名。

计开：

一、估造台上、中三座护炮身隔堆。后段里面藏造行用子药、耳库各一间，每间进深净空八尺，开间空窗七尺。又左右两隔堆内外藏起运子药房一间，每间进深净空一丈，开间空宽七尺。房内底下凿通大子药库，以便柱取子药。此五间做法堂高六尺，上截藏在隔堆内高三尺；下截将海漫台上凿深三尺。四面内砌二尺厚石墙，高六尺，用灰麻孔砌，内灌稀浆。每间架用一尺径大梁一根，八寸径密挑松椽，铺四寸厚顶板，上漫塞门土和菱角碎石一层。库内四面装寸厚贴墙板，下铺二寸厚地板，底垫楞木。左右各安三尺见方库门一合，面钉洋毡一层。以上各款，除门大石工拟由开山项下并估外，所用工料，逐款估计，合再声明。

估开石墙槽，每丈用小工、石匠工二名；砌檐墙身工料如前符。

估房架用一尺柱大拖，每根木工三名。又立柱并密挑松椽，共用木匠工六十六工。又房顶钉画板，每间用锯木工四名。

每间库房顶漫塞门德土和菱角碎石一层，计厚八寸。每间估用塞门德土四桶；瓦工漫工二名，运石和土小工二名。

又①做库门八副，每副见方六尺，板厚二寸，松木三料，洋毡九方尺；木匠工八名。

又②库内四面装寸厚贴墙板，每间估用松木七料；木匠工十二工。

又库内满铺二寸厚地板，每间松木六料，宽五寸、厚三寸楞木；锯木工十名。

又房架门宽板墙、地板等，每间估用拟熟铁各钉三十五斤。油饰房架座门墙板，桐油四斤；油匠工二名。

一、估台上造官弁房两座，每座五间，每间进深净空一丈三尺，开间空宽一丈一尺，檐高八尺。前面造三尺五寸深土檐一道。周围开石墙，槽深一尺，槽内填砌石脚。四面石墙均高八尺，厚一尺五寸。松木房架顶铺寸厚画板，上漫灰泥平顶，做法明间安门，边间装窗，走廊沿口挑直明柱，砌沿阶

---

① 原文中作"丈"，据上下文当作"又"。

② 原文中作"丈"，据上下文当作"又"。

石条一道。房内如装隔间板墙三道，房架门窗均油饰。所用工料，逐款估计，合再声明。

估开墙槽深一尺，宽一尺，每丈估用石匠工一工半。

又砌檐墙脚，每砌石块一方，估用石灰一百八十斤，麻刀三斤；瓦工八名，运石和灰小工二名。

又砌檐墙身，每砌石块一方，估用石灰二百四十斤，麻刀五斤，松烟一斤半；瓦工砌二连孔漫共十二名，运石和灰小工二名。

又估房架梁柱，共用锯木匠工九十三工。走廊阶石条估工同前。

又房顶铺画板，每间估用木匠工十三名。

又漫灰泥，每间估用石灰四百斤，稔草八十斤；瓦工漫工二名，运土和灰小工三名。

又每座中一间做双合门一副，高六尺，宽二尺八寸，连过木榴框等松木五料；木匠工十名。五尺长门榴石条；石匠工一工半，瓦匠工五分。

又每座边间做木棂窗四副，高三尺，宽二尺五寸，连过木边框估用木工料五分；木工六名。

又每间房内，装五分厚隔间板墙，每道估用松木料二料六分；木工十名。

又每间房棌顶板间窗，估用熟铁各钉二十八斤，油饰桐油四斤；油工二名。计用工料湘平银四百〇四两九钱六分一厘四，每间拟用银四十四两四钱九分四厘八毫。

一、估台后土墙内嵌造兵房十六间，分造两排。每间进深一丈三尺，开间一丈一尺，堂高八尺。四面开墙脚石槽，均深一尺，槽内填砌石块。左、右、后三面接砌三尺厚石墙至顶，前一面墙厚二尺，均用灰麻和砂层砌，内灌稀浆。房架用径一尺三寸大柁，每间加用径一尺四寸直梁，二根松木柱棌，上铺三寸厚画板一层，顶上贴板漫塞门德土一层。平顶做法上面加筑素土，即以后台墙顶。其房内砌一尺五寸厚隔间石墙十四道，连墙脚砌高九尺。两面用灰泥搀漫地深，填筑素土。前檐墙身上镶砖券门空八道，上圆下方窗空公固。以上各工，应用工料逐款核实，估计合再登明。

估开墙槽，每丈宽三尺五寸，深一尺，石匠工六名。又深一尺，宽二尺五寸，石匠工四名。

估砌墙脚，每方用石灰连灌浆三百斤，麻刀三斤；瓦匠工八名，运石和灰小工两名。

又砌墙身，每方连灌浆、孔漫石灰三百八十斤，麻刀五斤；瓦匠工十名，运石和灰小工两名。

又镶砌门头料半砖券，每方估用料半砖一千四百四十块，石灰五百五十斤，麻刀五斤，松烟一斤八两；瓦匠十二名，小工二名。

估房架大柁直梁，柁梁立柱房楺，共木匠工二百七十二工。

又房顶上满铺三寸厚松板，每寸板丈方，锯木两匠工二工半。

又房顶漫塞门德土，每间估用塞门德土两桶；瓦匠漫工二名，运石和灰小工三名。

估做双合门八副，每高五尺，宽二尺八寸，连榴框闩带等料松木四料；木匠工六名。五尺长门榴石条二块；石匠工三名，瓦匠工一名。

又做木榴窗八副，每高三尺，宽二尺，连边框等料松木二料；木匠工四名。

又隔间墙做房门七副，每高五尺，宽二尺五寸，连过木榴框等料松木二料；木匠工四名。

又上梁扎架，每间估用瓦匠工四名；麻绳五斤。钉梁楺顶板门宽等，每间估用熟铁钉二十八斤，油饰桐油四斤；油匠工二名。

计兵房十六间。工料湘平银一千三百两二钱三分九厘九毫，每间拟用银八十一两二钱七分一厘二毫。

一、估台后墙外，造兵房、厨房、储煤、匠役等屋共二十间，分道四座。每间进深一丈二尺，开间一丈，檐高八尺，四面石墙松木房架平顶做法。所需工料逐款估计，合再声明。

估开挖墙槽，深一尺，宽二尺五寸，每丈小工三名。

砌墙脚，每方石灰一百二十斤；瓦匠工六名，小工二名。

砌墙身，每方石灰一百八十斤，麻刀三斤；瓦匠工八名，小工二名。

估房架柁梁主柱楺，共估用木匠工五十四工。

钉画板，六分厚松木六十料五分；锯木工六十工。

漫灰泥，每间估用石灰三百斤，稔草四十斤；小工五名。

估前檐安双合门四副，高五尺，宽二尺八寸，连过木榴框等松木四料；木匠工八名。

直榴窗十六副，每高三尺，宽二尺，作松木二料；木匠四名。

房内装五分厚隔间板墙四道，每长一丈五尺，高七尺五寸，松木二料一分；木匠工七名。

钉房架门窗，每间拟用熟铁钉五斤。

计用工料湘平银四百两二钱七分八厘一毫，每间拟用银二十两一分三厘九毫。

一、估台外四角，分造巡台卡房四间，每间进深六尺，开间五尺，堂高六尺。其台前两间恐振敌弹。房顶灰土上面多覆素土水御示炮子，此房宜格外坚固。四面砌三尺厚灌浆石墙，房架用径一尺二寸压山拖二根，顶铺五寸厚画板，房顶上贴板，并外三面贴墙均筑三合灰土二步，上覆素土。此台前巡房两间，三做法其台后两间，前有台墙相护。每间只用压山拖二根，不用直梁顶板，改铺三寸厚墙身减去一尺厚贴墙，亦不须筑灰土，以省经费。所需工料理合分别逐款估计，合再声明。

估挖墙槽深二尺，宽四尺，每丈夯筑出土小工六名。

砌墙脚墙身，每方用石灰三百八十斤，麻刀四斤；瓦匠工十名，小工二名。

估做柁梁，木工四十八工。

房顶铺画板，台前厚五寸，后厚五寸，共用熟铁钉四十八斤；锯木匠工四十八工。

房顶筑三合灰土[①]两步，每方估用石灰一千二百斤，浆米四升，熬浆柴四十斤，明矾六两；运砂子和灰土并夯夯，音轩子。筑小工十六名。

每间卡房前面安单房门一合，连道木榴框门板等料松木三料，熟铁钉一斤八两；木匠工六名。

计估工料湘平银二百七十七两一分二厘二毫，每间拟用银六十九两二钱五分三厘。

一、估台后营门外砌蓄水池一个，长一丈四尺，宽五尺，深四尺，由平地砌高一尺。池底满筑塞门德土。塞门德土，即水门汀也。面铺一尺宽石条一层，四面帮墙用石块砌厚三尺，根脚砌高二尺，共高七尺。顶上砌一尺宽压边石条一进，内灌稀浆，用塞门德土孔缝。池面上做三寸厚盖板一道，所需工料逐款估计，合再声明。

挖槽出土，每方用小工四名。

池底铺石条，并四边帮墙压边。每石条一丈，用石匠工三名，瓦匠工一名，小工一名。

砌四面帮墙，每方用石灰连浆三百三十斤，麻刀三斤；瓦工十名，小工二名。

石条下拟先漫塞门德土，碑石厚五寸，估用塞门土四桶，孔帮墙石缝塞门土八桶。

池面满做盖板一道，估用三寸厚单截松板二丈，合十四料二分，锯工八名，熟铁钉环共八斤。

一、估造炮台营门一座，进深三丈三尺，宽一丈，高一丈。前面砌二尺五寸厚砖墙门券一道，空高九尺，宽六尺。左右各砌二尺厚石墙，每长三丈五寸。又堊围墙一道，高一丈，进深一丈五尺，开间一丈。门架梁楪均用松木，铺三寸厚顶板一层，中间均安大门一副，面钉铁[②]皮一层。台内大子药库，前面筑灰土院墙一道，通长六丈八尺，底宽四尺，顶宽二尺五寸。台内周砌出水石沟，并大子药库，水沟通长五十二丈二尺。后墙底下开石涵沟二道，每长六

[①] 原文中作"工"，据上下文当作"土"。
[②] 原文中作"铁钉"，据上下文当作"钉铁"。

丈，面盖石条一层。以上各工应用工料逐款估计，理合声明。

开石墙槽，宽三尺，深一尺，每丈石匠工五名。

砌墙脚，每方用石灰三百六十斤，麻刀三斤；瓦工八工，小工二名。

砌石块墙身，每方用石灰三百八十斤，麻刀五斤，松烟一斤八两；瓦匠工十名，小工二名。

砌前面砖券门，每方用石灰五百五十斤，麻刀五斤，松烟一斤八两；瓦匠工十二名，小工二名。

营门架用厚八寸、一尺宽压山柁，估立柱松木十五料八分，八寸径松干四根；木工十四工。

门顶上估用松椽十四根，每根三根木工二名。

券洞里做二寸双合营门一副，高一丈，宽七尺，面钉铁皮一层。估用松木十料一尺，一尺方铁皮七十根，熟铁各钉件十二斤，一尺宽门槛石条二进，桐油十二斤；油匠工四名，木匠工二十四工，石匠工四工五分，瓦匠工一工五分。

一、估外围墙营门一座，进深一丈五尺，开间一丈。

砌墙脚、墙身，每方用小工二名，石灰三百八十斤，麻刀五斤，松烟一斤八两，瓦匠工十工。挖墙槽深二尺，宽四尺，每丈用挖槽出土、夯筑槽底小工，各三工。

营门顶做挖椽，并铺三寸厚松板，共用木匠工二十六名。

营门前装双合大门一副，高一尺五寸，宽七尺，面钉铝皮一层。共估用松木十料，一尺方铁皮七十块，熟铁钉件十二斤，一尺宽门槛石条三块，桐油十二斤；木匠[①]工十四工，石匠工四工五分，瓦匠工一工五分，油匠工四工。

一、估台内大子药库两座，前面各筑灰土院墙一道，计两道。通长六丈八尺，深一尺，宽四尺，估用石匠工七工每丈。

筑三合灰土，以一尺高浮土，筑实七寸为一步。每方估用石灰一千二百斤，浆米四升，熬浆柴四十斤，明矾六两；运土和灰小工八工，夯筑小工八名。

院墙上做双合大门二副，每高六尺，宽三尺五寸，连过木榴框等估松木六料，木匠工十二名，门槛石条四块，共长二丈。石匠工六名，瓦匠工二工；熟铁钉件六斤。

估计出水明沟，通长五十二丈二尺，每尺厚丈方，估用石灰一百六十斤，麻刀三斤；瓦匠工八名，运石和灰小工二名。

---

① 原文中作"工"，据上下文当作"匠"。

估砌出水涵洞，共长十二丈，开石槽见方一尺五寸。每丈估用石匠工四名，一尺宽、二尺长粗坑石条，小工一工。

大连湾炮台全台工程目录：

估全台开礁石尺厚丈方，一万七百九千七方五角一分，计酌津贴器具、赏犒银一千五百两。

全台筑素土尺厚丈方，九千九十一方一角六分，计酌津贴器具、犒赏银一千两。

全台各处石墙并漫台面塞门土等。

全台大子药库共八间。

小子药库耳库共五间。

官房两座共十间。

墙身内藏工具房十六间。

内外营门二座，并院墙水沟等。

弁兵、厨房、杂所共三十间。

巡台卡房四间。

大水池一个。

购买民地价。

开挖汲水井。

台工告成购买树秧培草坯。

十、平磅斤尺华英化合法

（一）平磅斤量丈尺

湘平申折：

湘申京 30 211，京折湘 979 122，湘折库 9 699 715。曹申湘 1073，库申湘 10 363。京折湘 979 122，规折湘 997 258。金申湘 7073，关申湘 1059。行申湘 7004，番折湘 992 057。军需折湘 770 271，湘申军需 10 367。

湘申番 70 615，湘一两合马克九个九十分，湘申规 705 569。

京平申折：

京申军需 1 003 977，京折湘 979 122，京申规 702 836。京申番 70 339，京折曹 957 988。库申京 705 383，京折库 99。规折京 972 923，京折行 97 037。军需折京 99 605，行申京 10 777 059。

曹申京 70 999，番折京 967 118，化宝每两扣八钱。

规平申折：

规折湘 997 258，规折库 9 124 876，库申规 10 363。

军需折库 93 625，库申军需 106 808，湘申军需 10 367。军需折湘 8 610 221，京申军需 7 003 977。

库平申折：

库申曹 101 818，库申湘 10 363，库申京 706 383。库申番 17，行折库 1 032 296。曹折库 982 148，库折曹 982 511。

马克合银即用四归九除。

库折番 11 除，京折库 94 除。

《工程纪略》局部图见图 2。

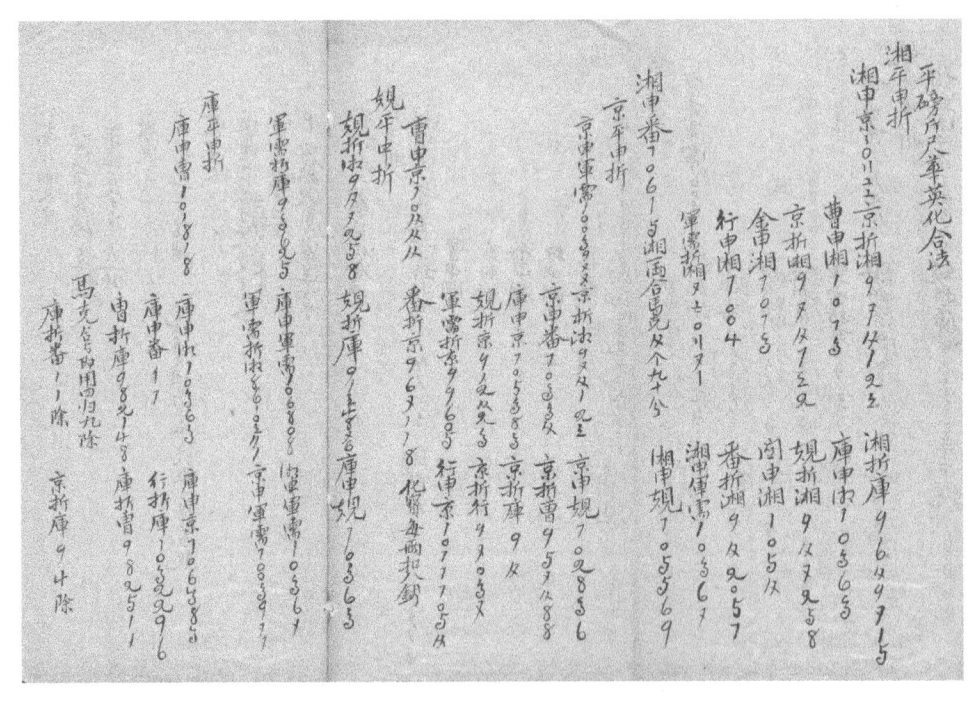

图 2 《工程纪略》局部图（二）

（二）华英化合法

外夷斤两尺寸：

二千二百四十磅为一吨。

一千六百八十斤为一吨。

英尺：

十二寸为一尺，合中国，先以英尺因之，加二乘之，以八乘之，即得华数。

密达尺：

密达一合营造尺三尺一寸五分，工部尺三尺三寸。

一生即密达一寸。

十曰"代西密达"，密达分寸。

百曰"生特密达"，密达分百。

千曰"密里密达"，密达分千。

十密达曰"的顿密达"。

百密达曰"海歌多密达"。

千密达曰"克以罗达"。

万密达曰"抄呀密达"。

启罗：

启罗一，即中国二十六两四钱。又分为一千格郎木，每格郎木重二分六厘四毫。

启罗一，合斤用一六五乘，合磅用二二乘法，合吨用九八二二。吨合启罗一〇一八二。吨合启罗四百五十四格郎木。

五启罗合斤一斤十两四钱，即一六五。一斤合启罗六百〇五格郎木，合磅二磅二两四钱，即二二。一斤合磅一磅四两。

英国磅重：法料十二两。

喜林：每重六钱，二十喜林为一磅。

本士：每重五分，十二本士为一喜林。

德国马克：论时价每空准。

海里：合中国三里三，即迈也。

中国：用两钱分厘毫丝。

丈量法长、宽各五尺为一步，即一弓也。每步为五尺，计积二十五尺，以五计之。步下二十寸为一分为一厘，以二百四十步为一亩，一步下推什分厘。

积步问亩用二四飞归，亩间积步一十四乘之。

积步问亩截歌法：

进一除二四，进二除四八，进三除七二，进四除九六，进五除一二，六除一四二①，七除一六八，八除一九二，九除二一六。

各工程账目均备

甲辰年新立阅之

---

① 原文中作"一四二"，据田亩飞归口诀当作"一四四"。

书讯与研究综述

《探史求新：庆祝郭书春先生八十华诞文集》前言和目录

邹大海　郭金海　田　淼

中国科学院自然科学史研究所

  编者按：2021 年，为了庆祝郭书春先生八十华诞，先生的学生发起编纂这本文集。文集已于 2023 年 5 月由哈尔滨工业大学出版社出版。现将文集的前言和目录发表，以便读者了解文集的大致内容。

一、前　　言

  郭书春先生是我国享有国际声誉的中国数学史家。1941 年出生于山东青岛胶州胶西东埠村的一个农民家庭。1949—1953 年 8 月在原籍读小学，1953 年 9 月—1959 年 7 月就读于青岛一中，1959 年 9 月—1964 年 8 月就读于山东大学数学系，1964 年 8 月毕业分配到哲学社会科学部（今中国社会科学院）《新建设》杂志社。1965 年 12 月调至中国科学院中国自然科学史研究室（自然科学史研究所的前身），中国数学史学科奠基人之一钱宝琮先生和研究室领导希望他从事世界数学史研究。但不久后"文革"爆发，研究室的主管部门哲学社会科学部彻底停止了业务工作，先生和研究室的同事都未能在科研业务上开展工作，但他自学了法文。1978 年，神州大地迎来科学的春天，中国科技史研究事业焕发勃勃生机。先生因未学过英语，感到做世界数学史力不从心，但他克服因中国数学史研究"贫矿论"而造成的畏难情绪，下定决心研究《九章算术》及其刘徽注原著，遂走上中国数学史研究之路。先生相继于 1978 年、1986 年、1991 年晋升为助理研究员、副研究员、研究员，1992 年享受政府特殊津贴，1993 年被国家学位委员会批准为博士生指导教师，2019 年当选为国际科学史研究院通讯院士。

1978年迄今先生共发表论文100余篇，著有学术著作近30种（含合作），主编学术著作10余种（含合作），硕果累累。先生关于《九章算术》和刘徽的研究极具创新性，取得国内外瞩目的成就。由于先生的这项工作，20世纪八九十年代国内外数学史界出现了《九章算术》和刘徽研究的高潮。先生根据自己理科出身，文史知识先天不足的弱点，恶补了版本学和校勘学的知识，校雠了《九章算术》约20个不同的版本，纠正了前人大量错校，在吴文俊、李学勤、严敦杰等学者的支持下，完成汇校《九章算术》，将《九章算术》的校勘推进到一个新的阶段。先生与法国国家科学研究中心教授林力娜（K. Chemla）合著的中法双语评注本《九章算术》（*Les Neuf Chapitres*: *Le Classique mathématique de la Chine ancienne et ses commentaires*），2004年在巴黎出版，不到一年便重印，2006年获法兰西学士院平山郁夫奖。此书现已成为国际学界了解和研究《九章算术》的重要文献。先生在先秦数学与秦汉数学简牍研究、祖冲之和《算经十书》研究、宋元明清数学研究等方面，也颇有建树。

除了出众的数学史研究能力外，先生还具有很强的学术组织和领导能力。《中国科学技术典籍通汇·数学卷》《中华科技五千年》《李俨钱宝琮科学史全集》《中国科学技术史·数学卷》《中国科学技术史·辞典卷》《中华大典·数学典》等大型著作或丛书都是由他主持编纂的。其中，《李俨钱宝琮科学史全集》和《中国科学技术史·数学卷》获得我国学界的高度评价，分别获第四届国家图书奖荣誉奖（1999年）、第四届郭沫若中国历史学奖一等奖（2012年）。他撰写或主编的学术著作大多数被重印，有的11年间重印或修订出版9次。1994年先生当选为全国数学史学会副理事长，继而于1998年当选理事长，多次组织数学史学术会议，为推进我国数学史界的学术交流和数学史学科建设做出了重要贡献。他还为河北省祖冲之研究会、祖冲之科技园的筹建和发展做出了重要贡献，并协助四川省布展设在安岳县的秦九韶纪念馆。

先生也是一位出色的数学史教育家。20世纪90年代以来，经先生指导（包括与其他导师共同指导）获得博士、硕士学位的研究生共9人（按时间先后）：邹大海、田淼、傅海伦、乌云其其格、段耀勇、郭金海、朱一文、郑振初、祝捷。1998年，先生荣获中国科学院优秀教师称号。此外，先生还指导过两位外国学生。第一位是法国林力娜。1981年，林力娜到中国科学院自然科学史研究所学习中国数学史，先生是其主要教师。第二位是日本进修生莲沼澄子（原名小林澄子，婚后改为现名）。先生指导她学习《九章算术》。此外，先生还指导过到中国科学院自然科学史研究所进修的陈建平（Jian-Ping Jeff Chen）博士学习中国数学史。先生退休后曾应邀到中国科学技术大学科技史与科技考古系、中山大学哲学系和名师讲坛讲授中国数学史课，传播相关知识和治学理念、方法，为这些机构和相关单位的人才培养也贡献了力量。在先生和同仁、弟子的努力下，李俨、钱宝琮二老的大旗没有倒下，目前中国数学史仍然是中国科学院自然科学史研究所最强、最有活力的学科之一。

2021年是先生的八十华诞。为了庆祝这个重要的值得纪念的寿辰，先生的学生发起编纂这本文集。集稿始于2021年，历时一年多稿子齐备。先生的同仁、挚友有美国道本周（Joseph W. Dauben，国际数学史学会前主席）教授、陈建平教授，丹麦华道安（Donald B. Wagner）教授，英国古克礼（Christopher Cullen，李约瑟研究所前所长）教授，法国詹嘉玲（Catherine Jami）教授、林力娜教授，日本森本光生及小川束教授、莲沼澄子女士，韩国洪性士（Hong Sung Sa）教授（韩国数学史学会前理事长）、洪英喜（Hong Young Hee）教授等都从海外发来大作。国内挚友有代钦教授、邓亮博士、冯立昇教授、高红成教授、郭世荣教授、吴东铭博士、韩琦教授、华觉明研究员、纪志刚教授、李兆华教授、刘邦凡教授、刘芹英教授、罗见今教授、吕变庭教授、乔希民先生、曲安京教授、王青建教授、王荣彬研究员、许微微女士、徐传胜教授、徐泽林教授、田春芝博士、杨国选先生、俞晓群先生、张一杰先生、周瀚光教授，以及先生指导的学生段耀勇、傅海伦、郑振初（香港）、朱一文，再传弟子陈巍等，另还有洪万生教授、李国伟教授、孙文先先生等都贡献了大作。先生的同学张文台上将、姜丽魁教授，师兄杜石然、李文林、袁向东，好友胡云复教授、张泽校长、萧灿教授和陈松长教授都慷慨赠诗题辞。

创新是科技史研究事业发展的重要驱动力，是一代代专业研究者的崇高追求。因此，文集取名"探史求新"。文集分为"学术论述""回忆与评介""访谈录"三个部分。"学术论述"收录学术论文27篇，内容涉及中国数学史、中国天文学史、日本数学史、朝鲜数学史等研究领域。"回忆与评介"收录文章15篇，包括对先生的回忆和为《郭书春数学史自选集》写的序、书评等，从中可见先生指导学生、参加学术活动，与同仁、挚友交往的点点滴滴，反映学界对先生研究工作的认识与评价。"访谈录"收录两篇对先生的访谈，展现了先生的人生历程与学术生涯。文章的编次大体按照类别和时代排列。文集正文前载郭书春先生的部分生活和工作照片，同学、友人的题辞，正文后附录"郭书春论著目录（1978年至今）"。

文集的出版得到国家社会科学基金重大项目"刘徽、李淳风、贾宪、杨辉注《九章算术》研究与英译"（批准号16ZDA212）的资助。中国科学院自然科学史研究所、哈尔滨工业大学出版社刘培杰先生、张永芹女士为文集的编辑和出版给予了大力支持，付出了宝贵的努力。

在文集即将付梓之际，谨向为文集出版做出贡献的个人、单位致以诚挚的感谢。同时，我们也借此机会向多年来在学习、工作和生活上指导、关心我们的郭书春先生表示衷心的感谢。衷心祝愿先生身体健康，阖家幸福，老骥伏栎，宝刀不老，继续为中国数学史和科学史研究事业贡献力量，继续引领和指导学生和后辈们在科学史研究的道路上前进。

编者

2022 年 4 月于中国科学院自然科学史研究所

2022 年 7 月修订

郭晓军油画：郭书春在工作

郭书春生活工作照片

题辞

张文台题辞

郭成春手书

杜石然贺联

李文林手书

袁向东贺郭书春好友八十寿诞

姜丽魁赠郭书春君

胡云复题辞

张泽贺郭先生八十华诞

陈松长手书萧灿诗画

二、目　　录

第一部分　学术论述

耿寿昌，一位不该低估的中国古代科学家（邹大海）……………………………… 3

Canon and Commentary in Ancient China：An Outlook Based on Mathematical Sources（Karine Chemla 林力娜）………………………………………… 26

Jiuzhang Suanshu and Equations（HONG Sung Sa 洪性士 HONG Young Hee 洪英喜）………………………………………………………………………… 60

"Incorrect Corrections" by Ancient Editors：A Challenge in Chinese Mathematical Philology（Donald B. Wagner 华道安）………………………………………… 70

《透簾细草》中有关元代丝织生产的几个问题初探（吕变庭，马晴晴）……… 96

由《测圆海镜》扩展"边径线"数学内容（郑振初）…………………………… 111

从圭窦形谈起：《测量全义》初探（洪万生）…………………………………… 130

Ferdinand Verbiest and the 'Muslim Astronomical System' of Wu Mingxuan，1669
（Christopher Cullen 古克礼　Catherine Jami 唐嘉玲）……………… 148
梅文鼎历算著作刊印的背景及其人际网络（韩琦）…………………… 188
方中通交友"六君子"考述（纪志刚）…………………………………… 195
河图洛书与中国传统数学的历史关联——以方中通《数度衍》为中心（朱一
　文）………………………………………………………………………… 203
李善兰《椭圆正术解》注记（李兆华）…………………………………… 214
"微积溯源"：晚清传入微积分的拉格朗日代数分析风格（高红成）…… 223
贵荣关于零比零的讨论——兼论微积分理论在中国的早期传播（田淼）… 234
清末数学教科书之兴起（代钦）…………………………………………… 242
晚清汉译日本中学数学教科书研究（郭金海）…………………………… 259
《中西数学名词合璧表》初探（邓亮）…………………………………… 277
中算史内容的现代发掘与应用举隅（罗见今）…………………………… 286
《大衍历议》所论《鲁历》及其上元积年（王荣斌，许微微）……………… 298
中国传统数学有无证明须看如何理解证明（李国伟）…………………… 306
理解极限精确定义的另一个进路：来自中国古代数学的智慧（段耀勇）… 311
物质参与理论视野下的数学起源研究新进展（陈巍）…………………… 320
《大成算经》中"数"的处理（森本光生）……………………………… 333
算额文化地理学（小川束）………………………………………………… 338
和算对中算的继承与创新
　——以关孝和的内插法和建部贤弘的累约术为例（曲安京）……… 344
论川边信一对《周髀算经》的校勘与注解工作（徐泽林，田春芝）……… 362
围绕《几何原本》形成的朝鲜研究学术圈——以朝鲜学者徐浩修为中心
　（郭世荣，吴东铭）……………………………………………………… 373

第二部分　回忆与评介

Congratulating Professor Guo Shuchun on the Occasion of His 80th Birthday（Joseph
　W. Dauben 道本周）…………………………………………………… 387
My Gratitude to Professor Guo Shuchun, an Influential Figure in My Accidental
　Career（Jian-Ping Jeff Chen 陈建平）………………………………… 426
跟郭老师和师母的相遇对我来说是宝物（莲沼澄子）…………………… 431
九章在台湾（孙文先）……………………………………………………… 433
《郭书春数学史自选集》序（华觉明）…………………………………… 435
书写中国数学史研究的春天——《郭书春数学史自选集》读后（周瀚光）… 437
老师与老乡（王青建）……………………………………………………… 440

郭书春先生（俞晓群） ……………………………………………………… 444
我和著名科学史家郭书春先生结识的岁月（杨国选） …………………… 450
献给郭书春先生 80 寿诞（刘芹英） ………………………………………… 454
郭先生助我数学教育教学成长二三事（乔希民） ………………………… 458
学为师表言身教　奖掖后学为人梯（徐传胜） …………………………… 461
铭记教诲，感念师恩（傅海伦） …………………………………………… 469
郭书春先生指导我学习中国数学史（刘邦凡） …………………………… 475
郭书春先生在中山大学（张一杰） ………………………………………… 482

第三部分　访谈录

走进中国数学史
　　——郭书春教授访谈录（冯立昇提问，郭书春作答） …………… 487
我的早期经历与数学史研究工作
　　——郭书春先生访谈录（郭书春口述，郭金海访问整理） ……… 494

附录

郭书春论著目录（1978 年至今） …………………………………………… 500

《建筑学报》1954—2021年中国建筑史类论文综述

姚慧琳

（河北大学宋史研究中心）

提　要　《建筑学报》中关于中国建筑史方面的文章有105篇，主要为建筑思想、匠师录要、学术组织、建筑文献和书评，传统建筑营造技艺，古代各类型建筑和中外建筑关系四个部分的内容。《建筑学报》在2017—2021年刊登中国建筑史方面的文章数量较以往多，有47篇，约占总体刊载量的一半，这表明《建筑学报》在不断丰富中国建筑史的研究内容。

关键词　《建筑学报》　中国建筑史　营造学社　佛光寺

建筑历史是建筑学研究的重要方向，由于建筑设计实践中重视建筑风格与文化，因此建筑史研究对于建筑学科的发展具有相当的价值。这种关系体现在建筑学相关的科研机构大多设立建筑史研究部门，建筑学领域的专业期刊也大多会刊登建筑史的学术文章方面。中国建筑学会主办的《建筑学报》创刊于1954年，是中华人民共和国成立后我国建筑学界第一本学术性刊物，其登载有关于中国建筑史的研究成果，加深了建筑学界对中国建筑史的重视，为中国建筑史学的发展做出了重要贡献。《建筑学报》中关于中国建筑史方面的文章，大致可分为建筑思想、匠师录要、学术组织、建筑文献和书评，传统建筑营造技艺，古代各类型建筑和中外建筑关系四个部分。其中有关建筑思想的文章有11篇，发表时间大多集中在1956年；论述匠师录要的文章仅有2篇；涉及学术组织的文章有15篇，发表时间大多集中在2019年；关于建筑文献的文章有8篇，大多集中在对《营造法式》的探讨上；书评数量偏少，仅有5篇。传统建筑营造技艺方面的文章有16篇，发表时间集中在2019—2021年。古代各类型建筑包括殿堂、园林、宗教建筑、祭坛和祭庙、孔庙、明长城六个方面，相关文章共有 47 篇，其中论述宗教建筑的文章较多，有 25 篇，大多论述佛教建筑，发表时间集中在 2017—2018 年。有关中外建筑关系的文章仅 2 篇。统计得出《建筑学报》在 2017—2021 年刊登中国建筑史方面的文章数量较以往多，有 47 篇，约占总体刊载量的一半，这表明《建筑学报》在不断丰富中国建筑史的研究内容。鉴于《建筑学报》作为中国建筑学顶级期刊的影响力，按照以上四个部分综述创刊 60 余年的建筑历史文章，不仅能够梳理中国建筑史研究的重要成果，分析该刊物的学术特色，还能以此窥探建筑学界对于建筑史方向的整体认知。将《建筑学报》与建筑史领域相关刊物进行对比，亦能借此观察两种期刊类型的旨趣差异。

一、有关建筑思想、匠师录要、学术组织、建筑文献、书评的研究

传承人作为中国传统建筑营造技艺的重要载体，在设计建造中国建筑方面具有不可磨灭的作用。本部分对建筑思想、匠师录要、学术组织、建筑文献、书评五个部分进行论述，有关建筑思想的文章共 11 篇，发表时间大多集中在 1956 年；有关匠师录要的文章较少，仅 2 篇；有关学术组织的文章有 15 篇，发表时间大多集中在 2019 年；关于建筑文献的文章大多集中在对《营造法式》的探讨上；而书评数量偏少，仅有 5 篇。由此可见，《建筑学报》较重视对学术组织与《营造法式》的研究。

（一）有关建筑思想的研究

建筑思想是建筑风格与文化的突出体现。1956 年，党中央提出建筑界要"百家争鸣"，针对这一主张，戴志昂提出要在建筑领域实现"百家争鸣，百花齐放"的局面[①]。董大酉则针对这一主张提出几点建议：建筑的主要目的是适用，要放开眼界、独立思考，对于诸位建筑师一视同仁[②]。林克明指出"百家争鸣"要注重"鸣"的风气[③]。鲍鼎则认为"争"要在自我批评的精神中来"争"[④]。邹至毅指出在建筑理论研究工作中要贯彻自由讨论的方针，而且要与

---

① 戴志昂：《迅速的在建筑界展开"百家争鸣"》，《建筑学报》1956 年第 5 期，第 59—60 页。
② 董大酉：《关于"百家争鸣"在一次创作讨论会上的发言》，《建筑学报》1956 年第 5 期，第 58—59 页。
③ 林克明：《我对展开"百家争鸣"的几点意见》，《建筑学报》1956 年第 6 期，第 50—51 页。
④ 鲍鼎：《对在建筑界展开"百家争鸣"的几点意见》，《建筑学报》1956 年第 6 期，第 49—50 页。

西方国家进行讨论①。张开济认为应当采用建筑设计竞赛的方式来扩大"百家争鸣"的队伍②。钟训正和奚树祥同样认为设计竞赛的方式是贯彻"双百"方针的好方式③。

1975年，国家建委建筑科学研究院理论小组对西汉时期建筑领域里的儒法斗争现象进行研究，指出儒家"建设无用"的反动思想严重阻碍我国古代建筑工程的前进路程，而法家以"便国不法古"的主张推动西汉时期建筑工程的发展，值得当代建筑行业借鉴学习④。刘叙杰简析我国古代右尊于左的说法，并进一步在城市建设格局中演变成以东为左，以西为右的"尊西"思想⑤。周霞和刘管平分析中国古代建筑发展过程中"天人合一"的观念，指出在这种观念影响下中国建筑并不会突破原来的建筑秩序而发生历史性的飞跃，但是在这个过程中逐步积累了中国浓厚的传统建筑文化⑥。关于"天人合一"的发展观，孟聪龄和马军鹏对此也多有见解，探讨儒家"天人合一"对山西传统民居的影响，指出最典型的体现是山西民居宅院建筑中的"堂"⑦。

（二）有关匠师录要的研究

我国建筑的构建得益于杰出的匠师。李迪肯定喻皓在建筑方面的杰出成就，介绍喻皓设计建成的开宝寺塔和第一部木工手册《木经》，但对于喻皓史料记载的缺失，李迪认为这是儒家思想垄断的结果⑧。

唐朝高僧鉴真不仅在促进中日两国文化交流方面做出极大的贡献，在建筑方面也颇有建树。1980年发表的《鉴真东渡和对日本建筑、雕塑艺术的影响》对此多有论述，文章指出由鉴真设计，其弟子建成的"唐招提寺"不仅促进中国佛教建筑的发展，也影响日本美术史上的奈良时期和天平文化期的建筑艺术和雕塑艺术逐步向中国化发展⑨。

---

① 邹至毅：《必须在建筑科学中贯彻"百家争鸣"》，《建筑学报》1956年第7期，第60—64页。
② 张开济：《反对"建筑八股"拥护"百家争鸣"》，《建筑学报》1956年第7期，第57—58页。
③ 钟训正、奚树祥：《建筑创作中的"百花齐放，百家争鸣"》，《建筑学报》1980年第1期，第23—37页。
④ 国家建委建筑科学研究院理论小组：《评西汉时期建筑领域里的儒法斗争》，《建筑学报》1975年第1期，第12—15页。
⑤ 刘叙杰：《浅论我国古代的"尊西"思想及其在建筑中之反映》，《建筑学报》1993年第12期，第12—14页。
⑥ 周霞、刘管平：《"天人合一"的理想与中国古代建筑发展观》，《建筑学报》1999年第11期，第50—51页。
⑦ 孟聪龄、马军鹏：《从"天人合一"谈山西传统民居的美学思想》，《建筑学报》2004年第2期，第78—79页。
⑧ 李迪：《古代杰出的工匠——喻皓》，《建筑学报》1976年第1期，第43、14页。
⑨ 《鉴真东渡和对日本建筑、雕塑艺术的影响》，《建筑学报》1980年第3期，第5、45页。

（三）有关学术组织的研究

《建筑学报》对学术组织的探讨集中在营造学社，营造学社是 1930 年朱启钤、梁思成、刘敦桢等在北平创立的学术组织，主要从事中国古建筑的测绘、调研以及文献资料收集整理工作，为中国建筑史研究做出了极大的贡献。以"旧根基、新思想、新方法"为研究路线的营造学社，对我国建筑发展的影响之深是毋庸置疑的。关于营造学社的贡献与影响，有不少学者进行梳理总结，吴良镛提出我国建筑事业应在营造学社打好的基础上不断开拓，繁荣发展[1]。2009 年 11 月 7—8 日，清华大学举办"中国营造学社的学术之路——纪念中国营造学社成立 80 周年学术研讨会"[2]。2010 年，《建筑学报》刊登该学术研讨会的成果。曾任梁思成先生助手的吴良镛院士从梁思成为什么能获得国家自然科学一等奖谈起，重新评价梁思成对于中国建筑研究的贡献[3]。王贵祥通过梳理中国营造学社的学术之路指出营造学社在中国建筑史学的外延层面也有诸多贡献[4]。郭黛姮简述营造学社为中国文物保护事业做出的巨大贡献，认为留下的若干关于已消失的文物建筑的宝贵史料对研究中国古建筑有很大的帮助，并指出营造学社理论联系实际的研究方法在目前建筑史研究方面仍然是值得遵循的[5]。刘叙杰以史为鉴，回顾营造学社的历史贡献与学术经验，认为要对比和前人的差异，全面提高个人的专业知识和业务技能，才能更好地继承和发扬营造学社的学术遗产[6]。2019 年，为重温营造学社对于中国建筑的探讨所抱有的态度和精神，《建筑学报》在营造学社成立九十周年之际，发行"营造学社九十周年"的纪念特集[7]。王贵祥通过梳理以梁思成为代表的营造学社的研究成果，介绍营造学社在中国建筑史史学建构与中国古代建筑体系方面的重要学术贡献，指出中国建筑史研究的进展是以梁思成撰写的《清式营造则例》《中国建筑史》《图像中国建筑史》《营造法式注释》等著作为基础的[8]。高夕果和钱高洁梳理了营造学社藏书中的手写题记，指出这为进一步研究中国建筑史和文

---

[1] 吴良镛：《发扬光大中国营造学社所开创的中国建筑研究事业》，《建筑学报》1990 年第 12 期，第 19—22 页。

[2] 李路珂：《中国营造学社的学术之路——"纪念中国营造学社成立 80 周年学术研讨会"综述》，《建筑学报》2010 年第 1 期，第 64 页。

[3] 吴良镛：《从梁思成为什么能够获得中国自然科学一等奖谈起》，《建筑学报》2010 年第 1 期，第 65—66 页。

[4] 王贵祥：《中国营造学社的学术之路》，《建筑学报》2010 年第 1 期，第 80—83 页。

[5] 郭黛姮：《中国营造学社的历史贡献》，《建筑学报》2010 年第 1 期，第 78—80 页。

[6] 刘叙杰：《哲师拓引　泽被远深——纪念中国营造学社成立 80 周年》，《建筑学报》2010 年第 1 期，第 69—71 页。

[7] 丁垚：《营造学社九十周年》，《建筑学报》2019 年第 12 期，第 1 页。

[8] 王贵祥：《中国建筑的史学建构与体系诠释——略论中国营造学社与梁思成的两个重要学术夙愿与贡献》，《建筑学报》2019 年第 12 期，第 1—6 页。

献史提供了丰富的资料[1]。白颖和孙迎喆对"穿斗"和"抬梁"两个术语的形成过程进行分析研究,阐述起源于工匠传统的"穿斗"和"抬梁"经过建筑史学者的不断总结提炼,最终演变成如今学界理解的含义,为往后中国古代木建筑的结构类型框架研究提供一定帮助[2]。冯棣和文艺论述营造学社和伊东忠太分别在中国西南的古建筑调研过程,简析二者对高颐墓阙研究的不同方式,营造学社通过实地考察取得一手资料并制作了测绘图,而伊东忠太则是采用间接资料,先建构文化路线后再聚焦建筑史[3]。何滢洁等在单士元《宫廷建筑巧匠——"样式雷"》基础上做更深一步的探究,认为"样式房"和"样式雷"的学术用语更契合清代工官制度的历史真实[4]。吴庆洲和冯江指出营造学社在城市史学发展中具有先驱作用[5]。常青阐述中国传统聚落,针对目前各方面存在的问题提出了建设性意见,指出应当利用传统聚落的经典标本按风土谱系保存,再顺应文化地景演进方式,对大量性传统聚落进行景观式保护与更新[6]。朱光亚提出在建筑史研究中也应为了保护文化遗产而做出努力[7]。

《建筑学报》如此重视营造学社,其原因是显而易见的。作为中国建筑史学科初创之时的重要学术机构,营造学社对中国古建筑的测绘调研、研究溯源推动中国建筑史的发展,为后来的学术发展打下了坚实的基础,在中国建筑史上具有不可撼动的地位。《建筑学报》多次纪念这一组织,同样是因其在建筑史乃至建筑学学科发展中的重要意义。

(四)有关建筑文献的研究

《建筑学报》刊文对中国古代的建筑古文献的关注,主要围绕宋代李诫撰写的《营造法式》,另有个别文章关注到《梓人遗制》。

杜拱辰和陈明达根据《营造法式》中"以材为主"的设计方法及众多测绘数据对北宋材料力学的发展状况进行剖析,指出北宋力学中大多通过比例关系

---

[1] 高夕果、钱高洁:《中国营造学社藏书手书题记探析》,《建筑学报》2019年第12期,第73—78页。
[2] 白颖、孙迎喆:《术语与中国建筑史研究——"穿斗"与"抬梁"的史学史考察》,《建筑学报》2019年第12期,第68—72页。
[3] 冯棣、文艺:《高颐墓阙的结论——关于中国营造学社和伊东忠太在西南的两次田野调查》,《建筑学报》2019年第12期,第41—47页。
[4] 何滢洁、何蓓洁、王其亨:《单士元〈宫廷建筑巧匠——"样式雷"〉的学术语境探析》,《建筑学报》2019年第12期,第33—40页。
[5] 吴庆洲、冯江:《中国营造学社与城市史研究及古城保护》,《建筑学报》2019年第12期,第28—32页。
[6] 常青:《传统聚落古今观——纪念中国营造学社成立九十周年》,《建筑学报》2019年第12期,第14—19页。
[7] 朱光亚:《东方文化积淀对中国建筑遗产保护理念和实践的影响》,《建筑学报》2019年第12期,第7—13页。

解决建筑设计问题[①]。刘瑜和张凤梧谈到朱启钤先生召集工匠为《营造法式》补绘图样印行，指出这一做法对众学者理解清代木构作法有很大的帮助[②]。赵明星指出《营造法式》的编修目的是关防工料，减轻奢靡[③]。成丽则通过梳理营造学社对《营造法式》的研究成果，指出朱启钤、梁思成、刘敦桢等学者对《营造法式》版本校订、实物测绘、术语解读三个层面的深入研究值得后辈不断继承、总结和发扬，并以此文纪念中国建筑研究室成立60周年[④]。常青指出《营造法式》中所涉及的"材分八等"的形成一定程度上附会礼乐制度中的八音和黄钟律，与上文提到的赵明星一文有所相同的是，常青也谈到《营造法式》中的模数化，指出宋代的营造用材制度属于程度较低的模数化[⑤]。赵辰认为要想研究好《营造法式》，必将追求实证科学，对西方的建筑与艺术之"古典主义"学术规范，能否作为中国本土建筑学的标准质疑，指出在中国建筑学术体系建立之初我国学者对《营造法式》研究过度并不是一种好的学术现象[⑥]。关于《营造法式》最新的研究成果是马鹏飞和李翔宁指出《营造法式》不仅代表中国独特的建筑符号，作为与海外文化融合的助推剂也发挥了很大的作用[⑦]。

此外，《梓人遗制》是成书于元代末年的民间木作匠书，现存内容包括纺织机械制造和木门制造，对此进行探讨对我国建筑史研究而言可谓锦上添花。张昕和陈捷指出《梓人遗制》在内容上与《营造法式》所载有诸多相同，通过对比《梓人遗制》和《营造法式》中记载的门的用功规定，发现宋代关于门的用功规定较严，而元代偏松[⑧]。

《营造法式》对中国建筑法式和形制的规定，即宋以前建筑技术与知识的总结，亦对之后的建筑产生了重要影响，因此在中国古代建筑学上具有重要地位。同时，该书启发梁思成先生开始关注中国建筑史，在中国建筑史学科的初创期梁思成、林徽因先生较早对《营造法式》展开研究，释读了宋代的材栔分模数制、清代的斗口模数制，使得《营造法式》在中国建筑史领域拥有重要地

[①] 杜拱辰、陈明达：《从〈营造法式〉看北宋的力学成就》，《建筑学报》1977年第1期，第44—48、38、53—54页。

[②] 刘瑜、张凤梧：《陶本〈营造法式〉大木作制度图样补图小议》，《建筑学报》2012年第S1期，第61—65页。

[③] 赵明星：《〈营造法式〉营造模数制度研究》，《建筑学报》2011年第S2期，第72—75页。

[④] 成丽：《中国营造学社对宋〈营造法式〉的研究》，《建筑学报》2013年第2期，第10—14页。

[⑤] 常青：《想象与真实：重读〈营造法式〉的几点思考》，《建筑学报》2017年第1期，第35—40页。

[⑥] 赵辰：《"天书"与"文法"——〈营造法式〉研究在中国建筑学术体系中的意义》，《建筑学报》2017年第1期，第30—34页。

[⑦] 马鹏飞、李翔宁：《从技术到文化——百年来〈营造法式〉海外研究话语回顾》，《建筑学报》2021年第11期，第110—115页。

[⑧] 张昕、陈捷：《〈梓人遗制〉小木作制度释读——基于与〈营造法式〉相关内容的比较研究》，《建筑学报》2009年第S2期，第82—88页。

位。历史价值与学术历程的共同作用，使得《营造法式》长期以来得到学界的充分关注。

（五）有关书评的研究

《建筑学报》登载众学者对梁思成、龚德顺、邹德侬、窦以德、程建军、萧默等人著作的书评。奚树祥、吴良镛对梁思成于 1946 年完稿的《中国建筑史图释》进行了介绍，梁思成撰写初稿时正处于抗日战争时期，营造学社处境困难，于是梁思成对 15 年来营造学社的研究成果进行总结整理，梳理考察过的 25 个省、220 余县中 2000 余单位的建筑资料，最终写成《中国建筑史图释》[1]。侯幼彬肯定萧默关于敦煌方面的研究成果，但又认为由于《敦煌建筑研究》完稿时间过早，此后发现的建筑史新资料并未采用，希望再版时能弥补资料的空缺[2]。从 1989 年龚德顺、邹德侬、窦以德三位建筑师撰写的《中国现代建筑史纲》中，彭华亮认为政治气候和经济环境是决定某一时期内建筑活动兴衰的主要因素[3]。萧默认为程建军《中国古代建筑与周易哲学》从更深层的精神文化角度切入在一定程度上充实了中国建筑史的研究，但指出该书并不是那么通俗易懂，认为在进行阐述时可以参考现代的一些理论方法，便于读者理解[4]。

《建筑学报》虽重视营造学社和《营造法式》的研究，但却忽视了匠师在建筑领域中发挥的重大作用，登载文章较少，可见相关研究仍存在欠缺。

二、有关传统建筑营造技艺的研究

传统建筑营造技艺凝结了中国古代的科技智慧和艺术成就，历经 7000 年的发展演变形成我国独特的体系。中国传统建筑营造技艺构成要素包括营造工具、建筑材料、结构构造、营造思想、营造流程、施工做法、营造风俗与禁忌等。本部分针对古代城市规划、测量技术、木构技术和斗拱技术研究进行论述，其文章发表年份跨度较大，最早文章发表于 1963 年，而大多文章集中在 2019—2021 年。

---

[1] 奚树祥：《写在〈中国建筑史图释〉出版之后》，《建筑学报》1985 年第 12 期，第 32—34 页；吴良镛：《介绍梁思成教授新出版的学术著作——英文〈中国建筑史图释〉》，《建筑学报》1985 年第 12 期，第 30—31、83—84 页。

[2] 侯幼彬：《中国建筑史学的硕果——读萧默的〈敦煌建筑研究〉》，《建筑学报》1991 年第 12 期，第 54—56 页。

[3] 彭华亮：《一面历史的镜子——读〈中国现代建筑史纲〉》，《建筑学报》1990 年第 2 期，第 56—60 页。

[4] 萧默：《评〈中国古代建筑与周易哲学〉》，《建筑学报》1993 年第 10 期，第 50—52 页。

（一）有关古代城市规划的研究

吴庆洲指出象天法地思想对中国古城规划影响深远，但对风水学说与城市建筑之间的关系并未涉及[①]。沈杰和张蕾则对五代以前的西湖规划格局进行了研究，提出时代背景对西湖物质空间格局和文化空间格局影响之深[②]。沈杰和张蕾还对南宋下湖空间市政设施营建进行研究，指出除新的发展和变更外，南宋下湖空间市政设施营建继承前朝营建规划的原因是不易改变的物质条件[③]。白颖以明代"二重城"的存在指出政治与礼制在中国古代城市中都有突出的属性[④]。

（二）有关测量技术的研究

尺度对于我国建筑而言是不可或缺的部分。最早关于我国建筑尺度的记载见于《考工记》，王世仁谈到《考工记》中记载关于我国建筑尺度的观念来源于人体或者人们日常活动，并且在历史的发展过程中尺度趋于简化以便设计建筑[⑤]。2019年，杨宇灏和吴鹏以邯郸地区传统村落民居宅门为研究对象，通过对邯郸地区11个国家级传统村落的田野调查，指出邯郸地区乡尺主要受移民因素影响，呈现地区多样化的特点[⑥]。最新关于尺度研究的成果见于2021年陈筱和孙华推测明中都的原初方案以500丈或倍数为尺度进行各部位的规划设计，并指出这一设计符合神圣空间模式的思想[⑦]。

（三）有关木构技术的研究

木构技术作为我国建筑上独特的营造技术，一直以来是众多建筑史研究者的焦点。陈薇根据"陶瓦催生木构发展""瓦屋催熟木构体系"的史论提出从汉到晚清的高等建筑中屋顶是持续加重的[⑧]。而冯棣等撰文指出到了汉代，民间屋面材料以黑陶或灰陶瓦代替草，认为汉代的屋面构造可能由斜梁或长椽构

[①] 吴庆洲：《中国古代哲学与古城规划》，《建筑学报》1995年第8期，第3页。
[②] 沈杰、张蕾：《五代及以前西湖空间格局的演变及其意义》，《建筑学报》2017年第S1期，第104—107页。
[③] 沈杰、张蕾：《南宋下湖空间市政设施营建研究》，《建筑学报》2018年第S1期，第109—114页。
[④] 白颖：《"二重城"的再现与明太祖的制度建构——明初亲王宫殿与地方城市》，《建筑学报》2018年第5期，第64—68页。
[⑤] 王世仁：《中国最早的建筑尺度观念》，《建筑学报》1963年第4期，第26页。
[⑥] 杨宇灏、吴鹏：《绳墨匠技——邯郸地区传统村落乡土营造尺研究》，《建筑学报》2019年第9期，第94—97页。
[⑦] 陈筱、孙华：《中国古代都城规划的模数控制方法试探——从明中都设计尺度复原谈起》，《建筑学报》2021年第2期，第62—67页。
[⑧] 陈薇：《瓦屋连天——关于瓦顶与木构体系发展的关联探讨》，《建筑学报》2019年第12期，第20—27页。

成，但对汉代建筑是否采用抬梁结构并没有给出明确的结论①。俞莉娜在探讨宋金时期墓的"砖构木相"现象中认为随着砖室墓模件化程度的提高，斗栱取值受条砖的尺寸限制减小，而更向木构尺度靠拢②。喻梦哲和张学伟也撰文谈到我国古代墓葬建筑中的"仿木现象"，指出仿木现象的产生是将熟知的建筑文化向未知的彼岸世界延展的结果③。周淼等指出宋金时期晋中地区的木构建筑斜面梁栿大多为节省木材而使用偏心材，且斜面梁栿的断面尺寸小于《营造法式》规定值以节省工、料，体现出我国在节省建筑材料方面的智慧④。孟阳和陈薇对我国古代木构建筑如何用木的问题进行探究，指出用木要注意的是在合适的时节选择好的树种，形成木材使用的最大化，应用与构架需求相关的用材原则，建成坚实美观的木构建筑⑤。

（四）有关斗栱技术的研究

斗栱是我国建筑中一个独特的木构结构。朱永春和潘国泰对此进行讨论，以明清徽州建筑为基础，阐述斗栱在雕刻方面有平盘斗、栌斗、枫拱、横拱、昂、耍头、交互斗、骆峰和丁头拱九种样式，认为丁头拱网络要早于如意斗拱⑥。其他涉及木构建筑的研究有陈霁和蓝志玟以木构树轮定年法鉴定我国古代木构建筑的年代，指出要建立中国古代木构建筑不同选材的长序列树木年轮数据库，树轮定年法的成功应用将使我国古代建筑的年代鉴定达到更精确的程度⑦。建筑保护方面，祝笋在对武当山紫霄大殿进行研究后，提出利用昆虫嗅觉采取药物熏杀的防虫新方法⑧。

中国传统建筑历经几千年，在本土文化和外来文化的冲击下形成如今我们看到的建筑形式，以木结构为主的中国传统建筑有着特殊的技术工艺系统，形成一个丰富而独特的建筑领域空间，造就我国有别于西方国家的建筑体系，然

---

① 冯棣、黄沁雅、文艺，等：《"千金之子，坐不垂堂"——汉代民间木构屋架探究》，《建筑学报》2021年第2期，第68—73页。

② 俞莉娜：《"砖构木相"——宋金时期中原仿木构砖室墓斗栱模数设计刍议》，《建筑学报》2021年第S2期，第189—195页。

③ 喻梦哲、张学伟：《中国古代墓葬建筑中"仿木现象"研究综述》，《建筑学报》2020年第S2期，第171—178页。

④ 周淼、胡石、朱光亚：《晋中地区宋金时期木构建筑中斜面梁栿成因解析》，《建筑学报》2018年第2期，第32—37页。

⑤ 孟阳、陈薇：《中国古代木构建筑营造如何用木》，《建筑学报》2019年第10期，第41—45页。

⑥ 朱永春、潘国泰：《明清徽州建筑中斗栱的若干地域特征》，《建筑学报》1998年第6期，第59—61页。

⑦ 陈霁、蓝志玟：《木构树轮定年法及中国古建筑应用展望》，《建筑学报》2010年第S1期，第98—101页。

⑧ 祝笋：《武当山紫霄大殿维修保护研究》，《建筑学报》2012年第S1期，第56—60页。

而值得注意的是《建筑学报》忽视了其他建筑材料如石材、砖、瓦等的研究，这说明《建筑学报》在中国传统营造技艺研究方面仍存在欠缺。

三、有关古代各类型建筑的研究

中国古代建筑类型繁多，刊于《建筑学报》的有关文章主要包括殿堂、园林、宗教建筑、祭坛和祭庙、孔庙、明长城 6 个方面，其中关于殿堂的文章有 2 篇，主要论述唐代含元殿；关于园林的文章有 4 篇；关于宗教建筑的文章最多，共有 25 篇，其中论述佛教建筑的文章有 20 篇，关于道教建筑的文章有 3 篇，而介绍伊斯兰教建筑的文章仅有 2 篇；祭坛和祭庙、孔庙的相关文章共有 9 篇，多集中在对明清时期的庙宇研究方面；有关明长城的研究有 7 篇文章。本部分将从这 6 个方面论述相关成果。

（一）有关殿堂的研究

关于殿堂的研究，本刊发表最早的是 1998 年杨鸿勋关于唐代含元殿的文章，上篇述及含元殿始创于唐初，随着唐朝的覆灭而焚毁废弃的兴衰背景以及对留存遗址的考证[1]。下篇作为对上篇的补充，弥补上篇关于大台、龙尾道、含元殿、通乾门、观象门、飞廊、翔鸾阁、栖凤阁，以及钟楼、鼓楼复原考证的缺失内容[2]。

（二）有关园林的研究

中国古代园林寄托了中国人对自然和美好生活的向往，凝结了能工巧匠的勤劳和智慧，蕴含了儒释道等哲学思想，但《建筑学报》刊登有关园林的文章并不多。袁培尧评述了王书艳 2019 年出版的《唐代园林与文学之关系研究》，认为该书将唐代园林与唐代文学理念相互融合，对促进园林研究具有很大的价值[3]。王劲则对明中期至清前期吴中地区"通渠遣水"式的宅园进行一番考证，指出明中期至清前期"通渠遣水"式宅园兴衰的原因是对水源及城市环境的依赖，提出在往后研究中应当突破现存园景对手法体系的阻碍，而且在园林

---

[1] 杨鸿勋：《唐长安大明宫含元殿复原研究报告（上）——再论含元殿的形制》，《建筑学报》1998 年第 9 期，第 61—64、3 页。

[2] 杨鸿勋：《唐长安大明宫含元殿复原研究报告（下）——再论含元殿的形制》，《建筑学报》1998 年第 10 期，第 58—61 页。

[3] 袁培尧：《〈唐代园林与文学之关系研究〉：唐代园林书写对文学观念及创作理论的影响》，《建筑学报》2021 年第 5 期，第 124 页。

研究和设计方面应当更加注意园林与外部环境的互动关系[1]。顾凯通过探究早期江南园林与现存遗址的差异和晚明时期江南园林在各方面发生的变化，认为由于历史的差异，江南园林不应加以整体不变的认识，并可与东亚其他国家造园手法进行比较，探讨其相互关联性[2]。到了清代，中国古典园林的进一步演变促进了其他文化的发展。谢纯等以广州茶楼为例，指出古典园林对清代广州茶楼的经营具有积极的促进作用，二者融合，园林通过改善室内环境促进茶楼经营消费，增加了茶楼营业面积，带动经济增长[3]。

（三）有关宗教建筑的研究

宗教是人类发展到具备一定的想象能力、思考能力和敬畏、依赖的情感及必要的社会组织后才产生的。佛教给中国人的宗教信仰、礼仪习俗等留下了深刻的影响，成为沟通中外文化的和平纽带。对宗教建筑进行分析探讨，不仅有助于深入了解我国宗教史，也在进一步推动建筑史向前发展。

佛光寺作为唐代佛教兴盛的产物，有许多方面值得探讨。2017年《建筑学报》为纪念发现佛光寺80周年，发行《发现佛光寺》特集。丁垚认为梁思成、林徽因、莫宗江、纪玉堂等人于1937年发现佛光寺对丰富我国建筑史发展具有促进意义[4]。肖旻基于2011年清华大学学者编著的《佛光寺东大殿建筑勘察研究报告》对佛光寺东大殿尺度数据进行分析，尝试足材模数并进一步推演，并与《营造法式》中相关内容进行关联，加深读者对东大殿规模的理解[5]。除此之外，王南指出东大殿的构图比例从佛光寺总平面布局、东大殿建筑设计到殿内佛像陈设都基于规矩方圆作图，发现其与《营造法式》中第一幅图样"圆方方圆图"所采用方式相同[6]。关于佛光寺的实地考察，朱光亚归纳了1937—1980年近现代学者对佛光寺的考察情况[7]。任思捷认为佛光寺始建年代应在大中九年（855年）十月至大中十年（856年）五月之间，作为佛教中心的东土大唐7世纪的标志之一，印证唐代帝王统治与佛教文化的关联，并体现出大唐文化在外来文化冲击下的融合适应[8]。2018年9月，《80年后再看佛光

---

[1] 王劲：《明中期至清前期吴中地区"通渠遗水"式宅园考》，《建筑学报》2019年第2期，第120—124页。
[2] 顾凯：《重新认识江南园林：早期差异与晚明转折》，《建筑学报》2009年第S1期，第106—110页。
[3] 谢纯、邢君、魏星：《清代广州园林与茶（酒）楼的发展融合》，《建筑学报》2009年第3期，第13—16页。
[4] 丁垚：《发现佛光寺》，《建筑学报》2017年第6期，第7—8页。
[5] 肖旻：《佛光寺东大殿尺度规律探讨》，《建筑学报》2017年第6期，第37—42页。
[6] 王南：《规矩方圆 佛之居所——五台山佛光寺东大殿构图比例探析》，《建筑学报》2017年第6期，第29—36页。
[7] 朱光亚：《我的佛光寺记忆——忆上世纪的佛光寺考察》，《建筑学报》2017年第6期，第9—13页。
[8] 任思捷：《唐初五台山佛光寺的政治空间与宗教构建》，《建筑学报》2017年第6期，第22—28页。

寺——当代建筑师的视角》作为 2017 年发现佛光寺 80 周年纪念活动特集的延续。王骏阳用批判性的视角分析梁思成对佛光寺东大殿的研究成果，指出现代主义"非历史的"认识论对于重新审视中国建筑史的价值有很大意义[1]。王方戟和王梓童以陈明达先生《中国古代木结构建筑技术（战国—北宋）》为基础，指出木构体系由汉代斜梁型屋架结构到隋唐已演变为抬梁式屋架结构，而这一体系也进一步应用在佛光寺结构的构架上，纵横架结构构件使得佛光寺更为坚固，在往后北宋、辽、金、明、清时代的建筑也多采用与之相仿的构架[2]。董功梳理 2017—2018 年对佛光寺三次造访的过程，认为佛光寺的整体空间操作是凿入坚实的山体，并且对佛光寺的美景赞叹不已[3]。李兴钢则认为佛光寺的空间结构布局是一种现实理想空间范式[4]。张斌指出佛教理念与世俗山水画的相互影响，对东大殿、弥勒大阁和祖师塔之间的关系进行分析从而得出东大殿建于 7 世纪后期至 8 世纪中期的初唐至盛唐时期的结论[5]。刘天洋和周晶指出唐、五代时期单层佛殿体现出"供像为主"的风格，而辽宋时期则更注重"容人"[6]。两个特集相互补充，丰富后续学者研究佛光寺的资料，促进佛教建筑史进入更深一步的研究阶段。

除以上述及的两个特集以外，还有众学者对敦煌文化、嵩岳寺塔、罗汉堂、戒坛以及藏传佛教建筑进行研究。张仲简述夏商周至 1987 年敦煌古城的历史，对莫高窟、玉门关、鸣沙山和月牙泉所处的地理位置与规格做了简短的介绍[7]。而孟祥武等则以敦煌壁画图像资源复写出北魏至宋代廊庑建筑的历史演变，指出廊庑建筑的形制主要依靠其垂直界面要素的表达，认为连廊形制最丰富的时期在盛唐[8]。嵩岳寺塔作为中国独有的塔形，在原型和含义上深受印度文化影响，引起众多学者的关注。曹汛认为嵩岳寺塔于开元二十一年（733年）重建而不是重修[9]，而萧默则对曹汛的结论持怀疑态度，循曹汛之文的脉络对嵩岳寺塔渊源进行探究，认为嵩岳寺塔建于北魏，但指出嵩岳寺塔的渊源

---

[1] 王骏阳：《"历史的"与"非历史的"——80 年后再看佛光寺》，《建筑学报》2018 年第 9 期，第 1—10 页。
[2] 王方戟、王梓童：《佛光寺东大殿结构特征——〈中国古代木结构建筑技术（战国—北宋）〉相关内容再议》，《建筑学报》2018 年第 9 期，第 48—53 页。
[3] 董功：《凿入山体的寺院》，《建筑学报》2018 年第 9 期，第 34—37 页。
[4] 李兴钢：《佛光寺的启示——一种现实理想空间范式》，《建筑学报》2018 年第 9 期，第 28—33 页。
[5] 张斌：《与佛同观——佛光寺中佛的空间与人的空间》，《建筑学报》2018 年第 9 期，第 19—27 页。
[6] 刘天洋、周晶：《供像与容人——唐辽宋时期佛殿的两种空间风格及其历史背景》，《建筑学报》2020 年第 S2 期，第 179—184 页。
[7] 张仲：《历史文化名城——敦煌》，《建筑学报》1996 年第 12 期，第 2 页。
[8] 孟祥武、张琪、裴强强，等：《敦煌壁画廊庑建筑历史演进分期研究》，《建筑学报》2021 年第 2 期，第 74—80 页。
[9] 曹汛：《嵩岳寺塔建于唐代》，《建筑学报》1996 年第 6 期，第 6 页。

仍有待考究①。罗汉堂作为佛教供奉罗汉的标志性建筑，学界也有诸多讨论，针对敖世恒认为罗汉田字形来源是罗汉"住世福田"佛教象征的说法，孙肃等认为其应当由坛城（曼陀罗）平面和中国"井田制"发展而来，并且指出承德罗汉堂是碧云寺罗汉堂和清漪园罗汉堂的结合体②。戒坛是佛教发展早期形成的一种建筑形态，是佛教戒律发展的直接产物。刘国维和陆琦简述戒坛在尺度与规模上由唐至清逐渐变大的过程，在布局上由唐代多布置于寺院核心轴线之左前（东南）方位演变到明清时期多布置于中轴线上的演进过程，指出其揭示了戒坛与戒律—律师—律宗—律寺之间的隐性关系，并进一步推动专宗寺院研究③。有关于藏传佛教建筑的研究，柏景等对甘、青、川、滇的藏传佛教寺院分布及其特征进行探讨，指出绝大多数寺院的竖向构图遵循"曼陀罗"图式，但藏传佛教寺院的平面布局却鲜有按照"曼陀罗"图式建造的④。周晶和李天指出自然环境、建筑基址的地质状况、土壤质量与植被情况、水源的位置等都是影响藏传佛教建筑选址的因素⑤。陈未以变动的发展视角对蒙古地区的藏传佛教建筑进行探析，一改以往以地域为主探讨的方法，转而以人（蒙古贵族、有名望的喇嘛）为主线⑥。

  道是中国古代哲学的核心范畴之一，然而《建筑学报》中刊登的关于道教建筑的文章寥寥无几。1998年陈纲伦认为道与四灵、五行共同构成中国人传统的生存观念和建筑环境，其中五行被直接应用于人们的建筑活动，我国古代已将道作为家园观念的集体无意识⑦。2016年雷祖康等提到武当山所处的环境地形与道教阴阳太极图相耦合，实地考察中发现金顶片区为凸形阳型地貌、南岩宫片区为凹形阴型地貌，进一步推测此为三维空间太极图的景观环境意象⑧。2021年陈蔚和谭睿根据"洞天福地"的概念，指出道教建筑选址与洞穴、采药、水源、道教传说和社会政治经济等因素有关，并结合道教文化使得其内涵

---

① 萧默：《嵩岳寺塔渊源考辨——兼谈嵩岳寺塔建造年代》，《建筑学报》1997年第4期，第49—53页。
② 孙肃、杨菁、张楠，等：《清代田字形罗汉堂建筑形制考》，《建筑学报》2015年第S1期，第82—87页。
③ 刘国维、陆琦：《佛教寺院的戒律实践：古代律宗寺院建筑"戒坛"的源流考述与特征演进》，《建筑学报》2019年第S1期，第175—182页。
④ 柏景、陈珊、黄晓：《甘、青、川、滇藏区藏传佛教寺院分布及建筑群布局特征的变异与发展》，《建筑学报》2009年第S1期，第38—43页。
⑤ 周晶、李天：《从历史文献记录中看藏传佛教建筑的选址要素与藏族建筑环境观念》，《建筑学报》2010年第S1期，第72—75页。
⑥ 陈未：《16世纪以来蒙古地区藏传佛教建筑研究的再思考》，《建筑学报》2020年第7期，第105—112页。
⑦ 陈纲伦：《道与中国传统建筑》，《建筑学报》1998年第6期，第53—56、66页。
⑧ 雷祖康、张叶、万谦：《武当山金顶与南岩宫片区道教建筑群的传统环境地理学解读》，《建筑学报》2016年第9期，第38—44页。

得以延伸①。

《建筑学报》中关于伊斯兰教建筑的文章也有限，最早见于 1984 年孙宗文论述伊斯兰教建筑礼拜寺和祠墓的外观、结构，指出礼拜寺大多为木造碧瓦的形制，而祠墓一般由大门、围墙、庭院墓室等部分组成，主要玛札建以方形或八角形的平台，墙上覆以拱北②。最新论述伊斯兰教建筑的成果见于 2021 年宋辉和李思超的文章，他们以伊斯兰教建筑研究文献为蓝本、中国知网作为数据库，利用文献计量的 VOSviewer 软件，绘制出中国伊斯兰教建筑研究科学知识图谱，发现伊斯兰教建筑的研究区域集中在新疆、甘肃、宁夏、青海、陕西五个省区，而且研究重点以清真寺为主题③。

（四）有关祭坛和祭庙的研究

坛庙建筑是中华民族祭祀天地日月山川祖先社稷的建筑。申童等以晋祠祠庙为例，探讨建筑"墙"与"围"之间的区别和联系，认为看得见的"墙"和看不见的"墙"都属于"围"的范畴，指出这种建筑之间的领域性影响了晋祠的营建布局④。黄婧琳分析汉代墓地祠堂布局、环境及形制，推导出汉代墓地祠堂融入了园林的式样⑤。包志禹指出《至元州县社稷通礼》的规定影响了元代府州县的社稷坛、山川坛、厉坛的定制时间、方位、基址规模、度量衡和建筑形制⑥。同年，包志禹延续了上文的写作手法，从北直隶的城市规划入手，认为明代府州县社稷坛、山川坛、厉坛的定制时间在洪武元年（1368 年）和洪武四年（1371 年）⑦。对于少数民族坛庙的研究，巨凯夫简析南侗地区各类型萨坛的演变过程，指出由于木栅栏的出现导致露天萨坛逐渐演变为院落式萨坛，认为当代多样的萨坛存在被单一形制覆盖的危险⑧。

（五）有关孔庙的研究

沈旸发现明清时期北京国子监孔庙空间布局相较于元代而言，殿前广场面

---

① 陈蔚、谭睿：《道教"洞天福地"景观与壶天空间结构研究》，《建筑学报》2021 年第 4 期，第 108—113 页。

② 孙宗文：《中国伊斯兰教寺院建筑类型与结构》，《建筑学报》1984 年第 3 期，第 70—72、84 页。

③ 宋辉、李思超：《中国伊斯兰建筑研究发展历程及展望》，《建筑学报》2021 年第 S1 期，第 33—39 页。

④ 申童、沈旸、贾珺，等：《"墙"与"围"的隐与显——晋祠祠庙建筑的分界与关联》，《建筑学报》2020 年第 11 期，第 105—111 页。

⑤ 黄婧琳：《汉代墓地祠堂建筑考》，《建筑学报》2014 年第 S1 期，第 30—33 页。

⑥ 包志禹：《元代府州县坛壝之制》，《建筑学报》2009 年第 3 期，第 8—12 页。

⑦ 包志禹：《明代社稷坛等级与定制时间——以北直隶为例》，《建筑学报》2009 年第 S2 期，第 71—75 页。

⑧ 巨凯夫：《明清南侗萨坛形制演变研究——一类非人居性风土建筑的建筑人类学考察》，《建筑学报》2019 年第 2 期，第 98—105 页。

积更小，太学前院空间更大，其中格局变动最大的是辟南学、建辟雍①。沈旸还与宝璐合作，探讨明代庙学空间格局的变化，指出其空间格局虽然发生了变化，但对以孔子为代表的儒家文化与思想的推崇并没有削减之势②。在这之前，肖竞和曹珂发现明清时期地方文庙建筑具有"前庙后学""左庙右学""九进高配""三进标配""前导空间""祭祀空间"等特点，指出儒家思想和礼制对文庙建筑构造具有决定性影响③。陈兴从少数民族文庙的角度出发，简析少数民族文庙从唐代"庙学一体"发展到清代走向全盛的过程，指出其原因是受到中国崇儒尊礼的思想影响④。

（六）有关明长城的研究

明长城不仅是重要的防御设施，在建筑史上也具有很大的研究价值。王琳峰和张玉坤提到长城沿线的戍边屯堡在空间分布上具有较强的防御能力，其选址布局反映了"藏风得水"的环境观和风水观，指出研究长城应该与其沿线的戍边屯堡一并研究才能达到切实研究长城的目的⑤。杨申茂等则以张家口堡为例（张家口是汉蒙贸易往来的大市，对外开放的商埠，融合了多元文化），用以小见大的手法，简析了张家口堡主要由于地理位置的因素从军城转变为商城的演变过程⑥。周小棣等对目前存在的对长城旨在恢复外观的修缮和措施直接导致修缮后的长城丧失了原本的建造信息这一现象进行了批判，指出为了让更多人了解长城应当做到突出其建筑特征与建造信息⑦。刘建军等对西宁卫的军事聚落进行了研究，提到西宁卫虽所设位置偏远，但在抵御外部入侵、巩固西北边防方面做出了重大的贡献⑧。对于明长城军事聚落研究，杨申茂等还提出建立历史地理信息数据库为相关研究提供数据支持⑨。刘建军等采用可达

---

① 沈旸：《明清北京国子监孔庙的空间格局演变》，《建筑学报》2011年第S1期，第55—61页。
② 沈旸、宝璐：《明代庙学建制的"变"与"不变"：兼及国家权威的呈现方式》，《建筑学报》2018年第5期，第56—63页。
③ 肖竞、曹珂：《明清地方文庙建筑布局与仪礼空间营造研究》，《建筑学报》2012年第S2期，第119—125页。
④ 陈兴：《异域儒思——中国少数民族文庙发展概述》，《建筑学报》2017年第7期，第62—66页。
⑤ 王琳峰、张玉坤：《明长城蓟镇戍边屯堡时空分布研究》，《建筑学报》2011年第S1期，第1—5页。
⑥ 杨申茂、张萍、张玉坤：《明代长城军堡形制与演变研究——以张家口堡为例》，《建筑学报》2012年第S1期，第25—29页。
⑦ 周小棣、沈旸、常军富：《长城的建造技术特征与建造信息保护——以明长城大同镇段为例》，《建筑学报》2011年第S2期，第57—61页。
⑧ 刘建军、闫璘、曹迎春：《明西宁卫长城及军事聚落研究》，《建筑学报》2012年第S1期，第30—34页。
⑨ 杨申茂、张萍、张玉坤：《明长城军事聚落历史地理信息系统体系结构研究》，《建筑学报》2012年第S2期，第53—57页。

域分析方法，指出长城防御体系各组成要素空间分布研究之中最基本、最核心的问题是各组成要素之间的距离应当控制在一个合理的空间范围内，这样才能使长城防御系统最大限度发挥作用[1]。关于明长城军事聚落最新的研究成果是2018年李严等的文章，他们认为长城是反映我国历朝历代政治、经济、军事、文化、环境的多层次、立体化、系统性的综合体，通过简析边防军事制度从最初的"卫所镇守"演变为"九边总兵镇守制度与都司卫所制度并置"的过程，指出这与军事聚落"镇城—路城—卫城—所城—堡城"的层次体系相关，并且从大同镇的地理位置入手，认为明长城的总体布局呈横向分段、纵向分层的大纵深布局[2]。

从中国古代各类型建筑梳理的情况来看，《建筑学报》对佛教建筑研究尤其是佛光寺研究较为重视，据笔者推测原因是《建筑学报》认为梁思成和林徽因等人发现佛光寺对佛教建筑史研究意义重大，而佛教建筑史学界为纪念梁、林等人，一步步深入探索，促成佛光寺研究成果颇丰的现状。目前学界对现存古建筑持有一致的保护态度，明长城也不例外，同时致力于通过对古代城市建筑的研究来促进中国现当代建筑的进一步发展。

四、有关中外建筑关系的研究

中国传统的建筑风格并非全部产于本土，在其发展过程中也受到了域外文化的影响，中外建筑关系是建筑史研究的重要部分。但《建筑学报》中关于中外建筑关系的文章仅有2篇，可见《建筑学报》对中外建筑关系的探讨仍存在发展的空间。

随着中外贸易往来，文化也在不断进行交融。上文已提及唐代高僧鉴真东渡对日本建筑史文化造成的影响，有关中外建筑关系的文章还见于董健菲等于2019年采用 ArcGIS 的路线分析方法对明代中朝使者往来的路线进行研究，还原辽东山区段、辽河平原段和辽西走廊段的辽东使行路线[3]。

虽然《建筑学报》对中外建筑关系方面的文章登载较少，但不能忽视其对中国建筑史发展的重要性。

---

[1] 刘建军、张玉坤、曹迎春：《基于可达域分析的明长城防御体系研究》，《建筑学报》2013年第S1期，第108—111页。

[2] 李严、张玉坤、李哲：《明长城防御体系与军事聚落研究》，《建筑学报》2018年第5期，第69—75页。

[3] 董健菲、息琦、韩东洙，等：《明代朝鲜使臣驿路及馆驿研究》，《建筑学报》2019年第S1期，第183—187页。

五、结　语

综上所述，《建筑学报》中与中国建筑史有关的文章中，关于建筑思想、匠师录要、学术组织、文献和书评方面的文章有41篇，涉及传统建筑营造技艺的文章有16篇，论述古代各类型建筑的文章有47篇，叙述中外建筑关系的文章有2篇。

《建筑学报》自1954年创刊以来，登载文献13 000多篇，其中刊载中国建筑史研究方面的文章却只占很小一部分，登载文章大多集中在建筑作品、设计、理论等方面。但据统计，2017—2021年《建筑学报》刊登中国建筑史方面的文章较以往多，有47篇，约占总体刊载量的一半，其中大部分为营造学社成立九十周年和发现佛光寺八十周年的纪念特集，可见，《建筑学报》对佛光寺、营造学社及《营造法式》的关注较多，据笔者推测，一方面是因为梁思成等人奠定了中国建筑史的基础，意义重大；另一方面是因为《建筑学报》重视梁思成等人的突出成就，对中国建筑史的发展具有极大的促进作用。

由中国机械工业联合会主管，机械工业信息研究院和清华大学联合主办的《建筑史学刊》创刊于2020年。经笔者统计，《建筑史学刊》中有29个栏目，其中中国建筑史专题、古建筑测绘、古代建筑法式与制度、《营造法式》与中国古代建筑营造制度研究四个专栏登载的文章较多，共有35篇，约占出版文献总量的四分之一，其中中国建筑史专题大多集中在对宫殿形制和规划的研究上；古建筑测绘一栏登载的大多是梁思成先生调查与测绘的成就，以表对梁思成先生的纪念；后两者专栏中有关于尺的研究居多。从梳理情况来看，《建筑史学刊》虽然创刊时间晚，文章数量少，但是研究内容较全面，能够反映建筑史学科前沿理论与成就；而《建筑学报》虽然所刊文献数量庞大，但是在中国建筑史方面还是以反映前辈学术思想为主，对于建筑史当前的新问题、新方法、新范式涉及较少。总之，二者各有侧重，对我们深入了解中国建筑史的理论与成就都有重大的意义。

大音希声 大美当言：中国古代弹拨类乐器工艺研究回顾与展望

赵晨冰[1] 米新丽[2]

（1. 河北大学宋史研究中心；2. 河北大学管理学院）

提 要 目前学界对于中国古代音乐与乐器的研究十分丰富，集中于起源、发展、影响因素等方面。而弹拨类乐器的研究起源较晚，将弹拨类乐器作为整体进行研究的重点在发展与传播上，其分类研究主要集中在琵琶、阮咸、三弦、古琴、筝几类乐器上，以往学者侧重对其起源及形制等发展史的研究，成果颇丰但仍有不足之处。第一，当前学界对于各弹拨类乐器的工艺研究少之又少，工艺史无系统、综合性的研究出现；第二，研究呈现出区域性断代研究的特点，整体研究仍有欠缺；第三，当前成果并无对琴箱、琴桌等密不可分的附属品的探究；第四，以往学者的首要研究依据都是史料文献，却忽略出土文物的重要性。由此可见，无论从其研究角度、范围还是研究依据出发，弹拨类乐器的相关研究仍需不断深入加强。

关键词 弹拨类乐器 发展史 起源 琵琶 古琴

音乐在人类社会中扮演着重要的角色，乐器作为其载体，也有一个循序渐进的发展过程。我国有伏羲造琴、女娲作笙的传说，这说明乐器有着悠久的发展历史。商代已出现磬、钟等打击乐器，周代的乐器种类更多，并出现"八音"乐器分类法，《诗经》中更是提到20多种乐器。秦汉时期的乐器更加丰富，笙、箫等吹管乐器和琴、秦琵琶等弹拨乐器进一步发展。魏晋南北朝时期，西域乐器开始大量传入。到了隋唐时期，思想开放、文化融合，音乐艺术发展到高峰，并受外来文化的影响较大，琵琶等弹拨乐器成为当时主流。自宋代开始，民间音乐兴起，乐器风格也随之变化，由庄重变为活泼，这一时期的弓弦乐器迅速发展。由此可见，我国的乐器历史是久远且丰富的。自19世纪50年代开始，相关学者逐步对音乐发展历史做初步研究，这一时期的主要研究目标是中国音乐发展通史，而对于乐器的发展史关注较少。至20世纪80年代，学者们开始研究不同类别的乐器，对于中国传统乐器的发展历史研究大量出现。而后的几十年间，学者们分别从音乐学、艺术学、历史学、设计学、乐器工艺学等角度进行研究，相关成果颇为丰富，现综述如下。

一、关于中国古代乐器发展史及影响因素研究

当前学界对于中国古代音乐与乐器发展的研究成果颇丰，主要分为中国古代音乐、乐器的起源与发展研究以及中国古代音乐、乐器的影响因素研究等。

（一）关于中国古代音乐、乐器的起源与发展研究

乐器究竟起源于何时并没有定论。就目前研究成果来看，学界普遍认定上古时期就有乐器雏形出现，而夏商周时期才出现真正意义上的乐器，随后的几千年内，乐器也跟着社会的发展逐步变化。王子初将乐器的形成过程分为三个阶段：第一阶段是人们利用生产、生活工具直接发出声响；第二阶段是人们开始改造生产、生活工具从而获得自己需要的音响；第三阶段是人们开始有目的地制造专门发声的器具，这也标志着真正的乐器制造业诞生[①]。但乐器制造业应为系统完整的产业，而制造发声的器具只能代表人类开始主动制作乐器，因此，王子初的"乐器制造业诞生"的说法略有不妥。刘勇将乐器起源归纳为"传说类"和"推想类"两类。"传说类"起源说中，一种观点是乐器为具有特殊能力的人所造，另一种观点是乐器为神所造，而这些观点均出自战国时期的文献，可能是当时人们的伪托，所以两种说法都具有"传说性"，并不真实可靠。"推想类"起源说认为乐器起源于劳动工具，如弹拨乐器起源于弓，打击乐器磬起源于耕地的犁铧，吹管乐器起源于打猎的信号工具等。而这种观点虽然在逻辑上十分有理，可是却无法得到验证，所以只能算作一种推想。刘勇自身认为乐器起源遵循的大致规律应是人们在生活、生产的过程中发现某种材料、器物能够发出优美的声音，继而经过不断的开发、研究，为自己的听觉享受服务[②]。王光祈认为中国古代的歌、奏、舞三者经常合奏为一，因此单独考察乐器起源于何时，尚无确切考证。但《尔雅》中早已出现琴、鼓等描述，说明乐器古已有之，历史悠久[③]。

乐器的发展与音乐的发展是同步的。综合各学者研究成果，音乐与乐器的

[①] 王子初：《音乐考古学的研究对象和相关学科》，《中国音乐学》2001年第1期，第53—59页。
[②] 刘勇：《中国乐器学概论》，北京：人民音乐出版社，2018年版，第51—53页。
[③] 王光祈：《中国音乐史》，北京：团结出版社，2006年版，第228页。

发展历程可分为两种观点：一种观点是以黄翔鹏为代表，认为音乐发展历程可分为"三个阶段"。这三个阶段分别为"以钟磬乐为代表的先秦乐舞阶段""以歌舞伎乐为代表的中古伎乐阶段""以戏曲音乐为代表的近世俗乐阶段"[①]。部分学者在此观点的基础上进行相关讨论，如曲文静分别介绍这三个阶段的乐器特点，上古时期以"八音"为代表的"钟磬乐"中，打击乐器占据主体地位；中古时期的"丝竹乐"中，吹管乐器和弹弦乐器成为主流；近古时期的"民族器乐"中，各种乐器都开始向简单实用化转变，拉弦乐器开始登上历史舞台[②]。项晨燕对这三个时期主流乐器的发展变化的原因进行详细阐述[③]。另一种观点是以刘勇为代表，认为乐器发展可分为"五个阶段"：第一阶段为远古时期，这时的乐器只有吹奏和击奏两种，属于乐器的萌芽时期；第二阶段为商代时期，磬、钟、埙三种乐器趋于成熟，并完成从准乐器向乐器的进化；第三阶段为西周到春秋战国时期，这一时期乐器迅速发展，琴、瑟、筝等弦乐器出现；第四阶段为汉唐时期，轻便灵活、旋律性和色彩性俱佳的乐器逐渐成为主流；第五阶段为宋至清，这时的外来乐器不断本土化，拉弦乐器兴盛起来[④]。除此之外，还有部分学者按照时间顺序对乐器的发展进行梳理。黄新对原始社会的原始乐器、商周至明清期间的乐器发展历史进行阐述，虽将乐器发展过程连贯起来，但是缺乏对乐器形制、类别的研究，只是简单对乐器发展时间线进行梳理[⑤]。王欣和程敏都对不同时期的代表性乐器进行详细的分析，但二人的侧重点仍有不同，王欣根据演奏方式的不同将乐器分为"打、吹、弹、拉"四个类型，并对每种类型的乐器继续细分，且对其形制、演奏都有详细介绍。而程敏则以音乐的发展为主体脉络，乐器发展附属其中，其对乐器的介绍不如王欣清晰、详细。

（二）关于中国古代音乐、乐器的影响因素研究

中国古代音乐与乐器的发展受到很多因素的影响，很多学者在相关研究中都有所提及。综合各学者观点，其影响因素主要有两个，即礼乐制度和外来文化。

礼乐制度是影响音乐和乐器发展的重要因素，商周时期的音乐与乐器是受影响最明显的体现。黄锦前认为青铜编钟的背后藏着深深的礼乐文化，编钟有

---

① 黄翔鹏：《传统是一条河流》，北京：人民音乐出版社，1990年版，第116页。
② 曲文静：《我国古代三大乐器群体的源流及其演变》，山东师范大学2008年硕士学位论文。
③ 项晨燕：《浅谈中国古代三大时期的乐器群体》，《当代音乐》2017年第24期，第119、121页。
④ 刘勇：《中国乐器学概论》，北京：人民音乐出版社，2018年版，第54—96页。
⑤ 黄新：《我国民族乐器的发展历史》，《职业》2007年第20期，第57—59页。

实用性、传承性和纪念性，这些都是周代权力、等级制度的浓缩①。方建军认为商周礼乐器是礼乐制度的物化形态，因此乐器组合和配置的差异所体现的是社会地位与等级的差异②。王双杰则认为古代音乐成为礼的附庸，人们更重视音乐的教化作用，音乐成为为礼服务的工具③。

外来文化是影响我国音乐和乐器发展的另一重要因素。唐代是我国古代音乐和乐器发展的一个高峰，这一时期的音乐受外来文化影响最为显著，即"胡风"盛行。陈寅恪曾提及"唐之胡乐多因于隋，隋之胡乐又多传自北齐，而北齐胡乐之盛实由承袭北魏洛阳之胡化所致"④，认为唐代音乐、乐器受胡风影响是承袭自北魏时期的胡乐。柏红秀认为唐代的雅乐、燕乐是华胡杂糅的⑤。而黄正建对唐代"胡风"的认识却有别于陈、柏二人，他认为唐代的"胡风"早已不是外来文化，其早已融进中原文化。黄正建曾提到唐代的开元天宝时期，人们已经不会去刻意区分"胡"物，它们早被纳入民众生活中的一部分，甚至已经整编入国家制度中⑥。

二、关于中国古代弹拨类乐器发展史研究

当前学界以弹拨类乐器作为主要对象的研究成果较少，其主要分为弹拨类乐器的发展和传播两类。

（一）关于弹拨类乐器的发展研究

弹拨类乐器在我国乐器发展的历史上占据着举足轻重的地位，秦汉时期的琴、筝和隋唐时期的琵琶在当时广受欢迎，并且流传至今。20世纪80年代以来，学者们着眼于对乐器的专项研究，弹拨类乐器也受到广泛关注，对其起源、发展、演变都有所涉及，但把弹拨乐作为一个整体进行研究的成果并不多。

当前的研究成果中，有以弹拨类乐器为例，对乐器形制的影响因素进行研究的。项阳对乐器在未定型阶段与同类乐器形制相互影响的问题进行分析，以

---

① 黄锦前：《青铜编钟铭文所见周代礼乐理念暨制度》，《社会科学》2021年第8期，第136—152页。
② 方建军：《商周时期的礼乐器组合与礼乐制度的物态化》，《音乐艺术（上海音乐学院学报）》2007年第1期，第41—50页。
③ 王双杰：《浅议儒、道思想对中国古代音乐美学的影响》，《沧州师范专科学校学报》2011年第4期，第46—47、53页。
④ 陈寅恪：《隋唐制度渊源略论稿》，北京：中华书局，1963年版，第116页。
⑤ 柏红秀：《唐代宫廷音乐文艺研究》，南京：南京大学出版社，2010年版，第96—97页。
⑥ 黄正建：《"'胡风'流行为安禄山叛乱先兆"说质疑》，《西部史学》2017年第1辑，重庆：西南师范大学，第101—111页。

琴为例，认为地域对于乐器同一性的影响要比时间的影响大[1]。除此之外，还有学者对弹拨类乐器的起源进行探讨。朱晓峰认为大部分弹拨类乐器的起源考证历来就有国内学者所持的"华夏固有说"与日本学者所持的"外来说"两种，这主要是上千年政治文化的复杂、文献记载的匮乏以及弹拨乐器极少传世的事实所导致的[2]。该研究以敦煌莫高窟壁画和古籍文献为依据，考证严谨，观点清晰，最大限度地梳理出琵琶类弹拨乐器的发展史。

部分学者以各弹拨类乐器与不同朝代社会背景、思想文化之间的关系作为切入点进行讨论。李丽敏从历史民族音乐学的角度，讨论弹拨乐器在古代的社会身份及审美特征问题[3]。刘承华从历史氛围的新视角探讨弹拨类乐器在不同朝代的发展情况，论述古琴、古筝、三弦、阮及琵琶由于各朝代的社会氛围、思想观念、文化意识不同而呈现出不同的发展面貌，将考察提高到文化、美学的层面[4]。刘爱春则从弹拨类乐器发展的推动力角度进行分析，以唐代为例，刘爱春认为唐代包容的文化特点、享乐的社会风气以及悲美审乐的取向是其主要推动力，而发展的内因是弹拨乐器能够满足唐乐对色彩铺饰的追求[5]。这些研究讨论范围较大，多为反映不同弹拨类乐器在各朝代的社会思想文化层面的映射，而没有探讨不同时期乐器自身形制发展的变化。

还有部分研究成果是以时间为线索，对某个特定时期弹拨类乐器的地位和概况进行介绍。唐朴林对甲骨文中的"乐"字的字体进行分析，其含义为把丝加在木头上，可以发声，说明当时已有弦乐器，并且只能是弹拨乐器[6]。郑汝中认为以弹拨乐器为主体构成音乐结构是中国的音乐特色。汉代前中国音乐的象征性符号是古琴，汉代以后为琵琶，由此可见，中国的乐器是以弹拨类为主体的[7]。唐甜甜梳理出汉代弹拨类乐器的概况，认为丝绸之路的发展和汉代重儒、儒学重乐是弹拨类乐器在汉代得到空前发展与繁荣的原因[8]。郑汝中、唐甜甜两人都强调汉代是弹拨类乐器发展的重要阶段。周紫璇通过对早、中、晚期北魏云冈石窟中的雕像进行分析，认为弹拨类乐器呈现出逐渐汉化的特点，

---

[1] 项阳：《中国弓弦乐器史》，北京：国际文化出版公司，1999年版。
[2] 朱晓峰：《弹拨乐器流变考——以敦煌莫高窟壁画弦鼗图像为依据》，《中央音乐学院学报》2015年第4期，第114—128页。
[3] 李丽敏：《论中国弹拨乐器在古代的社会身份及审美特征》，《音乐艺术（上海音乐学院学报）》2014年第2期，第70—75页。
[4] 刘承华：《弹拨乐器的历史氛围散论》，《中国音乐》1994年第1期，第22—24页。
[5] 刘爱春：《唐代弹拨乐器发展原因探微》，《交响（西安音乐学院学报）》2015年第4期，第52—60页。
[6] 唐朴林：《弹拨乐器——中华乐器（队）的特质之一》，《中国音乐》2008年第2期，第46—50页。
[7] 郑汝中：《敦煌壁画中的弹拨乐器》，《中央音乐学院学报》2019年第1期，第87—99页。
[8] 唐甜甜：《汉代弹拨乐器述略》，《艺海》2018年第7期，第51—53页。

北魏继承、延续隋唐时期的弹拨类乐器特点①。庄壮通过对敦煌壁画上的弹拨类乐器进行研究，认为每一个朝代都有新的弹拨类乐器出现，乐器种类不断丰富，演奏形式也有变化②。周紫璇、庄壮两人以雕像、壁画为依据，其对弹拨类乐器的种类、特点分析更有说服力。这些研究多以音乐发展较为繁荣的唐代或汉代为背景，进行阶段式的研究，而对于先秦时期和隋唐以后的研究却并不多见，这也造成弹拨类乐器发展史研究的片面性、间断性。

（二）关于弹拨类乐器的传播研究

音乐是中华文化输出的重要一环，尤其是日本和朝鲜半岛深受影响。而隋唐时期，西域乐器也大量传入我国并继续东传。因此，很多学者将其研究视角放在音乐与乐器的传播上。日本著名音乐学家岸边成雄对东亚的乐器传播路径进行分析，认为西域（尤其是龟兹、于阗这两个重要地点）的音乐与乐器通过丝绸之路传入中国，而中国本土的乐器或从西域传来的乐器再传到朝鲜半岛，直至日本。他认为唐代的琵琶、箜篌等均受到西域文化的影响，而日本正仓院收藏的乐器几乎都是遣唐使带回来的，因此日本的乐器也间接受到西域的影响③。张前《中日音乐交流史》是第一部以中日文化交流史为中心展开讨论的专著，分为唐、明清、近代三个板块，主要以时间为轴线，侧重历史纵线上的单一交流④。赵维平对中华文化输出日本的时间重新做出界定，他认为日本早在汉代就已经受到中国文化的影响，但因为地理因素，多数是由朝鲜半岛传入的，直到有了遣隋使、遣唐使才开始直接接纳中国文化。而"雅乐寮"这一音乐制度也体现出中国音乐文化对其的影响。赵维平还指出日本接受中国文化是建立在自我文化的基础上，向着适合于自我理解的方向解释、衍变，使其成为自我文化的一个部分⑤。刘菁也持此观点，认为日本的唐传乐器与中国乐器呈现出不同的发展状况，正如中国接受胡文化的时候一样，并非一味地接纳吸收，而是在其自身文化的基础上，有选择性地改造、融合，形成自己的特色⑥。饶文心立足于整个东亚音乐文化圈，阐明了中国传统乐器在东亚的重要地位以及对周边国家的文化辐射，中国一方面吸收来自丝绸之路西域的乐器种类，另一方面连同自己的原生乐器一同输送给东亚诸国，最终形成整个东亚音乐文化圈的乐器生态谱系⑦。吕净植通过对《三国史记》中玄琴、伽倻琴的研究认为中国

---

① 周紫璇：《北魏云冈石窟弹拨乐器考释》，郑州大学 2020 年硕士学位论文。
② 庄壮：《敦煌壁画上的弹拨乐器》，《交响（西安音乐学院学报）》2004 年第 4 期，第 12—21 页。
③ [日]岸边成雄：《古代丝绸之路的音乐》，王耀华译，北京：人民音乐出版社，1988 年版。
④ 张前：《中日音乐交流史》，北京：人民音乐出版社，1999 年版。
⑤ 赵维平：《中国古代音乐文化东流日本的研究》，上海：上海音乐学院出版社，2004 年版。
⑥ 刘菁：《试论传统乐器在中日两国的历史和发展》，《科教文汇》2007 年第 6 期，第 186 页。
⑦ 饶文心：《东亚音乐文化圈的乐器生态谱系研究》，《星海音乐学院学报》2015 年第 3 期，第 114—120 页。

弹拨类乐器在朝鲜半岛流传十分广泛，占有重要地位①。刘爱春则从弹拨胡器随胡乐入华的角度进行探讨，认为外来文化乐器传入是多渠道的，弹拨胡器的东传很大程度上是佛教文化对中国的馈赠②。弹拨类乐器传播的相关研究虽有所发展，但都停留在传播线路、文化输出等大方面的谈论，然而关于乐器在传播过程中的形制融合、变化却很少有关注。

三、关于中国古代弹拨类乐器分类研究

当前学者对于中国古代弹拨类乐器的分类研究成果颇丰，其分类研究主要集中在琵琶、阮咸、三弦、古琴、筝几类乐器上。

（一）琵琶的相关研究

弹拨类乐器中最具代表性的是琵琶，故现代学者对其研究不在少数，研究成果集中在琵琶发展历史、形制及其制作工艺等方面。

琵琶起源与流源是学界关注的重点问题，对于琵琶的起源，一向有"中原"与"外来"之争。当前持"中原说"的学者不在少数，他们认为早期的直项琵琶是产自中原本土的，而后期的曲项琵琶是外传而来的。韩淑德针对琵琶产生的时间、地点及名称、形制的众多观点再次进行考证，否认琵琶外来说，认为"枇杷本出胡中"的说法并不能证明琵琶外来，我国很早就把汉族以外的北方、西北少数民族称为"胡"，而"胡"与"西域"并不相同，因此，最早的秦琵琶应为我国西北少数民族创造出来的乐器。而曲项琵琶又称胡琵琶，是经由丝绸之路传入我国的，曲项多柱琵琶则是秦琵琶与曲项琵琶二者互相融合后产生的③。而周菁葆对韩淑德所持的琵琶发展史质疑。通过对新疆石窟壁画与史料记载的分析，周菁葆认为五弦琵琶源自龟兹并非印度，而曲项琵琶早在新疆石窟壁画中就有相关的图像出现，中原最迟应在汉代就已经有曲项琵琶，加上沈知白提出的"中国的琵琶是 barbat 的音译"，因此否定韩淑德认为曲项琵琶是在公元 4 世纪从天竺传入我国的观点④。侯桂芝根据辽阳棒台子屯古墓壁画中的琵琶演奏图推断出曲项琵琶在汉代就已经传入我国，但初期未受重视，隋唐时期才得到发展⑤。李健正通过对文献的考证否定"琵琶西来"说，赞成"琵

---

① 吕净植：《〈三国史记〉中东亚音乐文化交流探究——以弹拨乐器为例》，《北方文学》2018 年第 36 期，第 233—234 页。
② 刘爱春：《唐代弹拨乐器发展原因探微》，《交响（西安音乐学院学报）》2015 年第 4 期，第 52—60 页。
③ 韩淑德：《琵琶源流再考》，《音乐探索（四川音乐学院学报）》1986 年第 4 期，第 60—65 页。
④ 周菁葆：《琵琶溯源》，《音乐探索（四川音乐学院学报）》1985 年第 3 期，第 46—52 页。
⑤ 侯桂芝：《琵琶史话》，《乐府新声（沈阳音乐学院学报）》1985 年第 3 期，第 27—33 页。

琶起源于秦代而形成于汉代"的观点，并认为琵琶形成的地点可能在汉代的都城长安[1]。郑祖襄对于琵琶的起源问题支持"弦鼗"说，反对"乌孙"说，并认为曲项琵琶传入我国的时间要早于阮咸琵琶形成的时间[2]。除此之外，还有部分学者支持"外来说"，认为早期的琵琶就是由外域传入中国的。赵志安认为汉代的琵琶并非产自中国本土，而是西域乐器通过丝绸之路传入中国的，可能与波斯的长颈琵琶有关系[3]。廖莎也认为琵琶与琉特琴同源，兴起于美索不达米亚平原，经丝绸之路传入我国[4]。而通过《汉书》的记载和早期壁画中琵琶形制的研究，"弦鼗"说显得更加合理。"鼗"是先秦时期的一种鼓，这种鼓面慢慢发展成琵琶的共鸣箱，加之琴弦形成最早期的"秦汉子"，这类琵琶是圆形直颈的，而梨形曲项琵琶是从印度随着佛教传入我国的。

韩淑德和张之年《中国琵琶史稿》是第一部系统地论述中国琵琶历史发展面貌的专著。该书不仅对琵琶产生的时间、地点、形制、发展、影响等方面进行探讨，而且也对著名琵琶演奏家、演奏曲目、乐谱进行介绍，既有以时间为线索的历史性的纵向阐述，又有以不同角度为基础的综合性的横向研究[5]。还有学者从琵琶形制的演变入手进行琵琶发展的整体梳理。陈重论述琵琶从秦代到清代的形制演变过程和琵琶流派[6]。陈春燕以不同形制的琵琶为切入点，对汉族琵琶的演变和发展脉络进行介绍[7]。而这些对琵琶发展、演变过程的介绍都是简单的陈述性的叙述，并没有对其发展历史进行详细的考证。

关于琵琶的形制演变，高德祥通过文献、图像资料的分析认为当代的琵琶采用西域的长梨形琵琶形状，而琵琶形制的改变与演奏方法不同有很大关系[8]。除此之外，大部分学者是以时间为线索对琵琶形制的发展变化进行讨论的，其形制是受到西域琵琶的影响而不断变化的。徐欣熠对汉族琵琶形制的历史演变过程进行初步探究，认为秦汉魏晋南北朝时期的琵琶形制为直颈，隋唐宋时期的琵琶形制为曲项、直项琵琶并存，元明清时期的琵琶形制基本稳定，为直项、曲项琵琶拓展时期，并由此说明中国琵琶是一件源自本土并不断发展

---

[1] 李健正：《古代丝绸之路与中国琵琶（上）》，《交响（西安音乐学院学报）》1993年第3期，第6—8页；李健正：《古代丝绸之路与中国琵琶（下）》，《交响（西安音乐学院学报）》1993年第4期，第10—12页。
[2] 郑祖襄：《汉代琵琶起源的史料及其分析考证》，《中国音乐学》1993年第4期，第43—48页。
[3] 赵志安：《汉代阮咸类琵琶起源考》，《黄钟（武汉音乐学院学报）》2001年第4期，第70—77页。
[4] 廖莎：《丝绸之路文化背景下的中国琵琶艺术》，《中央民族大学学报（哲学社会科学版）》2017年第6期，139—143页。
[5] 韩淑德、张之年：《中国琵琶史稿》，成都：四川人民出版社，1985年版。
[6] 陈重：《琵琶的历史演变及传派简述》，《音乐学习与研究》1990年第1期，第50—56页。
[7] 陈春燕：《汉族琵琶的历史演变探析》，《福建论坛（人文社会科学版）》2009年第2期，第81—83页。
[8] 高德祥：《简谈琵琶形制的发展变化过程》，《乐器》1987年第3期，第1—3页。

完善的古老乐器①。李叶丹则认为琵琶的发展有两条线索，一是源自中原的阮咸类琵琶，另一个是源自国外的曲颈四弦琵琶，这两类琵琶相互融合，直至明代才基本定型，成为现代琵琶的前身②。王一男将琵琶的发展历程分为汉唐、元代、明清三个阶段，认为琵琶是在中国本土产生的，也是同其他文明交流融合而形成的③。徐欣熠、李叶丹、王一男三人均对琵琶形制的发展过程进行系统性的梳理，但并未对各个阶段琵琶形制的改变进行深度的挖掘、考证。而高晋利用文献、考古、民俗等研究方法对琵琶的形制演变过程进行详细考证，认为隋唐之前的"琵琶"泛指弹拨类乐器，隋唐后的"琵琶"专指曲相梨形的外来弹拨乐器，明清后琵琶的形制由曲相变为直相，品相数量也有所增加④。母聃则不同于以往学者站在琵琶发展历史的角度，而是从琵琶"汉化"的角度进行探讨，认为琵琶的发展是曲项琵琶汉化，而不是秦琵琶"西化"融合曲项琵琶的过程⑤。琵琶形制的研究多数都是探讨颈的曲直长短、音箱的形状、弦的数量等方面。

关于琵琶制作工艺的相关研究成果并不多，多侧重在其音箱与弦的选材上。周菁葆总结日本琵琶的制作材料与过程，并探讨其与唐琵琶制作的联系⑥。胡敏认为琵琶的音箱材质一般为木质，不同时代的形状不同，而弦在古代多用丝质线制成⑦。靖欣对琵琶板、背板、琴身、琴弦、拨子的制作材料进行详细的介绍，指出不同形制的琵琶在制作时选用的材料也存在极大差别⑧。田洁从技术工艺史的角度出发，考察琵琶形制的改良与革新，对琵琶的音箱的形制、制作材料以及弦的制作材料的变化进行说明⑨。这些研究对琵琶的形制选材介绍较多，而对于琵琶的制作过程几乎没有提及。

由于日本正仓院中保留大量唐代乐器的实物，所以不少学者从正仓院乐器的角度出发探讨琵琶的工艺。张爱莉和沈妍君、赵参从正仓院乐器的装饰工艺入手，对这些乐器的大漆工艺、螺钿工艺、金银平脱、玳瑁装饰、琥珀工艺、雕刻工艺进行详细的介绍，且赵参的硕士学位论文又从乐器造型美学角度切

---

① 徐欣熠:《汉族琵琶形制演变初探》，南京艺术学院2007年硕士学位论文。
② 李叶丹:《论中国琵琶形制的形成与发展》，中央音乐学院2008年硕士学位论文。
③ 王一男:《丝绸之路上的琵琶历史源流略述》，《艺术评鉴》2018年第20期，第63—64、138页。
④ 高晋:《琵琶在中国的形制演变及民族化道路》，青岛大学2016年硕士学位论文。
⑤ 母聃:《曲项琵琶的汉化过程及表现》，《音乐传播》2018年第4期，第46—50页。
⑥ 周菁葆:《日本琵琶的制作与考释（上）》，《乐器》2011年第1期，第26—28页；周菁葆:《日本琵琶的制作与考释（中）》，《乐器》2011年第2期，第27—29页；周菁葆:《日本琵琶的制作与考释（下）》，《乐器》2011年第3期，第28—30页。
⑦ 胡敏:《隋唐时期琵琶与古琴的乐器工艺》，《黄河之声》2013年第4期，第92—93页。
⑧ 靖欣:《唐代民族音乐融合中琵琶的发展研究》，《艺术评鉴》2022年第4期，第27—31页。
⑨ 田洁:《琵琶形制沿革之技术—工艺史考察》，《科学技术哲学研究》2015年第6期，第88—91页。

入，挖掘出乐器工艺的审美价值和工艺手段[1]。张岩等解析日本正仓院藏唐代乐器的大漆装饰工艺，对大漆工艺的保护性、装饰性进行探讨[2]。关于正仓院的紫檀螺钿五弦琵琶，其形制、装饰、工艺都有所探讨且较为详细。

（二）阮咸的相关研究

阮咸作为琵琶的一个分支，在唐代之前被称为琵琶，唐代以后为了区分外来的梨形曲颈琵琶，才被称作"阮咸"。因此，学者们对阮咸的研究也大都融合在琵琶的研究之中，将阮咸作为单独主题的研究数量很少。

阮咸的研究多为起源与发展史的研究。对于阮咸的起源问题，目前学界分为"本土说"和"外来说"两个流派。宁勇认同"本土说"，认为阮咸的前身就是汉琵琶，在武则天时期正式更名为"阮咸"[3]。安祉怡也持此观点，并从文献记载和形制上对两种流派进行讨论[4]。张晓东认为阮咸是本土乐器的可能性较大，但阮咸形制是一直以不同规格并存进而发展的，在历史上就从来没有定型过[5]。这些研究都是着重于阮咸的起源探究和形制发展的综合研究，并没有有力的考证。朱迪将阮咸的发展情况划分为三个阶段，即汉至南北朝的探索发展期、隋至宋的成熟期、明清的衍变期[6]，并对敦煌壁画上的阮咸进行研究，认为阮咸起源于汉代宫廷，早期的阮咸并没有统一规范的形制，直至发展到魏晋南北朝时期才开始出现统一的形制[7]。当前研究成果中，阮咸的起源研究要多于其他类研究，发展史研究中也仅提及形制变化，材质、工艺并无涉及，且都是依据壁画、石雕等成果，没有对传世阮咸实物的研究。

（三）三弦的相关研究

目前学界对三弦的相关研究集中在三弦的起源和发展上，其相关研究在我国的起步是比较晚的，直到20世纪80年代，学者们才开始逐步关注到三弦的起源与发展。

从其起源上来看，"弦鼗"说得到众多学者的支持。杨荫浏认为三弦的前身从形制上看可推到秦代的"弦鼗"，旧时统称为"琵琶"，"三弦"二字正式出现

---

[1] 张爱莉、沈妍君：《"正仓院"藏唐代乐器的装饰工艺及当代价值》，《设计》2019年第1期，第78—80页；赵参：《"正仓院"藏唐代乐器设计工艺及当代价值研究》，北京工业大学2018年硕士学位论文。

[2] 张岩、赵玮、沈禹含：《基于中国传统大漆工艺的琵琶改良探索》，《设计》2018年第23期，第28—29页。

[3] 宁勇：《阮史漫话》，《交响（西安音乐学院学报）》1985年第2期，第38—43页。

[4] 安祉怡：《阮的"本土说"和"外来说"》，《北方音乐》2018年第6期，第19—21页。

[5] 张晓东：《汉唐时期阮咸史料考》，《交响（西安音乐学院学报）》2016年第1期，第33—38页。

[6] 朱迪：《古代阮乐器名称与形制演变》，《兰州文理学院学报（社会科学版）》2020年第1期，第118—122页。

[7] 朱迪：《从敦煌壁画看阮咸的发展》，《黄河之声》2014年第15期，第54—55页。

应始于元代①。文进对三弦的几种起源观点进行考证，并认为三弦是由秦代的长柄摇鼓（鼗鼓）改造而成的②。孙宁宁对《李卿琵琶引》中所提及的"三尺檀龙"予以考证分析，认为其真实身份为琵琶，而非三弦，纠正学界长期以来的错误观点③。

关于三弦的发展史研究，学者们往往从秦琵琶入手，探讨三弦是如何演变而来的。王振先从史学角度将三弦的发展史分为四个阶段：秦至魏晋的萌芽阶段、隋唐五代的初期发展阶段、宋元明的中期成熟阶段、清至当代的后期繁荣阶段④。即三弦起源于中国本土，在周、秦时期萌芽，秦汉魏晋时期开始兴盛，隋唐时期得到发展，宋元明时期发展成熟⑤。色仁道尔吉论述从秦汉时期的琵琶，到隋唐时期名称、形制等诸方面实现独立，再到元代正式开始用三弦命名的过程⑥。王耀华《三弦艺术论》是我国第一部关于三弦的系统性论著，该书分为三卷，分别介绍的是中国三弦及其音乐、日本冲绳三弦及其音乐、中国三弦与日本冲绳三弦之比较。上卷中对于我国三弦的起源、形制、乐谱进行阐述，对三弦起源的九种观点和所持观点的代表人物都进行详细的介绍⑦。

（四）古琴的相关研究

古琴是我国最古老的乐器之一，也是纯正的"华夏旧器"，其研究成果丰富。

目前，有部分专著对于古琴的形制发展史进行详细的探讨。许健《琴史初编》是古琴发展的通史研究，以时间为线索，运用大量史料概括从先秦至清代再到近现代两千多年的古琴音乐的发展史⑧。而章华英《古琴》是一部系统性的古琴研究专著，其中对古琴音乐发展史、古琴的历史文化、琴制的演变、古琴的结构与制作工艺、古琴的名曲与流派、古琴的传播等方面均进行详细介绍，范围极广，内容丰富⑨。章华英还对古琴的文化意义进行探讨，认为古琴与中国文人有着深刻联系，在中国文化及历史上的意义远远超过一般的乐器⑩。张彤认为周代已经有琴，春秋时期被广泛应用，汉代空前发展，隋唐以后又进

---

① 杨荫浏：《中国古代音乐史稿》下册，北京：人民音乐出版社，1981年版，第726页。
② 文进：《三弦的起源形成及流传》，《黄河之声》1995年第6期，第17—19页。
③ 孙宁宁：《"三尺檀龙"是三弦吗？——对史学界三弦定论的重新认识》，《音乐研究》2007年第3期，第33—36页。
④ 王振先：《三弦史略要》，《中央音乐学院学报》1990年第3期，第59—61页。
⑤ 王振先：《三弦史话》，《乐器》2000年第6期，第34—35页。
⑥ 色仁道尔吉：《论三弦之历史沿革》，《内蒙古艺术》2008年第2期，第11—14页。
⑦ 王耀华：《三弦艺术论》，福州：海峡文艺出版社，1991年版。
⑧ 许健：《琴史初编》，北京：人民音乐出版社，1982年版。
⑨ 章华英：《古琴》，杭州：浙江人民出版社，2005年版。
⑩ 章华英：《太古遗音——古琴音乐的历史与文化》，《中华文化画报》2006年第2期，第24—31页。

一步发展①。郑珉中对《中国古琴珍萃》中唐琴进行补充介绍，包括形制、选材、年代、历史、发掘过程，并对其中的错误进行纠正②。

部分研究以古琴的形制发展为基础进行讨论。庞雨珠对古琴的形制进行系统的介绍，并对其各个部分的文化含义做出解释③。谷莉将唐宋古琴作为主要研究对象，赞同"唐代琴形偏圆，宋代偏扁"这一说法④。除此之外，还有学者对其工艺发展进行探讨。陆云飞通过分析斫琴大师的传世作品来探讨其工艺及制作原理⑤。赵路通过对传统琴式的对比、分类等，对古琴的造型、装饰、搭配进行讨论⑥。贺志凌从工艺学角度出发，以辽宁省博物馆藏九霄环佩琴为例，介绍古琴的各部材质、琴身比例、断纹特点、槽腹结构等⑦。还有学者用多种研究方法对古琴的工艺进行探究，其研究结果更科学合理。顾永杰和裴建华利用统计、列表的方式进行分析，对琴材材质琴体形制及相应琴式的尺寸、部位、髹漆等进行详细说明⑧。王悦从漆艺技术的角度出发，运用文献学、统计学、图像学相关方法，对古琴的漆艺演变历程进行梳理，总结出不同时期古琴的制作材料、髹漆技法及审美特征等⑨。目前学界对古琴的工艺研究成果丰富，而流传于世的古琴较多，但大多数学者都将研究对象锁定在闻名于世的"九霄环佩琴"身上，而忽略对其他传世古琴的研究。

（五）筝的相关研究

筝几乎与琴在同一时期产生，筝在民间流传广泛，其影响力虽不如琴，但学界对筝的研究依旧不在少数。

筝的发展历史是重要的研究部分，学者们对于筝的几类起源说发表自己的观点。中国古筝一代宗师、中国音乐学院教授曹正先生对古筝存在的几个问题进行解释，否定"分瑟为筝"说，认为筝、瑟等乐器上冠以秦、齐、赵、胡字样是因地异名，并非指朝代而言，并且筝是民间乐器，可能与瑟同

---

① 张彤：《琴史初话》，《北方音乐》2000年第3期，第21页。
② 郑珉中：《漫谈中国古琴珍萃中的唐琴》，《收藏家》2001年第5期，第35—39页；郑珉中：《漫谈中国古琴珍萃中的唐琴（中）》，《收藏家》2001年第6期，第11—15页；郑珉中：《漫谈中国古琴珍萃中的唐琴（下）》，《收藏家》2001年第7期，第10—15页。
③ 庞雨珠：《古琴的文化神韵及形制结构》，《齐鲁艺苑》2003年第1期，第61页。
④ 谷莉：《浅述唐宋古琴形制演变》，《电影评介》2008年第19期，第92页。
⑤ 陆云飞：《古琴的制作与传承》，东华大学2008年硕士学位论文。
⑥ 赵路：《古琴式样的造型研究》，青岛科技大学2017年硕士学位论文。
⑦ 贺志凌：《辽宁省博物馆藏九霄环佩琴的乐器工艺初探》，《南京艺术学院学报（音乐与表演版）》2013年第2期，第57—67页。
⑧ 顾永杰、裴建华：《简析中国传统的古琴斫制技艺》，《郑州师范教育》2017年第3期，第84—92页。
⑨ 王悦：《中国斫琴髹漆技艺研究》，太原理工大学硕士学位论文，2020年。

时并存①。从其起源研究上看，商林曦与曹正先生的观点相同，认为"秦声""秦筝"是冠以地名而并非朝代，而筝在战国以前应就流行于秦国，否定"蒙恬造筝"说和"西方传筝"说②。赵曼琴对争瑟为筝说、蒙恬造筝说、京房造筝说、后夔造筝说、西方传筝说几种起源说进行介绍和分析论述，否定这五种说法的真实性，并通过《谏逐客书》中李斯的话对筝的产生时间进行讨论③。二人只是对古筝历史上的某些问题进行探讨，并未对古筝艺术的整个发展史进行研究。而汤咪扫则按照时间顺序简述从春秋末期到清代之间筝在宫廷的发展历程以及民间用筝的南北差异④。边疆认为最初的筝，与琴、筑、瑟等乐器区别甚微，统称为琴之系列，后在汉、唐两代都得到高度发展⑤。王聪慧认为筝是吸收筑与瑟的优点而成的一种乐器⑥。樊荣认为筝在北宋徽宗时期被雅乐罢去，而筝在唐宋时期甚至于整个古代，其乐器属性主要为艺术化娱乐功能⑦。这些研究成果更注重时间线索，对筝在不同时期的发展变化进行整合梳理。

筝的形制与工艺是研究筝的另一重要部分，包括筝的形制、制作流程及装饰等。卢向晨对古筝的构造、外观、结构制作进行整体介绍，指出古代筝以美玉为装饰，其制作过程包括整体挖制作、蒙板制作、拼板结构⑧。还有部分研究集中在筝弦、筝柱上。曹正从音域的加宽角度讨论筝弦与筝柱的材质变化⑨。金建民对筝的弦数、筝柱、义甲等进行具体的分析⑩。韩建勇则对筝的工艺装饰有所探讨，系统地讨论从五弦筝发展到十六弦筝的过程，其音域是不断扩大的，在弦制、装饰、音色方面也有所进展；在古筝的装饰工艺上，用美玉、金银、鸾凤装饰，运用彩绘、刻漆等工艺，选用材料也十分名贵⑪。筝的工艺研究中，涉及结构、装饰等部分，而对于筝的漆艺研究较少。

---

① 曹正：《关于古筝历史的探讨》，《中国音乐》1981年第1期，第44—47页。
② 商林曦：《筝史初探》，《戏文》2004年第3期，第97—99页。
③ 赵曼琴：《筝史浅析》，《音乐研究》1981年第4期，第65—68、115页。
④ 汤咪扫：《筝史概述》，《中国音乐》1990年第2期，第61—62页。
⑤ 边疆：《古筝的历史沿革》，《音乐生活》2014年第8期，第29—32页。
⑥ 王聪慧：《传统筝的历史溯源与交流传播》，《中国文艺家》2021年第10期，第19—20页。
⑦ 樊荣：《唐宋时期筝的历史研究》，上海音乐学院2021年硕士学位论文。
⑧ 卢向晨：《浅谈古筝形制与结构的发展》，《乐器》2004年第4期，第18—20页。
⑨ 曹正：《古筝沿革略谈》，《乐器》1981年第3期，第1—4页。
⑩ 金建民：《古代的筝》，《乐器》1982年第4期，第1—4页；金建民：《古代的筝（续）》，《乐器》1982年第5期，第1—3页；金建民：《古代的筝（续）》，《乐器》1982年第6期，第5—6、18页。
⑪ 韩建勇：《古筝别名考及形制的历代沿革》，《云岭歌声》2004年第12期，第47—48页；韩建勇：《谈谈古筝制作与装饰工艺》，《乐器》2009年第9期，第13—15页。

结 语

纵观国内外学者对弹拨类乐器各方面的相关研究，成果丰富且具有一定规模。以往学者更加注重对弹拨类乐器的发展史研究，包括其起源、形制变化等，研究对象往往都是单个具体的乐器，目前学界对于琵琶和古琴的研究是最多的。研究成果也涉及多个领域，音乐学、艺术学领域的研究成果颇多，而设计学、乐器工艺学等领域的成果数量较少。

由此可见，对于弹拨类乐器的研究虽然成果众多，但在很多方面仍有薄弱之处。第一，古代乐器的工艺史并没有受到学界的大量关注，更无系统、综合性的研究出现，相关成果也只在乐器的发展史研究中有所涉及。绝大多数学者将弹拨类乐器的研究都放在形制的演变过程上，按照时间线逐步探索，却很少有学者将研究内容的主体放在弹拨类乐器的制作工艺上，即便是有各乐器材料、漆艺的介绍，通常也是作为乐器形制的附属有寥寥数语提及。第二，学界对于古代乐器的研究都是区域性的断代研究，整体研究还有不足。以往学者习惯把乐器的研究范围圈定在汉代或唐宋时期，而系统性、连续性的弹拨类乐器的研究却少之又少。但乐器的发展变化是一个漫长的过程，其形制、材质等方面在很长一段时间内可能只有些许微小的变化，并且这些变化也是在承袭前代的基础上进行的，如若单独对某个朝代的乐器进行研究，虽较为精确，但连贯性稍差，不足以看出整个乐器工艺的全貌。因此，乐器工艺发展的整体研究是有必要的。第三，以往研究重宏观而轻微观，在古代乐器的工艺研究上只注重对乐器本身的研究，却并未关注与乐器密切相关的附属品的研究。无论是琵琶类的抱弹类乐器还是琴类的卧弹类乐器，其工艺的研究往往都把重点放在琴箱、琴弦的材质、髹漆过程上，关注点只在乐器本身上，而对用于装琴的琴箱、琴囊，用于变音的琴桌、变音器，用于弹奏的拨子等几乎没有研究，这些部分是乐器的附属品，并非独立存在，更是乐器工艺史中非常重要的一环，由此可见，这是乐器工艺史研究的缺失。第四，以往学者大多都将史料文献作为首要依据，却忽略出土文物的重要性。因弹拨类乐器大多数是木制的，保存起来相对困难，所以传世的文物并没有像史料记载中那么庞杂，而流传于世的多数都是保存较好的宫廷乐器，这些文物代表当时的主流乐器及工艺的最高水平，有很大的研究价值。如若将这些乐器文物作为研究依据，更加具体且具有说服力。目前学界对于这些文物的研究大都集中在日本奈良正仓院里的五弦紫檀螺钿琵琶上，其他的弹拨类乐器文物并没有得到集中的关注。除出土文物外，壁画、石雕、墓穴浮雕等也有大量弹拨类乐器的信息，亦能作为乐器形制研究的重要依据。

　　将研究角度放在乐器的制作工艺上，区别于音乐学、艺术学、设计学等领域对于乐器的艺术价值的视角，而从科技史的角度去探索乐器，展现古代乐器的制作技术的发展历史；将研究范围放在古代弹拨类乐器工艺上，范围扩大，综合性研究更全面更连贯，其工艺史的发展变化更显而易见；将首要研究依据放在弹拨类乐器的文物上，更具准确性和说服力，能更形象地展现古代乐器的面貌。由此可见，这便是古代弹拨类乐器极具价值的研究路径。